線形代数学入門

群馬大学理工学部基盤部門

植松盛夫

黒田　覚

渡辺秀司

渡辺雅之

共著

学術図書出版社

まえがき

　現代の社会を支えている基盤の1つが理工学や医学看護学であり，理工学や医学看護学を支えている基盤が物理学，化学，生物学などの自然科学です．そしてこの自然科学を支えている基盤が微分積分学や線形代数学などの数学です．したがって数学は現代の社会を支えている基盤中の基盤ですので，最も重要な基盤と言えます．これが，理工系学部や医学看護学系学部の主に大学初年次において微分積分学や線形代数学などの数学を学ぶ理由の1つになっています．

　そこで，本書を理工系学部や医学看護学系学部の読者が線形代数学を学ぶための教科書として作成しました．また自習用の教材としても使えるように配慮しました．

　本書では，定理の厳密な証明には重点を置かずに，例や例題を多く載せることによって定理の意味を理解しやすくすることに重点を置いています．勉強用ノートで実際に手を動かして，実際に例や例題において示された計算を自ら行うことによって，それらの解き方や考え方を学ばれ，ひいては定理の意味を理解されることをお勧めします．授業時間の制約のため定理の証明は授業では省略されることがありますが，その証明を理解したいと考える読者は平易な証明を本書には載せていますので，それらを参照してください．

　本書が，読者の線形代数学の理解のための一助になれば幸いです．本書の執筆を勧めて下さり，また原稿の遅れを辛抱強く待ってくださった学術図書出版社の高橋秀治氏に心からお礼申し上げます．さらに高橋氏には，原稿の図の作成や校正等でもお世話になりました．

　2023年1月

著　者

目　　次

第1章　行列　　**1**

1.1　行列の定義 1

1.2　行列の演算 4

1.3　いろいろな行列 13

1.4　連立1次方程式と行列 20

1.5　正則行列 40

第2章　行列式　　**53**

2.1　2次および3次の行列式 54

2.2　置換 55

2.3　行列式の性質 63

2.4　余因子展開 74

2.5　特別な形の行列式 83

第3章　線形空間と線形写像　　**92**

3.1　線形空間と部分空間 92

3.2　線形独立と線形従属 102

3.3　線形空間の基底と次元 111

3.4　線形写像 122

3.5　線形写像の表現行列 130

第4章　内積　　**146**

4.1　数ベクトル空間 $\mathbb{R}^n$ 上の内積 146

4.2　正規直交基底 153

4.3　正規直交基底の変換と直交行列 162

4.4　数ベクトル空間 $\mathbb{C}^n$ 上の内積 166

第5章　固有値問題　　**174**

5.1　固有値と固有空間 174

5.2　行列の対角化 183

5.3　実対称行列の対角化 192

5.4　エルミート行列の対角化 198

iv　目次

　5.5　二次形式 203

索引　　　　　　　　　　　　　　　　　　　　　　　　　　　　**226**

行列

本書では,複素数全体の集合を $\mathbb{C}$ で表す.また,実数全体の集合を $\mathbb{R}$ で表す.特に断りのない限り,数として扱うのは $\mathbb{C}$ とするが,実数の範囲で考える場合には $\mathbb{R}$ と明示するものとする.また,K を $\mathbb{C}$ または $\mathbb{R}$ のいずれかを表すものとし,複素数でも実数でも通用するものについては K を使用する.

1.1 行列の定義

定義 1.1 $m \times n$ 個の $\mathbb{C}$ の要素 a_{ij} $(1 \leqq i \leqq m, 1 \leqq j \leqq n)$ を長方形に並べた

$$A = \begin{pmatrix} a_{11} & a_{12} & \cdots & a_{1n} \\ a_{21} & a_{22} & \cdots & a_{2n} \\ \vdots & \vdots & & \vdots \\ a_{m1} & a_{m2} & \cdots & a_{mn} \end{pmatrix}$$

を $m \times n$ **行列 (matrix)**,m 行 n 列の行列,または (m, n) 行列と呼ぶ.$m \times n$ を行列の型という.

上から i 番目にある

$$\begin{pmatrix} a_{i1} & a_{i2} & \cdots & a_{in} \end{pmatrix}$$

を第 i 行,左から j 番目にある

$$\begin{pmatrix} a_{j1} \\ a_{j2} \\ \vdots \\ a_{jm} \end{pmatrix}$$

を第 j 列,第 i 行と第 j 列の交点にある成分 a_{ij} を (i, j) 成分という.

例 1.1 $A = \begin{pmatrix} 4 & 2 & -3 & 0 \\ -5 & \sqrt{2} & 2i+5 & -i \\ 0 & 8 & -1 & 7 \end{pmatrix}$ は, 3×4 行列である. A の第 3 行は, $\begin{pmatrix} 0 & 8 & -1 & 7 \end{pmatrix}$

であり, 第 4 列は, $\begin{pmatrix} 0 \\ -i \\ 7 \end{pmatrix}$ である. $(3,4)$ 成分は 7 である.

▌行列の記法▌

A が a_{ij} を (i,j) 成分とする $m \times n$ 行列のとき,

$$A = (a_{ij})$$

と略記する.

▌零行列▌

すべての成分が 0 であるような $m \times n$ 行列を, **零行列 (zero matrix)** と呼び $O_{m,n}$ または O と書く.

例 1.2
$$O_{3,2} = \begin{pmatrix} 0 & 0 \\ 0 & 0 \\ 0 & 0 \end{pmatrix}, \quad O_{2,3} = \begin{pmatrix} 0 & 0 & 0 \\ 0 & 0 & 0 \end{pmatrix}$$

▌正方行列▌

行と列の個数が等しい行列, $n \times n$ 行列を, n 次**正方行列 (square matrix)** という. n 次正方行列

$$A = \begin{pmatrix} a_{11} & a_{12} & \dots & a_{1n} \\ a_{21} & a_{22} & \dots & a_{2n} \\ \vdots & \vdots & \ddots & \vdots \\ a_{n1} & a_{n2} & \dots & a_{nn} \end{pmatrix}$$

の成分のうち, 左上から右下への対角線上にある $a_{11}, a_{22}, \dots, a_{nn}$ を A の**対角成分 (diagonal component)** という.

正方行列で対角成分以外の成分がすべて 0 である行列を**対角行列 (diagonal matrix)** という.

例 1.3 次は 3 次対角行列である.

$$\begin{pmatrix} 2 & 0 & 0 \\ 0 & -3 & 0 \\ 0 & 0 & 1 \end{pmatrix}, \quad \begin{pmatrix} 0 & 0 & 0 \\ 0 & 3 & 0 \\ 0 & 0 & -1 \end{pmatrix}$$

■単位行列■

対角成分がすべて 1 で，それ以外の成分がすべて 0 の正方行列を**単位行列 (identity matrix)** といい E で表す．n 次であることを明示したいときは，E_n と書く．

例 1.4　3 次の単位行列は次のようになる．

$$E = E_3 = \begin{pmatrix} 1 & 0 & 0 \\ 0 & 1 & 0 \\ 0 & 0 & 1 \end{pmatrix}$$

■行ベクトル，列ベクトル■

$m \times 1$ 行列 $\begin{pmatrix} a_1 \\ a_2 \\ \vdots \\ a_m \end{pmatrix}$ を m 次列ベクトルという．$1 \times n$ 行列 $\begin{pmatrix} a_1 & a_2 & \cdots & a_n \end{pmatrix}$ を n 次行ベクトルという．列ベクトルと行ベクトルを総称して**ベクトル (vector)** という．成分がすべて 0 のベクトルを**零ベクトル (zero vector)** といい，$\boldsymbol{0}$ と書く．また，1×1 行列 $\begin{pmatrix} a \end{pmatrix}$ は複素数 a と同一視し，括弧を書かずに a と表す．

$m \times n$ 行列 $A = (a_{ij})$ の第 j 列は，m 次列ベクトルである．これら n 個の m 次列ベクトルを，

$$\boldsymbol{a}_1 = \begin{pmatrix} a_{11} \\ a_{21} \\ \vdots \\ a_{m1} \end{pmatrix}, \ \boldsymbol{a}_2 = \begin{pmatrix} a_{12} \\ a_{22} \\ \vdots \\ a_{m2} \end{pmatrix}, \ \cdots, \ \boldsymbol{a}_n = \begin{pmatrix} a_{1n} \\ a_{2n} \\ \vdots \\ a_{mn} \end{pmatrix}$$

とすると，

$$A = \begin{pmatrix} \boldsymbol{a}_1 & \boldsymbol{a}_2 & \cdots & \boldsymbol{a}_n \end{pmatrix}$$

と書ける．これを行列 A の列ベクトル表示と呼ぶ．

同様に，$m \times n$ 行列 $A = (a_{ij})$ の第 i 行は，n 次行ベクトルである．これら m 個の n 次行ベクトルを，

$$\boldsymbol{a}^1 = \begin{pmatrix} a_{11} & a_{12} & \cdots & a_{1n} \end{pmatrix}$$
$$\boldsymbol{a}^2 = \begin{pmatrix} a_{21} & a_{22} & \cdots & a_{2n} \end{pmatrix}$$
$$\vdots$$
$$\boldsymbol{a}^m = \begin{pmatrix} a_{m1} & a_{m2} & \cdots & a_{mn} \end{pmatrix}$$

4 第1章 行列

とすると,

$$
A = \begin{pmatrix} \boldsymbol{a}^1 \\ \boldsymbol{a}^2 \\ \vdots \\ \boldsymbol{a}^m \end{pmatrix}
$$

と書ける. これを行列 A の行ベクトル表示と呼ぶ.

1.2 行列の演算

▌行列の相等▐

2つの行列 A, B が同じ型で, 対応する成分がすべて等しいとき, A と B は等しいといい, $A = B$ と書く.

▌例 1.5▐

$$
\begin{pmatrix} 1 & 2 \\ 3 & 4 \end{pmatrix} = \begin{pmatrix} 1 & 2 \\ 3 & 4 \end{pmatrix}, \quad \begin{pmatrix} 1 & 2 \\ 3 & 4 \end{pmatrix} \neq \begin{pmatrix} 1 & 3 \\ 2 & 4 \end{pmatrix}
$$

行列の型が異なるときは, それらが等しいかどうかは考えない. 例えば, $\begin{pmatrix} 1 & 2 \\ 0 & -1 \end{pmatrix}$ と,

$\begin{pmatrix} 2 & 1 & 1 \\ -1 & 0 & 1 \end{pmatrix}$ は, それぞれ 2×2 行列, 2×3 行列であって行列の型が異なるため, 等しいかどうかの比較を行わない.

▌行列の和・差▐

2つの行列 A, B が同じ型であるとき, 対応する成分どうしを足してできる行列を, A と B の和 (**sum**) といい, $A + B$ と書く.

$$
\begin{pmatrix} a_{11} & a_{12} & \dots & a_{1n} \\ a_{21} & a_{22} & \dots & a_{2n} \\ \vdots & \vdots & & \vdots \\ a_{m1} & a_{m2} & \dots & a_{mn} \end{pmatrix} + \begin{pmatrix} b_{11} & b_{12} & \dots & b_{1n} \\ b_{21} & b_{22} & \dots & b_{2n} \\ \vdots & \vdots & & \vdots \\ b_{m1} & b_{m2} & \dots & b_{mn} \end{pmatrix}
$$

$$
= \begin{pmatrix} a_{11} + b_{11} & a_{12} + b_{12} & \dots & a_{1n} + b_{1n} \\ a_{21} + b_{21} & a_{22} + b_{22} & \dots & a_{2n} + b_{2n} \\ \vdots & \vdots & & \vdots \\ a_{m1} + b_{m1} & a_{m2} + b_{m2} & \dots & a_{mn} + b_{mn} \end{pmatrix}
$$

行列の略記を使って上記を表すと次のようになる.

$A = (a_{ij}), B = (b_{ij})$ を $m \times n$ 行列とするとき, $A + B = (a_{ij} + b_{ij})$.

A と B の差 $A - B$ は，和と同様に対応する成分どうしを引いてできる行列として定義する.

例 1.6

$$\begin{pmatrix} 2 & -3 & 1 \\ 0 & 2 & -4 \end{pmatrix} + \begin{pmatrix} -5 & 5 & 2 \\ 3 & 7 & -1 \end{pmatrix} = \begin{pmatrix} -3 & 2 & 3 \\ 3 & 9 & -5 \end{pmatrix}$$

$$\begin{pmatrix} 2 & -3 & 1 \\ 0 & 2 & -4 \end{pmatrix} - \begin{pmatrix} -5 & 5 & 2 \\ 3 & 7 & -1 \end{pmatrix} = \begin{pmatrix} 7 & -8 & -1 \\ -3 & -5 & -3 \end{pmatrix}$$

$$\begin{pmatrix} 1 & -2+i \\ -3i & 2-2i \\ -1+3i & 1+2i \end{pmatrix} + \begin{pmatrix} -2i & 2-i \\ 1 & 3i \\ 2-i & -2-3i \end{pmatrix} = \begin{pmatrix} 1-2i & 0 \\ 1-3i & 2+i \\ 1+2i & -1-i \end{pmatrix}$$

$$\begin{pmatrix} 1 & -2+i \\ -3i & 2-2i \\ -1+3i & 1+2i \end{pmatrix} - \begin{pmatrix} -2i & 2-i \\ 1 & 3i \\ 2-i & -2-3i \end{pmatrix} = \begin{pmatrix} 1+2i & -4+2i \\ -1-3i & 2-5i \\ -3+4i & 3+5i \end{pmatrix}$$

行列 A と B の型が異なるときは，それらの和 $A + B$ や差 $A - B$ は定義されない.

▌行列のスカラー倍▐

行列や数ベクトルのように数の組として表される対象に対して通常の数を**スカラー (scalar)** という. A が行列で k がスカラーのとき，A の各成分を k 倍してできる行列を A の k 倍といい kA と書く. 特に，$(-1)A$ を $-A$ と書く.

例 1.7

$$3\begin{pmatrix} 2 & -3 & 1 \\ 0 & 2 & -4 \end{pmatrix} = \begin{pmatrix} 6 & -9 & 3 \\ 0 & 6 & -12 \end{pmatrix}$$

$$-2\begin{pmatrix} 2 & -3 & 1 \\ 0 & 2 & -4 \end{pmatrix} = \begin{pmatrix} -4 & 6 & -2 \\ 0 & -4 & 8 \end{pmatrix}$$

$$(-1+2i)\begin{pmatrix} 1+2i & 1 & -1-2i \\ -i & 2-i & -3+2i \end{pmatrix} = \begin{pmatrix} -5 & -1+2i & 5 \\ 2+i & 5i & -1-8i \end{pmatrix}$$

定理 1.1 A, B, C を $m \times n$ 行列，a, b をスカラーとする. このとき，次が成り立つ.

(1) $A + B = B + A$

(2) $(A + B) + C = A + (B + C)$

(3) $A + O = O + A = A$

(4) $(ab)A = a(bA)$

(5) $0A = O, \quad 1A = A$

(6) $a(A + B) = aA + aB, \quad (a + b)A = aA + bA$

証明 いずれも成分ごとに計算すれば，数の演算の性質に帰着される. (1) および (4) を示す.

(1) $A = (a_{ij}), B = (b_{ij})$ を $m \times n$ 行列とする.

$$A + B = (a_{ij}) + (b_{ij}) = (a_{ij} + b_{ij}) = (b_{ij} + a_{ij}) = (b_{ij}) + (a_{ij}) = B + A$$

6   第1章　行列

(4) $A = (a_{ij})$ を $m \times n$ 行列，a, b をスカラーとする．

$$(ab)A = (aba_{ij}) = a(ba_{ij}) = a(b(a_{ij})) = a(bA)$$

■行列の積■

2つの行列 A, B に対して，A の列の数と B の行の数が等しいとき，積 AB が定義される．

> **定義 1.2**　$m \times n$ 行列 $A = (a_{ij})$ と $n \times l$ 行列 $B = (b_{ij})$ に対して
>
> $$c_{ij} = \sum_{k=1}^{n} a_{ik}b_{kj} = a_{i1}b_{1j} + a_{i2}b_{2j} + \cdots + a_{in}b_{nj} \quad (1 \leqq i \leqq m, \ 1 \leqq j \leqq l)$$
>
> によって ml 個の複素数 c_{ij} を定義する．この c_{ij} を (i, j) 成分とする $m \times l$ 行列を A, B の**積 (product)** といい，AB と書く．

$$AB = \begin{pmatrix} a_{11} & a_{12} & \cdots & a_{1n} \\ a_{21} & a_{22} & \cdots & a_{2n} \\ \vdots & \vdots & & \vdots \\ \boxed{a_{i1} \quad a_{i2} \quad \cdots \quad a_{in}} \\ \vdots & \vdots & & \vdots \\ a_{m1} & a_{m2} & \cdots & a_{mn} \end{pmatrix} \begin{pmatrix} b_{11} & b_{12} & \cdots & b_{1j} & \cdots & a_{1l} \\ b_{21} & b_{22} & \cdots & b_{2j} & \cdots & a_{2l} \\ \vdots & \vdots & & \vdots & & \vdots \\ b_{n1} & b_{n2} & \cdots & b_{nj} & \cdots & a_{nl} \end{pmatrix}$$

$$= \begin{pmatrix} c_{11} & c_{12} & \cdots & c_{1j} & \cdots & c_{1l} \\ c_{21} & c_{22} & \cdots & c_{2j} & \cdots & c_{2l} \\ \vdots & \vdots & & \vdots & & \vdots \\ c_{i1} & c_{i2} & \cdots & c_{ij} & \cdots & c_{il} \\ \vdots & \vdots & & \vdots & & \vdots \\ c_{m1} & c_{m2} & \cdots & c_{mj} & \cdots & c_{ml} \end{pmatrix}$$

例 1.8

$$\begin{pmatrix} 2 & -3 & 1 \\ 4 & 0 & -1 \end{pmatrix} \begin{pmatrix} 5 & 7 \\ -2 & 6 \\ 3 & -4 \end{pmatrix}$$

$$= \begin{pmatrix} 2 \cdot 5 + (-3) \cdot (-2) + 1 \cdot 3 & 2 \cdot 7 + (-3) \cdot 6 + 1 \cdot (-4) \\ 4 \cdot 5 + 0 \cdot (-2) + (-1) \cdot 3 & 4 \cdot 7 + 0 \cdot 6 + (-1) \cdot (-4) \end{pmatrix}$$

$$= \begin{pmatrix} 19 & -8 \\ 17 & 32 \end{pmatrix}$$

例 1.9

$$\begin{pmatrix} 5 & 7 \\ -2 & 6 \\ 3 & -4 \end{pmatrix} \begin{pmatrix} 2 & -3 & 1 \\ 4 & 0 & -1 \end{pmatrix}$$

$$= \begin{pmatrix} 5 \cdot 2 + 7 \cdot 4 & 5 \cdot (-3) + 7 \cdot 0 & 5 \cdot 1 + 7 \cdot (-1) \\ (-2) \cdot 2 + 6 \cdot 4 & (-2) \cdot (-3) + 6 \cdot 0 & (-2) \cdot 1 + 6 \cdot (-1) \\ 3 \cdot 2 + (-4) \cdot 4 & 3 \cdot (-3) + (-4) \cdot 0 & 3 \cdot 1 + (-4) \cdot (-1) \end{pmatrix}$$

$$= \begin{pmatrix} 38 & -15 & -2 \\ 20 & 6 & -8 \\ -10 & -9 & 7 \end{pmatrix}$$

例 1.10

$$\begin{pmatrix} 1 & -4 & 3 \end{pmatrix} \begin{pmatrix} 4 \\ -2 \\ -3 \end{pmatrix}$$

$$= 1 \cdot 4 + (-4) \cdot (-2) + 3 \cdot (-3) = 3$$

例 1.11

$$\begin{pmatrix} 4 \\ -2 \\ -3 \end{pmatrix} \begin{pmatrix} 1 & -4 & 3 \end{pmatrix}$$

$$= \begin{pmatrix} 4 \cdot 1 & 4 \cdot (-4) & 4 \cdot 3 \\ -2 \cdot 1 & -2 \cdot (-4) & -2 \cdot 3 \\ -3 \cdot 1 & -3 \cdot (-4) & -3 \cdot 3 \end{pmatrix}$$

$$= \begin{pmatrix} 4 & -16 & 12 \\ -2 & 8 & -6 \\ -3 & 12 & -9 \end{pmatrix}$$

例 1.12

$$\begin{pmatrix} 2 & 3 \end{pmatrix} \begin{pmatrix} 0 & -2 & 4 \\ 1 & 0 & -3 \end{pmatrix}$$

$$= \begin{pmatrix} 2 \cdot 0 + 3 \cdot 1 & 2 \cdot (-2) + 3 \cdot 0 & 2 \cdot 4 + 3 \cdot (-3) \end{pmatrix}$$

$$= \begin{pmatrix} 3 & -4 & -1 \end{pmatrix}$$

8   第1章　行列

例 1.13
$$\begin{pmatrix} 2+i & 3-i & 1-2i \\ 2i & -2-3i & 3 \end{pmatrix} \begin{pmatrix} 1-i \\ -2i \\ -2+3i \end{pmatrix}$$

$$= \begin{pmatrix} (2+i)\cdot(1-i)+(3-i)\cdot(-2i)+(1-2i)\cdot(-2+3i) \\ 2i\cdot(1-i)+(-2-3i)\cdot(-2i)+3\cdot(-2+3i) \end{pmatrix}$$

$$= \begin{pmatrix} 5 \\ -10+15i \end{pmatrix}$$

定理 1.2　A, B, C を行列，a をスカラーとする．このとき，次が成り立つ．

(1)　$EA = AE = A,\quad AO = O,\quad OA = O$

(2)　$(AB)C = A(BC)$

(3)　$(A+B)C = AC + BC,\quad A(B+C) = AB + AC$

(4)　$(aA)B = A(aB) = a(AB)$

証明　(2) のみ示す.

$m \times n$ 行列 $A = (a_{ij})$ と $n \times l$ 行列 $B = (b_{ij})$ および $l \times p$ 行列 $C = (c_{ij})$ に対して，

AB の (i,j) 成分 $= \displaystyle\sum_{k=1}^{n} a_{ik}b_{kj}$ であるから，

$$(AB)C \text{ の } (i,j) \text{ 成分} = \sum_{h=1}^{l} \left(\sum_{k=1}^{n} a_{ik}b_{kh} \right) c_{hj}$$

$$= \sum_{h=1}^{l} (a_{i1}b_{1h} + a_{i2}b_{2h} + \cdots + a_{in}b_{nh})c_{hj}$$

$$= \sum_{h=1}^{l} \sum_{k=1}^{n} a_{ik}b_{kh}c_{hj}$$

$$= a_{i1} \sum_{h=1}^{l} b_{1h}c_{hj} + a_{i2} \sum_{h=1}^{l} b_{2h}c_{hj} + \cdots + a_{in} \sum_{h=1}^{l} b_{nh}c_{hj}$$

$$= \sum_{k=1}^{n} a_{ik} \left(\sum_{h=1}^{l} b_{kh}c_{hj} \right)$$

$$= A(BC) \text{ の } (i,j) \text{ 成分}$$

例題 1.1　$A = \begin{pmatrix} 2 & 0 & -1 \\ 1 & -2 & 4 \end{pmatrix}, \quad B = \begin{pmatrix} 1 & 1 & 0 & 2 \\ 0 & -1 & -2 & 3 \\ -3 & 5 & -4 & -1 \end{pmatrix}, \quad C = \begin{pmatrix} 1 & 1 \\ 0 & 2 \\ 1 & -1 \\ -2 & 1 \end{pmatrix}$

のとき，$(AB)C = A(BC)$ を確かめよ．

解答

$$AB = \begin{pmatrix} 2 & 0 & -1 \\ 1 & -2 & 4 \end{pmatrix} \begin{pmatrix} 1 & 1 & 0 & 2 \\ 0 & -1 & -2 & 3 \\ -3 & 5 & -4 & -1 \end{pmatrix}$$

$$= \begin{pmatrix} 5 & -3 & 4 & 5 \\ -11 & 23 & -12 & -8 \end{pmatrix}$$

$$(AB)C = \begin{pmatrix} 5 & -3 & 4 & 5 \\ -11 & 23 & -12 & -8 \end{pmatrix} \begin{pmatrix} 1 & 1 \\ 0 & 2 \\ 1 & -1 \\ -2 & 1 \end{pmatrix} = \begin{pmatrix} -1 & 0 \\ -7 & 39 \end{pmatrix}$$

$$BC = \begin{pmatrix} 1 & 1 & 0 & 2 \\ 0 & -1 & -2 & 3 \\ -3 & 5 & -4 & -1 \end{pmatrix} \begin{pmatrix} 1 & 1 \\ 0 & 2 \\ 1 & -1 \\ -2 & 1 \end{pmatrix}$$

$$= \begin{pmatrix} -3 & 5 \\ -8 & 3 \\ -5 & 10 \end{pmatrix}$$

$$A(BC) = \begin{pmatrix} 2 & 0 & -1 \\ 1 & -2 & 4 \end{pmatrix} \begin{pmatrix} -3 & 5 \\ -8 & 3 \\ -5 & 10 \end{pmatrix} = \begin{pmatrix} -1 & 0 \\ -7 & 39 \end{pmatrix}$$

よって，$(AB)C = A(BC)$

例 1.14

$$\begin{pmatrix} 1 & 0 & 0 \\ 0 & 1 & 0 \\ 0 & 0 & 1 \end{pmatrix} \begin{pmatrix} -3 & 4 \\ 1 & -2 \\ 0 & 7 \end{pmatrix} = \begin{pmatrix} -3 & 4 \\ 1 & -2 \\ 0 & 7 \end{pmatrix}$$

$$\begin{pmatrix} -3 & 4 \\ 1 & -2 \\ 0 & 7 \end{pmatrix} \begin{pmatrix} 1 & 0 \\ 0 & 1 \end{pmatrix} = \begin{pmatrix} -3 & 4 \\ 1 & -2 \\ 0 & 7 \end{pmatrix}$$

例 1.15

$$\begin{pmatrix} 0 & 0 & 0 \\ 0 & 0 & 0 \end{pmatrix} \begin{pmatrix} -3 & 4 \\ 1 & -2 \\ 0 & 7 \end{pmatrix} = \begin{pmatrix} 0 & 0 \\ 0 & 0 \end{pmatrix}$$

$$\begin{pmatrix} -3 & 4 \\ 1 & -2 \\ 0 & 7 \end{pmatrix} \begin{pmatrix} 0 & 0 & 0 & 0 \\ 0 & 0 & 0 & 0 \end{pmatrix} = \begin{pmatrix} 0 & 0 & 0 & 0 \\ 0 & 0 & 0 & 0 \\ 0 & 0 & 0 & 0 \end{pmatrix}$$

10　第1章　行列

行列の積については，通常の数のように交換法則は成立しない．そもそも行列の型の問題により，積 AB と積 BA が両方とも定義されるかわからない．また，A が 2×3 行列，B が 3×2 行列の場合には，AB は 2×2 行列，BA は 3×3 行列と双方の積が定義されるものの行列の型が異なるため等しいかどうかの比較ができない．行列 A と B が共に n 次正方行列であれば，積 AB と BA が両方とも定義され同じ型となるが，両者が等しいかどうかはわからない．例えば $A=\begin{pmatrix} 1 & 2 \\ -1 & 1 \end{pmatrix}, B=\begin{pmatrix} 1 & 1 \\ 1 & -1 \end{pmatrix}$ のとき，

$$AB=\begin{pmatrix} 1 & 2 \\ -1 & 1 \end{pmatrix}\begin{pmatrix} 1 & 1 \\ 1 & -1 \end{pmatrix}=\begin{pmatrix} 3 & -1 \\ 0 & -2 \end{pmatrix}$$

$$BA=\begin{pmatrix} 1 & 1 \\ 1 & -1 \end{pmatrix}\begin{pmatrix} 1 & 2 \\ -1 & 1 \end{pmatrix}=\begin{pmatrix} 0 & 3 \\ 2 & 1 \end{pmatrix}$$

となり，$AB\neq BA$ である．

行列の積について，通常の数の積と異なることとして零因子の存在があげられる．通常の数では，$ab=0$ のとき，$a=0$ または $b=0$ が成立する．行列の場合は，$A\neq O$ かつ $B\neq O$ であっても $AB=O$ となる場合がある．このような A, B を零因子と呼ぶ．

例 1.16
$$A=\begin{pmatrix} 1 & -2 \\ 2 & -4 \end{pmatrix},\quad B=\begin{pmatrix} 6 & -2 \\ 3 & -1 \end{pmatrix}$$
のとき，

$$AB=\begin{pmatrix} 1 & -2 \\ 2 & -4 \end{pmatrix}\begin{pmatrix} 6 & -2 \\ 3 & -1 \end{pmatrix}=\begin{pmatrix} 0 & 0 \\ 0 & 0 \end{pmatrix}$$

▌行列の分割▐

行列の行と列を以下のように分けていくつかの小行列に分割して考えることがある．これによって行列を成分とする行列のように扱う．例えば，次のように A を6個の小行列 $A_{11}, A_{12}, A_{13}, A_{21}, A_{22}, A_{23}$ に分割する．

$$A=\left(\begin{array}{cc:c:ccc} 2 & 1 & 3 & 2 & 1 & 1 \\ \hdashline 4 & 2 & 1 & 3 & 1 & 2 \\ 0 & 1 & 0 & 0 & 2 & 1 \end{array}\right)=\begin{pmatrix} A_{11} & A_{12} & A_{13} \\ A_{21} & A_{22} & A_{23} \end{pmatrix}$$

$$A_{11}=\begin{pmatrix} 2 & 1 \end{pmatrix},\quad A_{12}=\begin{pmatrix} 3 \end{pmatrix},\quad A_{13}=\begin{pmatrix} 2 & 1 & 1 \end{pmatrix}$$

$$A_{21}=\begin{pmatrix} 4 & 2 \\ 0 & 1 \end{pmatrix},\quad A_{22}=\begin{pmatrix} 1 \\ 0 \end{pmatrix},\quad A_{23}=\begin{pmatrix} 3 & 1 & 2 \\ 0 & 2 & 1 \end{pmatrix}$$

1.2 行列の演算　11

　行列を分割することにより，行列の積をわかりやすく記述することができる．$m \times n$ 行列 A と $n \times l$ 行列 B が，A の列の分け方と B の行の分け方が同じとなるように，

$$A = \begin{pmatrix} A_{11} & A_{12} & \cdots & A_{1q} \\ \vdots & \vdots & & \vdots \\ A_{p1} & A_{p2} & \cdots & A_{pq} \end{pmatrix}, \quad B = \begin{pmatrix} B_{11} & B_{12} & \cdots & B_{1r} \\ \vdots & \vdots & & \vdots \\ B_{q1} & B_{q2} & \cdots & B_{qr} \end{pmatrix}$$

$A_{1j}\,(1 \leqq j \leqq q)$ に含まれる列の数と $B_{j1}\,(1 \leqq j \leqq q)$ に含まれる行の数が等しいように分割されているとする．このとき，

$$C_{ij} = \sum_{k=1}^{q} A_{ik}B_{kj} \qquad (1 \leqq i \leqq p,\ 1 \leqq j \leqq r)$$

なる行列が定義できるが，これらを並べて

$$C = \begin{pmatrix} C_{11} & C_{12} & \cdots & C_{1r} \\ \vdots & \vdots & & \vdots \\ C_{p1} & C_{p2} & \cdots & C_{pr} \end{pmatrix}$$

なる行列 C を作ると，

$$AB = C$$

が成り立つ．

例 1.17
$$\left(\begin{array}{cc:ccc} 1 & 1 & -1 & 0 & 1 \\ \hdashline 0 & -1 & 2 & -1 & 0 \\ 1 & 0 & 1 & 1 & -1 \end{array}\right) \left(\begin{array}{c:cc} 1 & 1 & 1 \\ 0 & -1 & 0 \\ \hdashline 1 & 2 & -1 \\ 0 & 1 & 2 \\ -2 & 1 & 1 \end{array}\right) = \left(\begin{array}{c:cc} -2 & -1 & 3 \\ \hdashline 2 & 4 & -4 \\ 4 & 3 & 1 \end{array}\right)$$

小行列の積とその和は次のようになる．

$$\begin{pmatrix} 1 & 1 \end{pmatrix}\begin{pmatrix} 1 \\ 0 \end{pmatrix} + \begin{pmatrix} -1 & 0 & 1 \end{pmatrix}\begin{pmatrix} 1 \\ 0 \\ -2 \end{pmatrix} = 1 + (-3) = -2$$

$$\begin{pmatrix} 1 & 1 \end{pmatrix}\begin{pmatrix} 1 & 1 \\ -1 & 0 \end{pmatrix} + \begin{pmatrix} -1 & 0 & 1 \end{pmatrix}\begin{pmatrix} 2 & -1 \\ 1 & 2 \\ 1 & 1 \end{pmatrix} = \begin{pmatrix} 0 & 1 \end{pmatrix} + \begin{pmatrix} -1 & 2 \end{pmatrix} = \begin{pmatrix} -1 & 3 \end{pmatrix}$$

$$\begin{pmatrix} 0 & -1 \\ 1 & 0 \end{pmatrix}\begin{pmatrix} 1 \\ 0 \end{pmatrix} + \begin{pmatrix} 2 & -1 & 0 \\ 1 & 1 & -1 \end{pmatrix}\begin{pmatrix} 1 \\ 0 \\ -2 \end{pmatrix} = \begin{pmatrix} 0 \\ 1 \end{pmatrix} + \begin{pmatrix} 2 \\ 3 \end{pmatrix} = \begin{pmatrix} 2 \\ 4 \end{pmatrix}$$

$$\begin{pmatrix} 0 & -1 \\ 1 & 0 \end{pmatrix}\begin{pmatrix} 1 & 1 \\ -1 & 0 \end{pmatrix} + \begin{pmatrix} 2 & -1 & 0 \\ 1 & 1 & -1 \end{pmatrix}\begin{pmatrix} 2 & -1 \\ 1 & 2 \\ 1 & 1 \end{pmatrix} = \begin{pmatrix} 1 & 0 \\ 1 & 1 \end{pmatrix} + \begin{pmatrix} 3 & -4 \\ 2 & 0 \end{pmatrix} = \begin{pmatrix} 4 & -4 \\ 3 & 1 \end{pmatrix}$$

12   第 1 章　行列

例 **1.18**　$m \times n$ 行列 A と $n \times l$ 行列 B について，A を

$$A = \begin{pmatrix} \boldsymbol{a}^1 \\ \boldsymbol{a}^2 \\ \vdots \\ \boldsymbol{a}^m \end{pmatrix}$$

と行ベクトル表示し，B を

$$B = \begin{pmatrix} \boldsymbol{b}_1 & \boldsymbol{b}_2 & \dots & \boldsymbol{b}_l \end{pmatrix}$$

と列ベクトル表示すると，積 AB は次のように表される．

$$AB = A \begin{pmatrix} \boldsymbol{b}_1 & \boldsymbol{b}_2 & \dots & \boldsymbol{b}_l \end{pmatrix} = \begin{pmatrix} A\boldsymbol{b}_1 & A\boldsymbol{b}_2 & \dots & A\boldsymbol{b}_l \end{pmatrix}$$

$$AB = \begin{pmatrix} \boldsymbol{a}^1 \\ \boldsymbol{a}^2 \\ \vdots \\ \boldsymbol{a}^m \end{pmatrix} B = \begin{pmatrix} \boldsymbol{a}^1 B \\ \boldsymbol{a}^2 B \\ \vdots \\ \boldsymbol{a}^m B \end{pmatrix}$$

$$AB = \begin{pmatrix} \boldsymbol{a}^1 \\ \boldsymbol{a}^2 \\ \vdots \\ \boldsymbol{a}^m \end{pmatrix} \begin{pmatrix} \boldsymbol{b}_1 & \boldsymbol{b}_2 & \dots & \boldsymbol{b}_l \end{pmatrix} = \begin{pmatrix} \boldsymbol{a}^1\boldsymbol{b}_1 & \boldsymbol{a}^1\boldsymbol{b}_2 & \cdots & \boldsymbol{a}^1\boldsymbol{b}_l \\ \boldsymbol{a}^2\boldsymbol{b}_1 & \boldsymbol{a}^2\boldsymbol{b}_2 & \cdots & \boldsymbol{a}^2\boldsymbol{b}_l \\ \vdots & \vdots & & \vdots \\ \boldsymbol{a}^m\boldsymbol{b}_1 & \boldsymbol{a}^m\boldsymbol{b}_2 & \cdots & \boldsymbol{a}^m\boldsymbol{b}_l \end{pmatrix}$$

▍行列のベキ乗▍

正方行列 A は自分自身との積 AA ができる．これを A の 2 乗といい，A^2 と書く．一般に A の n 個の積を A の n 乗と呼び A^n と書く．

$$A^n = \underbrace{AA \cdots A}_{n \text{ 個}}$$

行列のベキ乗については，次のような指数法則が成立する．A を n 次正方行列，p, q を自然数とするとき，

$$A^p A^q = A^{p+q}, \quad (A^p)^q = A^{pq}.$$

例 **1.19**　ベキ乗の計算は，A が対角行列のときはやさしい．例えば $A = \begin{pmatrix} 2 & 0 \\ 0 & -3 \end{pmatrix}$ のとき，

$$A^2 = \begin{pmatrix} 4 & 0 \\ 0 & 9 \end{pmatrix}$$

$$A^3 = \begin{pmatrix} 8 & 0 \\ 0 & -27 \end{pmatrix}$$

$$A^n = \begin{pmatrix} 2^n & 0 \\ 0 & (-3)^n \end{pmatrix}$$

1.3　いろいろな行列

▌正則行列と逆行列▐

> **定義 1.3**　n 次正方行列 A に対して
> $$AX = XA = E$$
> をみたす n 次正方行列 X が存在するとき，A を**正則行列** (**regular matrix**) という．
> このとき，X を A の**逆行列** (**inverse matrix**) といい，$X = A^{-1}$ と書く．

逆行列は存在すればただ 1 つである．今 A の逆行列として，X および Y があったとする．$AX = XA = E$ および $AY = YA = E$ より，$X = XE = X(AY) = (XA)Y = EY = Y$ となり，$X = Y$．

例 1.20　2 次正方行列 $A = \begin{pmatrix} a & b \\ c & d \end{pmatrix}$ は，$ad - bc \neq 0$ ならば正則で，$A^{-1} = \dfrac{1}{ad - bc} \begin{pmatrix} d & -b \\ -c & a \end{pmatrix}$ である．

実際，$\tilde{A} = \begin{pmatrix} d & -b \\ -c & a \end{pmatrix}$ とおくと，

$$A\tilde{A} = \begin{pmatrix} a & b \\ c & d \end{pmatrix} \begin{pmatrix} d & -b \\ -c & a \end{pmatrix} = \begin{pmatrix} ad - bc & 0 \\ 0 & ad - bc \end{pmatrix} = (ad - bc) \begin{pmatrix} 1 & 0 \\ 0 & 1 \end{pmatrix}$$

$$\tilde{A}A = \begin{pmatrix} d & -b \\ -c & a \end{pmatrix} \begin{pmatrix} a & b \\ c & d \end{pmatrix} = \begin{pmatrix} ad - bc & 0 \\ 0 & ad - bc \end{pmatrix} = (ad - bc) \begin{pmatrix} 1 & 0 \\ 0 & 1 \end{pmatrix}$$

ここで，$ad - bc \neq 0$ ならば，

$$A \frac{1}{ad - bc} \tilde{A} = \frac{1}{ad - bc} \tilde{A}A = E$$

となるので，A は正則で

$$A^{-1} = \frac{1}{ad - bc} \tilde{A} = \frac{1}{ad - bc} \begin{pmatrix} d & -b \\ -c & a \end{pmatrix}.$$

例題 1.2　$A = \begin{pmatrix} -3 & 2 \\ -5 & 4 \end{pmatrix}$ のとき，A^{-1} を求めよ．

14　第 1 章　行列

解答　$A^{-1} = \dfrac{1}{-3 \cdot 4 - 2 \cdot (-5)} \begin{pmatrix} 4 & -2 \\ 5 & -3 \end{pmatrix} = -\dfrac{1}{2} \begin{pmatrix} 4 & -2 \\ 5 & -3 \end{pmatrix}$

命題 1.1　A が正則ならば，A^{-1} も正則で，$(A^{-1})^{-1} = A$.

証明　A を正則であるとする．$B = A^{-1}$ とおけば，$BA = AB = E$ をみたすが，これは B が正則であることを示す．また，$B^{-1} = A$ であるから，$(A^{-1})^{-1} = A$.

命題 1.2　n 次正方行列 A, B が正則ならば，AB も正則で，$(AB)^{-1} = B^{-1}A^{-1}$.

証明　$X = AB$ とおく．$X(B^{-1}A^{-1}) = AB(B^{-1}A^{-1}) = A(BB^{-1})A^{-1} = AEA^{-1} = AA^{-1} = E$. 同様にして $(B^{-1}A^{-1})X = E$. したがって X は正則で $X^{-1} = B^{-1}A^{-1}$. すなわち $(AB)^{-1} = B^{-1}A^{-1}$.

　A が正則であるとき，任意の整数に対してベキ乗が定義できる．n を自然数とするとき，

$$A^{-n} = \underbrace{A^{-1}A^{-1}\cdots A^{-1}}_{n \text{ 個}}, \quad A^0 = E$$

と定める．このとき，負のベキ乗も含めて指数法則が成立する．p, q を整数とするとき，

$$A^p A^q = A^{p+q}, \quad (A^p)^q = A^{pq}.$$

▌三角行列▐

定義 1.4　n 次正方行列 $A = (a_{ij})$ が，

　　$a_{ij} = 0 \quad (i > j)$ をみたすとき，A を上三角行列 (upper triangular matrix)

　　$a_{ij} = 0 \quad (i < j)$ をみたすとき，A を下三角行列 (lower triangular matrix)

　　$a_{ij} = 0 \quad (i \neq j)$ をみたすとき，A を対角行列 (diagonal matrix)

という．これらを合わせて三角行列 (triangular matrix) という．

例 1.21　次は上三角行列である．

$$\begin{pmatrix} 2 & 3 \\ 0 & 5 \end{pmatrix}, \begin{pmatrix} 1 & 0 & -4 \\ 0 & 3 & -1 \\ 0 & 0 & 7 \end{pmatrix}, \begin{pmatrix} 0 & 3 & 1 & 2 \\ 0 & 1 & -2 & 4 \\ 0 & 0 & 0 & 2 \\ 0 & 0 & 0 & 5 \end{pmatrix}, \begin{pmatrix} 1 & 2 & 3 & 4 \\ 0 & 2 & 3 & 4 \\ 0 & 0 & 3 & 4 \\ 0 & 0 & 0 & 0 \end{pmatrix}$$

1.3 いろいろな行列　　15

例 1.22　次は下三角行列である.

$$\begin{pmatrix} 2 & 0 \\ 1 & 5 \end{pmatrix}, \begin{pmatrix} 1 & 0 & 0 \\ 0 & 3 & 0 \\ 2 & 4 & 6 \end{pmatrix}, \begin{pmatrix} 1 & 0 & 0 & 0 \\ 1 & 2 & 0 & 0 \\ 1 & 2 & 3 & 0 \\ 1 & 2 & 3 & 4 \end{pmatrix}, \begin{pmatrix} 0 & 0 & 0 & 0 \\ 0 & -3 & 0 & 0 \\ 2 & 0 & 3 & 0 \\ 2 & 3 & 0 & 5 \end{pmatrix}$$

A, B が n 次上三角行列（下三角行列）ならば，その和 $A + B$，スカラー倍 kA，積 AB も上三角行列（下三角行列）である.

対角行列は，上三角行列でもあり下三角行列でもある.単位行列 E は，上三角行列でもあり下三角行列でもあり対角行列でもある.

三角行列（上三角行列，下三角行列，対角行列）が正則であるための必要十分条件はすべての対角成分が 0 でないことである.

▋転置行列▋

行列 A の行と列を入れ替えた行列を，A の**転置行列 (transposed matrix)** といい，${}^t A$ と書く.

$$A = \begin{pmatrix} a_{11} & a_{12} & \dots & a_{1n} \\ a_{21} & a_{22} & \dots & a_{2n} \\ \vdots & \vdots & & \vdots \\ a_{m1} & a_{m2} & \dots & a_{mn} \end{pmatrix} \text{ならば,} \quad {}^t A = \begin{pmatrix} a_{11} & a_{21} & \dots & a_{m1} \\ a_{12} & a_{22} & \dots & a_{m2} \\ \vdots & \vdots & & \vdots \\ a_{1n} & a_{2n} & \dots & a_{mn} \end{pmatrix} \text{である.}$$

例 1.23　$A = \begin{pmatrix} 4 & 2 & -3 \\ -1 & 0 & 5 \end{pmatrix}$ ならば，${}^t A = \begin{pmatrix} 4 & -1 \\ 2 & 0 \\ -3 & 5 \end{pmatrix}$ である.

定理 1.3　A, B を行列，k をスカラーとする.このとき，次が成り立つ.

(1)　${}^t({}^t A) = A$

(2)　${}^t(A + B) = {}^t A + {}^t B$

(3)　${}^t(kA) = k\,{}^t A$

(4)　${}^t(AB) = {}^t B\,{}^t A$

証明　いずれも転置の定義から明らかである.(4) を示す.$A = (a_{ij})$ を $m \times n$ 行列，$B = (b_{ij})$ を $n \times l$ 行列とする.

AB の (j, i) 成分 $= \displaystyle\sum_{k=1}^{n} a_{jk} b_{ki}$ であるから，${}^t(AB)$ の (i, j) 成分 $= \displaystyle\sum_{k=1}^{n} a_{jk} b_{ki}$ である.

一方，

$$
{}^tB \text{ の第 } i \text{ 行} = \begin{pmatrix} b_{1i} & b_{2i} & \cdots & b_{ni} \end{pmatrix}, \ {}^tA \text{ の第 } j \text{ 列} = \begin{pmatrix} a_{j1} \\ a_{j2} \\ \vdots \\ a_{jn} \end{pmatrix} \text{ より}
$$

$$
{}^tB\,{}^tA \text{ の } (i,j) \text{ 成分} = \sum_{k=1}^{n} b_{ki}a_{jk} = \sum_{k=1}^{n} a_{jk}b_{ki}.
$$

${}^t(AB)$ と ${}^tB\,{}^tA$ の (i,j) 成分が一致するので，両者は等しい. ∎

定理 1.4 A が正則ならば，${}^tA$ も正則で，$({}^tA)^{-1} = {}^t(A^{-1})$.

証明 A を正則行列とする．$X = {}^t(A^{-1})$ とおく．定理 1.3 より，

$$
{}^tAX = {}^tA\,{}^t(A^{-1}) = {}^t(A^{-1}A) = {}^tE = E
$$

$$
X\,{}^tA = {}^t(A^{-1})\,{}^tA = {}^t(AA^{-1}) = {}^tE = E
$$

${}^tAX = X\,{}^tA = E$ となるため，${}^tA$ は正則で，$({}^tA)^{-1} = X = {}^t(A^{-1})$. ∎

▌対称行列と交代行列▌

定義 1.5 n 次正方行列 A は

$\qquad$ ${}^tA = A$ のとき，**対称行列 (symmetric matrix)**

$\qquad$ ${}^tA = -A$ のとき，**交代行列 (alternative matrix)**

と呼ばれる.

例 1.24 次は対称行列である.

$$
\begin{pmatrix} 2 & -1 \\ -1 & 3 \end{pmatrix}, \begin{pmatrix} 3 & 2 & -1 \\ 2 & -1 & 4 \\ -1 & 4 & 5 \end{pmatrix}, \begin{pmatrix} 0 & -3 & 6 \\ -3 & 2 & 1 \\ 6 & 1 & -2 \end{pmatrix}
$$

対称行列は，対角成分は任意で，対角成分に関して線対称の位置にある成分どうしが等しいものである.

例 1.25 次は交代行列である.

$$
\begin{pmatrix} 0 & 1 \\ -1 & 0 \end{pmatrix}, \begin{pmatrix} 0 & 2 & -1 \\ -2 & 0 & 4 \\ 1 & -4 & 0 \end{pmatrix}, \begin{pmatrix} 0 & -3 & 6 \\ 3 & 0 & 1 \\ -6 & -1 & 0 \end{pmatrix}
$$

交代行列は，対角成分が 0，対角成分に関して線対称の位置にある成分どうしが -1 倍の関係があるものである.

A が正方行列のとき，$A + {}^tA$ は対称行列，$A - {}^tA$ は交代行列となる．実際，定理 1.3 より，

$$ {}^t(A + {}^tA) = {}^tA + {}^t({}^tA) = {}^tA + A = A + {}^tA $$

$$ {}^t(A - {}^tA) = {}^tA - {}^t({}^tA) = {}^tA - A = -(A - {}^tA) $$

となり，それぞれ対称行列，交代行列であることがわかる．このことから，正方行列 A は，$A = \dfrac{1}{2}(A + {}^tA) + \dfrac{1}{2}(A - {}^tA)$ と対称行列と交代行列の和で表される．

例題 1.3 $A = \begin{pmatrix} -1 & -1 & -2 \\ 3 & 2 & 1 \\ -4 & 3 & -3 \end{pmatrix}$ を対称行列と交代行列の和で表せ．

解答

$$ A + {}^tA = \begin{pmatrix} -1 & -1 & -2 \\ 3 & 2 & 1 \\ -4 & 3 & -3 \end{pmatrix} + \begin{pmatrix} -1 & 3 & -4 \\ -1 & 2 & 3 \\ -2 & 1 & -3 \end{pmatrix} = \begin{pmatrix} -2 & 2 & -6 \\ 2 & 4 & 4 \\ -6 & 4 & -6 \end{pmatrix} $$

$$ A - {}^tA = \begin{pmatrix} -1 & -1 & -2 \\ 3 & 2 & 1 \\ -4 & 3 & -3 \end{pmatrix} - \begin{pmatrix} -1 & 3 & -4 \\ -1 & 2 & 3 \\ -2 & 1 & -3 \end{pmatrix} = \begin{pmatrix} 0 & -4 & 2 \\ 4 & 0 & -2 \\ -2 & 2 & 0 \end{pmatrix} $$

$$ \frac{1}{2}(A + {}^tA) = \frac{1}{2}\begin{pmatrix} -2 & 2 & -6 \\ 2 & 4 & 4 \\ -6 & 4 & -6 \end{pmatrix} = \begin{pmatrix} -1 & 1 & -3 \\ 1 & 2 & 2 \\ -3 & 2 & -3 \end{pmatrix} $$

$$ \frac{1}{2}(A - {}^tA) = \frac{1}{2}\begin{pmatrix} 0 & -4 & 2 \\ 4 & 0 & -2 \\ -2 & 2 & 0 \end{pmatrix} = \begin{pmatrix} 0 & -2 & 1 \\ 2 & 0 & -1 \\ -1 & 1 & 0 \end{pmatrix} $$

したがって，

$$ A = \begin{pmatrix} -1 & 1 & -3 \\ 1 & 2 & 2 \\ -3 & 2 & -3 \end{pmatrix} + \begin{pmatrix} 0 & -2 & 1 \\ 2 & 0 & -1 \\ -1 & 1 & 0 \end{pmatrix} $$

A, B が対称行列のとき，$A + B$，$A - B$ も対称行列．A, B が交代行列のとき，$A + B$，$A - B$ も交代行列である．

▌直交行列▌

定義 1.6 n 次正方行列 A は，${}^tA = A^{-1}$ をみたすとき，**直交行列** (orthogonal matrix) と呼ばれる．

定義より，直交行列は正則である．単位行列 E は直交行列である．

18　第 1 章　行列

例 1.26　次は直交行列である.

$$
\begin{pmatrix} 1 & 0 \\ 0 & -1 \end{pmatrix}, \quad \frac{1}{\sqrt{5}} \begin{pmatrix} 1 & 2 \\ -2 & 1 \end{pmatrix}, \quad \begin{pmatrix} \dfrac{1}{\sqrt{3}} & \dfrac{1}{\sqrt{2}} & \dfrac{1}{\sqrt{6}} \\ \dfrac{1}{\sqrt{3}} & -\dfrac{1}{\sqrt{2}} & \dfrac{1}{\sqrt{6}} \\ \dfrac{1}{\sqrt{3}} & 0 & -\dfrac{2}{\sqrt{6}} \end{pmatrix}, \quad \frac{1}{3} \begin{pmatrix} 1 & -2 & 2 \\ 2 & -1 & -2 \\ 2 & 2 & 1 \end{pmatrix}
$$

例 1.27　2 次直交行列は次の形のものに限る.

$$
\begin{pmatrix} \cos\theta & -\sin\theta \\ \sin\theta & \cos\theta \end{pmatrix}, \begin{pmatrix} \cos\theta & \sin\theta \\ \sin\theta & -\cos\theta \end{pmatrix}
$$

　A が直交行列のとき, A^{-1} も直交行列. A, B が直交行列のとき, AB も直交行列である.

■複素共役行列■

　複素数 $z = a + bi$　(a, b は実数) に対して $\overline{z} = a - bi$ を z の複素共役という. 複素数 z, w に対して次が成立する.

$$
\overline{\overline{z}} = z, \quad \overline{zw} = \overline{z}\,\overline{w}, \quad \overline{z + w} = \overline{z} + \overline{w}
$$

　$m \times n$ 行列 $A = (a_{ij})$ に対して, その成分 a_{ij} の複素共役 $\overline{a_{ij}}$ を (i, j) 成分とする行列を A の**複素共役行列 (complex conjugate matrix)** といい, $\overline{A}$ で表す. また, $A^* = {}^t\overline{A}$ とおき, A の**共役転置行列 (conjugate transpose matrix)**（**随伴行列 (adjoint matrix)**）という.

例 1.28　$A = \begin{pmatrix} 2 & 1 - i \\ 2 + 3i & 3 - 2i \end{pmatrix}$ のとき,

$$
{}^t A = \begin{pmatrix} 2 & 2 + 3i \\ 1 - i & 3 - 2i \end{pmatrix}, \quad \overline{A} = \begin{pmatrix} 2 & 1 + i \\ 2 - 3i & 3 + 2i \end{pmatrix}, \quad A^* = \begin{pmatrix} 2 & 2 - 3i \\ 1 + i & 3 + 2i \end{pmatrix}
$$

　複素共役行列および共役転置行列の定義と定理 1.3 より, 次が成立する.

定理 1.5　A, B を行列, k をスカラーとする. このとき, 次が成り立つ.

(1)　$\overline{\overline{A}} = A$,　　　　　　　$A^{**} = A$

(2)　$\overline{A + B} = \overline{A} + \overline{B}$,　　$(A + B)^* = A^* + B^*$

(3)　$\overline{kA} = \overline{k}\,\overline{A}$,　　　　　$(kA)^* = \overline{k} A^*$

(4)　$\overline{AB} = \overline{A}\,\overline{B}$,　　　　$(AB)^* = B^* A^*$

定理 1.6　A が正則ならば, $\overline{A}, A^*$ も正則で, $\overline{A}^{-1} = \overline{A^{-1}}$, $(A^*)^{-1} = (A^{-1})^*$.

> **定義 1.7** 正方行列 A は,
>
> $A^* = A$ のとき, エルミート行列 (Hermitian matrix)
>
> $A^* = -A$ のとき, 反エルミート行列 (skew Hermitian matrix)
>
> $A^* = A^{-1}$ のとき, ユニタリ行列 (unitary matrix)
>
> と呼ばれる.

例 1.29 次はエルミート行列である. エルミート行列の対角成分はすべて実数であり, 他の成分は対角成分に関して線対称の位置にある成分と互いに共役である.

$$\begin{pmatrix} 2 & i \\ -i & 1 \end{pmatrix}, \quad \begin{pmatrix} 1 & 2+i & 3-2i \\ 2-i & 0 & 1+3i \\ 3+2i & 1-3i & 4 \end{pmatrix}, \quad \begin{pmatrix} 3 & 2i & 1-3i \\ -2i & 1 & 2+i \\ 1+3i & 2-i & 1 \end{pmatrix}$$

例題 1.4 $A = \begin{pmatrix} 1 & 2+i & 3-2i \\ 2-i & 0 & 1+3i \\ 3+2i & 1-3i & 4 \end{pmatrix}$ はエルミート行列であることを示せ.

解答 $A^* = \overline{{}^t A} = \overline{\begin{pmatrix} 1 & 2-i & 3+2i \\ 2+i & 0 & 1-3i \\ 3-2i & 1+3i & 4 \end{pmatrix}} = \begin{pmatrix} 1 & \overline{2-i} & \overline{3+2i} \\ \overline{2+i} & 0 & \overline{1-3i} \\ \overline{3-2i} & \overline{1+3i} & 4 \end{pmatrix}$

$= \begin{pmatrix} 1 & 2+i & 3-2i \\ 2-i & 0 & 1+3i \\ 3+2i & 1-3i & 4 \end{pmatrix} = A$

例 1.30 次は反エルミート行列である. 反エルミート行列の対角成分は純虚数または 0 であり, 他の成分は対角成分と対称の位置にある成分の実数部分の符号が反転する.

$$\begin{pmatrix} 2i & 1+2i \\ -1+2i & -i \end{pmatrix}, \quad \begin{pmatrix} 0 & 2+i & 3-2i \\ -2+i & -2i & 1+3i \\ -3-2i & -1+3i & i \end{pmatrix}, \quad \begin{pmatrix} i & 2i & 1-3i \\ 2i & -i & 2+i \\ -1-3i & -2+i & i \end{pmatrix}$$

例 1.31 次はユニタリ行列である.

$$\frac{1}{\sqrt{2}} \begin{pmatrix} 1 & i \\ i & 1 \end{pmatrix}, \quad \frac{1}{2} \begin{pmatrix} 1 & \sqrt{2}i & 1 \\ -i & -\sqrt{2} & -i \\ 1+i & 0 & -1-i \end{pmatrix}$$

20　第 1 章　行列

例題 1.5　$A = \dfrac{1}{2}\begin{pmatrix} 1 & \sqrt{2}i & 1 \\ -i & -\sqrt{2} & -i \\ 1+i & 0 & -1-i \end{pmatrix}$ はユニタリ行列であることを示せ.

解答　$A^* = \overline{{}^tA} = \dfrac{1}{2}\overline{\begin{pmatrix} 1 & -i & 1+i \\ \sqrt{2}i & -\sqrt{2} & 0 \\ 1 & -i & -1-i \end{pmatrix}} = \dfrac{1}{2}\begin{pmatrix} 1 & i & 1-i \\ -\sqrt{2}i & -\sqrt{2} & 0 \\ 1 & i & -1+i \end{pmatrix}$ が A^{-1} である

ことをいえばよい.

$$A^*A = \frac{1}{2}\begin{pmatrix} 1 & i & 1-i \\ -\sqrt{2}i & -\sqrt{2} & 0 \\ 1 & i & -1+i \end{pmatrix} \frac{1}{2}\begin{pmatrix} 1 & \sqrt{2}i & 1 \\ -i & -\sqrt{2} & -i \\ 1+i & 0 & -1-i \end{pmatrix}$$

$$= \frac{1}{4}\begin{pmatrix} 4 & 0 & 0 \\ 0 & 4 & 0 \\ 0 & 0 & 4 \end{pmatrix} = \begin{pmatrix} 1 & 0 & 0 \\ 0 & 1 & 0 \\ 0 & 0 & 1 \end{pmatrix} = E.$$

同様に $AA^* = E$.

　A, B がエルミート行列のとき, $A+B, A-B$ もエルミート行列である. A がユニタリ行列のとき, A^{-1} もユニタリ行列, A, B がユニタリ行列のとき, AB もユニタリ行列である.

　成分がすべて実数である正方行列 A については, エルミート行列は対称行列, 反エルミート行列は交代行列, ユニタリ行列は直交行列とそれぞれ同じである.

1.4　連立 1 次方程式と行列

　K の要素を係数とする連立 1 次方程式

$$\begin{cases} a_{11}x_1 + a_{12}x_2 + \cdots + a_{1n}x_n = b_1 \\ a_{21}x_1 + a_{22}x_2 + \cdots + a_{2n}x_n = b_2 \\ \qquad\cdots\cdots \\ a_{m1}x_1 + a_{m2}x_2 + \cdots + a_{mn}x_n = b_m \end{cases} \quad (a_{ij}, b_k \in K)$$

に対して,

$$A = \begin{pmatrix} a_{11} & a_{12} & \dots & a_{1n} \\ a_{21} & a_{22} & \dots & a_{2n} \\ \vdots & \vdots & & \vdots \\ a_{m1} & a_{m2} & \dots & a_{mn} \end{pmatrix}, \quad \boldsymbol{x} = \begin{pmatrix} x_1 \\ x_2 \\ \vdots \\ x_n \end{pmatrix}, \quad \boldsymbol{b} = \begin{pmatrix} b_1 \\ b_2 \\ \vdots \\ b_m \end{pmatrix}$$

とおくと,

$$A\boldsymbol{x} = \boldsymbol{b}$$

1.4 連立 1 次方程式と行列　　*21*

と表される．このとき，A を連立 1 次方程式の**係数行列 (coefficient matrix)**，

$$\begin{pmatrix} A & \boldsymbol{b} \end{pmatrix} = \begin{pmatrix} a_{11} & a_{12} & \dots & a_{1n} & b_1 \\ a_{21} & a_{22} & \dots & a_{2n} & b_2 \\ \vdots & \vdots & & \vdots & \vdots \\ a_{m1} & a_{m2} & \dots & a_{mn} & b_m \end{pmatrix}$$
を拡大係数行列 (augmented coefficient matrix)

という．

　さて，この連立 1 次方程式はいつ K の中に解をもつか，解はただ 1 つに定まるか，無数にあるか，を考えるものとする．また，特に $\boldsymbol{b} = \boldsymbol{0}$ のとき（同次連立 1 次方程式と呼ぶ），同様のことを考える．

例 1.32　連立 1 次方程式

$$\begin{cases} x - 3y + 2z = -7 \\ 2x - y + z = 0 \\ 3x - 3y + 2z = -3 \end{cases}$$

の係数行列及び拡大係数行列は，

$$\begin{pmatrix} 1 & -3 & 2 \\ 2 & -1 & 1 \\ 3 & -3 & 2 \end{pmatrix}, \quad \begin{pmatrix} 1 & -3 & 2 & -7 \\ 2 & -1 & 1 & 0 \\ 3 & -3 & 2 & -3 \end{pmatrix}$$

である．

■掃き出し法■

　連立 1 次方程式

$$\begin{cases} x - 3y + 2z = -7 \\ 2x - y + z = 0 \\ 3x - 3y + 2z = -3 \end{cases}$$

を解く．

　まずは，第 2 式と第 3 式から x を消去するために，第 2 式に第 1 式の -2 倍を加え，第 3 式に第 1 式の -3 倍を加える（①, ②, ③ は上の連立 1 次方程式の第 1 式，第 2 式，第 3 式をそれぞれ表す）．

$$\begin{cases} x - 3y + 2z = -7 & \cdots & ① \\ 5y - 3z = 14 & \cdots & ② + ① \times (-2) \\ 6y - 4z = 18 & \cdots & ③ + ① \times (-3) \end{cases}$$

第 2 式と第 3 式から x が消去されたところで，第 3 式から y を消去したい．そのための準備として第 3 式に第 2 式の -1 倍を加える（①, ②, ③ は同様に直前の連立 1 次方程式の第 1 式，第 2 式，

第3式をそれぞれ表す).

$$\begin{cases} x - 3y + 2z = -7 & \cdots \quad ① \\ \qquad 5y - 3z = 14 & \cdots \quad ② \\ \qquad y - z = 4 & \cdots \quad ③ + ② \times (-1) \end{cases}$$

第3式と第2式を入れ替える.

$$\begin{cases} x - 3y + 2z = -7 & \cdots \quad ① \\ \qquad y - z = 4 & \cdots \quad ③ \\ \qquad 5y - 3z = 14 & \cdots \quad ② \end{cases}$$

第3式に第2式の -5 倍を加えて y を消去する.

$$\begin{cases} x - 3y + 2z = -7 & \cdots \quad ① \\ \qquad y - z = 4 & \cdots \quad ② \\ \qquad 2z = -6 & \cdots \quad ③ + ② \times (-5) \end{cases}$$

第3式に $1/2$ をかけて z を求める.

$$\begin{cases} x - 3y + 2z = -7 & \cdots \quad ① \\ \qquad y - z = 4 & \cdots \quad ② \\ \qquad z = -3 & \cdots \quad ③ \times \dfrac{1}{2} \end{cases}$$

第1式, 第2式から z を消去する.

$$\begin{cases} x - 3y = -1 & \cdots \quad ① + ③ \times (-2) \\ \qquad y = 1 & \cdots \quad ② + ③ \times 1 \\ \qquad z = -3 & \cdots \quad ③ \end{cases}$$

第1式から y を消去する.

$$\begin{cases} x = 2 & \cdots \quad ① + ② \times 3 \\ \qquad y = 1 & \cdots \quad ② \\ \qquad z = -3 & \cdots \quad ③ \end{cases}$$

以上により, 解が得られた. このような連立1次方程式の解き方を**掃き出し法 (row reduction)** という.

掃き出し法では次のような3つの式変形を用いる. これを連立1次方程式の基本変形という.

連立1次方程式の基本変形

(1) 1つの式を $k(\neq 0)$ 倍する.

(2) 2つの式を入れ替える.

(3) 1つの式に他の式の k 倍を加える.

これらの変形はいずれも逆変形が可能である. 例えば, 「1つの式を $k(\neq 0)$ 倍する」に対応する逆変形は, 「その式を k^{-1} 倍する」であり, これもまた基本変形である. また, 変形した結果は同値な連立1次方程式となる. つまり, 変形の前後で連立1次方程式の解は変わらない.

1.4 連立 1 次方程式と行列 **23**

注意 1.1　掃き出し法では，次の操作は許される．

$$\begin{cases} x - 3y + 2z = -7 \\ 2x - y + z = 0 \\ 3x - 3y + 2z = -3 \end{cases} \longrightarrow \begin{cases} x - 3y + 2z = -7 & \cdots & ① \\ 5y - 3z = 14 & \cdots & ② + ① \times (-2) \\ 6y - 4z = 18 & \cdots & ③ + ① \times (-3) \end{cases}$$

これは次の 2 つの基本変形を逐次やった結果と同一となるからである．

(1) 第 2 式に第 1 式の -2 倍を加える．　　(2) 第 3 式に第 1 式の -3 倍を加える．

一方次の操作は許されない．

$$\begin{cases} x - 3y + 2z = -7 \\ 5y - 3z = 14 \\ 6y - 4z = 18 \end{cases} \longrightarrow \begin{cases} x - 3y + 2z = -7 & \cdots & ① \\ - y + z = -4 & \cdots & ② + ③ \times (-1) \\ y - z = 4 & \cdots & ③ + ② \times (-1) \end{cases}$$

この後，次の基本変形をしたときにそのおかしさに気づく．

$$\longrightarrow \begin{cases} x - 3y + 2z = -7 & \cdots & ① \\ - y + z = -4 & \cdots & ② \\ 0 = 0 & \cdots & ③ + ② \times 1 \end{cases}$$

このやり方ではどんな場合でも 2 つの式を 1 つにすることができてしまう．これは不合理である．問題は，最初の操作にあり，「第 2 行に第 3 行の -1 倍を加える」ことと「第 3 行に第 2 行の -1 倍を加える」ことを同時にやってしまっていることにある．この操作は逐次できないからやってはならない．ある式に何倍かして加えた式は，何も変形せずに残さなければならないと記憶してほしい．

連立 1 次方程式

$$\begin{cases} x - 3y + 2z = -7 \\ 2x - y + z = 0 \\ 3x - 3y + 2z = -3 \end{cases}$$

の掃き出し法による解法に対応する拡大係数行列の変形をみてみる．

$$\begin{pmatrix} 1 & -3 & 2 & -7 \\ 2 & -1 & 1 & 0 \\ 3 & -3 & 2 & -3 \end{pmatrix}$$

$$\longrightarrow \begin{pmatrix} 1 & -3 & 2 & -7 \\ 0 & 5 & -3 & 14 \\ 0 & 6 & -4 & 18 \end{pmatrix} \begin{matrix} ① \\ ② + ① \times (-2) \\ ③ + ① \times (-3) \end{matrix}$$

$$\longrightarrow \begin{pmatrix} 1 & -3 & 2 & -7 \\ 0 & 5 & -3 & 14 \\ 0 & 1 & -1 & 4 \end{pmatrix} \begin{matrix} ① \\ ② \\ ③ + ② \times (-1) \end{matrix}$$

$$\longrightarrow \begin{pmatrix} 1 & -3 & 2 & -7 \\ 0 & 1 & -1 & 4 \\ 0 & 5 & -3 & 14 \end{pmatrix} \begin{matrix} ① \\ ③ \\ ② \end{matrix}$$

$$\longrightarrow \begin{pmatrix} 1 & -3 & 2 & -7 \\ 0 & 1 & -1 & 4 \\ 0 & 0 & 2 & -6 \end{pmatrix} \begin{array}{l} ① \\ ② \\ ③+②\times(-5) \end{array}$$

$$\longrightarrow \begin{pmatrix} 1 & -3 & 2 & -7 \\ 0 & 1 & -1 & 4 \\ 0 & 0 & 1 & -3 \end{pmatrix} \begin{array}{l} ① \\ ② \\ ③\times\dfrac{1}{2} \end{array}$$

$$\longrightarrow \begin{pmatrix} 1 & -3 & 0 & -1 \\ 0 & 1 & 0 & 1 \\ 0 & 0 & 1 & -3 \end{pmatrix} \begin{array}{l} ①+③\times(-2) \\ ②+③\times1 \\ ③ \end{array}$$

$$\longrightarrow \begin{pmatrix} 1 & 0 & 0 & 2 \\ 0 & 1 & 0 & 1 \\ 0 & 0 & 1 & -3 \end{pmatrix} \begin{array}{l} ①+②\times3 \\ ② \\ ③ \end{array}$$

ここで, ①, ②, ③は直前の拡大係数行列のそれぞれ第1行, 第2行, 第3行とみる.

　このように, 連立1次方程式の基本変形に対応して, 拡大係数行列を変形することにより, 連立1次方程式を解くことができた. 行列に対するこのような変形を**行基本変形 (elementary row operations)** という.

行基本変形

(1) 　1つの行を $k(\neq 0)$ 倍する.

(2) 　2つの行を入れ替える.

(3) 　1つの行に他の行の k 倍を加える.

　連立1次方程式の基本変形と同様に, 行基本変形は可逆な変形である. 例えば, 「1つの行に他の行の k 倍を加える」ことをやった後, 「同じ行に同じ他の行の $-k$ 倍を加える (これも行基本変形)」ことを行えば元に戻すことができる.

　ここまでの議論を踏まえて次の定理を得る.

定理 1.7 　連立1次方程式 $A\boldsymbol{x} = \boldsymbol{b}$ は, その拡大係数行列 $\begin{pmatrix} A & \boldsymbol{b} \end{pmatrix}$ が行基本変形の繰り返しにより $\begin{pmatrix} E & \boldsymbol{c} \end{pmatrix}$ と変形されれば, ただ1つの解 $\boldsymbol{x} = \boldsymbol{c}$ をもつ.

　ここまで, ただ1つの解をもつような連立1次方程式を見てきたが, 連立1次方程式には解がない場合, 解が1つには定まらず無数にある場合がある.

1.4 連立 1 次方程式と行列　25

例 1.33　連立 1 次方程式

$$\begin{cases} x - 3y = 5 \\ 2x - 6y = 8 \end{cases}$$

を解く.

拡大係数行列を行基本変形する.

$$\begin{pmatrix} 1 & -3 & \vdots & 5 \\ 2 & -6 & \vdots & 8 \end{pmatrix} \longrightarrow \begin{pmatrix} 1 & -3 & \vdots & 5 \\ 0 & 0 & \vdots & -2 \end{pmatrix} \begin{array}{l} ① \\ ② + ① \times (-2) \end{array}$$

したがって,

$$\begin{cases} x - 3y = 5 \\ \quad\quad 0 = -2 \end{cases}$$

という連立 1 次方程式を得るが, 第 2 式が矛盾しているため, 解なしである.

例 1.34　連立 1 次方程式

$$\begin{cases} x + 2y + 5z = 10 \\ 3x - 2y - 9z = -2 \\ 2x + y + z = 8 \end{cases}$$

を解く.

拡大係数行列を行基本変形する

$$\begin{pmatrix} 1 & 2 & 5 & \vdots & 10 \\ 3 & -2 & -9 & \vdots & -2 \\ 2 & 1 & 1 & \vdots & 8 \end{pmatrix} \longrightarrow \begin{pmatrix} 1 & 2 & 5 & \vdots & 10 \\ 0 & -8 & -24 & \vdots & -32 \\ 0 & -3 & -9 & \vdots & -12 \end{pmatrix} \begin{array}{l} ① \\ ② + ① \times (-3) \\ ③ + ① \times (-2) \end{array}$$

$$\longrightarrow \begin{pmatrix} 1 & 2 & 5 & \vdots & 10 \\ 0 & 1 & 3 & \vdots & 4 \\ 0 & -3 & -9 & \vdots & -12 \end{pmatrix} \begin{array}{l} ① \\ ② \times \left(-\dfrac{1}{8}\right) \\ ③ \end{array} \longrightarrow \begin{pmatrix} 1 & 2 & 5 & \vdots & 10 \\ 0 & 1 & 3 & \vdots & 4 \\ 0 & 0 & 0 & \vdots & 0 \end{pmatrix} \begin{array}{l} ① \\ ② \\ ③ + ② \times 3 \end{array}$$

$$\longrightarrow \begin{pmatrix} 1 & 0 & -1 & \vdots & 2 \\ 0 & 1 & 3 & \vdots & 4 \\ 0 & 0 & 0 & \vdots & 0 \end{pmatrix} \begin{array}{l} ① + ② \times (-2) \\ ② \\ ③ \end{array}$$

したがって,

$$\begin{cases} x \quad\quad - z = 2 \\ \quad y + 3z = 4 \end{cases}$$

という連立 1 次方程式を得るが, これは変数 z に任意に値を定めると x, y の値が定まるから, $z = \alpha$

26 第1章 行列

とおくと,

$$\begin{cases} x = \alpha + 2 \\ y = -3\alpha + 4 \quad (\text{ただし},\ \alpha\ \text{は任意の複素数}) \\ z = \alpha \end{cases}$$

一般に連立1次方程式を解くためには,拡大係数行列をどのような形に変形するかということが問題となる.

▌階段行列▐

定義 1.8　次の条件をみたす $m \times n$ 行列 A を**階段行列 (row echelon form)** という.

(1)　0 だけからなる行があれば,そうでない行よりも下の方にある.

(2)　0 だけからなる行を除き,各行の主成分（左から見て 0 でない最初の成分）は下の行ほど右にある.

$$A = \begin{pmatrix} c_{1j_1} & \cdots & & & & \\ & c_{2j_2} & \cdots & & & \ast \\ & & \ddots & & & \\ & & & c_{r-1,j_{r-1}} & \cdots & \\ & O & & & c_{rj_r} & \cdots \\ & & & & & \end{pmatrix}$$

この行列における r（零ベクトルでない行ベクトルの個数）をこの行列の**階数 (rank)** と呼び,$\operatorname{rank} A$ で表す.

例 1.35　次の行列は階段行列である.

$$\begin{pmatrix} 0 & 2 & 4 & 5 & -4 \\ 0 & 0 & 0 & 3 & -6 \end{pmatrix}, \quad \begin{pmatrix} 3 & 2 & 20 & -1 & 2 & 2 \\ 0 & -2 & -14 & 10 & 1 & 1 \\ 0 & 0 & 0 & 0 & 3 & 9 \\ 0 & 0 & 0 & 0 & 0 & 0 \end{pmatrix}, \quad \begin{pmatrix} 0 & 2 & -3 & 1 & 0 & 1 & 4 \\ 0 & 0 & 0 & -1 & 1 & 0 & 3 \\ 0 & 0 & 0 & 0 & 2 & -2 & 1 \\ 0 & 0 & 0 & 0 & 0 & 1 & 0 \end{pmatrix},$$

$$\begin{pmatrix} 4 & -3 & 2 & 0 & -1 & 7 & 5 \\ 0 & 2 & 0 & 3 & -2 & 0 & 0 \\ 0 & 0 & 0 & 0 & 1 & 3 & 0 \\ 0 & 0 & 0 & 0 & 0 & 0 & 2 \\ 0 & 0 & 0 & 0 & 0 & 0 & 0 \end{pmatrix}, \quad \begin{pmatrix} 0 & 0 & 3 & 0 & 0 & 2 & 8 & 4 \\ 0 & 0 & 0 & 2 & 2 & 0 & 0 & 1 \\ 0 & 0 & 0 & 0 & 0 & 2 & -2 & 1 \\ 0 & 0 & 0 & 0 & 0 & 0 & 0 & 0 \\ 0 & 0 & 0 & 0 & 0 & 0 & 0 & 0 \end{pmatrix}, \quad \begin{pmatrix} 0 & -2 & 0 & 3 & -4 \\ 0 & 0 & 0 & -3 & 1 \\ 0 & 0 & 0 & 0 & 2 \\ 0 & 0 & 0 & 0 & 0 \\ 0 & 0 & 0 & 0 & 0 \\ 0 & 0 & 0 & 0 & 0 \end{pmatrix}$$

1.4 連立 1 次方程式と行列　　27

定理 1.8　任意の行列は行基本変形により階段行列に変形できる.

証明　$A = (a_{ij})$ を $m \times n$ 行列とし，これに行基本変形を行う.

(Step1)

$(1,1)$ 成分 a_{11} が 0 でないように行を入れ替える. その行列を改めて A とおく. もし第 1 列の成分がすべて 0 ならば，第 1 列を取り除いた行列を改めて A とおき，Step1 の冒頭に行く.

第 1 行に $1/a_{11}$ をかけて，$(1,1)$ 成分を 1 とする. Step2 に行く.

(Step2)

$$
\begin{pmatrix}
1 & a'_{12} & \cdots & a'_{1n'} \\
a'_{21} & a'_{22} & \cdots & a'_{2n'} \\
\vdots & \vdots & & \vdots \\
a'_{m'1} & a'_{m'2} & \cdots & a'_{m'n'}
\end{pmatrix}
\longrightarrow
\begin{pmatrix}
1 & a'_{12} & \cdots & a'_{1n'} \\
0 & a''_{22} & \cdots & a''_{2n'} \\
\vdots & \vdots & & \vdots \\
0 & a''_{m'2} & \cdots & a''_{m'n'}
\end{pmatrix}
$$

第 2 行 + 第 1 行 $\times(-a'_{21}),\ldots,$ 第 m' 行 + 第 1 行 $\times(-a'_{m'1})$ を行い，$(1,1)$ 成分以外の第 1 列の成分を 0 とする.

第 1 行と第 1 列を取り除いた行列を改めて A とおき，Step1 に行く.

　Step1，Step2 を繰り返すと最低でも 1 行・1 列ずつ行列が小さくなるため，有限回で終了する. このとき，主成分がすべて 1 の階段行列が完成している.

$$
\begin{pmatrix}
\begin{matrix}1 & \cdots \\ & 1 & \cdots \\ & & \ddots \\ & & & 1 & \cdots \\ & & & & 1 & \cdots\end{matrix} & \text{\huge{$*$}} \\
\text{\huge{O}} &
\end{pmatrix}
$$

　行列を行基本変形により階段行列に変形したとき，出来上がった階段行列は一通りではない. しかしながらその階段行列の階数は後述する定理 1.10 により一定である.

定義 1.9　行列 A を行基本変形により階段行列に変形したとき，その階段行列の階数を行列 A の**階数 (rank)** と呼び，$\mathrm{rank}\,A$ で表す.

命題 1.3　A を $m \times n$ 行列とするとき，$\mathrm{rank}\,A \leqq m,\quad \mathrm{rank}\,A \leqq n$

証明　A を行基本変形により階段行列に変形したとき，その階数は行の数も列の数も超えることはできない.

28   第 1 章　行列

∎**簡約行列**∎

> **定義 1.10**　次の条件をみたす $m \times n$ 行列 A を**簡約行列** (**reduced row echelon form**) という.
> (1)　階段行列である.
> (2)　各行の主成分が 1 である.
> (3)　各行の主成分を含む列は，他の成分がすべて 0 である.

$$A = \begin{pmatrix} 1 & * & 0 & * & & 0 & & 0 \\ & & 1 & * & & 0 & & 0 \\ & & & \ddots & & \vdots & * & \vdots & * \\ & & & & \ddots & 0 & & 0 \\ & & & & & 1 & & 0 \\ & & & & & & & 1 \\ & & & O & & & & \end{pmatrix}$$

> **例 1.36**　次の行列は簡約行列である.

$$\begin{pmatrix} 0 & 1 & 2 & 0 & 3 \\ 0 & 0 & 0 & 1 & -2 \end{pmatrix}, \quad \begin{pmatrix} 1 & 0 & 2 & 3 & 0 & -2 \\ 0 & 1 & 7 & -5 & 0 & 1 \\ 0 & 0 & 0 & 0 & 1 & 3 \\ 0 & 0 & 0 & 0 & 0 & 0 \end{pmatrix}, \quad \begin{pmatrix} 0 & 1 & 0 & 0 & -2 & 0 & 3 \\ 0 & 0 & 0 & 0 & 0 & 0 & 0 \\ 0 & 0 & 0 & 0 & 0 & 0 & 0 \end{pmatrix},$$

$$\begin{pmatrix} 0 & 0 & 0 & 1 & 7 & 0 & 9 & 0 \\ 0 & 0 & 0 & 0 & 0 & 1 & 2 & -3 \\ 0 & 0 & 0 & 0 & 0 & 0 & 0 & 0 \end{pmatrix}, \quad \begin{pmatrix} 0 & 1 & 2 & 0 & -1 & -3 & 0 & 2 \\ 0 & 0 & 0 & 1 & 3 & -1 & 0 & -1 \\ 0 & 0 & 0 & 0 & 0 & 0 & 1 & 1 \end{pmatrix}$$

> **例 1.37**　2×3 行列の簡約行列は次の形のものである.

$$\begin{pmatrix} 1 & 0 & a \\ 0 & 1 & b \end{pmatrix}, \quad \begin{pmatrix} 1 & a & 0 \\ 0 & 0 & 1 \end{pmatrix}, \quad \begin{pmatrix} 1 & a & b \\ 0 & 0 & 0 \end{pmatrix}, \quad \begin{pmatrix} 0 & 1 & 0 \\ 0 & 0 & 1 \end{pmatrix}, \quad \begin{pmatrix} 0 & 1 & a \\ 0 & 0 & 0 \end{pmatrix},$$

$$\begin{pmatrix} 0 & 0 & 1 \\ 0 & 0 & 0 \end{pmatrix}, \quad \begin{pmatrix} 0 & 0 & 0 \\ 0 & 0 & 0 \end{pmatrix}$$

定理 1.9　任意の行列は行基本変形により簡約行列に変形できる.

証明　任意の行列は行基本変形により階段行列に変形できるから，階段行列を簡約行列に変形できることをいえば十分である．それは，各行の主成分を 1 にした後，その主成分を含む列の他の成分を 0 とする変形を行えばよい.

1.4 連立 1 次方程式と行列　　29

例 1.38　階段行列を行基本変形により簡約行列に変形する.

$$
\begin{pmatrix}
3 & 2 & 20 & -1 & 2 & 2 \\
0 & -2 & -14 & 10 & 1 & 1 \\
0 & 0 & 0 & 0 & 3 & 9 \\
0 & 0 & 0 & 0 & 0 & 0
\end{pmatrix}
\qquad \text{各行の主成分を 1 とするように変形する.}
$$

$$
\longrightarrow
\begin{pmatrix}
1 & \dfrac{2}{3} & \dfrac{20}{3} & -\dfrac{1}{3} & \dfrac{2}{3} & \dfrac{2}{3} \\
0 & 1 & 7 & -5 & -\dfrac{1}{2} & -\dfrac{1}{2} \\
0 & 0 & 0 & 0 & 1 & 3 \\
0 & 0 & 0 & 0 & 0 & 0
\end{pmatrix}
\begin{array}{l}
①\times\dfrac{1}{3} \\
②\times\left(-\dfrac{1}{2}\right) \\
③\times\dfrac{1}{3} \\
④
\end{array}
\qquad
\begin{array}{l}
\text{第 3 行の主成分を含む第 5 列の} \\
\text{他の成分を 0 とする変形を行う.}
\end{array}
$$

$$
\longrightarrow
\begin{pmatrix}
1 & \dfrac{2}{3} & \dfrac{20}{3} & -\dfrac{1}{3} & 0 & -\dfrac{4}{3} \\
0 & 1 & 7 & -5 & 0 & 1 \\
0 & 0 & 0 & 0 & 1 & 3 \\
0 & 0 & 0 & 0 & 0 & 0
\end{pmatrix}
\begin{array}{l}
①+③\times\left(-\dfrac{2}{3}\right) \\
②+③\times\left(\dfrac{1}{2}\right) \\
③ \\
④
\end{array}
\qquad
\begin{array}{l}
\text{第 2 行の主成分を含む第 2 列の} \\
\text{他の成分を 0 とする変形を行う.}
\end{array}
$$

$$
\longrightarrow
\begin{pmatrix}
1 & 0 & 2 & 3 & 0 & -2 \\
0 & 1 & 7 & -5 & 0 & 1 \\
0 & 0 & 0 & 0 & 1 & 3 \\
0 & 0 & 0 & 0 & 0 & 0
\end{pmatrix}
\begin{array}{l}
①+②\times\left(-\dfrac{2}{3}\right) \\
② \\
③ \\
④
\end{array}
$$

定義 1.11　与えられた行列に行基本変形を用いて簡約行列に変形することを行列の簡約化という.

例 1.39　$A = \begin{pmatrix} 0 & 0 & 0 & 2 & 4 & 3 & -3 \\ 0 & 1 & -2 & 2 & 7 & 3 & -1 \\ 0 & 2 & -4 & 1 & 8 & 2 & 3 \\ 0 & 3 & -6 & -2 & 5 & -5 & 7 \end{pmatrix}$ を簡約化する.

A の第 1 列はすべて 0 であるので，第 1 列を除いた部分に注目し，その一番左上の成分が 0 とならないように行を入れ替える．以下の変形において，変化しない行については丸数字をつけない．

$$
A \longrightarrow
\begin{pmatrix}
0 & 1 & -2 & 2 & 7 & 3 & -1 \\
0 & 0 & 0 & 2 & 4 & 3 & -3 \\
0 & 2 & -4 & 1 & 8 & 2 & 3 \\
0 & 3 & -6 & -2 & 5 & -5 & 7
\end{pmatrix}
\begin{array}{l}
② \\
① \\
\\
\\
\end{array}
$$

注目している部分の一番左上の $(1,2)$ 成分が 1 であるので，それをかなめとして第 2 列の他の成分を 0 とするように，他の行に第 1 行を何倍かして加える変形を行う.

30   第1章 行列

$$\longrightarrow \begin{pmatrix} 0 & 1 & -2 & 2 & 7 & 3 & -1 \\ 0 & 0 & 0 & 2 & 4 & 3 & -3 \\ 0 & 0 & 0 & -3 & -6 & -4 & 5 \\ 0 & 0 & 0 & -8 & -16 & -14 & 10 \end{pmatrix} \begin{matrix} \\ \\ ③+①\times(-2) \\ ④+①\times(-3) \end{matrix}$$

注目していた部分の第1行と第1列を取り除いた部分（元から考えて第1行と第1列，第2列を取り除いた部分）を新たに注目する．この部分の第1列はすべて0であるので，さらにその列を除いた部分に注目する．その一番左上の成分 $(2,4)$ 成分を1とする変形を行う．

$$\longrightarrow \begin{pmatrix} 0 & 1 & -2 & 2 & 7 & 3 & -1 \\ 0 & 0 & 0 & 1 & 2 & \dfrac{3}{2} & -\dfrac{3}{2} \\ 0 & 0 & 0 & -3 & -6 & -4 & 5 \\ 0 & 0 & 0 & -8 & -16 & -14 & 10 \end{pmatrix} \begin{matrix} \\ ②\times\dfrac{1}{2} \\ \\ \end{matrix}$$

$(2,4)$ 成分の1をかなめとして第3行，第4行の第4成分を0とする変形を行う．

$$\longrightarrow \begin{pmatrix} 0 & 1 & -2 & 2 & 7 & 3 & -1 \\ 0 & 0 & 0 & 1 & 2 & \dfrac{3}{2} & -\dfrac{3}{2} \\ 0 & 0 & 0 & 0 & 0 & \dfrac{1}{2} & \dfrac{1}{2} \\ 0 & 0 & 0 & 0 & 0 & -2 & -2 \end{pmatrix} \begin{matrix} \\ \\ ③+②\times 3 \\ ④+②\times 8 \end{matrix}$$

注目していた部分の第1行と第1列を取り除いた部分を新たに注目する．その第1列はすべて0であるので，さらにそれも取り除いた部分に注目する．その一番左上の成分が1となるように変形する．

$$\longrightarrow \begin{pmatrix} 0 & 1 & -2 & 2 & 7 & 3 & -1 \\ 0 & 0 & 0 & 1 & 2 & \dfrac{3}{2} & -\dfrac{3}{2} \\ 0 & 0 & 0 & 0 & 0 & 1 & 1 \\ 0 & 0 & 0 & 0 & 0 & -2 & -2 \end{pmatrix} \begin{matrix} \\ \\ ③\times 2 \\ \end{matrix}$$

$(3,6)$ 成分の1をかなめとして，第4行の第6成分を0とする変形を行う．

$$\longrightarrow \begin{pmatrix} 0 & 1 & -2 & 2 & 7 & 3 & -1 \\ 0 & 0 & 0 & 1 & 2 & \dfrac{3}{2} & -\dfrac{3}{2} \\ 0 & 0 & 0 & 0 & 0 & 1 & 1 \\ 0 & 0 & 0 & 0 & 0 & 0 & 0 \end{pmatrix} \begin{matrix} \\ \\ \\ ④+③\times 2 \end{matrix}$$

ここまでで主成分がすべて1の階段行列ができた．第3行の主成分1の上にある成分を0とする変形を行う．

$$\longrightarrow \begin{pmatrix} 0 & 1 & -2 & 2 & 7 & 0 & -4 \\ 0 & 0 & 0 & 1 & 2 & 0 & -3 \\ 0 & 0 & 0 & 0 & 0 & 1 & 1 \\ 0 & 0 & 0 & 0 & 0 & 0 & 0 \end{pmatrix} \begin{matrix} ①+③\times(-3) \\ ②+③\times\left(-\dfrac{3}{2}\right) \\ \\ \end{matrix}$$

第2行の主成分1の上を0とする変形を行う．

$$\longrightarrow \begin{pmatrix} 0 & 1 & -2 & 0 & 3 & 0 & 2 \\ 0 & 0 & 0 & 1 & 2 & 0 & -3 \\ 0 & 0 & 0 & 0 & 0 & 1 & 1 \\ 0 & 0 & 0 & 0 & 0 & 0 & 0 \end{pmatrix} \quad ① + ② \times (-2)$$

以上により簡約行列が完成した.

定理 1.10 $m \times n$ 行列 A の簡約化は行基本変形の手順によらず一意的に定まる.

証明 A から異なる簡約行列 B, C が得られたとする. 行基本変形は可逆であるから, A から B に至る変形を逆順にたどることにより, B から A に変形できる. これに A から C に変形する手順を行えば, B から C に変形できる. 行基本変形を繰り返すことにより, 簡約行列 B から別の簡約行列 C に変形できることになる. 簡約化の一意性を示すには, 簡約行列を行基本変形を繰り返すことにより別の簡約行列に変形することができないことをいえばよい.

A の列の個数 n に関する帰納法によって示す.

$n = 1$ のとき, A の簡約化は $\begin{pmatrix} 0 \\ 0 \\ \vdots \\ 0 \end{pmatrix}$ および $\begin{pmatrix} 1 \\ 0 \\ \vdots \\ 0 \end{pmatrix}$ の 2 種類である. 明らかに一方から他方に変形できない.

$n = k$ のとき, A の簡約化が一意に定まると仮定する.

$n = k+1$ のとき, A の簡約化を B および C とする. A, B, C から第 $k+1$ 列を取り除いた $m \times k$ 行列をそれぞれ A', B', C' とおく. このとき, B', C' は A' の簡約化であるから, 仮定により $B' = C'$. したがって, B, C の第 $k+1$ 列をそれぞれ $\boldsymbol{b}, \boldsymbol{c}$ としたとき, $\boldsymbol{b} = \boldsymbol{c}$ を示せばよい. $B' = O$ ならば明らかに成立するので, $\operatorname{rank} B' = r > 0$ としてよい.

$$B' = C' = \begin{array}{c} 1 \\ 2 \\ \vdots \\ \vdots \\ r-1 \\ r \\ r+1 \\ \vdots \\ m \end{array} \begin{array}{cccccccc} & j_1 & & j_2 & & j_{r-1} & & j_r \\ \left(\begin{array}{cccccccc} 1 & * & 0 & * & & 0 & & 0 \\ 0 & \cdots & 0 & 1 & * & 0 & & 0 \\ & & & & & \vdots & \text{\Large $*$} & \vdots & \text{\Large $*$} \\ & & & & & 0 & & 0 \\ 0 & \cdots & & \cdots & & 0 & 1 & * & 0 \\ 0 & \cdots & & \cdots & & & 0 & 1 & * \\ 0 & \cdots & & \cdots & & & & 0 & \cdots & 0 \\ & & & & \text{\LARGE O} & & & \end{array} \right) \end{array}$$

とおく.

$\operatorname{rank} B = \operatorname{rank} C = r+1$ のときは, $\boldsymbol{b} = \boldsymbol{c} = \begin{pmatrix} 0 \\ 0 \\ \vdots \\ 0 \\ 1 \\ 0 \\ \vdots \\ 0 \end{pmatrix}$ となり, $B = C$ である.

$\operatorname{rank} B = r+1, \operatorname{rank} C = r$ のときは, $\boldsymbol{b} = \begin{pmatrix} 0 \\ 0 \\ \vdots \\ 0 \\ 1 \\ 0 \\ \vdots \\ 0 \end{pmatrix}$, $\boldsymbol{c} = \begin{pmatrix} c_1 \\ c_2 \\ \vdots \\ c_r \\ 0 \\ 0 \\ \vdots \\ 0 \end{pmatrix}$ という形になるが, C に行基本変

形を繰り返して B に変形することはできない. なぜならば C に行基本変形を繰り返してできる行列の第 $r+1$ 行は,

$$\begin{array}{ccccccccc} j_1 & & j_2 & & & j_{r-1} & & j_r & & k+1 \\ (& d_1 & ** & d_2 & ** & ** & d_{r-1} & ** & d_r & ** & d_1 c_1 + \cdots + d_r c_r &) \end{array}$$

となるが, これが B の第 $r+1$ 行の

$$\begin{array}{ccccccccc} j_1 & & j_2 & & & j_{r-1} & & j_r & & k+1 \\ (& 0 & \cdots & 0 & \cdots & & 0 & \cdots & 0 & \cdots & 1 &) \end{array}$$

と一致するためには, $d_1 = 0, d_2 = 0, \ldots, d_r = 0, d_1 c_1 + \cdots + d_r c_r = 1$ となる必要があるが, これは不可能である.

基本変形は可逆であるから, $\operatorname{rank} B = r, \operatorname{rank} C = r+1$ も不可能である.

最後に $\operatorname{rank} B = \operatorname{rank} C = r$ のときは, $\boldsymbol{b} = \begin{pmatrix} b_1 \\ b_2 \\ \vdots \\ b_r \\ 0 \\ \vdots \\ 0 \end{pmatrix}$, $\boldsymbol{c} = \begin{pmatrix} c_1 \\ c_2 \\ \vdots \\ c_r \\ 0 \\ \vdots \\ 0 \end{pmatrix}$ という形となる. B に行基本変

1.4 連立 1 次方程式と行列　　**33**

形を繰り返して得られる行列の第 r 行は,

$$
\begin{array}{ccccccc}
j_1 & j_2 & & j_{r-1} & j_r & & k+1 \\
\left(\begin{array}{ccccccc}
d_1 & d_2 & ** & ** \ d_{r-1} & d_r & & d_1 b_1 + \cdots + d_{r-1} b_{r-1} + d_r b_r
\end{array}\right)
\end{array}
$$

となるが, これが C の第 r 行

$$
\begin{array}{ccccccc}
j_1 & j_2 & & j_{r-1} & j_r & k+1 \\
\left(\begin{array}{ccccccc}
0 & \cdots & 0 & \cdots & 0 & \cdots & 1 & \cdots & c_r
\end{array}\right)
\end{array}
$$

に等しければ, $d_1 = 0, d_2 = 0, \cdots, d_{r-1} = 0, d_r = 1, d_1 b_1 + \cdots + d_{r-1} b_{r-1} + d_r b_r = c_r$ となるから, $b_r = c_r$ である. 以下同様に, $b_p = c_p \ (p = 1, 2, \ldots, r-1)$ である. 以上 $n = k+1$ のとき示された.

■連立 1 次方程式の解法■

連立 1 次方程式

$$A\boldsymbol{x} = \boldsymbol{b}$$

を, その拡大係数行列 $\begin{pmatrix} A & \boldsymbol{b} \end{pmatrix}$ の簡約化を用いて解く.

$\begin{pmatrix} A & \boldsymbol{b} \end{pmatrix} \longrightarrow \begin{pmatrix} B & \boldsymbol{c} \end{pmatrix}$ を簡約化とすると, A の簡約化は B となり, 行列 $\begin{pmatrix} A & \boldsymbol{b} \end{pmatrix}$ は行列 A より 1 列多いことから, $\operatorname{rank} A = r$ とすれば, $\operatorname{rank} \begin{pmatrix} A & \boldsymbol{b} \end{pmatrix} = r$ または $\operatorname{rank} \begin{pmatrix} A & \boldsymbol{b} \end{pmatrix} = r+1$ である. $\operatorname{rank} \begin{pmatrix} A & \boldsymbol{b} \end{pmatrix} = r+1$ のときは解を持たないことがわかる.

定理 1.11　連立 1 次方程式 $A\boldsymbol{x} = \boldsymbol{b}$ は $\operatorname{rank} A \neq \operatorname{rank} \begin{pmatrix} A & \boldsymbol{b} \end{pmatrix}$ のとき解を持たない.

証明　$\begin{pmatrix} A & \boldsymbol{b} \end{pmatrix}$ の簡約化を $\begin{pmatrix} B & \boldsymbol{c} \end{pmatrix}$ とすると, A の簡約化は B となる. $\operatorname{rank} A = r$ ならば, $\operatorname{rank} \begin{pmatrix} A & \boldsymbol{b} \end{pmatrix} = r+1$ となる.

$$
\begin{pmatrix} B & \boldsymbol{c} \end{pmatrix} = \left(\begin{array}{cccccc}
1 & * & 0 & * & & 0 & 0 \\
 & & 1 & * & & 0 & 0 \\
 & & & \ddots & & \vdots & \vdots \\
 & & & & \ddots & 0 & 0 \\
 & & & & & 1 & 0 \\
 & & O & & & & 1
\end{array}\right)
$$

このとき, 第 $r+1$ 行に対応する式は $0 = 1$ という矛盾したものとなるから, 解なし.

34   第1章　行列

> **定理 1.12**　A を $m \times n$ 行列とする.
>
> 連立1次方程式 $A\boldsymbol{x} = \boldsymbol{b}$ は $\operatorname{rank} A = \operatorname{rank} \begin{pmatrix} A & \boldsymbol{b} \end{pmatrix} = r$ のとき $n - r$ 個の変数を任意定数とする解を
> もつ. 特に $r = n$ のときは, ただ1つの解をもつ.

証明　$\operatorname{rank} A = \operatorname{rank} \begin{pmatrix} A & \boldsymbol{b} \end{pmatrix} = r$ とする. $\begin{pmatrix} A & \boldsymbol{b} \end{pmatrix}$ を簡約化する.

$$
\begin{pmatrix} A & \boldsymbol{b} \end{pmatrix} \longrightarrow
\left(
\begin{array}{ccccccc:c}
1 & * & 0 & * & 0 & * & 0 & c_1 \\
 & & 1 & * & 0 & * & 0 & c_2 \\
 & & & & \ddots & \vdots & \vdots & \vdots \\
 & & & & 1 & * & 0 & c_{r-1} \\
 & & & & & 1 & & c_r \\
 & \multicolumn{5}{c}{O} & & 0 \\
 & & & & & & & 0
\end{array}
\right)
$$

ここで, 得られた簡約行列の第 i 行 $(i = 1, \ldots, r)$ の主成分を含む列番号を j_i とする. これを連立1
次方程式に書き換えると,

$$
\begin{cases}
x_{j_1} + * \cdots * \ + 0 + * \cdots * \ + 0 + * \cdots * \ = c_1 \\
\qquad\quad x_{j_2} + * \cdots * \ + 0 + * \cdots * \ = c_2 \\
\qquad\qquad\qquad\quad \cdots \\
\qquad\qquad\qquad\qquad\quad x_{j_r} + * \cdots * \ = c_r \\
\qquad\qquad\qquad\qquad\qquad\quad 0 \ = 0 \\
\qquad\qquad\qquad\qquad\qquad\quad \cdots \\
\qquad\qquad\qquad\qquad\qquad\quad 0 \ = 0
\end{cases}
$$

となるが, このとき, 主成分に対応しない $n - r$ 個の変数 $(x_{j_1}, \ldots, x_{j_r}$ 以外の変数) に任意に値を
与えると主成分に対応する r 個の変数 $(x_{j_1}, \ldots, x_{j_r})$ の値が定まり, 解となる.

特に $r = n$ のとき, 得られる簡約行列は,

$$
\left(
\begin{array}{ccccc:c}
1 & 0 & \cdots & 0 & 0 & c_1 \\
 & 1 & & 0 & 0 & c_2 \\
 & & \ddots & \ddots & \vdots & \vdots \\
 & & & 1 & 0 & c_{n-1} \\
 & & & & 1 & c_n \\
 \multicolumn{4}{c}{O} & & 0
\end{array}
\right)
$$

となり，ただ 1 つの解

$$
\begin{cases}
x_1 & & & = c_1 \\
& x_2 & & = c_2 \\
& \cdots & & \\
& & x_n & = c_n
\end{cases}
$$

をもつ.

例題 1.6 連立 1 次方程式

$$
\begin{cases}
2x_1 - 6x_2 - 3x_3 + 4x_4 = -2 \\
x_1 - 3x_2 + x_3 + 2x_4 = 9 \\
x_1 - 3x_2 - x_3 + 2x_4 = 1 \\
-x_1 + 3x_2 + 2x_3 - 2x_4 = 3
\end{cases}
$$

を解け.

解答 拡大係数行列を簡約化する.

$$
\begin{pmatrix}
2 & -6 & -3 & 4 & -2 \\
1 & -3 & 1 & 2 & 9 \\
1 & -3 & -1 & 2 & 1 \\
-1 & 3 & 2 & -2 & 3
\end{pmatrix}
\longrightarrow
\begin{pmatrix}
1 & -3 & 1 & 2 & 9 \\
2 & -6 & -3 & 4 & -2 \\
1 & -3 & -1 & 2 & 1 \\
-1 & 3 & 2 & -2 & 3
\end{pmatrix}
\begin{matrix} ② \\ ① \\ \\ \end{matrix}
$$

$$
\longrightarrow
\begin{pmatrix}
1 & -3 & 1 & 2 & 9 \\
0 & 0 & -5 & 0 & -20 \\
0 & 0 & -2 & 0 & -8 \\
0 & 0 & 3 & 0 & 12
\end{pmatrix}
\begin{matrix} \\ ②+①\times(-2) \\ ③+①\times(-1) \\ ④+①\times 1 \end{matrix}
\longrightarrow
\begin{pmatrix}
1 & -3 & 1 & 2 & 9 \\
0 & 0 & 1 & 0 & 4 \\
0 & 0 & -2 & 0 & -8 \\
0 & 0 & 3 & 0 & 12
\end{pmatrix}
\begin{matrix} \\ ②\times(-\frac{1}{5}) \\ \\ \end{matrix}
$$

$$
\longrightarrow
\begin{pmatrix}
1 & -3 & 1 & 2 & 9 \\
0 & 0 & 1 & 0 & 4 \\
0 & 0 & 0 & 0 & 0 \\
0 & 0 & 0 & 0 & 0
\end{pmatrix}
\begin{matrix} \\ \\ ③+②\times 2 \\ ④+②\times(-3) \end{matrix}
\longrightarrow
\begin{pmatrix}
1 & -3 & 0 & 2 & 5 \\
0 & 0 & 1 & 0 & 4 \\
0 & 0 & 0 & 0 & 0 \\
0 & 0 & 0 & 0 & 0
\end{pmatrix}
\begin{matrix} ①+②\times(-1) \\ \\ \\ \end{matrix}
$$

これを拡大係数行列とする連立 1 次方程式は，

$$
\begin{cases}
x_1 - 3x_2 + 2x_4 = 5 \\
\qquad\quad x_3 = 4
\end{cases}
$$

36　第1章　行列

である．$x_2 = s$, $x_4 = t$ とおくと，解は，

$$\begin{cases} x_1 = 5 + 3s - 2t \\ x_2 = s \\ x_3 = 4 \\ x_4 = t \end{cases}$$

$(s, t$ は任意の複素数$)$

となる．

定理 1.11 と定理 1.12 を合わせて次を得る．

定理 1.13　A を $m \times n$ 行列とする．
連立1次方程式 $A\boldsymbol{x} = \boldsymbol{b}$ が解をもつための必要十分条件は $\operatorname{rank} A = \operatorname{rank} \begin{pmatrix} A & \boldsymbol{b} \end{pmatrix}$ である．特に解がただ1つ存在するための必要十分条件は $\operatorname{rank} A = \operatorname{rank} \begin{pmatrix} A & \boldsymbol{b} \end{pmatrix} = n$ である．

例題 1.7　連立1次方程式

$$\begin{pmatrix} 0 & 2 & 3 \\ 1 & 2 & 3 \\ 3 & 3 & 1 \\ 2 & 4 & 2 \end{pmatrix} \begin{pmatrix} x_1 \\ x_2 \\ x_3 \end{pmatrix} = \begin{pmatrix} 5 \\ 6 \\ 7 \\ 8 \end{pmatrix}$$

を解け．

解答　拡大係数行列を簡約化する．

$$\begin{pmatrix} 0 & 2 & 3 & \vdots & 5 \\ 1 & 2 & 3 & \vdots & 6 \\ 3 & 3 & 1 & \vdots & 7 \\ 2 & 4 & 2 & \vdots & 8 \end{pmatrix} \longrightarrow \begin{pmatrix} 1 & 2 & 3 & \vdots & 6 \\ 0 & 2 & 3 & \vdots & 5 \\ 3 & 3 & 1 & \vdots & 7 \\ 2 & 4 & 2 & \vdots & 8 \end{pmatrix} \begin{matrix} ② \\ ① \\ \\ \end{matrix} \longrightarrow \begin{pmatrix} 1 & 2 & 3 & \vdots & 6 \\ 0 & 2 & 3 & \vdots & 5 \\ 0 & -3 & -8 & \vdots & -11 \\ 0 & 0 & -4 & \vdots & -4 \end{pmatrix} \begin{matrix} \\ \\ ③ + ① \times (-3) \\ ④ + ① \times (-2) \end{matrix}$$

$$\longrightarrow \begin{pmatrix} 1 & 2 & 3 & \vdots & 6 \\ 0 & -1 & -5 & \vdots & -6 \\ 0 & -3 & -8 & \vdots & -11 \\ 0 & 0 & -4 & \vdots & -4 \end{pmatrix} \begin{matrix} \\ ② + ③ \times 1 \\ \\ \end{matrix} \longrightarrow \begin{pmatrix} 1 & 2 & 3 & \vdots & 6 \\ 0 & 1 & 5 & \vdots & 6 \\ 0 & -3 & -8 & \vdots & -11 \\ 0 & 0 & -4 & \vdots & -4 \end{pmatrix} \begin{matrix} \\ ② \times (-1) \\ \\ \end{matrix}$$

$$\longrightarrow \begin{pmatrix} 1 & 2 & 3 & \vdots & 6 \\ 0 & 1 & 5 & \vdots & 6 \\ 0 & 0 & 7 & \vdots & 7 \\ 0 & 0 & -4 & \vdots & -4 \end{pmatrix} \begin{matrix} \\ \\ ③ + ② \times 3 \\ \end{matrix} \longrightarrow \begin{pmatrix} 1 & 2 & 3 & \vdots & 6 \\ 0 & 1 & 5 & \vdots & 6 \\ 0 & 0 & 1 & \vdots & 1 \\ 0 & 0 & -4 & \vdots & -4 \end{pmatrix} \begin{matrix} \\ \\ ③ \times \dfrac{1}{7} \\ \end{matrix}$$

$$\longrightarrow \begin{pmatrix} 1 & 2 & 0 & \vdots & 3 \\ 0 & 1 & 0 & \vdots & 1 \\ 0 & 0 & 1 & \vdots & 1 \\ 0 & 0 & 0 & \vdots & 0 \end{pmatrix} \begin{array}{l} ① + ③ \times (-3) \\ ② + ③ \times (-5) \\ \\ ④ + ③ \times 4 \end{array} \longrightarrow \begin{pmatrix} 1 & 0 & 0 & \vdots & 1 \\ 0 & 1 & 0 & \vdots & 1 \\ 0 & 0 & 1 & \vdots & 1 \\ 0 & 0 & 0 & \vdots & 0 \end{pmatrix} \begin{array}{l} ① + ② \times (-2) \end{array}$$

これにより，ただ 1 つの解

$$\begin{pmatrix} x_1 \\ x_2 \\ x_3 \end{pmatrix} = \begin{pmatrix} 1 \\ 1 \\ 1 \end{pmatrix}$$

を得る.

▌同次連立 1 次方程式▌

連立 1 次方程式 $A\boldsymbol{x} = \boldsymbol{b}$ において $\boldsymbol{b} = \boldsymbol{0}$ のとき，すなわち

$$A\boldsymbol{x} = \boldsymbol{0}$$

の形の連立 1 次方程式を**同次連立 1 次方程式 (homogeneous system of linear equations)**（連立斉 1 次方程式）という.

同次連立 1 次方程式

$$A\boldsymbol{x} = \boldsymbol{0}$$

は，解 $\boldsymbol{x} = \boldsymbol{0}$ を必ずもつ．この解を**自明な解 (trivial solution)** と呼ぶ.

定理 1.14 A を $m \times n$ 行列とする.
同次連立 1 次方程式 $A\boldsymbol{x} = \boldsymbol{0}$ が自明な解しかもたないための必要十分条件は $\operatorname{rank} A = n$ である.

証明 定理 1.13 において，$\boldsymbol{b} = \boldsymbol{0}$ の場合を考える.
$A\boldsymbol{x} = \boldsymbol{0}$ の解がただ 1 つ存在するための必要十分条件は $\operatorname{rank} A = n$ であるが，このときそのただ 1 つの解は $\boldsymbol{x} = \boldsymbol{0}$ である．すなわち自明な解しかない.

同次連立 1 次方程式を解くとき，その拡大係数行列の列 $\boldsymbol{0}$ の部分は行基本変形で変化しないから，係数行列を簡約化すればよい.

例 1.40 同次連立 1 次方程式

$$\begin{pmatrix} 1 & 2 & 2 & 5 \\ 2 & 4 & 1 & 1 \\ 1 & 2 & -3 & -10 \end{pmatrix} \begin{pmatrix} x_1 \\ x_2 \\ x_3 \\ x_4 \end{pmatrix} = \begin{pmatrix} 0 \\ 0 \\ 0 \end{pmatrix}$$

を解く.

38　第 1 章　行列

係数行列を簡約化する.

$$\begin{pmatrix} 1 & 2 & 2 & 5 \\ 2 & 4 & 1 & 1 \\ 1 & 2 & -3 & -10 \end{pmatrix} \longrightarrow \begin{pmatrix} 1 & 2 & 2 & 5 \\ 0 & 0 & -3 & -9 \\ 0 & 0 & -5 & -15 \end{pmatrix} \begin{matrix} \\ ②+①\times(-2) \\ ③+①\times(-1) \end{matrix}$$

$$\longrightarrow \begin{pmatrix} 1 & 2 & 2 & 5 \\ 0 & 0 & 1 & 3 \\ 0 & 0 & -5 & -15 \end{pmatrix} \begin{matrix} \\ ②\times(-\dfrac{1}{3}) \\ \\ \end{matrix} \longrightarrow \begin{pmatrix} 1 & 2 & 2 & 5 \\ 0 & 0 & 1 & 3 \\ 0 & 0 & 0 & 0 \end{pmatrix} \begin{matrix} \\ \\ ③+②\times 5 \end{matrix}$$

$$\longrightarrow \begin{pmatrix} 1 & 2 & 0 & -1 \\ 0 & 0 & 1 & 3 \\ 0 & 0 & 0 & 0 \end{pmatrix} \begin{matrix} ①+②\times(-2) \\ \\ \end{matrix}$$

対応する連立 1 次方程式は,

$$\begin{cases} x_1 + 2x_2 & - & x_4 = 0 \\ & x_3 + 3x_4 = 0 \end{cases}$$

である. $x_2 = \alpha$, $x_4 = \beta$ とおくと, $x_1 = -2\alpha + \beta$, $x_3 = -3\beta$ となり,

$$\begin{pmatrix} x_1 \\ x_2 \\ x_3 \\ x_4 \end{pmatrix} = \alpha \begin{pmatrix} -2 \\ 1 \\ 0 \\ 0 \end{pmatrix} + \beta \begin{pmatrix} 1 \\ 0 \\ -3 \\ 1 \end{pmatrix} \qquad (ここで \alpha, \beta は任意の複素数)$$

　連立 1 次方程式 $A\boldsymbol{x} = \boldsymbol{b}$ に対して,同じ係数行列をもつ同次連立 1 次方程式 $A\boldsymbol{x} = \boldsymbol{0}$ の解を $A\boldsymbol{x} = \boldsymbol{b}$ の**基本解** (fundamental solution) という.

> **定理 1.15**　連立 1 次方程式 $A\boldsymbol{x} = \boldsymbol{b}$ の 1 つの解を,$\boldsymbol{x} = \boldsymbol{x_0}$ とする(特殊解と呼ぶ).またその基本解($A\boldsymbol{x} = \boldsymbol{0}$ の解)を $\boldsymbol{x} = \boldsymbol{x_1}$ とすれば,$A\boldsymbol{x} = \boldsymbol{b}$ の解は,$\boldsymbol{x} = \boldsymbol{x_0} + \boldsymbol{x_1}$ である.

証明　$A(\boldsymbol{x_0} + \boldsymbol{x_1}) = A\boldsymbol{x_0} + A\boldsymbol{x_1} = \boldsymbol{b} + \boldsymbol{0} = \boldsymbol{b}$ より,$\boldsymbol{x_0} + \boldsymbol{x_1}$ は $A\boldsymbol{x} = \boldsymbol{b}$ の解である.
次に,$\boldsymbol{y}$ を $A\boldsymbol{x} = \boldsymbol{b}$ の解とする.$A(\boldsymbol{y} - \boldsymbol{x_0}) = A\boldsymbol{y} - A\boldsymbol{x_0} = \boldsymbol{b} - \boldsymbol{b} = \boldsymbol{0}$ より,$\boldsymbol{y} - \boldsymbol{x_0}$ は基本解である.すなわち,$\boldsymbol{y} = \boldsymbol{x_0} + \boldsymbol{x_1}$ となる. ∎

例 1.41　連立 1 次方程式

$$\begin{pmatrix} 1 & 2 & 2 & 5 \\ 2 & 4 & 1 & 1 \\ 1 & 2 & -3 & -10 \end{pmatrix} \begin{pmatrix} x_1 \\ x_2 \\ x_3 \\ x_4 \end{pmatrix} = \begin{pmatrix} 10 \\ 8 \\ -10 \end{pmatrix}$$

は，特殊解 $\begin{pmatrix} x_1 \\ x_2 \\ x_3 \\ x_4 \end{pmatrix} = \begin{pmatrix} 1 \\ 1 \\ 1 \\ 1 \end{pmatrix}$ をもつ.

一方，例 1.40 より，同次連立 1 次方程式

$$\begin{pmatrix} 1 & 2 & 2 & 5 \\ 2 & 4 & 1 & 1 \\ 1 & 2 & -3 & -10 \end{pmatrix} \begin{pmatrix} x_1 \\ x_2 \\ x_3 \\ x_4 \end{pmatrix} = \begin{pmatrix} 0 \\ 0 \\ 0 \end{pmatrix}$$

の解は，

$$\begin{pmatrix} x_1 \\ x_2 \\ x_3 \\ x_4 \end{pmatrix} = \alpha \begin{pmatrix} -2 \\ 1 \\ 0 \\ 0 \end{pmatrix} + \beta \begin{pmatrix} 1 \\ 0 \\ -3 \\ 1 \end{pmatrix} \qquad (\text{ここで } \alpha, \beta \text{ は任意の複素数})$$

である.

したがって，解は

$$\begin{pmatrix} x_1 \\ x_2 \\ x_3 \\ x_4 \end{pmatrix} = \begin{pmatrix} 1 \\ 1 \\ 1 \\ 1 \end{pmatrix} + \alpha \begin{pmatrix} -2 \\ 1 \\ 0 \\ 0 \end{pmatrix} + \beta \begin{pmatrix} 1 \\ 0 \\ -3 \\ 1 \end{pmatrix} \qquad (\text{ここで } \alpha, \beta \text{ は任意の複素数})$$

である.

一方，拡大係数行列を簡約化することでこの連立 1 次方程式を解いてみる.

$$\begin{pmatrix} 1 & 2 & 2 & 5 & \vdots & 10 \\ 2 & 4 & 1 & 1 & \vdots & 8 \\ 1 & 2 & -3 & -10 & \vdots & -10 \end{pmatrix} \longrightarrow \begin{pmatrix} 1 & 2 & 2 & 5 & \vdots & 10 \\ 0 & 0 & -3 & -9 & \vdots & -12 \\ 0 & 0 & -5 & -15 & \vdots & -20 \end{pmatrix} \begin{array}{l} ② + ① \times (-2) \\ ③ + ① \times (-1) \end{array}$$

$$\longrightarrow \begin{pmatrix} 1 & 2 & 2 & 5 & \vdots & 10 \\ 0 & 0 & 1 & 3 & \vdots & 4 \\ 0 & 0 & -5 & -15 & \vdots & -20 \end{pmatrix} ② \times (-\frac{1}{3}) \longrightarrow \begin{pmatrix} 1 & 2 & 2 & 5 & \vdots & 10 \\ 0 & 0 & 1 & 3 & \vdots & 4 \\ 0 & 0 & 0 & 0 & \vdots & 0 \end{pmatrix} \begin{array}{l} \\ \\ ③ + ② \times 5 \end{array}$$

$$\longrightarrow \begin{pmatrix} 1 & 2 & 0 & -1 & \vdots & 2 \\ 0 & 0 & 1 & 3 & \vdots & 4 \\ 0 & 0 & 0 & 0 & \vdots & 0 \end{pmatrix} ① + ② \times (-2)$$

最後の簡約行列に対応する連立 1 次方程式は，

$$\begin{cases} x_1 + 2x_2 \quad - \quad x_4 = 2 \\ \qquad\qquad x_3 + 3x_4 = 4 \end{cases}$$

40　第1章　行列

である．$x_2 = s, x_4 = t$ とおくと，$x_1 = 2 - 2s + t, x_3 = 4 - 3t$ となり，解は，

$$\begin{pmatrix} x_1 \\ x_2 \\ x_3 \\ x_4 \end{pmatrix} = \begin{pmatrix} 2 \\ 0 \\ 4 \\ 0 \end{pmatrix} + s \begin{pmatrix} -2 \\ 1 \\ 0 \\ 0 \end{pmatrix} + t \begin{pmatrix} 1 \\ 0 \\ -3 \\ 1 \end{pmatrix} \qquad (ここで s, t は任意の複素数)$$

となる．

　さて，2種類の解き方で解が異なっているようにも見えるが，

$$\begin{cases} s = \alpha + 1 \\ t = \beta + 1 \end{cases}$$

とおけば，表現が異なるだけで同じ解であることがわかる．

1.5　正則行列

　この節では，行基本変形を利用して正則行列の性質と逆行列の計算方法を述べる．

　繰り返しとなるが，正則行列の定義を述べておく．n 次正方行列 A は $AX = XA = E$ となる n 次正方行列 X が存在するとき正則であるという．このとき X を A の逆行列といい，$X = A^{-1}$ と書く．

▓基本行列▓

> **定義 1.12**　次のような形の m 次正方行列を m 次**基本行列** (elementary matrix) と呼ぶ.
>
> $$(1) \quad P_i(k) = \begin{array}{c} \\ \\ i \\ \\ \\ \end{array} \overset{\displaystyle i}{\begin{pmatrix} 1 & & & & & & \\ & \ddots & & \vdots & & & \\ & & 1 & & & & \\ \cdots & & & k & & & \\ & & & & 1 & & \\ & & & & & \ddots & \\ & & & & & & 1 \end{pmatrix}} \qquad (k \neq 0)$$
>
> 単位行列 E_m の (i, i) 成分を $k(\neq 0)$ としたもの.

$$
(2)\quad Q_{ij} = \begin{matrix} & & & i & & & j \\ & \begin{pmatrix} 1 & & & & & & & & & & \\ & \ddots & & \vdots & & & \vdots & & & & \\ & & 1 & & & & & & & & \\ i & \cdots & & 0 & \cdots & & 1 & & & & \\ & & & & 1 & & & & & & \\ & & & \vdots & & \ddots & \vdots & & & & \\ & & & & & & 1 & & & & \\ j & \cdots & & 1 & \cdots & & 0 & & & & \\ & & & & & & & 1 & & & \\ & & & & & & & & \ddots & \\ & & & & & & & & & 1 \end{pmatrix} \end{matrix} \qquad (i \ne j)
$$

単位行列 E_m の第 i 行と第 j 行を交換したもの ((i,i) 成分および (j,j) 成分を 0, (i,j) 成分および (j,i) 成分を 1 としたもの).

$$
(3)\quad R_{ij}(k) = \begin{matrix} & & i & & j \\ & \begin{pmatrix} 1 & & & & & & \\ & \ddots & \vdots & & \vdots & & \\ i & \cdots & 1 & \cdots & k & & \\ & & \vdots & \ddots & \vdots & & \\ j & \cdots & & \cdots & 1 & & \\ & & & & & \ddots & \\ & & & & & & 1 \end{pmatrix} \end{matrix} \qquad (i \ne j)
$$

単位行列 E_m の (i,j) 成分を k としたもの.

例 1.42　$m = 3$ のとき，基本行列は次の形のもの.

$$
P_2(3) = \begin{pmatrix} 1 & 0 & 0 \\ 0 & 3 & 0 \\ 0 & 0 & 1 \end{pmatrix},\ P_1(-1) = \begin{pmatrix} -1 & 0 & 0 \\ 0 & 1 & 0 \\ 0 & 0 & 1 \end{pmatrix},\ P_3\left(\frac{1}{2}\right) = \begin{pmatrix} 1 & 0 & 0 \\ 0 & 1 & 0 \\ 0 & 0 & \dfrac{1}{2} \end{pmatrix}
$$

$$
Q_{12} = Q_{21} = \begin{pmatrix} 0 & 1 & 0 \\ 1 & 0 & 0 \\ 0 & 0 & 1 \end{pmatrix},\ Q_{23} = Q_{32} = \begin{pmatrix} 1 & 0 & 0 \\ 0 & 0 & 1 \\ 0 & 1 & 0 \end{pmatrix},\ Q_{13} = Q_{31} = \begin{pmatrix} 0 & 0 & 1 \\ 0 & 1 & 0 \\ 1 & 0 & 0 \end{pmatrix}
$$

$$R_{12}(-1) = \begin{pmatrix} 1 & -1 & 0 \\ 0 & 1 & 0 \\ 0 & 0 & 1 \end{pmatrix}, \; R_{21}(-2) = \begin{pmatrix} 1 & 0 & 0 \\ -2 & 1 & 0 \\ 0 & 0 & 1 \end{pmatrix}, \; R_{13}(2) = \begin{pmatrix} 1 & 0 & 2 \\ 0 & 1 & 0 \\ 0 & 0 & 1 \end{pmatrix}$$

$m \times n$ 行列 A に対して左から m 次基本行列をかけることは，A に対応する行基本変形を施すことと同等である．

例 1.43 3×4 行列

$$A = \begin{pmatrix} 1 & 2 & -2 & 4 \\ 2 & 5 & -3 & 5 \\ 3 & 3 & 0 & -3 \end{pmatrix}$$

に対して，いろいろな行基本変形をほどこす．

第 3 行を $\dfrac{1}{3}$ 倍する．

$$P_3\left(\frac{1}{3}\right)A = \begin{pmatrix} 1 & 0 & 0 \\ 0 & 1 & 0 \\ 0 & 0 & \frac{1}{3} \end{pmatrix} \begin{pmatrix} 1 & 2 & -2 & 4 \\ 2 & 5 & -3 & 5 \\ 3 & 3 & 0 & -3 \end{pmatrix} = \begin{pmatrix} 1 & 2 & -2 & 4 \\ 2 & 5 & -3 & 5 \\ 1 & 1 & 0 & -1 \end{pmatrix}$$

第 2 行と第 3 行を入れ替える．

$$Q_{23}A = \begin{pmatrix} 1 & 0 & 0 \\ 0 & 0 & 1 \\ 0 & 1 & 0 \end{pmatrix} \begin{pmatrix} 1 & 2 & -2 & 4 \\ 2 & 5 & -3 & 5 \\ 3 & 3 & 0 & -3 \end{pmatrix} = \begin{pmatrix} 1 & 2 & -2 & 4 \\ 3 & 3 & 0 & -3 \\ 2 & 5 & -3 & 5 \end{pmatrix}$$

第 2 行に第 1 行の -2 倍を加える．

$$R_{21}(-2)A = \begin{pmatrix} 1 & 0 & 0 \\ -2 & 1 & 0 \\ 0 & 0 & 1 \end{pmatrix} \begin{pmatrix} 1 & 2 & -2 & 4 \\ 2 & 5 & -3 & 5 \\ 3 & 3 & 0 & -3 \end{pmatrix} = \begin{pmatrix} 1 & 2 & -2 & 4 \\ 0 & 1 & 1 & -3 \\ 3 & 3 & 0 & -3 \end{pmatrix}$$

第 3 行に第 1 行の -3 倍を加える．

$$R_{31}(-3)A = \begin{pmatrix} 1 & 0 & 0 \\ 0 & 1 & 0 \\ -3 & 0 & 1 \end{pmatrix} \begin{pmatrix} 1 & 2 & -2 & 4 \\ 2 & 5 & -3 & 5 \\ 3 & 3 & 0 & -3 \end{pmatrix} = \begin{pmatrix} 1 & 2 & -2 & 4 \\ 2 & 5 & -3 & 5 \\ 0 & -3 & 6 & -15 \end{pmatrix}$$

補題 1.1 $m \times n$ 行列 A に対して行基本変形をほどこすことは，対応する m 次基本行列を左からかけることに相当する．

(1) 第 i 行を $k(\neq 0)$ 倍する． $\qquad A \to P_i(k)A$

(2) 第 i 行と第 j 行を入れ替える． $\quad A \to Q_{ij}A$

(3) 第 i 行に第 j 行の k 倍を加える． $A \to R_{ij}(k)A$

次の事実は行基本変形が可逆な変形であることに呼応する.

補題 1.2 m 次基本行列は正則であり，その逆行列もまた基本行列である．

$$P_i(k)^{-1} = P_i(k^{-1}), \quad Q_{ij}^{-1} = Q_{ij}, \quad R_{ij}(k)^{-1} = R_{ij}(-k)$$

証明 計算により，$P_i(k^{-1})P_i(k) = P_i(k)P_i(k^{-1}) = E$ を示せばよい．他も同様である.

命題 1.4 行列 A に行基本変形を何回かほどこして行列 C が得られたとき，ある正則行列 X が存在して $C = XA$ となる．

証明 s 回の行基本変形により A が C に変形されたとする．補題 1.1 により，その各行基本変形に対応する基本行列を $P_1, P_2, \ldots, P_s$ とおくと，

$$A \longrightarrow P_1 A \longrightarrow P_2 P_1 A \longrightarrow \cdots \longrightarrow P_s \cdots P_2 P_1 A = C$$

となる．ここで，$X = P_s \cdots P_2 P_1$ とおくと，X は基本行列の積で表される．補題 1.2 により基本行列は正則であり，正則行列の積はまた正則である（命題 1.2）から，X は正則である．$C = XA$ であるからこの X が求めるものである．

▌逆行列の計算法▌

n 次正方行列 A の簡約化が単位行列 E であるときを考える．すなわち，A が行基本変形の繰り返しにより E に変換される．$A \longrightarrow \cdots \longrightarrow E$. 補題 1.1 により，その各行基本変形に対応する n 次基本行列を $P_1, P_2, \ldots, P_s$ とすれば，この変換は次のようになる．

$$A \longrightarrow P_1 A \longrightarrow P_2 P_1 A \longrightarrow \cdots \longrightarrow P_s \cdots P_2 P_1 A = E$$

基本行列は正則であるから，$P_s \cdots P_2 P_1 A = E$ より，$A = P_1^{-1} P_2^{-1} \cdots P_s^{-1}$ となり，正則行列の積はまた正則である（命題 1.2）から，A は正則である．ここで，$X = P_s \cdots P_2 P_1$ とおけば $X = A^{-1}$ となる（証明は後述）のであるが，X を求めるのには次のようにすればよい．A と E を横に並べた $n \times 2n$ 行列 $\left(A \mid E \right)$ に，同じ行基本変形を施していくと，

$$\left(A \mid E \right) \longrightarrow P_1 \left(A \mid E \right) = \left(P_1 A \mid P_1 E \right) \longrightarrow P_2 \left(P_1 A \mid P_1 E \right) = \left(P_2 P_1 A \mid P_2 P_1 E \right)$$

$$\longrightarrow \cdots \longrightarrow P_s \left(P_{s-1} \cdots P_2 P_1 A \mid P_{s-1} \cdots P_2 P_1 E \right) = \left(P_s \cdots P_2 P_1 A \mid P_s \cdots P_2 P_1 E \right) = \left(E \mid X \right)$$

となり，左側が単位行列 E に変換されるとき右側が X に変換される．以上の議論をまとめると次のようになる．

定理 1.16 n 次正方行列 A の簡約化が E のとき，$XA = E$ をみたす X が定まり，次の簡約化の手続きで得られる．

$$\left(A \mid E \right) \longrightarrow \left(E \mid X \right)$$

この定理の X は実際に $X = A^{-1}$ となる．

44　第1章　行列

定理 1.17　n 次正方行列 A の簡約化が E のとき，A は正則で，A^{-1} は次の簡約化により得られる．

$$\left(A \mid E\right) \longrightarrow \left(E \mid A^{-1}\right)$$

証明　前定理より，$XA = E$ をみたす X が定まり，行基本変形の繰り返しにより，

$$\left(A \mid E\right) \longrightarrow \left(E \mid X\right)$$

となる．行基本変形は可逆であるので，逆変形をそれぞれ行うことで，

$$\left(E \mid X\right) \longrightarrow \left(A \mid E\right)$$

とできるが，このことは X の簡約化が E であることを示している．したがって，前定理より $YX = E$ となる Y が存在する．ところが，この Y が A に等しいことがわかる．

$$Y = YE = Y(XA) = (YX)A = EA = A$$

以上により，$XA = AX = E$ となるから，A は正則で，$X = A^{-1}$ である．

例題 1.8　$A = \begin{pmatrix} 2 & 1 & 2 \\ -1 & 2 & -3 \\ 1 & 2 & 0 \end{pmatrix}$ の逆行列を求めよ．

解答　$\left(A \mid E\right) = \left(\begin{array}{ccc|ccc} 2 & 1 & 2 & 1 & 0 & 0 \\ -1 & 2 & -3 & 0 & 1 & 0 \\ 1 & 2 & 0 & 0 & 0 & 1 \end{array}\right) \longrightarrow \left(\begin{array}{ccc|ccc} 1 & 2 & 0 & 0 & 0 & 1 \\ -1 & 2 & -3 & 0 & 1 & 0 \\ 2 & 1 & 2 & 1 & 0 & 0 \end{array}\right) \begin{array}{l} ③ \\ \\ ① \end{array}$

$\longrightarrow \left(\begin{array}{ccc|ccc} 1 & 2 & 0 & 0 & 0 & 1 \\ 0 & 4 & -3 & 0 & 1 & 1 \\ 0 & -3 & 2 & 1 & 0 & -2 \end{array}\right) \begin{array}{l} \\ ②+①×1 \\ ③+①×(-2) \end{array} \longrightarrow \left(\begin{array}{ccc|ccc} 1 & 2 & 0 & 0 & 0 & 1 \\ 0 & 1 & -1 & 1 & 1 & -1 \\ 0 & -3 & 2 & 1 & 0 & -2 \end{array}\right) \begin{array}{l} \\ ②+③×1 \\ \end{array}$

$\longrightarrow \left(\begin{array}{ccc|ccc} 1 & 2 & 0 & 0 & 0 & 1 \\ 0 & 1 & -1 & 1 & 1 & -1 \\ 0 & 0 & -1 & 4 & 3 & -5 \end{array}\right) \begin{array}{l} \\ \\ ③+②×3 \end{array} \longrightarrow \left(\begin{array}{ccc|ccc} 1 & 2 & 0 & 0 & 0 & 1 \\ 0 & 1 & -1 & 1 & 1 & -1 \\ 0 & 0 & 1 & -4 & -3 & 5 \end{array}\right) \begin{array}{l} \\ \\ ③×(-1) \end{array}$

$\longrightarrow \left(\begin{array}{ccc|ccc} 1 & 2 & 0 & 0 & 0 & 1 \\ 0 & 1 & 0 & -3 & -2 & 4 \\ 0 & 0 & 1 & -4 & -3 & 5 \end{array}\right) \begin{array}{l} \\ ②+③×1 \\ \end{array} \longrightarrow \left(\begin{array}{ccc|ccc} 1 & 0 & 0 & 6 & 4 & -7 \\ 0 & 1 & 0 & -3 & -2 & 4 \\ 0 & 0 & 1 & -4 & -3 & 5 \end{array}\right) \begin{array}{l} ①+②×(-2) \\ \\ \end{array}$

したがって，A は正則で，

$$A^{-1} = \begin{pmatrix} 6 & 4 & -7 \\ -3 & -2 & 4 \\ -4 & -3 & 5 \end{pmatrix}$$

1.5 正則行列　45

■ **正則行列の性質** ■

定理 1.18　n 次正方行列 A について次は同値である.

(1)　A は正則である.

(2)　$\operatorname{rank} A = n$

(3)　A の簡約化は E である.

(4)　$A\boldsymbol{x} = \boldsymbol{b}$ は任意の n 次ベクトル $\boldsymbol{b}$ に対してただ 1 つの解をもつ.

(5)　$A\boldsymbol{x} = \boldsymbol{0}$ の解は自明な解 $\boldsymbol{x} = \boldsymbol{0}$ に限る.

証明　(2) $\Rightarrow$ (3)　A を簡約化した行列 C もまた n 次正方行列で, $\operatorname{rank} C = n$ である. したがって C の行にも列にも零ベクトルはない. ゆえに $C = E$.

(3) $\Rightarrow$ (4)　$A\boldsymbol{x} = \boldsymbol{b}$ の拡大係数行列 $\begin{pmatrix} A & \boldsymbol{b} \end{pmatrix}$ を簡約化すると

$$\begin{pmatrix} A & \boldsymbol{b} \end{pmatrix} \longrightarrow \begin{pmatrix} E & \boldsymbol{c} \end{pmatrix}$$

となるから, $A\boldsymbol{x} = \boldsymbol{b}$ はただ 1 つの解 $\boldsymbol{x} = \boldsymbol{c}$ をもつ.

(4) $\Rightarrow$ (5)　$\boldsymbol{b} = \boldsymbol{0}$ という特別な場合なので成立する. 自明な解がただ 1 つの解である.

(5) $\Rightarrow$ (2)　定理 1.14 の主張に他ならない.

以上により, (2) ～ (5) が同値であることが示された.

(3) $\Rightarrow$ (1)　A の簡約化が E であれば, 適当な基本行列 $P_1, P_2, \ldots, P_s$ により, $P_s \cdots P_2 P_1 A = E$ とできる. 基本行列は正則であるから, $A = P_1^{-1} P_2^{-1} \cdots P_s^{-1}$ となり, 正則な行列の積はまた正則であることにより A は正則である.

(1) $\Rightarrow$ (4)　A が正則であるから逆行列 A^{-1} が存在する. 連立 1 次方程式 $A\boldsymbol{x} = \boldsymbol{b}$ の両辺に左から A^{-1} をかけることにより, $A^{-1}A\boldsymbol{x} = A^{-1}\boldsymbol{b}$, $E\boldsymbol{x} = A^{-1}\boldsymbol{b}$, $\boldsymbol{x} = A^{-1}\boldsymbol{b}$ と, ただ 1 つの解 $\boldsymbol{x} = A^{-1}\boldsymbol{b}$ をもつ.

以上により, (1) と (2) ～ (5) の同値性が示された. ∎

定理 1.19　n 次正方行列 A について次は同値である.

(1)　A は正則である.

(2)　$AX = E$ となる n 次正方行列 X が存在する.

(3)　$XA = E$ となる n 次正方行列 X が存在する.

証明　A が正則であるとは, $XA = AX = E$ となる X が存在することであったから, (1) $\Rightarrow$ (2) および (1) $\Rightarrow$ (3) は明らかに成立する.

(2) $\Rightarrow$ (1)　$AX = E$ となる X があるとき, C を A の簡約化とすると, 命題 1.4 により, ある正則行列 P があって $C = PA$ となる. $CX = (PA)X = P(AX) = PE = P$ である. ここで簡約行列 C が正則でなければ $\operatorname{rank} C < n$ であり, C の第 n 行は $\boldsymbol{0}$ である. したがって, 積 CX の第 n 行も $\boldsymbol{0}$ である. すると $P = CX$ も第 n 行は $\boldsymbol{0}$ であり, P が正則であることに反する. よって C は正則である. C は正則でありまた簡約であるから $C = E$

である. そこで $PA = E$ の両辺に左から P^{-1} をかけて $A = P^{-1}$. すなわち A は正則である.

$(3) \Rightarrow (1)$ $XA = E$ となる X があるとき, C を X の簡約化とすれば, 上と同様の議論により, X は正則である. このとき $A = X^{-1}$ もまた正則である.

章末問題　47

章末問題

1.1 $A = \begin{pmatrix} 1 & -1 & 0 & 3 \\ 2 & -2 & 1 & -3 \\ 0 & -3 & 2 & 0 \end{pmatrix}$, $\quad B = \begin{pmatrix} 0 & 2 & 1 & -3 \\ 1 & 0 & 5 & 4 \\ 3 & 2 & -4 & 1 \end{pmatrix}$ のとき，次を計算せよ.

(1) $A + B$ 　　(2) $A - B$ 　　(3) $2A - 3B$

解答 (1) $\begin{pmatrix} 1 & 1 & 1 & 0 \\ 3 & -2 & 6 & 1 \\ 3 & -1 & -2 & 1 \end{pmatrix}$ (2) $\begin{pmatrix} 1 & -3 & -1 & 6 \\ 1 & -2 & -4 & -7 \\ -3 & -5 & 6 & -1 \end{pmatrix}$ (3) $\begin{pmatrix} 2 & -8 & -3 & 15 \\ 1 & -4 & -13 & -18 \\ -9 & -12 & 6 & -3 \end{pmatrix}$

1.2 次の行列のうち積が定義される組合せをすべて求め，その積を計算せよ.

$$A = \begin{pmatrix} 1 & 0 & 3 \\ -2 & 1 & 0 \end{pmatrix}, B = \begin{pmatrix} 1 & -1 & 3 \end{pmatrix}, C = \begin{pmatrix} -1 & 1 & 0 \\ 2 & -1 & 1 \\ 4 & 2 & -2 \end{pmatrix}, D = \begin{pmatrix} 2 \\ -1 \\ 3 \end{pmatrix}$$

解答 $AC = \begin{pmatrix} 11 & 7 & -6 \\ 4 & -3 & 1 \end{pmatrix}$, $AD = \begin{pmatrix} 11 \\ -5 \end{pmatrix}$, $BC = \begin{pmatrix} 9 & 8 & -7 \end{pmatrix}$, $BD = 12$,

$CD = \begin{pmatrix} -3 \\ 8 \\ 0 \end{pmatrix}$, $DB = \begin{pmatrix} 2 & -2 & 6 \\ -1 & 1 & -3 \\ 3 & -3 & 9 \end{pmatrix}$

1.3 $A = \begin{pmatrix} 2 & 1 & 0 \\ 0 & 2 & 1 \\ 0 & 0 & 2 \end{pmatrix}$ のとき，A^2, A^3, A^n を求めよ.

解答 $A^2 = \begin{pmatrix} 4 & 4 & 1 \\ 0 & 4 & 4 \\ 0 & 0 & 4 \end{pmatrix}$, $\quad A^3 = \begin{pmatrix} 8 & 12 & 6 \\ 0 & 8 & 12 \\ 0 & 0 & 8 \end{pmatrix}$, $\quad A^n = \begin{pmatrix} 2^n & n2^{n-1} & \frac{1}{2}n(n-1)2^{n-2} \\ 0 & 2^n & n2^{n-1} \\ 0 & 0 & 2^n \end{pmatrix}$

1.4 $A = \begin{pmatrix} 7 & -10 \\ 5 & -8 \end{pmatrix}$, $P = \begin{pmatrix} 1 & 2 \\ 1 & 1 \end{pmatrix}$ のとき，次の行列を求めよ.

(1) P^{-1} 　(2) $P^{-1}AP$ 　(3) A^n

解答 (1) $P^{-1} = \begin{pmatrix} -1 & 2 \\ 1 & -1 \end{pmatrix}$ 　(2) $P^{-1}AP = \begin{pmatrix} -3 & 0 \\ 0 & 2 \end{pmatrix}$

48 第 1 章 行列

(3) $A^n = P \begin{pmatrix} (-3)^n & 0 \\ 0 & 2^n \end{pmatrix} P^{-1} = \begin{pmatrix} -(-3)^n + 2^{n+1} & 2 \cdot (-3)^n - 2^{n+1} \\ -(-3)^n + 2^n & 2 \cdot (-3)^n - 2^n \end{pmatrix}$

1.5 次の行列 A を対称行列と交代行列の和で表せ.

$$A = \begin{pmatrix} -2 & 5 & 4 \\ -3 & 0 & -1 \\ 2 & 9 & 3 \end{pmatrix}$$

解答 $A = \begin{pmatrix} -2 & 1 & 3 \\ 1 & 0 & 4 \\ 3 & 4 & 3 \end{pmatrix} + \begin{pmatrix} 0 & 4 & 1 \\ -4 & 0 & -5 \\ -1 & 5 & 0 \end{pmatrix}$

1.6 次の行列 A をエルミート行列と反エルミート行列の和で表せ.

$$A = \begin{pmatrix} 0 & 6i & 0 \\ 2 & 2-3i & 3+i \\ 4-2i & -1+3i & 1+i \end{pmatrix}$$

解答 $A = \begin{pmatrix} 0 & 1+3i & 2+i \\ 1-3i & 2 & 1-i \\ 2-i & 1+i & 1 \end{pmatrix} + \begin{pmatrix} 0 & -1+3i & -2-i \\ 1+3i & -3i & 2+2i \\ 2-i & -2+2i & i \end{pmatrix}$

1.7 A, B が n 次上三角行列（下三角行列）であるとき，$A+B$ および AB もまた上三角行列（下三角行列）であることを示せ.

解答 上三角行列に関して示す.

$A = (a_{ij}), B = (b_{ij})$ とおけば，$a_{ij} = b_{ij} = 0 \ (i > j)$ である. $A+B$ の (i,j) 成分は $a_{ij} + b_{ij}$ であり，$a_{ij} + b_{ij} = 0 \ (i > j)$ だから，$A+B$ は上三角行列である.

AB の (i,j) 成分は $\displaystyle\sum_{k=1}^{n} a_{ik}b_{kj}$ であるが，$i > j$ ならば，

$$\sum_{k=1}^{n} a_{ik}b_{kj} = a_{i1}b_{1j} + \cdots + a_{ij}b_{jj} + \cdots + a_{i,i-1}b_{i-1,j} + a_{ii}b_{ij} + \cdots + a_{in}b_{nj}$$

$$= 0 \cdot b_{1j} + \cdots + 0 \cdot b_{jj} + \cdots + 0 \cdot b_{i-1,j} + a_{ii} \cdot 0 + \cdots + a_{in} \cdot 0$$

$$= 0$$

したがって AB は上三角行列である.

下三角行列についても同様に示せる.

1.8 A, B が直交行列（ユニタリ行列）であるとき，AB および A^{-1} も直交行列（ユニタリ行列）であることを証明せよ.

章末問題　**49**

解答　直交行列について示す.

$^t(AB) = {}^tB{}^tA = B^{-1}A^{-1} = (AB)^{-1}$ より，AB は直交行列である.

$^t(A^{-1}) = ({}^tA)^{-1} = (A^{-1})^{-1} = A$ より，A^{-1} は直交行列である.

ユニタリ行列についても同様に示せる.

1.9　正方行列 A について次を証明せよ.

(1)　^tAA は対称行列である.

(2)　A が対称行列ならば A^2 も対称行列である.

(3)　A が交代行列ならば A^2 は対称行列である.

解答　(1)　$^t({}^tAA) = {}^tA{}^t({}^tA) = {}^tAA$ より，^tAA は対称行列である.

(2)　A が対称行列ならば，$^t(A^2) = {}^t(AA) = {}^tA{}^tA = AA = A^2$ より，A^2 は対称行列である.

(3)　A が交代行列ならば，$^t(A^2) = {}^t(AA) = {}^tA{}^tA = (-A)(-A) = AA = A^2$ より，A^2 は対称行列である.

1.10　n 次正方行列 A, B について，$A \neq O$, $B \neq O$ で，$AB = O$ ならば A も B も正則でないことを示せ.

解答　A が正則であるとする. $AB = O$ の両辺に左から A^{-1} をかけると，$A^{-1}AB = A^{-1}O$. すなわち $B = O$ となり仮定に反する. したがって A は正則でない.

B が正則であるとする. $AB = O$ の両辺に右から B^{-1} をかけると，$ABB^{-1} = OB^{-1}$. すなわち $A = O$ となり仮定に反する. したがって B は正則でない.

1.11　正方行列 X は，ある自然数 m に対して $X^m = O$ となるときベキ零であるという.

X がベキ零であるとき，$E - X$ および $E + X$ が正則であることを示せ.

解答　$X^m = O$ とする. $Y = E + X + X^2 + \cdots + X^{m-1}$ とおくと，

$(E - X)Y = E + X + X^2 + \cdots + X^{m-1} - (X + X^2 + \cdots + X^{m-1} + X^m) = E$.

同様に $Y(E - X) = E$. したがって $E - X$ は正則で $(E - X)^{-1} = Y$.

$E + X$ が正則であることも同様に示せる.

1.12　次の条件をみたすような 2 次正方行列 A を求めよ.

(1) $A^2 = O$　(2) $A^2 = E$　(3) $A^2 = A$

解答　(1)　$\begin{pmatrix} 0 & b \\ 0 & 0 \end{pmatrix}, \begin{pmatrix} a & -\dfrac{a^2}{c} \\ c & -a \end{pmatrix}$ $(c \neq 0)$

(2)　$\begin{pmatrix} 1 & 0 \\ 0 & 1 \end{pmatrix}, \begin{pmatrix} -1 & 0 \\ 0 & -1 \end{pmatrix}, \begin{pmatrix} 1 & b \\ 0 & -1 \end{pmatrix}, \begin{pmatrix} -1 & b \\ 0 & 1 \end{pmatrix}, \begin{pmatrix} a & \dfrac{1-a^2}{c} \\ c & -a \end{pmatrix}$ $(c \neq 0)$

(3)　$\begin{pmatrix} 0 & 0 \\ 0 & 0 \end{pmatrix}, \begin{pmatrix} 1 & 0 \\ 0 & 1 \end{pmatrix}, \begin{pmatrix} 0 & b \\ 0 & 1 \end{pmatrix}, \begin{pmatrix} 1 & b \\ 0 & 0 \end{pmatrix}, \begin{pmatrix} a & \dfrac{a-a^2}{c} \\ c & 1-a \end{pmatrix}$ $(c \neq 0)$

50   第 1 章　行列

1.13　次の連立 1 次方程式を，拡大係数行列に行基本変形をほどこすことにより解け．

(1) $\begin{cases} 2x + 3y = 1 \\ x + 2y = 2 \end{cases}$
　　　　(2) $\begin{cases} 3x + y = 7 \\ 4x + 3y = 6 \end{cases}$

(3) $\begin{cases} x +2y +3z = 6 \\ 3x +y +2z = 7 \\ 2x +3y +z = -1 \end{cases}$
　　　　(4) $\begin{cases} 2x + y - 3z = 5 \\ x - 3y + z = -3 \\ x + 2y + 2z = 14 \end{cases}$

(5) $\begin{cases} 2x + y - 2z = 11 \\ 3x + 2y + 2z = 2 \\ 5x + 4y + 3z = 5 \end{cases}$
　　　　(6) $\begin{cases} x + y - z + 3w = -6 \\ x + 2y - 3z + w = 1 \\ -2x + 3y - z + 2w = -7 \\ 3x + y + z - w = 10 \end{cases}$

解答　(1) $\begin{cases} x = -4 \\ y = 3 \end{cases}$ 　(2) $\begin{cases} x = 3 \\ y = -2 \end{cases}$ 　(3) $\begin{cases} x = 1 \\ y = -2 \\ z = 3 \end{cases}$ 　(4) $\begin{cases} x = 4 \\ y = 3 \\ z = 2 \end{cases}$

(5) $\begin{cases} x = 2 \\ y = 1 \\ z = -3 \end{cases}$ 　(6) $\begin{cases} x = 2 \\ y = 1 \\ z = 0 \\ w = -3 \end{cases}$

1.14　次の連立 1 次方程式を解け．

(1) $\begin{pmatrix} 1 & 1 & 1 & -1 \\ 3 & 2 & 4 & -5 \\ 1 & -1 & 3 & -5 \end{pmatrix} \begin{pmatrix} x_1 \\ x_2 \\ x_3 \\ x_4 \end{pmatrix} = \begin{pmatrix} -1 \\ 2 \\ 9 \end{pmatrix}$ 　(2) $\begin{pmatrix} 1 & 1 & -1 \\ 2 & -2 & 14 \\ 3 & 4 & -7 \end{pmatrix} \begin{pmatrix} x_1 \\ x_2 \\ x_3 \end{pmatrix} = \begin{pmatrix} 3 \\ 2 \\ 10 \end{pmatrix}$

(3) $\begin{pmatrix} 1 & 2 & -2 & 5 & 0 \\ 1 & 2 & 1 & -7 & -2 \\ 2 & 4 & -2 & 2 & 7 \end{pmatrix} \begin{pmatrix} x_1 \\ x_2 \\ x_3 \\ x_4 \\ x_5 \end{pmatrix} = \begin{pmatrix} -9 \\ 10 \\ 3 \end{pmatrix}$ 　(4) $\begin{pmatrix} 1 & 1 & 1 \\ 1 & 2 & 3 \\ 2 & 3 & 4 \end{pmatrix} \begin{pmatrix} x_1 \\ x_2 \\ x_3 \end{pmatrix} = \begin{pmatrix} 2 \\ 4 \\ 5 \end{pmatrix}$

解答　(1) $\begin{pmatrix} x_1 \\ x_2 \\ x_3 \\ x_4 \end{pmatrix} = \begin{pmatrix} 4 \\ -5 \\ 0 \\ 0 \end{pmatrix} + \alpha \begin{pmatrix} -2 \\ 1 \\ 1 \\ 0 \end{pmatrix} + \beta \begin{pmatrix} 3 \\ -2 \\ 0 \\ 1 \end{pmatrix}$ 　(2) $\begin{pmatrix} x_1 \\ x_2 \\ x_3 \end{pmatrix} = \begin{pmatrix} 2 \\ 1 \\ 0 \end{pmatrix} + \alpha \begin{pmatrix} -3 \\ 4 \\ 1 \end{pmatrix}$

$$(3) \quad \begin{pmatrix} x_1 \\ x_2 \\ x_3 \\ x_4 \\ x_5 \end{pmatrix} = \begin{pmatrix} 5 \\ 0 \\ 7 \\ 0 \\ 1 \end{pmatrix} + c_1 \begin{pmatrix} -2 \\ 1 \\ 0 \\ 0 \\ 0 \end{pmatrix} + c_2 \begin{pmatrix} 3 \\ 0 \\ 4 \\ 1 \\ 0 \end{pmatrix} \qquad (4) \text{ 解なし.}$$

1.15 次の行列の逆行列を求めよ.

$$(1) \quad \begin{pmatrix} 1 & 2 & -1 \\ 2 & 7 & -1 \\ -1 & -3 & 1 \end{pmatrix} \qquad (2) \quad \begin{pmatrix} 1 & 3 & -2 \\ 1 & 0 & 2 \\ 2 & 2 & 1 \end{pmatrix} \qquad (3) \quad \begin{pmatrix} 1 & 3 & -3 \\ 1 & -2 & 3 \\ 4 & -2 & 5 \end{pmatrix}$$

$$(4) \quad \begin{pmatrix} 1 & 1 & 1 & 1 \\ 0 & 1 & 1 & 1 \\ 0 & 0 & 1 & 1 \\ 0 & 0 & 0 & 1 \end{pmatrix} \qquad (5) \quad \begin{pmatrix} 1 & 1 & 0 & 0 \\ 1 & 2 & 1 & 0 \\ 1 & 3 & 3 & 1 \\ 1 & 4 & 6 & 4 \end{pmatrix} \qquad (6) \quad \begin{pmatrix} 5 & 4 & 3 & 2 & 1 \\ 4 & 4 & 3 & 2 & 1 \\ 3 & 3 & 3 & 2 & 1 \\ 2 & 2 & 2 & 2 & 1 \\ 1 & 1 & 1 & 1 & 1 \end{pmatrix}$$

解答 $(1) \begin{pmatrix} 4 & 1 & 5 \\ -1 & 0 & -1 \\ 1 & 1 & 3 \end{pmatrix}$ $(2) \begin{pmatrix} -4 & -7 & 6 \\ 3 & 5 & -4 \\ 2 & 4 & -3 \end{pmatrix}$ $(3) \begin{pmatrix} 4 & 9 & -3 \\ -7 & -17 & 6 \\ -6 & -14 & 5 \end{pmatrix}$

$(4) \begin{pmatrix} 1 & -1 & 0 & 0 \\ 0 & 1 & -1 & 0 \\ 0 & 0 & 1 & -1 \\ 0 & 0 & 0 & 1 \end{pmatrix}$ $(5) \begin{pmatrix} 4 & -6 & 4 & -1 \\ -3 & 6 & -4 & 1 \\ 2 & -5 & 4 & -1 \\ -1 & 3 & -3 & 1 \end{pmatrix}$ $(6) \begin{pmatrix} 1 & -1 & 0 & 0 & 0 \\ -1 & 2 & -1 & 0 & 0 \\ 0 & -1 & 2 & -1 & 0 \\ 0 & 0 & -1 & 2 & -1 \\ 0 & 0 & 0 & -1 & 2 \end{pmatrix}$

1.16 次の同次連立 1 次方程式を解け.

$$(1) \quad \begin{pmatrix} 1 & 1 & -1 \\ 2 & 1 & 1 \\ 3 & 1 & 3 \end{pmatrix} \begin{pmatrix} x_1 \\ x_2 \\ x_3 \end{pmatrix} = \begin{pmatrix} 0 \\ 0 \\ 0 \end{pmatrix} \qquad (2) \quad \begin{pmatrix} 2 & 3 & 0 & 2 & 3 \\ 3 & 4 & 1 & -2 & -6 \\ 1 & 1 & 1 & 1 & 1 \\ -2 & -3 & 0 & -4 & -7 \end{pmatrix} \begin{pmatrix} x_1 \\ x_2 \\ x_3 \\ x_4 \\ x_5 \end{pmatrix} = \begin{pmatrix} 0 \\ 0 \\ 0 \\ 0 \end{pmatrix}$$

$$(3) \quad \begin{pmatrix} 1 & -2 & 2 & 0 \\ 2 & -4 & 1 & 1 \\ 3 & -6 & 9 & -1 \end{pmatrix} \begin{pmatrix} x_1 \\ x_2 \\ x_3 \\ x_4 \end{pmatrix} = \begin{pmatrix} 0 \\ 0 \\ 0 \end{pmatrix}$$

52　第 1 章　行列

$$(4) \begin{pmatrix} 1 & -3 & 1 & 2 & 0 \\ 2 & -6 & -4 & -5 & -2 \end{pmatrix} \begin{pmatrix} x_1 \\ x_2 \\ x_3 \\ x_4 \\ x_5 \end{pmatrix} = \begin{pmatrix} 0 \\ 0 \end{pmatrix}$$

解答　(1) $\begin{pmatrix} x_1 \\ x_2 \\ x_3 \end{pmatrix} = c \begin{pmatrix} -2 \\ 3 \\ 1 \end{pmatrix}$　(2) $\begin{pmatrix} x_1 \\ x_2 \\ x_3 \\ x_4 \\ x_5 \end{pmatrix} = c_1 \begin{pmatrix} -3 \\ 2 \\ 1 \\ 0 \\ 0 \end{pmatrix} + c_2 \begin{pmatrix} 2 \\ -1 \\ 0 \\ -2 \\ 1 \end{pmatrix}$

(3) $\begin{pmatrix} x_1 \\ x_2 \\ x_3 \\ x_4 \end{pmatrix} = c_1 \begin{pmatrix} 2 \\ 1 \\ 0 \\ 0 \end{pmatrix} + c_2 \begin{pmatrix} -2 \\ 0 \\ 1 \\ 3 \end{pmatrix}$　(4) $\begin{pmatrix} x_1 \\ x_2 \\ x_3 \\ x_4 \\ x_5 \end{pmatrix} = c_1 \begin{pmatrix} 3 \\ 1 \\ 0 \\ 0 \\ 0 \end{pmatrix} + c_2 \begin{pmatrix} -\dfrac{1}{2} \\ 0 \\ -\dfrac{3}{2} \\ 1 \\ 0 \end{pmatrix} + c_3 \begin{pmatrix} \dfrac{1}{3} \\ 0 \\ -\dfrac{1}{3} \\ 0 \\ 1 \end{pmatrix}$

2

行列式

行列式 (determinant) とは，正方行列に対してその成分の多項式関数の 1 つとして定義されるものである．2 次正方行列

$$A = \begin{pmatrix} a & b \\ c & d \end{pmatrix}$$

に対して行列式 $|A|$ を，

$$|A| = \begin{vmatrix} a & b \\ c & d \end{vmatrix} = ad - bc$$

と定める．これは次のようにして導出されたものである．

連立 1 次方程式

$$\begin{cases} ax + by = e & \cdots \text{①} \\ cx + dy = f & \cdots \text{②} \end{cases}$$

を考える．

これは，$A = \begin{pmatrix} a & b \\ c & d \end{pmatrix}$, $\boldsymbol{x} = \begin{pmatrix} x \\ y \end{pmatrix}$, $\boldsymbol{b} = \begin{pmatrix} e \\ f \end{pmatrix}$ とおけば，

$$A\boldsymbol{x} = \boldsymbol{b}$$

と表されるが，

① $\times d -$ ② $\times b$ から，$(ad - bc)x = ed - bf$.

② $\times a -$ ① $\times c$ から，$(ad - bc)y = af - ec$.

したがって，この解は $|A| = ad - bc \neq 0$ ならばただ 1 つ存在し，

$$x = \frac{ed - bf}{ad - bc} = \frac{\begin{vmatrix} e & b \\ f & d \end{vmatrix}}{\begin{vmatrix} a & b \\ c & d \end{vmatrix}}, \quad y = \frac{af - ec}{ad - bc} = \frac{\begin{vmatrix} a & e \\ c & f \end{vmatrix}}{\begin{vmatrix} a & b \\ c & d \end{vmatrix}}$$

である．これはクラメルの公式といわれるものである．

2.1 2次および3次の行列式

> **定義 2.1** 2次正方行列 $A = \begin{pmatrix} a & b \\ c & d \end{pmatrix}$ の行列式 $|A|$ を,
>
> $$|A| = \begin{vmatrix} a & b \\ c & d \end{vmatrix} = ad - bc$$
>
> と定める.

例 2.1

$$\begin{vmatrix} 2 & 3 \\ 4 & 5 \end{vmatrix} = 2 \times 5 - 3 \times 4 = -2$$

$$\begin{vmatrix} -2 & 5 \\ -3 & -6 \end{vmatrix} = (-2) \times (-6) - 5 \times (-3) = 27$$

$$\begin{vmatrix} 1-2i & 2+i \\ -2-i & 1-2i \end{vmatrix} = (1-2i) \times (1-2i) - (2+i) \times (-2-i) = 0$$

> **定義 2.2** 3次正方行列 $A = \begin{pmatrix} a_{11} & a_{12} & a_{13} \\ a_{21} & a_{22} & a_{23} \\ a_{31} & a_{32} & a_{33} \end{pmatrix}$ の行列式 $|A|$ を,
>
> $$|A| = \begin{vmatrix} a_{11} & a_{12} & a_{13} \\ a_{21} & a_{22} & a_{23} \\ a_{31} & a_{32} & a_{33} \end{vmatrix}$$
>
> $$= a_{11}a_{22}a_{33} + a_{12}a_{23}a_{31} + a_{13}a_{21}a_{32} - a_{11}a_{23}a_{32} - a_{13}a_{22}a_{31} - a_{12}a_{21}a_{33}$$
>
> と定める.

例 2.2

$$\begin{vmatrix} 1 & 2 & 3 \\ 6 & 8 & 5 \\ 7 & 9 & 4 \end{vmatrix} = 1 \cdot 8 \cdot 4 + 2 \cdot 5 \cdot 7 + 3 \cdot 6 \cdot 9 - 1 \cdot 5 \cdot 9 - 3 \cdot 8 \cdot 7 - 2 \cdot 6 \cdot 4 = 3$$

$$\begin{vmatrix} i & 0 & 1+2i \\ 1 & -2i & 2 \\ -1-3i & -i & 2+i \end{vmatrix} = i \cdot (-2i) \cdot (2+i) + 0 \cdot 2 \cdot (-1-3i) + (1+2i) \cdot 1 \cdot (-i)$$

$$- i \cdot 2 \cdot (-i) - (1+2i) \cdot (-2i) \cdot (-1-3i) - 0 \cdot 1 \cdot (2+i)$$

$$= 14 + 11i$$

▌サルスの方法▌

3次行列式には次のような覚え方がある. 3次正方行列の第1列および第2列が, それぞれ第4列,

第5列となるように3×5行列を書く．次に左上から右下に3本の実線矢印と左下から右上に3本の破線矢印を書く．実線矢印上の要素は掛け合わせて＋の符号を付け，破線矢印上の要素は掛け合わせて−の符号を付ける．

$$a_{11}a_{22}a_{33} + a_{12}a_{23}a_{31} + a_{13}a_{21}a_{32} - a_{11}a_{23}a_{32} - a_{13}a_{22}a_{31} - a_{12}a_{21}a_{33}$$

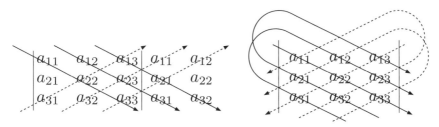

この覚え方をサルスの方法 (Sarrus' rule) という．

以上2次および3次の行列式を定義したが，1次の行列式についても定義しておく．

定義 2.3 1次正方行列 $A = (a)$ の行列式 $|A|$ を，

$$|A| = |\,a\,| = a$$

と定める．

絶対値の記号と混同せぬように注意されたい．

例 2.3
$$|\,2\,| = 2$$
$$|\,-3\,| = -3$$
$$|\,1-3i\,| = 1-3i$$

2.2 置換

n 次正方行列の行列式を定義するために置換を導入する．

定義 2.4 n 個の自然数の集合 $\{1, 2, \cdots, n\}$ から自分自身への1対1の写像を n 文字の**置換 (permutation)** という．

σ が n 文字の置換で，

$$\sigma(1) = p_1,\ \sigma(2) = p_2,\ \cdots,\ \sigma(n) = p_n$$

であるとき，

$$\sigma = \begin{pmatrix} 1 & 2 & \cdots & n \\ p_1 & p_2 & \cdots & p_n \end{pmatrix}$$

と書く．

56　第2章　行列式

例 2.4
$$\sigma = \begin{pmatrix} 1 & 2 & 3 & 4 \\ 4 & 1 & 2 & 3 \end{pmatrix}$$

とするとき，　$\sigma(1) = 4,\, \sigma(2) = 1,\, \sigma(3) = 2,\, \sigma(4) = 3.$

　この書き方は，上下の組み合わせが変わらない限り順序は換えてもよい．また，動かない文字は省略してもよい．

例 2.5
$$\sigma = \begin{pmatrix} 1 & 2 & 3 & 4 \\ 4 & 2 & 1 & 3 \end{pmatrix} = \begin{pmatrix} 3 & 1 & 4 & 2 \\ 1 & 4 & 3 & 2 \end{pmatrix} = \begin{pmatrix} 3 & 1 & 4 \\ 1 & 4 & 3 \end{pmatrix}$$

▌置換の積▐

　2 つの n 文字の置換 σ, τ の積 $\sigma\tau$ を
$$\sigma\tau(i) = \sigma(\tau(i)) \quad (i = 1, 2, \cdots, n)$$
と定義する．

　行列の積の場合と同様に，置換の積に関しても結合法則は成立するが，交換法則は成立しない．

例 2.6
$$\sigma = \begin{pmatrix} 1 & 2 & 3 & 4 \\ 4 & 3 & 1 & 2 \end{pmatrix}, \quad \tau = \begin{pmatrix} 1 & 2 & 3 & 4 \\ 4 & 1 & 2 & 3 \end{pmatrix}$$

のとき，
$$\sigma\tau = \begin{pmatrix} 1 & 2 & 3 & 4 \\ 2 & 4 & 3 & 1 \end{pmatrix}$$

である．これは，$\sigma\tau(1) = \sigma(\tau(1)) = \sigma(4) = 2,\ \sigma\tau(2) = \sigma(1) = 4,\ \sigma\tau(1) = \sigma(2) = 3,\ \sigma\tau(1) = \sigma(3) = 1$ として計算する．または，

$$\sigma\tau = \begin{pmatrix} 1 & 2 & 3 & 4 \\ 4 & 3 & 1 & 2 \end{pmatrix} \begin{pmatrix} 1 & 2 & 3 & 4 \\ 4 & 1 & 2 & 3 \end{pmatrix} = \begin{pmatrix} 4 & 1 & 2 & 3 \\ 2 & 4 & 3 & 1 \end{pmatrix} \begin{pmatrix} 1 & 2 & 3 & 4 \\ 4 & 1 & 2 & 3 \end{pmatrix}$$
$$= \begin{pmatrix} 1 & 2 & 3 & 4 \\ 2 & 4 & 3 & 1 \end{pmatrix}$$

のように，τ の下段が σ の上段になるように σ の書き方を変えて計算する．

　同様にして $\tau\sigma = \begin{pmatrix} 1 & 2 & 3 & 4 \\ 3 & 2 & 4 & 1 \end{pmatrix}$ が得られるが，$\sigma\tau \neq \tau\sigma$ であることに注意されたい．

▌単位置換▐

　すべての文字を動かさない置換を ε と書き，**単位置換 (identity permutation)** という．
$$\varepsilon = \begin{pmatrix} 1 & 2 & \cdots & n \\ 1 & 2 & \cdots & n \end{pmatrix}$$

置換 σ に対して，$\sigma\varepsilon = \varepsilon\sigma = \sigma$ が成り立つ．

■ 逆置換 ■

置換 $\sigma = \begin{pmatrix} 1 & 2 & \cdots & n \\ p_1 & p_2 & \cdots & p_n \end{pmatrix}$ に対して,

$$\sigma^{-1} = \begin{pmatrix} p_1 & p_2 & \cdots & p_n \\ 1 & 2 & \cdots & n \end{pmatrix}$$

とおき,これを σ の**逆置換 (inverse permutation)** という.このとき,

$$\sigma^{-1}\sigma = \sigma\sigma^{-1} = \varepsilon$$

が成り立つ.

例 2.7 $\sigma = \begin{pmatrix} 1 & 2 & 3 & 4 & 5 \\ 2 & 3 & 5 & 4 & 1 \end{pmatrix}$ のとき,

$$\sigma^{-1} = \begin{pmatrix} 2 & 3 & 5 & 4 & 1 \\ 1 & 2 & 3 & 4 & 5 \end{pmatrix} = \begin{pmatrix} 1 & 2 & 3 & 4 & 5 \\ 5 & 1 & 2 & 4 & 3 \end{pmatrix}$$

■ 置換全体の集合 ■

n 文字の置換全体からなる集合を S_n と書く.

n 文字の置換

$$\sigma = \begin{pmatrix} 1 & 2 & \cdots & n \\ p_1 & p_2 & \cdots & p_n \end{pmatrix}$$

は,$p_1, p_2, \cdots, p_n$ が定まれば一意的に定まるから,S_n は $n!$ 個の要素からなる.

$$S_2 = \left\{ \begin{pmatrix} 1 & 2 \\ 1 & 2 \end{pmatrix}, \begin{pmatrix} 1 & 2 \\ 2 & 1 \end{pmatrix} \right\}$$

$$S_3 = \left\{ \begin{pmatrix} 1 & 2 & 3 \\ 1 & 2 & 3 \end{pmatrix}, \begin{pmatrix} 1 & 2 & 3 \\ 2 & 3 & 1 \end{pmatrix}, \begin{pmatrix} 1 & 2 & 3 \\ 3 & 1 & 2 \end{pmatrix}, \begin{pmatrix} 1 & 2 & 3 \\ 1 & 3 & 2 \end{pmatrix}, \begin{pmatrix} 1 & 2 & 3 \\ 3 & 2 & 1 \end{pmatrix}, \begin{pmatrix} 1 & 2 & 3 \\ 2 & 1 & 3 \end{pmatrix} \right\}$$

定理 2.1 n 文字の置換 σ, τ, ρ に対して,$\sigma \neq \tau$ ならば,

(1) $\sigma\rho \neq \tau\rho, \quad \rho\sigma \neq \rho\tau$

(2) $\sigma^{-1} \neq \tau^{-1}$

証明 (1) $\sigma\rho = \tau\rho$ ならば,両辺に右から ρ^{-1} を掛けることにより,

$$(\sigma\rho)\rho^{-1} = (\tau\rho)\rho^{-1}$$

$$\sigma(\rho\rho^{-1}) = \tau(\rho\rho^{-1})$$

$$\sigma\varepsilon = \tau\varepsilon$$

$$\sigma = \tau$$

これは仮定に反するから,$\sigma\rho \neq \tau\rho$ である.

$\rho\sigma \neq \rho\tau$ も同様に示される.

58 第2章 行列式

(2) $\sigma^{-1} = \tau^{-1}$ ならば，左から σ 右から τ をかけて，

$$(\sigma\sigma^{-1})\tau = \sigma(\tau^{-1}\tau)$$

$$\varepsilon\tau = \sigma\varepsilon$$

$$\tau = \sigma$$

これは仮定に反するから，$\sigma^{-1} \neq \tau^{-1}$ である．

系 2.1 $\sigma \in S_n$ に対して，

(1) $S_n = \{\,\sigma\tau \mid \tau \in S_n\,\}, \quad S_n = \{\,\tau\sigma \mid \tau \in S_n\,\}$

(2) $S_n = \{\,\sigma^{-1} \mid \sigma \in S_n\,\}$

証明 (1) $S_n \supset \{\,\sigma\tau \mid \tau \in S_n\,\}$ は明らかである．定理2.1より，$\{\,\sigma\tau \mid \tau \in S_n\,\}$ の要素の個数は S_n と等しいから，$S_n = \{\,\sigma\tau \mid \tau \in S_n\,\}$ である．残りも同様に示される．

■**互換**■

n 文字の置換のうち，文字 i, j を入れ替えるが他の文字は動かさない置換

$$\begin{pmatrix} 1 & 2 & \cdots & i & \cdots & j & \cdots & n \\ 1 & 2 & \cdots & j & \cdots & i & \cdots & n \end{pmatrix}$$

を (i と j の) **互換 (transposition)** といい，(i, j) または (j, i) と書く．

置換は互換の積で表される．

$$\begin{pmatrix} 1 & 2 & 3 \\ 2 & 3 & 1 \end{pmatrix} = (1, 2)(2, 3), \quad \begin{pmatrix} 1 & 2 & 3 \\ 3 & 1 & 2 \end{pmatrix} = (1, 2)(1, 3)$$

τ が互換のとき，$\tau\tau = \varepsilon$ であるから，$\tau = \tau^{-1}$ である．

定理 2.2 任意の n 文字 $(n \geqq 2)$ の置換は互換の積で表される．

証明 n に関する帰納法で示す．

$n = 2$ のとき，$\begin{pmatrix} 1 & 2 \\ 1 & 2 \end{pmatrix} = (1, 2)(1, 2), \quad \begin{pmatrix} 1 & 2 \\ 2 & 1 \end{pmatrix} = (1, 2)$ であるから成立する．

$n - 1$ のとき成立するとする．n 文字の置換

$$\sigma = \begin{pmatrix} 1 & 2 & \cdots & n \\ p_1 & p_2 & \cdots & p_n \end{pmatrix}$$

に対して，$p_n = n$ ならば，σ は $n - 1$ 文字の置換とみなせるから，帰納法の仮定により成立する．$p_n \neq n$ とする．互換 (n, p_n) と σ の積

$$(n, p_n)\,\sigma = \begin{pmatrix} 1 & 2 & \cdots & n-1 & n \\ q_1 & q_2 & \cdots & q_{n-1} & n \end{pmatrix}$$

は, $n-1$ 文字の置換とみなせるから互換の積で表される. $\sigma = (n, p_n)(n, p_n)\sigma$ より, σ は互換の積で表される. ∎

例 2.8 置換 $\sigma = \begin{pmatrix} 1 & 2 & 3 & 4 \\ 2 & 4 & 1 & 3 \end{pmatrix}$ を互換の積で表す.

$$(4,3)\sigma = \begin{pmatrix} 1 & 2 & 3 & 4 \\ 1 & 2 & 4 & 3 \end{pmatrix}\begin{pmatrix} 1 & 2 & 3 & 4 \\ 2 & 4 & 1 & 3 \end{pmatrix} = \begin{pmatrix} 2 & 4 & 1 & 3 \\ 2 & 3 & 1 & 4 \end{pmatrix}\begin{pmatrix} 1 & 2 & 3 & 4 \\ 2 & 4 & 1 & 3 \end{pmatrix}$$

$$= \begin{pmatrix} 1 & 2 & 3 & 4 \\ 2 & 3 & 1 & 4 \end{pmatrix} = \begin{pmatrix} 1 & 2 & 3 \\ 2 & 3 & 1 \end{pmatrix}$$

$$(3,1)\begin{pmatrix} 1 & 2 & 3 \\ 2 & 3 & 1 \end{pmatrix} = \begin{pmatrix} 1 & 2 & 3 \\ 3 & 2 & 1 \end{pmatrix}\begin{pmatrix} 1 & 2 & 3 \\ 2 & 3 & 1 \end{pmatrix} = \begin{pmatrix} 1 & 2 & 3 \\ 2 & 1 & 3 \end{pmatrix} = (1,2)$$

$$\sigma = (4,3)(3,1)(1,2)$$

例 2.9 置換 $\begin{pmatrix} 1 & 2 & 3 & 4 & 5 & 6 & 7 \\ 6 & 3 & 7 & 2 & 4 & 5 & 1 \end{pmatrix}$ を互換の積で表す.

順列 6 3 7 2 4 5 1 に対して, 2 つの文字の入れ替えのみで
1 2 3 4 5 6 7 にすることを考える.

$$
\begin{array}{cccccccc}
 & 6 & 3 & 7 & 2 & 4 & 5 & 1 \\
(1,7) & & & \downarrow & & & & \\
 & 6 & 3 & 1 & 2 & 4 & 5 & 7 \\
(5,6) & & & \downarrow & & & & \\
 & 5 & 3 & 1 & 2 & 4 & 6 & 7 \\
(4,5) & & & \downarrow & & & & \\
 & 4 & 3 & 1 & 2 & 5 & 6 & 7 \\
(2,4) & & & \downarrow & & & & \\
 & 2 & 3 & 1 & 4 & 5 & 6 & 7 \\
(1,3) & & & \downarrow & & & & \\
 & 2 & 1 & 3 & 4 & 5 & 6 & 7 \\
(1,2) & & & \downarrow & & & & \\
 & 1 & 2 & 3 & 4 & 5 & 6 & 7
\end{array}
$$

これを逆順にたどることにより, 与えられた置換ができるので,

$$\begin{pmatrix} 1 & 2 & 3 & 4 & 5 & 6 & 7 \\ 6 & 3 & 7 & 2 & 4 & 5 & 1 \end{pmatrix} = (1,7)(5,6)(4,5)(2,4)(1,3)(1,2)$$

定理 2.3 置換を互換の積で表したとき, 表し方に関わらず互換の個数は偶数または奇数のどちらかに一意的に決まる.

証明 n 変数 $x_1, x_2, \cdots, x_n$ の多項式

$$\Delta = \prod_{1 \leqq i < j \leqq n} (x_i - x_j)$$

$$= (x_1 - x_2)(x_1 - x_3)\cdots\cdots(x_1 - x_n)$$

$$\times (x_2 - x_3)\cdots\cdots(x_2 - x_n)$$

$$\cdots$$

$$\times (x_{n-1} - x_n)$$

を考える．Δ を n 変数の**差積 (difference product)** という．Δ は $(x_i - x_j)$ の形のものを ${}_n\mathrm{C}_2$ 個掛け合わせたもので，各変数 x_i はそれぞれ $n-1$ 回出現する．

Δ の各変数 x_i の i に n 文字の置換 σ を施したものを $\sigma\Delta$ とおく．

$$\sigma\Delta = \prod_{1 \leqq i < j \leqq n} (x_{\sigma(i)} - x_{\sigma(j)})$$

$$= (x_{\sigma(1)} - x_{\sigma(2)})(x_{\sigma(1)} - x_{\sigma(3)})\cdots\cdots(x_{\sigma(1)} - x_{\sigma(n)})$$

$$\times (x_{\sigma(2)} - x_{\sigma(3)})\cdots\cdots(x_{\sigma(2)} - x_{\sigma(n)})$$

$$\cdots$$

$$\times (x_{\sigma(n-1)} - x_{\sigma(n)})$$

このとき，$\sigma\Delta = \Delta$ または $\sigma\Delta = -\Delta$ である．特に σ が互換であれば，$\sigma\Delta = -\Delta$ である．

実際，$\sigma = (i, j)$ $(i < j)$ のとき，Δ 内の $(x_i - x_j)$ の部分は σ により，-1 倍され，$i < s < j$ なる $j - i - 1$ 個の s に対して，$(x_s - x_j)$ および $(x_i - x_s)$ は -1 倍される．$s < i$ なる s に対して，$(x_s - x_i)$ および $(x_s - x_j)$ はそのまま，$j < s$ なる s に対して，$(x_i - x_s)$ および $(x_j - x_s)$ はそのままである．結局全体で $(-1)^{2(j-i-1)+1} = -1$ 倍となる．実際に書き出すと，

$$(i, j)\Delta = (x_1 - x_2)\cdots\cdots(x_1 - x_j)(x_1 - x_{i+1})\cdots\cdots\cdots\cdots\cdots(x_1 - x_i)\cdots(x_1 - x_n)$$

$$\times (x_2 - x_3)\cdots(x_2 - x_j)(x_2 - x_{i+1})\cdots\cdots\cdots\cdots\cdots(x_2 - x_i)\cdots(x_2 - x_n)$$

$$\cdots$$

$$\times (x_j - x_{i+1})(x_j - x_{i+2})\cdots\underline{(x_j - x_{j-1})}\underline{\underline{(x_j - x_i)}}\cdots(x_j - x_n)$$

$$\times (x_{i+1} - x_{i+2})\quad\cdots\cdots\cdots\underline{(x_{i+1} - x_i)}\cdots(x_{i+1} - x_n)$$

$$\times (x_{i+2} - x_{i+3})\cdots\underline{(x_{i+2} - x_i)}\cdots(x_{i+2} - x_n)$$

$$\cdots$$

$$\times \underline{(x_{j-1} - x_i)}\cdots(x_{j-1} - x_n)$$

$$\cdots$$

$$\times (x_{n-1} - x_n)$$

となる．ここで下線部分は対応するものがそれぞれあるため偶数個（$2(j-i-1)$ 個），2 重下線部分が 1 個で，添え字の大小関係が逆転する箇所が奇数個である．

2.2 置換　*61*

さて σ が次のように互換の積で 2 通りで表せているとする.

$$\sigma = \tau_s \tau_{s-1} \cdots \tau_2 \tau_1 = \tau'_t \tau'_{t-1} \cdots \tau'_2 \tau'_1$$

このとき,

$$\sigma \Delta = \tau_s \tau_{s-1} \cdots \tau_2 \tau_1 \Delta = (-1)^s \Delta$$

また,

$$\sigma \Delta = \tau'_t \tau'_{t-1} \cdots \tau'_2 \tau'_1 \Delta = (-1)^t \Delta$$

である.

$(-1)^s = (-1)^t$ であるから, s と t の偶奇は等しい.

■ **置換の符号** ■

定義 2.5 置換 σ が偶数個の互換の積で表されるとき**偶置換 (even permutation)**, 奇数個の互換の積で表されるとき**奇置換 (odd permutation)** という.

置換 σ の符号 $\mathrm{sgn}(\sigma)$ を σ が偶置換のとき 1, 奇置換のとき -1 と定める.

例 2.10

$$\begin{pmatrix} 1 & 2 & 3 & 4 \\ 2 & 4 & 1 & 3 \end{pmatrix} = (4,3)(3,1)(1,2)$$

より,

$$\mathrm{sgn} \begin{pmatrix} 1 & 2 & 3 & 4 \\ 2 & 4 & 1 & 3 \end{pmatrix} = -1$$

$$\begin{pmatrix} 1 & 2 & 3 & 4 & 5 & 6 & 7 \\ 6 & 3 & 7 & 2 & 4 & 5 & 1 \end{pmatrix} = (1,7)(5,6)(4,5)(2,4)(1,3)(1,2)$$

より,

$$\mathrm{sgn} \begin{pmatrix} 1 & 2 & 3 & 4 & 5 & 6 & 7 \\ 6 & 3 & 7 & 2 & 4 & 5 & 1 \end{pmatrix} = 1$$

定理 2.4 $\sigma, \tau \in S_n$ に対して,

(1) $\mathrm{sgn}(\sigma\tau) = \mathrm{sgn}(\sigma)\mathrm{sgn}(\tau)$

(2) $\mathrm{sgn}(\sigma^{-1}) = \mathrm{sgn}(\sigma)$

証明 (1) σ が s 個の互換の積で表されるとき, $\mathrm{sgn}(\sigma) = (-1)^s$ である. 同様に τ が t 個の互換の積で表されるとき, $\mathrm{sgn}(\tau) = (-1)^t$ である. このとき, $\sigma\tau$ は $s+t$ 個の互換の積で表されるから, $\mathrm{sgn}(\sigma\tau) = (-1)^{s+t} = (-1)^s(-1)^t = \mathrm{sgn}(\sigma)\mathrm{sgn}(\tau)$

(2) σ が $\sigma = \tau_s \tau_{s-1} \cdots \tau_2 \tau_1$ のように s 個の互換の積で表されているとする. このとき, $\sigma^{-1} = \tau_1 \tau_2 \cdots \tau_{s-1} \tau_s$ となるため, $\mathrm{sgn}(\sigma^{-1}) = \mathrm{sgn}(\sigma)$ である.

62　第 2 章　行列式

> **定義 2.6** n 次正方行列 $A = (a_{ij})$ に対して，その行列式 $|A|$ を
> $$|A| = \sum_{\left(\begin{smallmatrix} 1 & 2 & \cdots & n \\ p_1 & p_2 & \cdots & p_n \end{smallmatrix}\right) \in S_n} \mathrm{sgn} \begin{pmatrix} 1 & 2 & \cdots & n \\ p_1 & p_2 & \cdots & p_n \end{pmatrix} a_{1p_1} a_{2p_2} \cdots a_{np_n}$$
> により定義する.

例 2.11　$A = \begin{pmatrix} a_{11} & a_{12} \\ a_{21} & a_{22} \end{pmatrix}$ のとき，$|A|$ を求める.

S_2 の要素は，$\begin{pmatrix} 1 & 2 \\ 1 & 2 \end{pmatrix}$ と $\begin{pmatrix} 1 & 2 \\ 2 & 1 \end{pmatrix}$ の 2 つであり，その符号は $\mathrm{sgn} \begin{pmatrix} 1 & 2 \\ 1 & 2 \end{pmatrix} = 1,\ \mathrm{sgn} \begin{pmatrix} 1 & 2 \\ 2 & 1 \end{pmatrix} = -1$ である.

$$|A| = \mathrm{sgn} \begin{pmatrix} 1 & 2 \\ 1 & 2 \end{pmatrix} a_{11} a_{22} + \mathrm{sgn} \begin{pmatrix} 1 & 2 \\ 2 & 1 \end{pmatrix} a_{12} a_{21} = a_{11} a_{22} - a_{12} a_{21}$$

例 2.12　$A = \begin{pmatrix} a_{11} & a_{12} & a_{13} \\ a_{21} & a_{22} & a_{23} \\ a_{31} & a_{32} & a_{33} \end{pmatrix}$ のとき，$|A|$ を求める.

S_3 の要素は，$\begin{pmatrix} 1 & 2 & 3 \\ 1 & 2 & 3 \end{pmatrix}, \begin{pmatrix} 1 & 2 & 3 \\ 2 & 3 & 1 \end{pmatrix}, \begin{pmatrix} 1 & 2 & 3 \\ 3 & 1 & 2 \end{pmatrix}, \begin{pmatrix} 1 & 2 & 3 \\ 1 & 3 & 2 \end{pmatrix}, \begin{pmatrix} 1 & 2 & 3 \\ 3 & 2 & 1 \end{pmatrix}, \begin{pmatrix} 1 & 2 & 3 \\ 2 & 1 & 3 \end{pmatrix}$

の 6 つであり，

その符号は $\mathrm{sgn} \begin{pmatrix} 1 & 2 & 3 \\ 1 & 2 & 3 \end{pmatrix} = \mathrm{sgn} \begin{pmatrix} 1 & 2 & 3 \\ 2 & 3 & 1 \end{pmatrix} = \mathrm{sgn} \begin{pmatrix} 1 & 2 & 3 \\ 3 & 1 & 2 \end{pmatrix} = 1,\ \mathrm{sgn} \begin{pmatrix} 1 & 2 & 3 \\ 1 & 3 & 2 \end{pmatrix} =$

$\mathrm{sgn} \begin{pmatrix} 1 & 2 & 3 \\ 3 & 2 & 1 \end{pmatrix} = \mathrm{sgn} \begin{pmatrix} 1 & 2 & 3 \\ 2 & 1 & 3 \end{pmatrix} = -1$ である.

$$|A| = \mathrm{sgn} \begin{pmatrix} 1 & 2 & 3 \\ 1 & 2 & 3 \end{pmatrix} a_{11} a_{22} a_{33} + \mathrm{sgn} \begin{pmatrix} 1 & 2 & 3 \\ 2 & 3 & 1 \end{pmatrix} a_{12} a_{23} a_{31}$$

$$+ \mathrm{sgn} \begin{pmatrix} 1 & 2 & 3 \\ 3 & 1 & 2 \end{pmatrix} a_{13} a_{21} a_{32} + \mathrm{sgn} \begin{pmatrix} 1 & 2 & 3 \\ 1 & 3 & 2 \end{pmatrix} a_{11} a_{23} a_{32}$$

$$+ \mathrm{sgn} \begin{pmatrix} 1 & 2 & 3 \\ 3 & 2 & 1 \end{pmatrix} a_{13} a_{22} a_{31} + \mathrm{sgn} \begin{pmatrix} 1 & 2 & 3 \\ 2 & 1 & 3 \end{pmatrix} a_{12} a_{21} a_{33}$$

$$= a_{11} a_{22} a_{33} + a_{12} a_{23} a_{31} + a_{13} a_{21} a_{32} - a_{11} a_{23} a_{32} - a_{13} a_{22} a_{31} - a_{12} a_{21} a_{33}$$

$$
\boxed{\text{例 2.13}} \quad
\begin{vmatrix}
0 & 3 & 0 & 0 \\
0 & 0 & 4 & 0 \\
0 & 0 & 0 & 7 \\
5 & 0 & 0 & 0
\end{vmatrix}
= \operatorname{sgn}
\begin{pmatrix}
1 & 2 & 3 & 4 \\
2 & 3 & 4 & 1
\end{pmatrix}
3 \cdot 4 \cdot 7 \cdot 5 = -420
$$

2.3 行列式の性質

n 次正方行列 $A = (a_{ij})$ を次のように行ベクトルおよび列ベクトルで表示する.

$$
A = \begin{pmatrix} \boldsymbol{a}_1 & \boldsymbol{a}_2 & \cdots & \boldsymbol{a}_n \end{pmatrix}
= \begin{pmatrix} \boldsymbol{a}^1 \\ \boldsymbol{a}^2 \\ \vdots \\ \boldsymbol{a}^n \end{pmatrix}
$$

ここで,

$$
\boldsymbol{a}_1 = \begin{pmatrix} a_{11} \\ a_{21} \\ \vdots \\ a_{n1} \end{pmatrix},
\boldsymbol{a}_2 = \begin{pmatrix} a_{12} \\ a_{22} \\ \vdots \\ a_{n2} \end{pmatrix}, \cdots,
\boldsymbol{a}_n = \begin{pmatrix} a_{1n} \\ a_{2n} \\ \vdots \\ a_{nn} \end{pmatrix}
$$

$$
\boldsymbol{a}^1 = \begin{pmatrix} a_{11} & a_{12} & \cdots & a_{1n} \end{pmatrix}
$$
$$
\boldsymbol{a}^2 = \begin{pmatrix} a_{21} & a_{22} & \cdots & a_{2n} \end{pmatrix}
$$
$$
\vdots
$$
$$
\boldsymbol{a}^n = \begin{pmatrix} a_{n1} & a_{n2} & \cdots & a_{nn} \end{pmatrix}
$$

である.

定理 2.5 A の行列式とその転置行列 ${}^t A$ の行列式は等しい.

$$
|A| = |{}^t A|
$$

A の共役転置行列 A^* の行列式は A の行列式の共役に等しい.

$$
|A^*| = \overline{|A|}
$$

証明 $A = (a_{ij})$, ${}^t A = (b_{ij})$ とおくと, $b_{ij} = a_{ji}$ である.

$$
|{}^t A| = \sum_{\left(\begin{smallmatrix} 1 & 2 & \cdots & n \\ p_1 & p_2 & \cdots & p_n \end{smallmatrix} \right) \in S_n}
\operatorname{sgn}
\begin{pmatrix} 1 & 2 & \cdots & n \\ p_1 & p_2 & \cdots & p_n \end{pmatrix}
b_{1p_1} b_{2p_2} \cdots b_{np_n}
$$

$$
= \sum_{\left(\begin{smallmatrix} 1 & 2 & \cdots & n \\ p_1 & p_2 & \cdots & p_n \end{smallmatrix} \right) \in S_n}
\operatorname{sgn}
\begin{pmatrix} 1 & 2 & \cdots & n \\ p_1 & p_2 & \cdots & p_n \end{pmatrix}
a_{p_1 1} a_{p_2 2} \cdots a_{p_n n}
$$

64 第2章 行列式

ここで，$\sigma = \begin{pmatrix} 1 & 2 & \cdots & n \\ p_1 & p_2 & \cdots & p_n \end{pmatrix}$ に対して，$\sigma^{-1} = \begin{pmatrix} p_1 & p_2 & \cdots & p_n \\ 1 & 2 & \cdots & n \end{pmatrix} = \begin{pmatrix} 1 & 2 & \cdots & n \\ q_1 & q_2 & \cdots & q_n \end{pmatrix}$
とおけば，式中の $a_{p_1 1} a_{p_2 2} \cdots a_{p_n n}$ を並べ換えて $a_{p_1 1} a_{p_2 2} \cdots a_{p_n n} = a_{1 q_1} a_{2 q_2} \cdots a_{n q_n}$ とできる．
したがって，

$\mathrm{sgn} \begin{pmatrix} 1 & 2 & \cdots & n \\ p_1 & p_2 & \cdots & p_n \end{pmatrix} = \mathrm{sgn} \begin{pmatrix} 1 & 2 & \cdots & n \\ q_1 & q_2 & \cdots & q_n \end{pmatrix}$ に注意すると，

$$
\begin{aligned}
|{}^t A| &= \sum_{\left(\begin{smallmatrix} 1 & 2 & \cdots & n \\ p_1 & p_2 & \cdots & p_n \end{smallmatrix}\right) \in S_n} \mathrm{sgn} \begin{pmatrix} 1 & 2 & \cdots & n \\ p_1 & p_2 & \cdots & p_n \end{pmatrix} a_{1 q_1} a_{2 q_2} \cdots a_{n q_n} \\
&= \sum_{\left(\begin{smallmatrix} 1 & 2 & \cdots & n \\ p_1 & p_2 & \cdots & p_n \end{smallmatrix}\right) \in S_n} \mathrm{sgn} \begin{pmatrix} 1 & 2 & \cdots & n \\ q_1 & q_2 & \cdots & q_n \end{pmatrix} a_{1 q_1} a_{2 q_2} \cdots a_{n q_n} \\
&= \sum_{\left(\begin{smallmatrix} 1 & 2 & \cdots & n \\ q_1 & q_2 & \cdots & q_n \end{smallmatrix}\right) \in S_n} \mathrm{sgn} \begin{pmatrix} 1 & 2 & \cdots & n \\ q_1 & q_2 & \cdots & q_n \end{pmatrix} a_{1 q_1} a_{2 q_2} \cdots a_{n q_n} \\
&= |A|
\end{aligned}
$$

ここで最後から2番目の等号は系 2.1 (2) を用いた．

2番目については，一般に $|\overline{A}| = \overline{|A|}$ であることからわかる．

この定理により，行列式について行に関して成立する性質はそのまま列に関しても成立することがわかる．

例 2.14

$$
\begin{vmatrix} 1 & 6 & 7 \\ 2 & 8 & 9 \\ 3 & 5 & 4 \end{vmatrix} = \begin{vmatrix} 1 & 2 & 3 \\ 6 & 8 & 5 \\ 7 & 9 & 4 \end{vmatrix} = 3
$$

定理 2.6 行の線形性

(1) 行列のある行が k 倍されるとその行列式も k 倍される．

$$
\begin{vmatrix} \boldsymbol{a}^1 \\ \boldsymbol{a}^2 \\ \vdots \\ k\boldsymbol{a}^i \\ \vdots \\ \boldsymbol{a}^n \end{vmatrix} = k \begin{vmatrix} \boldsymbol{a}^1 \\ \boldsymbol{a}^2 \\ \vdots \\ \boldsymbol{a}^i \\ \vdots \\ \boldsymbol{a}^n \end{vmatrix}
$$

2.3 行列式の性質　65

(2) 行列のある行が2つの行ベクトルの和である行列の行列式は，他の行は同じでその行の各々の
行ベクトルをとった行列の行列式の和になる．

$$\begin{vmatrix} \boldsymbol{a}^1 \\ \vdots \\ \boldsymbol{a}^i + \boldsymbol{b}^i \\ \vdots \\ \boldsymbol{a}^n \end{vmatrix} = \begin{vmatrix} \boldsymbol{a}^1 \\ \vdots \\ \boldsymbol{a}^i \\ \vdots \\ \boldsymbol{a}^n \end{vmatrix} + \begin{vmatrix} \boldsymbol{a}^1 \\ \vdots \\ \boldsymbol{b}^i \\ \vdots \\ \boldsymbol{a}^n \end{vmatrix}$$

証明　(1)

$$\begin{vmatrix} \boldsymbol{a}^1 \\ \vdots \\ k\boldsymbol{a}^i \\ \vdots \\ \boldsymbol{a}^n \end{vmatrix} = \sum_{\left(\begin{smallmatrix} 1 & 2 & \cdots & n \\ p_1 & p_2 & \cdots & p_n \end{smallmatrix}\right) \in S_n} \mathrm{sgn} \begin{pmatrix} 1 & 2 & \cdots & n \\ p_1 & p_2 & \cdots & p_n \end{pmatrix} a_{1p_1} \cdots (k a_{ip_i}) \cdots a_{np_n}$$

$$= \sum_{\left(\begin{smallmatrix} 1 & 2 & \cdots & n \\ p_1 & p_2 & \cdots & p_n \end{smallmatrix}\right) \in S_n} k \, \mathrm{sgn} \begin{pmatrix} 1 & 2 & \cdots & n \\ p_1 & p_2 & \cdots & p_n \end{pmatrix} a_{1p_1} \cdots a_{ip_i} \cdots a_{np_n}$$

$$= k \sum_{\left(\begin{smallmatrix} 1 & 2 & \cdots & n \\ p_1 & p_2 & \cdots & p_n \end{smallmatrix}\right) \in S_n} \mathrm{sgn} \begin{pmatrix} 1 & 2 & \cdots & n \\ p_1 & p_2 & \cdots & p_n \end{pmatrix} a_{1p_1} \cdots a_{ip_i} \cdots a_{np_n}$$

$$= k \begin{vmatrix} \boldsymbol{a}^1 \\ \vdots \\ \boldsymbol{a}^i \\ \vdots \\ \boldsymbol{a}^n \end{vmatrix}$$

(2)

$$\begin{vmatrix} \boldsymbol{a}^1 \\ \vdots \\ \boldsymbol{a}^i + \boldsymbol{b}^i \\ \vdots \\ \boldsymbol{a}^n \end{vmatrix} = \sum_{\left(\begin{smallmatrix} 1 & 2 & \cdots & n \\ p_1 & p_2 & \cdots & p_n \end{smallmatrix}\right) \in S_n} \mathrm{sgn} \begin{pmatrix} 1 & 2 & \cdots & n \\ p_1 & p_2 & \cdots & p_n \end{pmatrix} a_{1p_1} \cdots (a_{ip_i} + b_{ip_i}) \cdots a_{np_n}$$

$$= \sum_{\left(\begin{smallmatrix} 1 & 2 & \cdots & n \\ p_1 & p_2 & \cdots & p_n \end{smallmatrix}\right) \in S_n} \mathrm{sgn} \begin{pmatrix} 1 & 2 & \cdots & n \\ p_1 & p_2 & \cdots & p_n \end{pmatrix} a_{1p_1} \cdots a_{ip_i} \cdots a_{np_n}$$

$$+ \sum_{\left(\begin{smallmatrix} 1 & 2 & \cdots & n \\ p_1 & p_2 & \cdots & p_n \end{smallmatrix}\right) \in S_n} \mathrm{sgn} \begin{pmatrix} 1 & 2 & \cdots & n \\ p_1 & p_2 & \cdots & p_n \end{pmatrix} a_{1p_1} \cdots b_{ip_i} \cdots a_{np_n}$$

66   第 2 章　行列式

$$
= \begin{vmatrix} \boldsymbol{a}^1 \\ \vdots \\ \boldsymbol{a}^i \\ \vdots \\ \boldsymbol{a}^n \end{vmatrix} + \begin{vmatrix} \boldsymbol{a}^1 \\ \vdots \\ \boldsymbol{b}^i \\ \vdots \\ \boldsymbol{a}^n \end{vmatrix}
$$

例 2.15

$$
\begin{vmatrix} 1 & 3 & 5 \\ 6 & 3 & -9 \\ -2 & 0 & 6 \end{vmatrix} = 3 \begin{vmatrix} 1 & 3 & 5 \\ 2 & 1 & -3 \\ -2 & 0 & 6 \end{vmatrix} = 3(-2) \begin{vmatrix} 1 & 3 & 5 \\ 2 & 1 & -3 \\ 1 & 0 & -3 \end{vmatrix}
$$

例 2.16

$$
\begin{vmatrix} 1 & 3 & 5 \\ 6 & 3 & -9 \\ -2 & 0 & 6 \end{vmatrix} = \begin{vmatrix} 1 & 3 & 5 \\ 6 & 3 & -9 \\ -2 & 0 & 0 \end{vmatrix} + \begin{vmatrix} 1 & 3 & 5 \\ 6 & 3 & -9 \\ 0 & 0 & 6 \end{vmatrix}
$$

定理 2.7　列の線形性

(1)　行列のある列が k 倍されるとその行列式も k 倍される.

$$
\begin{vmatrix} \boldsymbol{a}_1 & \cdots & k\boldsymbol{a}_j & \cdots & \boldsymbol{a}_n \end{vmatrix} = k \begin{vmatrix} \boldsymbol{a}_1 & \cdots & \boldsymbol{a}_j & \cdots & \boldsymbol{a}_n \end{vmatrix}
$$

(2)　行列のある列が 2 つの列ベクトルの和である行列の行列式は，他の列は同じでその列の各々の列ベクトルをとった行列の行列式の和になる.

$$
\begin{vmatrix} \boldsymbol{a}_1 & \cdots & \boldsymbol{a}_j + \boldsymbol{b}_j & \cdots & \boldsymbol{a}_n \end{vmatrix} = \begin{vmatrix} \boldsymbol{a}_1 & \cdots & \boldsymbol{a}_j & \cdots & \boldsymbol{a}_n \end{vmatrix} + \begin{vmatrix} \boldsymbol{a}_1 & \cdots & \boldsymbol{b}_j & \cdots & \boldsymbol{a}_n \end{vmatrix}
$$

定理 2.8　行の交代性

(1)　行列の 2 つの行を入れ替えると，その行列式は -1 倍される.

$$
\begin{vmatrix} \boldsymbol{a}^1 \\ \vdots \\ \boldsymbol{a}^j \\ \vdots \\ \boldsymbol{a}^i \\ \vdots \\ \boldsymbol{a}^n \end{vmatrix} = - \begin{vmatrix} \boldsymbol{a}^1 \\ \vdots \\ \boldsymbol{a}^i \\ \vdots \\ \boldsymbol{a}^j \\ \vdots \\ \boldsymbol{a}^n \end{vmatrix}
$$

(2)　2 つの行が等しい行列の行列式は 0.

証明　(1)　行列 A の第 i 行と第 j 行を入れ替えた行列を $B = (b_{ij})$ とする. 行列 B の成分は,

$b_{ik} = a_{jk},\, b_{jk} = a_{ik}\,(k=1,\cdots,n)$ 以外は A と同じである. 置換 $\sigma = \begin{pmatrix} 1 & 2 & \cdots & n \\ p_1 & p_2 & \cdots & p_n \end{pmatrix}$

に対して互換 (i,j) を右から掛けると $\sigma(i,j) = \begin{pmatrix} 1 \cdots i \cdots j \cdots n \\ p_1 \cdots p_j \cdots p_i \cdots p_n \end{pmatrix}$ となることおよび,

$\mathrm{sgn} \begin{pmatrix} 1 \cdots i \cdots j \cdots n \\ p_1 \cdots p_j \cdots p_i \cdots p_n \end{pmatrix} = -\mathrm{sgn} \begin{pmatrix} 1 \cdots i \cdots j \cdots n \\ p_1 \cdots p_i \cdots p_j \cdots p_n \end{pmatrix}$ に注意して,

$$
\begin{aligned}
|B| &= \sum_{\left(\begin{smallmatrix} 1 & 2 & \cdots & n \\ p_1 & p_2 & \cdots & p_n \end{smallmatrix}\right) \in S_n} \mathrm{sgn} \begin{pmatrix} 1 & 2 & \cdots & n \\ p_1 & p_2 & \cdots & p_n \end{pmatrix} b_{1p_1} \cdots b_{ip_i} \cdots b_{jp_j} \cdots b_{np_n} \\
&= \sum_{\left(\begin{smallmatrix} 1 & 2 & \cdots & n \\ p_1 & p_2 & \cdots & p_n \end{smallmatrix}\right) \in S_n} \mathrm{sgn} \begin{pmatrix} 1 & 2 & \cdots & n \\ p_1 & p_2 & \cdots & p_n \end{pmatrix} a_{1p_1} \cdots a_{jp_i} \cdots a_{ip_j} \cdots a_{np_n} \\
&= \sum_{\left(\begin{smallmatrix} 1 & 2 & \cdots & n \\ p_1 & p_2 & \cdots & p_n \end{smallmatrix}\right) \in S_n} \mathrm{sgn} \begin{pmatrix} 1 & 2 & \cdots & n \\ p_1 & p_2 & \cdots & p_n \end{pmatrix} a_{1p_1} \cdots a_{ip_j} \cdots a_{jp_i} \cdots a_{np_n} \\
&= \sum_{\left(\begin{smallmatrix} 1 & 2 & \cdots & n \\ p_1 & p_2 & \cdots & p_n \end{smallmatrix}\right) \in S_n} -\mathrm{sgn} \begin{pmatrix} 1 \cdots i \cdots j \cdots n \\ p_1 \cdots p_j \cdots p_i \cdots p_n \end{pmatrix} a_{1p_1} \cdots a_{ip_j} \cdots a_{jp_i} \cdots a_{np_n} \\
&= - \sum_{\left(\begin{smallmatrix} 1 & 2 & \cdots & n \\ p_1 & p_2 & \cdots & p_n \end{smallmatrix}\right) \in S_n} \mathrm{sgn} \begin{pmatrix} 1 \cdots i \cdots j \cdots n \\ p_1 \cdots p_j \cdots p_i \cdots p_n \end{pmatrix} a_{1p_1} \cdots a_{ip_j} \cdots a_{jp_i} \cdots a_{np_n} \\
&= -|A|
\end{aligned}
$$

ここで, 最後の等号は系 2.1 (1) を用いた.

(2) 行列 A の第 i 行と第 j 行が等しいとすれば, A の第 i 行と第 j 行を交換しても再び A となる. したがって (1) より, $|A| = -|A|$ となるが, 移項して $2|A| = 0$, すなわち $|A| = 0$

例 2.17

$$
\begin{vmatrix} 1 & 3 & 5 \\ 6 & 3 & -9 \\ -2 & 0 & 6 \end{vmatrix} = - \begin{vmatrix} -2 & 0 & 6 \\ 6 & 3 & -9 \\ 1 & 3 & 5 \end{vmatrix}
$$

第 1 行と第 3 行を入れ替えた.

例 2.18

$$
\begin{vmatrix} 1 & 3 & 5 \\ 6 & 3 & -9 \\ 1 & 3 & 5 \end{vmatrix} = 0
$$

第 1 行と第 3 行が等しい.

68   第 2 章　行列式

定理 2.9　列の交代性

(1)　行列の 2 つの列を入れ替えると，その行列式は −1 倍される.

$$\left|\begin{array}{ccccccc} \boldsymbol{a}_1 & \cdots & \boldsymbol{a}_j & \cdots & \boldsymbol{a}_i & \cdots & \boldsymbol{a}_n \end{array}\right| = -\left|\begin{array}{ccccccc} \boldsymbol{a}_1 & \cdots & \boldsymbol{a}_i & \cdots & \boldsymbol{a}_j & \cdots & \boldsymbol{a}_n \end{array}\right|$$

(2)　2 つの列が等しい行列の行列式は 0.

例 2.19

$$\begin{vmatrix} 1 & 3 & 5 \\ 6 & 3 & -9 \\ -2 & 0 & 6 \end{vmatrix} = -\begin{vmatrix} 3 & 1 & 5 \\ 3 & 6 & -9 \\ 0 & -2 & 6 \end{vmatrix}$$

第 1 列と第 2 列を入れ替えた.

例 2.20

$$\begin{vmatrix} 1 & 3 & 1 \\ 6 & 3 & 1 \\ -2 & -3 & -1 \end{vmatrix} = 3\begin{vmatrix} 1 & 1 & 1 \\ 6 & 1 & 1 \\ -2 & -1 & -1 \end{vmatrix} = 0$$

第 2 列と第 3 列が等しい.

定理 2.10　行列のある行に他の行の k 倍を加えても，行列式の値は変わらない.

$$\begin{vmatrix} \boldsymbol{a}^1 \\ \vdots \\ \boldsymbol{a}^i + k\boldsymbol{a}^j \\ \vdots \\ \boldsymbol{a}^j \\ \vdots \\ \boldsymbol{a}^n \end{vmatrix} = \begin{vmatrix} \boldsymbol{a}^1 \\ \vdots \\ \boldsymbol{a}^i \\ \vdots \\ \boldsymbol{a}^j \\ \vdots \\ \boldsymbol{a}^n \end{vmatrix}$$

証明

$$\begin{vmatrix} \boldsymbol{a}^1 \\ \vdots \\ \boldsymbol{a}^i + k\boldsymbol{a}^j \\ \vdots \\ \boldsymbol{a}^j \\ \vdots \\ \boldsymbol{a}^n \end{vmatrix} = \begin{vmatrix} \boldsymbol{a}^1 \\ \vdots \\ \boldsymbol{a}^i \\ \vdots \\ \boldsymbol{a}^j \\ \vdots \\ \boldsymbol{a}^n \end{vmatrix} + \begin{vmatrix} \boldsymbol{a}^1 \\ \vdots \\ k\boldsymbol{a}^j \\ \vdots \\ \boldsymbol{a}^j \\ \vdots \\ \boldsymbol{a}^n \end{vmatrix} = \begin{vmatrix} \boldsymbol{a}^1 \\ \vdots \\ \boldsymbol{a}^i \\ \vdots \\ \boldsymbol{a}^j \\ \vdots \\ \boldsymbol{a}^n \end{vmatrix} + k\begin{vmatrix} \boldsymbol{a}^1 \\ \vdots \\ \boldsymbol{a}^j \\ \vdots \\ \boldsymbol{a}^j \\ \vdots \\ \boldsymbol{a}^n \end{vmatrix} = \begin{vmatrix} \boldsymbol{a}^1 \\ \vdots \\ \boldsymbol{a}^i \\ \vdots \\ \boldsymbol{a}^j \\ \vdots \\ \boldsymbol{a}^n \end{vmatrix}$$

例 2.21

$$\begin{vmatrix} 1 & -1 & 2 \\ 2 & -3 & 3 \\ 0 & -2 & 1 \end{vmatrix} = \begin{vmatrix} 1 & -1 & 2 \\ 0 & -1 & -1 \\ 0 & -2 & 1 \end{vmatrix}$$

第 2 行に第 1 行の −2 倍を加えた.

2.3 行列式の性質 69

定理 2.11 行列のある列に他の列の k 倍を加えても，行列式の値は変わらない．

$$\left| \begin{array}{ccccccc} \boldsymbol{a}_1 & \cdots & \boldsymbol{a}_i + k\boldsymbol{a}_j & \cdots & \boldsymbol{a}_j & \cdots & \boldsymbol{a}_n \end{array} \right| = \left| \begin{array}{ccccccc} \boldsymbol{a}_1 & \cdots & \boldsymbol{a}_i & \cdots & \boldsymbol{a}_j & \cdots & \boldsymbol{a}_n \end{array} \right|$$

例 2.22

$$\left| \begin{array}{ccc} 1 & -1 & 0 \\ 2 & -3 & 3 \\ 0 & -2 & 1 \end{array} \right| = \left| \begin{array}{ccc} 1 & 0 & 0 \\ 2 & -1 & 3 \\ 0 & -2 & 1 \end{array} \right|$$

第 2 列に第 1 列の 1 倍を加えた．

命題 2.1 (1)

$$\left| \begin{array}{cccc} a_{11} & a_{12} & \dots & a_{1n} \\ 0 & a_{22} & \dots & a_{2n} \\ \vdots & \vdots & \ddots & \vdots \\ 0 & a_{n2} & \dots & a_{nn} \end{array} \right| = a_{11} \left| \begin{array}{ccc} a_{22} & \dots & a_{2n} \\ \vdots & \ddots & \vdots \\ a_{n2} & \dots & a_{nn} \end{array} \right|$$

(2)

$$\left| \begin{array}{cccc} a_{11} & 0 & \dots & 0 \\ a_{21} & a_{22} & \dots & a_{2n} \\ \vdots & \vdots & \ddots & \vdots \\ a_{n1} & a_{n2} & \dots & a_{nn} \end{array} \right| = a_{11} \left| \begin{array}{ccc} a_{22} & \dots & a_{2n} \\ \vdots & \ddots & \vdots \\ a_{n2} & \dots & a_{nn} \end{array} \right|$$

証明 (2) を示す．

$A = \left(\begin{array}{cccc} a_{11} & 0 & \dots & 0 \\ a_{21} & a_{22} & \dots & a_{2n} \\ \vdots & \vdots & \ddots & \vdots \\ a_{n1} & a_{n2} & \dots & a_{nn} \end{array} \right)$ とおくと，$a_{12} = a_{13} = \cdots = a_{1n} = 0$ であるため，

$$|A| = \sum_{\left(\begin{smallmatrix} 1 & 2 & \cdots & n \\ p_1 & p_2 & \cdots & p_n \end{smallmatrix} \right) \in S_n} \mathrm{sgn} \left(\begin{array}{cccc} 1 & 2 & \cdots & n \\ p_1 & p_2 & \cdots & p_n \end{array} \right) a_{1p_1} a_{2p_2} \cdots a_{np_n}$$

$$= \sum_{\left(\begin{smallmatrix} 1 & 2 & \cdots & n \\ 1 & p_2 & \cdots & p_n \end{smallmatrix} \right) \in S_n} \mathrm{sgn} \left(\begin{array}{cccc} 1 & 2 & \cdots & n \\ 1 & p_2 & \cdots & p_n \end{array} \right) a_{11} a_{2p_2} \cdots a_{np_n}$$

$$= a_{11} \sum_{\left(\begin{smallmatrix} 1 & 2 & \cdots & n \\ 1 & p_2 & \cdots & p_n \end{smallmatrix} \right) \in S_n} \mathrm{sgn} \left(\begin{array}{cccc} 1 & 2 & \cdots & n \\ 1 & p_2 & \cdots & p_n \end{array} \right) a_{2p_2} \cdots a_{np_n}$$

$$= a_{11} \sum_{\left(\begin{smallmatrix} 2 & \cdots & n \\ p_2 & \cdots & p_n \end{smallmatrix} \right) \in S_{n-1}} \mathrm{sgn} \left(\begin{array}{ccc} 2 & \cdots & n \\ p_2 & \cdots & p_n \end{array} \right) a_{2p_2} \cdots a_{np_n}$$

70   第2章 行列式

$$
= a_{11} \begin{vmatrix} a_{22} & \dots & a_{2n} \\ \vdots & \ddots & \vdots \\ a_{n2} & \dots & a_{nn} \end{vmatrix}
$$

(1) については転置行列を取ることにより，(2) に帰着できる.

系 2.2　上三角行列（下三角行列）の行列式は，対角成分の積になる.

$$
\begin{vmatrix} a_{11} & a_{12} & \dots & a_{1n} \\ 0 & a_{22} & \dots & a_{2n} \\ \vdots & \ddots & \ddots & \vdots \\ 0 & \dots & 0 & a_{nn} \end{vmatrix} = a_{11}a_{22}\dots a_{nn}
$$

$$
\begin{vmatrix} a_{11} & 0 & \dots & 0 \\ a_{21} & a_{22} & \ddots & \vdots \\ \vdots & \vdots & \ddots & 0 \\ a_{n1} & a_{n2} & \dots & a_{nn} \end{vmatrix} = a_{11}a_{22}\dots a_{nn}
$$

証明　上三角行列の場合について示す. 下三角行列についても同様である.

$$
\begin{vmatrix} a_{11} & a_{12} & \dots & a_{1n} \\ 0 & a_{22} & \dots & a_{2n} \\ \vdots & \ddots & \ddots & \vdots \\ 0 & \dots & 0 & a_{nn} \end{vmatrix} = a_{11} \begin{vmatrix} a_{22} & a_{23} & \dots & a_{2n} \\ 0 & a_{33} & \dots & a_{3n} \\ \vdots & \ddots & \ddots & \vdots \\ 0 & \dots & 0 & a_{nn} \end{vmatrix}
$$

$$
= \cdots
$$

$$
= a_{11}a_{22}\cdots a_{n-2,n-2} \begin{vmatrix} a_{n-1,n-1} & a_{n-1,n} \\ 0 & a_{nn} \end{vmatrix}
$$

$$
= a_{11}a_{22}\cdots a_{nn}
$$

2.3 行列式の性質　　71

■行列式の計算法■

例 2.23　今までの行列式の性質を用いて行列式を計算する.

$$
\begin{vmatrix} 3 & 2 & 5 & 2 \\ 0 & 3 & -9 & 6 \\ 2 & 1 & 0 & -2 \\ 1 & 2 & -4 & 2 \end{vmatrix} = 3 \begin{vmatrix} 3 & 2 & 5 & 2 \\ 0 & 1 & -3 & 2 \\ 2 & 1 & 0 & -2 \\ 1 & 2 & -4 & 2 \end{vmatrix} \qquad \text{第 2 行を 3 でくくりだした (定理 2.6 (1)).}
$$

$$
= 6 \begin{vmatrix} 3 & 2 & 5 & 1 \\ 0 & 1 & -3 & 1 \\ 2 & 1 & 0 & -1 \\ 1 & 2 & -4 & 1 \end{vmatrix} \qquad \text{第 4 列を 2 でくくりだした (定理 2.7 (1)).}
$$

$$
= -6 \begin{vmatrix} 1 & 2 & -4 & 1 \\ 0 & 1 & -3 & 1 \\ 2 & 1 & 0 & -1 \\ 3 & 2 & 5 & 1 \end{vmatrix} \qquad \begin{array}{l} \text{第 4 行と第 1 行を入れ替え,} \\ \text{全体を } -1 \text{ 倍した (定理 2.8 (1)).} \end{array}
$$

$$
= -6 \begin{vmatrix} 1 & 2 & -4 & 1 \\ 0 & 1 & -3 & 1 \\ 0 & -3 & 8 & -3 \\ 0 & -4 & 17 & -2 \end{vmatrix} \qquad \begin{array}{l} \qquad\qquad \text{(定理 2.10)} \\ ③ + ① \times (-2) \\ ④ + ① \times (-3) \end{array}
$$

$$
= -6 \times 1 \begin{vmatrix} 1 & -3 & 1 \\ -3 & 8 & -3 \\ -4 & 17 & -2 \end{vmatrix} \qquad \text{(命題 2.1 (1))}
$$

$$
= -6 \begin{vmatrix} 1 & -3 & 1 \\ 0 & -1 & 0 \\ 0 & 5 & 2 \end{vmatrix} \qquad \begin{array}{l} ② + ① \times 3 \quad \text{(定理 2.10)} \\ ③ + ① \times 4 \end{array}
$$

$$
= -6 \times 1 \begin{vmatrix} -1 & 0 \\ 5 & 2 \end{vmatrix} \qquad \text{(命題 2.1 (1))}
$$

$$
= -6\{(-1) \times 2 - 0 \times 5\} = 12
$$

■積公式■

定理 2.12　積公式 (product formula)

2 つの n 次正方行列 A と B の積 AB の行列式は, それぞれの行列の行列式の積に等しい.

$$
|AB| = |A||B|
$$

72   第 2 章　行列式

証明　行列 B を $B = \begin{pmatrix} \boldsymbol{b}^1 \\ \boldsymbol{b}^2 \\ \vdots \\ \boldsymbol{b}^n \end{pmatrix}$ と行ベクトルで表示する．このとき，積 AB は

$$AB = \begin{pmatrix} a_{11} & a_{12} & \ldots & a_{1n} \\ a_{21} & a_{22} & \ldots & a_{2n} \\ \vdots & \vdots & \ddots & \vdots \\ a_{n1} & a_{n2} & \ldots & a_{nn} \end{pmatrix} \begin{pmatrix} \boldsymbol{b}^1 \\ \boldsymbol{b}^2 \\ \vdots \\ \boldsymbol{b}^n \end{pmatrix} = \begin{pmatrix} a_{11}\boldsymbol{b}^1 + \cdots + a_{1n}\boldsymbol{b}^n \\ a_{21}\boldsymbol{b}^1 + \cdots + a_{2n}\boldsymbol{b}^n \\ \vdots \\ a_{n1}\boldsymbol{b}^1 + \cdots + a_{nn}\boldsymbol{b}^n \end{pmatrix}$$

と表示される．

$$|AB| = \begin{vmatrix} a_{11}\boldsymbol{b}^1 + \cdots + a_{1n}\boldsymbol{b}^n \\ a_{21}\boldsymbol{b}^1 + \cdots + a_{2n}\boldsymbol{b}^n \\ \vdots \\ a_{n1}\boldsymbol{b}^1 + \cdots + a_{nn}\boldsymbol{b}^n \end{vmatrix}$$

$$= a_{11} \begin{vmatrix} \boldsymbol{b}^1 \\ a_{21}\boldsymbol{b}^1 + \cdots + a_{2n}\boldsymbol{b}^n \\ \vdots \\ a_{n1}\boldsymbol{b}^1 + \cdots + a_{nn}\boldsymbol{b}^n \end{vmatrix} + \cdots + a_{1n} \begin{vmatrix} \boldsymbol{b}^n \\ a_{21}\boldsymbol{b}^n + \cdots + a_{2n}\boldsymbol{b}^n \\ \vdots \\ a_{n1}\boldsymbol{b}^1 + \cdots + a_{nn}\boldsymbol{b}^n \end{vmatrix}$$

$$= \sum_{p_1=1}^{n} a_{1p_1} \begin{vmatrix} \boldsymbol{b}^{p_1} \\ a_{21}\boldsymbol{b}^1 + \cdots + a_{2n}\boldsymbol{b}^n \\ \vdots \\ a_{n1}\boldsymbol{b}^1 + \cdots + a_{nn}\boldsymbol{b}^n \end{vmatrix}$$

$$= \sum_{p_1=1}^{n} \sum_{p_2=1}^{n} \cdots \sum_{p_n=1}^{n} a_{1p_1} a_{2p_2} \cdots a_{np_n} \begin{vmatrix} \boldsymbol{b}^{p_1} \\ \boldsymbol{b}^{p_2} \\ \vdots \\ \boldsymbol{b}^{p_n} \end{vmatrix}$$

n^n 個の項の和となるが，$\begin{vmatrix} \boldsymbol{b}^{p_1} \\ \boldsymbol{b}^{p_2} \\ \vdots \\ \boldsymbol{b}^{p_n} \end{vmatrix}$ は同じ行があれば 0 であるから，$p_1, p_2, \cdots, p_n$ がすべて異なる場

合のみ考えればよい．すなわち，n 文字の置換と対応する $n!$ 個の項の和となる．

2.3 行列式の性質　73

よって,

$$|AB| = \sum_{\left(\begin{smallmatrix} 1 & 2 & \cdots & n \\ p_1 & p_2 & \cdots & p_n \end{smallmatrix}\right) \in S_n} a_{1p_1} a_{2p_2} \cdots a_{np_n} \begin{vmatrix} \boldsymbol{b}^{p_1} \\ \boldsymbol{b}^{p_2} \\ \vdots \\ \boldsymbol{b}^{p_n} \end{vmatrix}$$

行列式の交代性より,行列式 $\begin{vmatrix} \boldsymbol{b}^{p_1} \\ \boldsymbol{b}^{p_2} \\ \vdots \\ \boldsymbol{b}^{p_n} \end{vmatrix}$ は行を入れ替えるごとに -1 倍される.したがって,これを $\begin{vmatrix} \boldsymbol{b}^{1} \\ \boldsymbol{b}^{2} \\ \vdots \\ \boldsymbol{b}^{n} \end{vmatrix}$

という形に行を並べ替えれば,行の交換の回数分 -1 倍される.すなわち,$\mathrm{sgn}\begin{pmatrix} 1 & 2 & \cdots & n \\ p_1 & p_2 & \cdots & p_n \end{pmatrix}$

倍されることになる.したがって,

$$= \sum_{\left(\begin{smallmatrix} 1 & 2 & \cdots & n \\ p_1 & p_2 & \cdots & p_n \end{smallmatrix}\right) \in S_n} a_{1p_1} a_{2p_2} \cdots a_{np_n} \mathrm{sgn}\begin{pmatrix} 1 & 2 & \cdots & n \\ p_1 & p_2 & \cdots & p_n \end{pmatrix} \begin{vmatrix} \boldsymbol{b}^{1} \\ \boldsymbol{b}^{2} \\ \vdots \\ \boldsymbol{b}^{n} \end{vmatrix}$$

$$= \sum_{\left(\begin{smallmatrix} 1 & 2 & \cdots & n \\ p_1 & p_2 & \cdots & p_n \end{smallmatrix}\right) \in S_n} \mathrm{sgn}\begin{pmatrix} 1 & 2 & \cdots & n \\ p_1 & p_2 & \cdots & p_n \end{pmatrix} a_{1p_1} a_{2p_2} \cdots a_{np_n} \begin{vmatrix} \boldsymbol{b}^{1} \\ \boldsymbol{b}^{2} \\ \vdots \\ \boldsymbol{b}^{n} \end{vmatrix}$$

$$= |A||B|$$

系 2.3 n 次正方行列 A が正則ならば,$|A| \neq 0$ であり,このとき $|A^{-1}| = \dfrac{1}{|A|}$ である.

証明 A が正則ならば,$AA^{-1} = E$ である.この両辺の行列式を取ると,

$$|AA^{-1}| = |E| = 1$$

定理 2.12 より,

$$|A||A^{-1}| = 1$$

したがって,$|A| \neq 0$.このとき $|A^{-1}| = \dfrac{1}{|A|}$ である.

例 2.24 $A = \begin{pmatrix} a & b \\ -b & a \end{pmatrix}$, $B = \begin{pmatrix} c & d \\ -d & c \end{pmatrix}$ とすると,

74   第 2 章　行列式

$$AB = \begin{pmatrix} ac - bd & ad + bc \\ -ad - bc & ac - bd \end{pmatrix}$$ である．定理 2.12 より，$|AB| = |A||B|$ から，

$$\begin{vmatrix} ac - bd & ad + bc \\ -ad - bc & ac - bd \end{vmatrix} = \begin{vmatrix} a & b \\ -b & a \end{vmatrix} \begin{vmatrix} c & d \\ -d & c \end{vmatrix}$$

両辺の行列式を計算して次を得る．

$$(ac - bd)^2 + (ad + bc)^2 = (a^2 + b^2)(c^2 + d^2)$$

2.4　余因子展開

3 次正方行列の行列式を第 1 行の成分でまとめると，次のように 2 次の行列式で書ける．

$$|A| = \begin{vmatrix} a_{11} & a_{12} & a_{13} \\ a_{21} & a_{22} & a_{23} \\ a_{31} & a_{32} & a_{33} \end{vmatrix}$$

$$= a_{11}a_{22}a_{33} + a_{12}a_{23}a_{31} + a_{13}a_{21}a_{32} - a_{11}a_{23}a_{32} - a_{13}a_{22}a_{31} - a_{12}a_{21}a_{33}$$

$$= a_{11}(a_{22}a_{33} - a_{23}a_{32}) - a_{12}(a_{21}a_{33} - a_{23}a_{31}) + a_{13}(a_{21}a_{32} - a_{22}a_{31})$$

$$= a_{11} \begin{vmatrix} a_{22} & a_{23} \\ a_{32} & a_{33} \end{vmatrix} - a_{12} \begin{vmatrix} a_{21} & a_{23} \\ a_{31} & a_{33} \end{vmatrix} + a_{13} \begin{vmatrix} a_{21} & a_{22} \\ a_{31} & a_{32} \end{vmatrix}$$

同様に第 2 行については，

$$|A| = -a_{21} \begin{vmatrix} a_{12} & a_{13} \\ a_{32} & a_{33} \end{vmatrix} + a_{22} \begin{vmatrix} a_{11} & a_{13} \\ a_{31} & a_{33} \end{vmatrix} - a_{23} \begin{vmatrix} a_{11} & a_{12} \\ a_{31} & a_{32} \end{vmatrix}$$

また第 3 行について，

$$|A| = a_{31} \begin{vmatrix} a_{12} & a_{13} \\ a_{22} & a_{23} \end{vmatrix} - a_{32} \begin{vmatrix} a_{11} & a_{13} \\ a_{21} & a_{23} \end{vmatrix} + a_{33} \begin{vmatrix} a_{11} & a_{12} \\ a_{21} & a_{22} \end{vmatrix}$$

となる．各列に対しても同様の式が成立する．

第 1 列について

$$|A| = a_{11} \begin{vmatrix} a_{22} & a_{23} \\ a_{32} & a_{33} \end{vmatrix} - a_{21} \begin{vmatrix} a_{12} & a_{13} \\ a_{32} & a_{33} \end{vmatrix} + a_{31} \begin{vmatrix} a_{12} & a_{13} \\ a_{22} & a_{23} \end{vmatrix}$$

第 2 列について

$$|A| = -a_{12} \begin{vmatrix} a_{21} & a_{23} \\ a_{31} & a_{33} \end{vmatrix} + a_{22} \begin{vmatrix} a_{11} & a_{13} \\ a_{31} & a_{33} \end{vmatrix} - a_{32} \begin{vmatrix} a_{11} & a_{13} \\ a_{21} & a_{23} \end{vmatrix}$$

第 3 列について

$$|A| = a_{13} \begin{vmatrix} a_{21} & a_{22} \\ a_{31} & a_{32} \end{vmatrix} - a_{23} \begin{vmatrix} a_{11} & a_{12} \\ a_{31} & a_{32} \end{vmatrix} + a_{33} \begin{vmatrix} a_{11} & a_{12} \\ a_{21} & a_{22} \end{vmatrix}$$

これらを，各行または列に関する**余因子展開 (cofactor expansion)** という.

▌余因子▌

n 次正方行列 A から第 i 行と第 j 列を取り去って得られる $n-1$ 次正方行列を A_{ij} と書く.

$$A_{ij} = \begin{pmatrix} a_{11} & a_{12} & \cdots & a_{1,j-1} & a_{1,j+1} & \cdots & a_{1n} \\ a_{21} & a_{22} & \cdots & a_{2,j-1} & a_{2,j+1} & \cdots & a_{2n} \\ \vdots & \vdots & & \vdots & \vdots & & \vdots \\ a_{i-1,1} & a_{i-1,2} & \cdots & a_{i-1,j-1} & a_{i-1,j+1} & \cdots & a_{i-1,n} \\ a_{i+1,1} & a_{i+1,2} & \cdots & a_{i+1,j-1} & a_{i+1,j+1} & \cdots & a_{i+1,n} \\ \vdots & \vdots & & \vdots & \vdots & & \vdots \\ a_{n1} & a_{n2} & \cdots & a_{n,j-1} & a_{n,j+1} & \cdots & a_{nn} \end{pmatrix}$$

さらに，

$$\tilde{a}_{ij} = (-1)^{i+j} |A_{ij}|$$

と置き，これを行列 A の (i, j) **余因子 (cofactor)** と呼ぶ.

例 2.25 $A = \begin{pmatrix} 4 & 2 & 3 \\ -2 & 0 & 1 \\ 6 & -3 & -1 \end{pmatrix}$ の余因子は次の通りである.

$$\tilde{a}_{11} = (-1)^{1+1} \begin{vmatrix} 0 & 1 \\ -3 & -1 \end{vmatrix} = 0 \cdot (-1) - 1 \cdot (-3) = 3$$

$$\tilde{a}_{12} = (-1)^{1+2} \begin{vmatrix} -2 & 1 \\ 6 & -1 \end{vmatrix} = -\{(-2) \cdot (-1) - 1 \cdot 6\} = 4$$

$$\tilde{a}_{13} = (-1)^{1+3} \begin{vmatrix} -2 & 0 \\ 6 & -3 \end{vmatrix} = (-2) \cdot (-3) - 0 \cdot 6 = 6$$

$$\tilde{a}_{21} = (-1)^{2+1} \begin{vmatrix} 2 & 3 \\ -3 & -1 \end{vmatrix} = -\{2 \cdot (-1) - 3 \cdot (-3)\} = -7$$

$$\tilde{a}_{22} = (-1)^{2+2} \begin{vmatrix} 4 & 3 \\ 6 & -1 \end{vmatrix} = 4 \cdot (-1) - 3 \cdot 6 = -22$$

$$\tilde{a}_{23} = (-1)^{2+3} \begin{vmatrix} 4 & 2 \\ 6 & -3 \end{vmatrix} = -\{4 \cdot (-3) - 2 \cdot 6\} = 24$$

76　第 2 章　行列式

$$\tilde{a}_{31} = (-1)^{3+1} \begin{vmatrix} 2 & 3 \\ 0 & 1 \end{vmatrix} = 2 \cdot 1 - 3 \cdot 0 = 2$$

$$\tilde{a}_{32} = (-1)^{3+2} \begin{vmatrix} 4 & 3 \\ -2 & 1 \end{vmatrix} = -\{4 \cdot 1 - 3 \cdot (-2)\} = -10$$

$$\tilde{a}_{33} = (-1)^{3+3} \begin{vmatrix} 4 & 2 \\ -2 & 0 \end{vmatrix} = 4 \cdot 0 - 2 \cdot (-2) = 4$$

■ 余因子展開 ■

定理 2.13　余因子展開

n 次正方行列 $A = (a_{ij})$ について

(1)　第 i 行に関する余因子展開

$$|A| = a_{i1}\tilde{a}_{i1} + a_{i2}\tilde{a}_{i2} + \cdots + a_{in}\tilde{a}_{in}$$

(2)　第 j 列に関する余因子展開

$$|A| = a_{1j}\tilde{a}_{1j} + a_{2j}\tilde{a}_{2j} + \cdots + a_{nj}\tilde{a}_{nj}$$

証明　(1)

$$|A| = \begin{vmatrix} a_{11} & a_{12} & \cdots & a_{1n} \\ \vdots & \vdots & & \vdots \\ a_{i1} & 0 & \cdots & 0 \\ \vdots & \vdots & & \vdots \\ a_{n1} & a_{n2} & \cdots & a_{nn} \end{vmatrix} + \begin{vmatrix} a_{11} & a_{12} & \cdots & a_{1n} \\ \vdots & \vdots & & \vdots \\ 0 & a_{i2} & \cdots & 0 \\ \vdots & \vdots & & \vdots \\ a_{n1} & a_{n2} & \cdots & a_{nn} \end{vmatrix} + \cdots + \begin{vmatrix} a_{11} & a_{12} & \cdots & a_{1n} \\ \vdots & \vdots & & \vdots \\ 0 & 0 & \cdots & a_{in} \\ \vdots & \vdots & & \vdots \\ a_{n1} & a_{n2} & \cdots & a_{nn} \end{vmatrix}$$

ここで，j 番目の項

$$\begin{vmatrix} a_{11} & \cdots & a_{1j} & \cdots & a_{1n} \\ \vdots & & \vdots & & \vdots \\ 0 & \cdots & a_{ij} & \cdots & 0 \\ \vdots & & \vdots & & \vdots \\ a_{n1} & \cdots & a_{nj} & \cdots & a_{nn} \end{vmatrix}$$

が $a_{ij}\tilde{a}_{ij}$ となることを示せばよい．第 i 行が第 1 行に来るように，順次すぐ上の行と入れ替えるとい

う操作を $i-1$ 回行うと,

$$
\begin{vmatrix}
a_{11} & \cdots & a_{1j} & \cdots & a_{1n} \\
\vdots & & \vdots & & \vdots \\
0 & \cdots & a_{ij} & \cdots & 0 \\
\vdots & & \vdots & & \vdots \\
a_{n1} & \cdots & a_{nj} & \cdots & a_{nn}
\end{vmatrix}
= (-1)^{i-1}
\begin{vmatrix}
0 & \cdots & a_{ij} & \cdots & 0 \\
a_{11} & \cdots & a_{1j} & \cdots & a_{1n} \\
\vdots & & \vdots & & \vdots \\
a_{i-1,1} & \cdots & a_{i-1,j} & \cdots & a_{i-1,n} \\
a_{i+1,1} & \cdots & a_{i+1,j} & \cdots & a_{i+1,n} \\
\vdots & & \vdots & & \vdots \\
a_{n1} & \cdots & a_{nj} & \cdots & a_{nn}
\end{vmatrix}
$$

となる. 続いて第 j 列が第 1 列に来るように順次すぐ左の列と入れ替えるという操作を $j-1$ 回行うと,

$$
(-1)^{i-1}(-1)^{j-1}
\begin{vmatrix}
a_{ij} & 0 & \cdots & 0 & 0 & \cdots & 0 \\
a_{1j} & a_{11} & \cdots & a_{1,j-1} & a_{1,j+1} & \cdots & a_{1n} \\
\vdots & \vdots & & \vdots & \vdots & & \vdots \\
a_{i-1,j} & a_{i-1,1} & \cdots & a_{i-1,j-1} & a_{i-1,j+1} & \cdots & a_{i-1,n} \\
a_{i+1,j} & a_{i+1,1} & \cdots & a_{i+1,j-1} & a_{i+1,j+1} & \cdots & a_{i+1,n} \\
\vdots & \vdots & & \vdots & \vdots & & \vdots \\
a_{nj} & a_{n1} & \cdots & a_{n,j-1} & a_{n,j+1} & \cdots & a_{nn}
\end{vmatrix}
$$

となる. 命題 2.1 より, これは,

$$
(-1)^{i-1}(-1)^{j-1}a_{ij}
\begin{vmatrix}
a_{11} & \cdots & a_{1,j-1} & a_{1,j+1} & \cdots & a_{1n} \\
\vdots & & \vdots & \vdots & & \vdots \\
a_{i-1,1} & \cdots & a_{i-1,j-1} & a_{i-1,j+1} & \cdots & a_{i-1,n} \\
a_{i+1,1} & \cdots & a_{i+1,j-1} & a_{i+1,j+1} & \cdots & a_{i+1,n} \\
\vdots & & \vdots & \vdots & & \vdots \\
a_{n1} & \cdots & a_{n,j-1} & a_{n,j+1} & \cdots & a_{nn}
\end{vmatrix}
$$

$$
= (-1)^{i+j}a_{ij}
\begin{vmatrix}
a_{11} & \cdots & a_{1,j-1} & a_{1,j+1} & \cdots & a_{1n} \\
\vdots & & \vdots & \vdots & & \vdots \\
a_{i-1,1} & \cdots & a_{i-1,j-1} & a_{i-1,j+1} & \cdots & a_{i-1,n} \\
a_{i+1,1} & \cdots & a_{i+1,j-1} & a_{i+1,j+1} & \cdots & a_{i+1,n} \\
\vdots & & \vdots & \vdots & & \vdots \\
a_{n1} & \cdots & a_{n,j-1} & a_{n,j+1} & \cdots & a_{nn}
\end{vmatrix}
$$

$$
= a_{ij}(-1)^{i+j}|A_{ij}|
$$

$$
= a_{ij}\tilde{a}_{ij}
$$

78　第 2 章　行列式

例 2.26　$A = \begin{pmatrix} 4 & 2 & 3 \\ -2 & 0 & 1 \\ 6 & -3 & -1 \end{pmatrix}$ について，$|A|$ の第 1 行に関する余因子展開は，

$$|A| = a_{11}\tilde{a}_{11} + a_{12}\tilde{a}_{12} + a_{13}\tilde{a}_{13}$$

$$= 4 \cdot (-1)^{1+1} \begin{vmatrix} 0 & 1 \\ -3 & -1 \end{vmatrix} + 2 \cdot (-1)^{1+2} \begin{vmatrix} -2 & 1 \\ 6 & -1 \end{vmatrix} + 3 \cdot (-1)^{1+3} \begin{vmatrix} -2 & 0 \\ 6 & -3 \end{vmatrix}$$

$$= 4 \begin{vmatrix} 0 & 1 \\ -3 & -1 \end{vmatrix} - 2 \begin{vmatrix} -2 & 1 \\ 6 & -1 \end{vmatrix} + 3 \begin{vmatrix} -2 & 0 \\ 6 & -3 \end{vmatrix}$$

$$= 4\{0 \cdot (-1) - 1 \cdot (-3)\} - 2\{(-2) \cdot (-1) - 1 \cdot 6\} + 3\{(-2) \cdot (-3) - 0 \cdot 6\}$$

$$= 4 \cdot 3 - 2 \cdot (-4) + 3 \cdot 6 = 38$$

となり，行列式の値が求まる．

同様にして第 2 列に関する余因子展開は次のようになる．

$$|A| = a_{12}\tilde{a}_{12} + a_{22}\tilde{a}_{22} + a_{32}\tilde{a}_{32}$$

$$= 2 \cdot (-1)^{2+1} \begin{vmatrix} -2 & 1 \\ 6 & -1 \end{vmatrix} + 0 \cdot (-1)^{2+2} \begin{vmatrix} 4 & 3 \\ 6 & -1 \end{vmatrix} - 3 \cdot (-1)^{3+2} \begin{vmatrix} 4 & 3 \\ -2 & 1 \end{vmatrix}$$

$$= 38$$

定理 2.14　n 次正方行列 $A = (a_{ij})$ について

(1)　$k \neq i$ ならば

$$a_{k1}\tilde{a}_{i1} + a_{k2}\tilde{a}_{i2} + \cdots + a_{kn}\tilde{a}_{in} = 0$$

(2)　$k \neq j$ ならば

$$a_{1k}\tilde{a}_{1j} + a_{2k}\tilde{a}_{2j} + \cdots + a_{nk}\tilde{a}_{nj} = 0$$

証明　(1)　第 i 行が第 k 行と等しい行列の行列式を考える．定理 2.8 (2) により，値は 0 となるが，第 i 行に関して余因子展開すると，

$$0 = \begin{vmatrix} a_{11} & \cdots & a_{1n} \\ \vdots & & \vdots \\ a_{k1} & \cdots & a_{kn} \\ \vdots & & \vdots \\ a_{k1} & \cdots & a_{kn} \\ \vdots & & \vdots \\ a_{n1} & \cdots & a_{1n} \end{vmatrix} \begin{matrix} \\ \\ i \\ \\ k \\ \\ \end{matrix} = a_{k1}\tilde{a}_{i1} + a_{k2}\tilde{a}_{i2} + \cdots + a_{kn}\tilde{a}_{in}$$

(2)　同様に示せる．

2.4 余因子展開　79

■余因子行列■

> **定義 2.7**　n 次正方行列 A に対して，(i,j) 成分が A の (j,i) 余因子 $\tilde{a}_{ji}$ である n 次正方行列を A の余因子行列 (**adjugate matrix**) といい，$\tilde{A}$ と書く.
>
> $$\tilde{A} = {}^t\!\begin{pmatrix} \tilde{a}_{11} & \tilde{a}_{12} & \cdots & \tilde{a}_{1n} \\ \tilde{a}_{21} & \tilde{a}_{22} & \cdots & \tilde{a}_{2n} \\ \vdots & \vdots & & \vdots \\ \tilde{a}_{n1} & \tilde{a}_{n2} & \cdots & \tilde{a}_{nn} \end{pmatrix} = \begin{pmatrix} \tilde{a}_{11} & \tilde{a}_{21} & \cdots & \tilde{a}_{n1} \\ \tilde{a}_{12} & \tilde{a}_{22} & \cdots & \tilde{a}_{n2} \\ \vdots & \vdots & & \vdots \\ \tilde{a}_{1n} & \tilde{a}_{2n} & \cdots & \tilde{a}_{nn} \end{pmatrix}$$

例 2.27　$A = \begin{pmatrix} 4 & 2 & 3 \\ -2 & 0 & 1 \\ 6 & -3 & -1 \end{pmatrix}$ の余因子行列 $\tilde{A}$ は次のように計算される.

$$\tilde{a}_{11} = 3, \qquad\qquad \tilde{a}_{12} = 4, \qquad\qquad \tilde{a}_{13} = 6,$$
$$\tilde{a}_{21} = -7, \qquad\qquad \tilde{a}_{22} = -22, \qquad\qquad \tilde{a}_{23} = 24,$$
$$\tilde{a}_{31} = 2, \qquad\qquad \tilde{a}_{32} = -10, \qquad\qquad \tilde{a}_{33} = 4$$

$$\tilde{A} = \begin{pmatrix} \tilde{a}_{11} & \tilde{a}_{21} & \tilde{a}_{31} \\ \tilde{a}_{12} & \tilde{a}_{22} & \tilde{a}_{32} \\ \tilde{a}_{13} & \tilde{a}_{23} & \tilde{a}_{33} \end{pmatrix} = \begin{pmatrix} 3 & -7 & 2 \\ 4 & -22 & -10 \\ 6 & 24 & 4 \end{pmatrix}$$

命題 2.2

$$A\tilde{A} = \tilde{A}A = |A|E$$

証明　定理 2.13 (2) および定理 2.14 (2) より，

$$A\tilde{A} = \begin{pmatrix} a_{11} & a_{12} & \cdots & a_{1n} \\ a_{21} & a_{22} & \cdots & a_{2n} \\ \vdots & \vdots & & \vdots \\ a_{n1} & a_{n2} & \cdots & a_{nn} \end{pmatrix} \begin{pmatrix} \tilde{a}_{11} & \tilde{a}_{21} & \cdots & \tilde{a}_{n1} \\ \tilde{a}_{12} & \tilde{a}_{22} & \cdots & \tilde{a}_{n2} \\ \vdots & \vdots & & \vdots \\ \tilde{a}_{1n} & \tilde{a}_{2n} & \cdots & \tilde{a}_{nn} \end{pmatrix}$$

$$= \begin{pmatrix} \displaystyle\sum_{k=1}^{n} a_{1k}\tilde{a}_{1k} & \displaystyle\sum_{k=1}^{n} a_{1k}\tilde{a}_{2k} & \cdots & \displaystyle\sum_{k=1}^{n} a_{1k}\tilde{a}_{nk} \\ \displaystyle\sum_{k=1}^{n} a_{2k}\tilde{a}_{1k} & \displaystyle\sum_{k=1}^{n} a_{2k}\tilde{a}_{2k} & \cdots & \displaystyle\sum_{k=1}^{n} a_{2k}\tilde{a}_{nk} \\ \vdots & \vdots & & \vdots \\ \displaystyle\sum_{k=1}^{n} a_{nk}\tilde{a}_{1k} & \displaystyle\sum_{k=1}^{n} a_{nk}\tilde{a}_{2k} & \cdots & \displaystyle\sum_{k=1}^{n} a_{nk}\tilde{a}_{nk} \end{pmatrix}$$

$$= \begin{pmatrix} |A| & 0 & \cdots & 0 \\ 0 & |A| & \cdots & 0 \\ \vdots & \vdots & \ddots & \vdots \\ 0 & 0 & \cdots & |A| \end{pmatrix} = |A| \begin{pmatrix} 1 & 0 & \cdots & 0 \\ 0 & 1 & \cdots & 0 \\ \vdots & \vdots & \ddots & \vdots \\ 0 & 0 & \cdots & 1 \end{pmatrix} = |A|E$$

同様に，定理 2.13 (1) および定理 2.14 (1) より，

$$\tilde{A}A = |A|E$$

定理 2.15 n 次正方行列 A が正則であるための必要十分条件は $|A| \neq 0$ である．このとき，$A^{-1} = \dfrac{1}{|A|} \tilde{A}$

証明 A が正則ならば，系 2.3 より $|A| \neq 0$. 逆に $|A| \neq 0$ ならば，命題 2.2 より，$A\dfrac{1}{|A|}\tilde{A} = \dfrac{1}{|A|}\tilde{A}A = E$ から，$\dfrac{1}{|A|}\tilde{A} = A^{-1}$.

例 2.28 $A = \begin{pmatrix} 4 & 2 & 3 \\ -2 & 0 & 1 \\ 6 & -3 & -1 \end{pmatrix}$ について

$|A| = 38$, また $\tilde{A} = \begin{pmatrix} 3 & -7 & 2 \\ 4 & -22 & -10 \\ 6 & 24 & 4 \end{pmatrix}$ したがって，$A^{-1} = \dfrac{1}{38} \begin{pmatrix} 3 & -7 & 2 \\ 4 & -22 & -10 \\ 6 & 24 & 4 \end{pmatrix}$

定理 1.18 と定理 2.15 をまとめて次を得る．

定理 2.16 n 次正方行列 A について次は同値である．

(1) A は正則である．

(2) $\mathrm{rank}A = n$

(3) A の簡約化は E である．

(4) $A\boldsymbol{x} = \boldsymbol{b}$ は任意の n 次ベクトル $\boldsymbol{b}$ に対してただ 1 つの解を持つ．

(5) $A\boldsymbol{x} = \boldsymbol{0}$ の解は自明な解 $\boldsymbol{x} = \boldsymbol{0}$ に限る．

(6) $|A| \neq 0$

証明 (1) から (5) までの同値性については定理 1.18 で証明済み．(1) と (6) の同値性は定理 2.15 で示された．

2.4 余因子展開 81

▌クラメルの公式 (Cramer's formula) ▐

式の個数と変数の個数が等しく n である連立 1 次方程式

$$
\begin{cases}
a_{11}x_1 + a_{12}x_2 + \cdots + a_{1n}x_n = b_1 \\
a_{21}x_1 + a_{22}x_2 + \cdots + a_{2n}x_n = b_2 \\
\qquad\qquad \cdots \\
a_{n1}x_1 + a_{n2}x_2 + \cdots + a_{nn}x_n = b_n
\end{cases}
$$

について考える.

$$
A = \begin{pmatrix} a_{11} & a_{12} & \ldots & a_{1n} \\ a_{21} & a_{22} & \ldots & a_{2n} \\ \vdots & \vdots & \ddots & \vdots \\ a_{n1} & a_{n2} & \ldots & a_{nn} \end{pmatrix}, \boldsymbol{x} = \begin{pmatrix} x_1 \\ x_2 \\ \vdots \\ x_n \end{pmatrix}, \boldsymbol{b} = \begin{pmatrix} b_1 \\ b_2 \\ \vdots \\ b_n \end{pmatrix}
$$

とおくと,この連立 1 次方程式は

$$
A\boldsymbol{x} = \boldsymbol{b}
$$

と表せる.

定理 2.17 (クラメルの公式)

n 次正方行列 $A = \begin{pmatrix} \boldsymbol{a}_1 & \boldsymbol{a}_2 & \cdots & \boldsymbol{a}_n \end{pmatrix}$ を係数行列に持つ連立 1 次方程式 $A\boldsymbol{x} = \boldsymbol{b}$ は $|A| \neq 0$ のときただ 1 つの解を持ち,それは次で与えられる.

$$
x_1 = \frac{\begin{vmatrix} \boldsymbol{b} & \boldsymbol{a}_2 & \cdots & \boldsymbol{a}_n \end{vmatrix}}{|A|}, x_2 = \frac{\begin{vmatrix} \boldsymbol{a}_1 & \boldsymbol{b} & \cdots & \boldsymbol{a}_n \end{vmatrix}}{|A|}, \cdots, x_n = \frac{\begin{vmatrix} \boldsymbol{a}_1 & \boldsymbol{a}_2 & \cdots & \boldsymbol{b} \end{vmatrix}}{|A|}
$$

証明 $|A| \neq 0$ ならば,定理 2.15 より A は正則であるから,連立 1 次方程式はただ 1 つの解を持つ.

行列式 $\begin{vmatrix} \boldsymbol{a}_1 & \boldsymbol{a}_2 & \cdots & \boldsymbol{a}_n \end{vmatrix}$ の第 i 列 $\boldsymbol{a}_i$ を $\boldsymbol{b}$ で置き換えた行列式を $\begin{vmatrix} \boldsymbol{a}_1 & \boldsymbol{a}_2 & \cdots & \overset{i}{\boldsymbol{b}} & \cdots & \boldsymbol{a}_n \end{vmatrix}$ と書くと,$\boldsymbol{b} = A\boldsymbol{x} = \begin{pmatrix} \boldsymbol{a}_1 & \boldsymbol{a}_2 & \cdots & \boldsymbol{a}_n \end{pmatrix} \boldsymbol{x} = x_1\boldsymbol{a}_1 + x_2\boldsymbol{a}_2 + \cdots + x_n\boldsymbol{a}_n$ より,

$$
\begin{vmatrix} \boldsymbol{a}_1 & \boldsymbol{a}_2 & \cdots & \overset{i}{\boldsymbol{b}} & \cdots & \boldsymbol{a}_n \end{vmatrix} = \begin{vmatrix} \boldsymbol{a}_1 & \boldsymbol{a}_2 & \cdots & x_1\boldsymbol{a}_1 + x_2\overset{i}{\boldsymbol{a}_2} + \cdots + x_n\boldsymbol{a}_n & \cdots & \boldsymbol{a}_n \end{vmatrix}
$$

$$
= \begin{vmatrix} \boldsymbol{a}_1 & \cdots & x_1\overset{i}{\boldsymbol{a}_1} & \cdots & \boldsymbol{a}_n \end{vmatrix} + \cdots + \begin{vmatrix} \boldsymbol{a}_1 & \cdots & x_i\overset{i}{\boldsymbol{a}_i} & \cdots & \boldsymbol{a}_n \end{vmatrix} + \cdots + \begin{vmatrix} \boldsymbol{a}_1 & \cdots & x_n\overset{i}{\boldsymbol{a}_n} & \cdots & \boldsymbol{a}_n \end{vmatrix}
$$

$$
= x_1 \begin{vmatrix} \boldsymbol{a}_1 & \cdots & \overset{i}{\boldsymbol{a}_1} & \cdots & \boldsymbol{a}_n \end{vmatrix} + \cdots + x_i \begin{vmatrix} \boldsymbol{a}_1 & \cdots & \overset{i}{\boldsymbol{a}_i} & \cdots & \boldsymbol{a}_n \end{vmatrix} + \cdots + x_n \begin{vmatrix} \boldsymbol{a}_1 & \cdots & \overset{i}{\boldsymbol{a}_n} & \cdots & \boldsymbol{a}_n \end{vmatrix}
$$

$$
= x_i \begin{vmatrix} \boldsymbol{a}_1 & \cdots & \overset{i}{\boldsymbol{a}_i} & \cdots & \boldsymbol{a}_n \end{vmatrix} = x_i|A|
$$

等号の最初と最後を $|A|$ で割ることにより,

$$
x_i = \frac{\begin{vmatrix} \boldsymbol{a}_1 & \cdots & \overset{i}{\boldsymbol{b}} & \cdots & \boldsymbol{a}_n \end{vmatrix}}{|A|}
$$

82　第 2 章　行列式

例題 2.1　連立 1 次方程式

$$\begin{cases} x + \ y - 4z = 1 \\ 2x + \ y - \ z = 2 \\ x - 2y + 3z = 3 \end{cases}$$

をクラメルの公式を利用して解け.

解答

$$A = \begin{pmatrix} \boldsymbol{a}_1 & \boldsymbol{a}_2 & \boldsymbol{a}_3 \end{pmatrix} = \begin{pmatrix} 1 & 1 & -4 \\ 2 & 1 & -1 \\ 1 & -2 & 3 \end{pmatrix}, \boldsymbol{x} = \begin{pmatrix} x \\ y \\ z \end{pmatrix}, \boldsymbol{b} = \begin{pmatrix} 1 \\ 2 \\ 3 \end{pmatrix}$$

とおくと，与えられた連立 1 次方程式は

$$A\boldsymbol{x} = \boldsymbol{b}$$

と表される.

$$|A| = \begin{vmatrix} 1 & 1 & -4 \\ 2 & 1 & -1 \\ 1 & -2 & 3 \end{vmatrix} = \begin{vmatrix} 1 & 1 & -4 \\ 0 & -1 & 7 \\ 0 & -3 & 7 \end{vmatrix} = \begin{vmatrix} -1 & 7 \\ -3 & 7 \end{vmatrix} = -7 + 21 = 14 \neq 0$$ より，解はただ 1 つ存

在し，

$$x = \frac{\begin{vmatrix} \boldsymbol{b} & \boldsymbol{a}_2 & \boldsymbol{a}_3 \end{vmatrix}}{|A|} = \frac{\begin{vmatrix} 1 & 1 & -4 \\ 2 & 1 & -1 \\ 3 & -2 & 3 \end{vmatrix}}{|A|} = \frac{\begin{vmatrix} 1 & 1 & -4 \\ 0 & -1 & 7 \\ 0 & -5 & 15 \end{vmatrix}}{14} = \frac{\begin{vmatrix} -1 & 7 \\ -5 & 15 \end{vmatrix}}{14} = \frac{-15 + 35}{14} = \frac{20}{14} = \frac{10}{7}$$

$$y = \frac{\begin{vmatrix} \boldsymbol{a}_1 & \boldsymbol{b} & \boldsymbol{a}_3 \end{vmatrix}}{|A|} = \frac{\begin{vmatrix} 1 & 1 & -4 \\ 2 & 2 & -1 \\ 1 & 3 & 3 \end{vmatrix}}{|A|} = \frac{\begin{vmatrix} 1 & 1 & -4 \\ 0 & 0 & 7 \\ 0 & 2 & 7 \end{vmatrix}}{14} = \frac{\begin{vmatrix} 0 & 7 \\ 2 & 7 \end{vmatrix}}{14} = \frac{-14}{14} = -1$$

$$z = \frac{\begin{vmatrix} \boldsymbol{a}_1 & \boldsymbol{a}_2 & \boldsymbol{b} \end{vmatrix}}{|A|} = \frac{\begin{vmatrix} 1 & 1 & 1 \\ 2 & 1 & 2 \\ 1 & -2 & 3 \end{vmatrix}}{|A|} = \frac{\begin{vmatrix} 1 & 1 & 1 \\ 0 & -1 & 0 \\ 0 & -3 & 2 \end{vmatrix}}{14} = \frac{\begin{vmatrix} -1 & 0 \\ -3 & 2 \end{vmatrix}}{14} = \frac{-2}{14} = -\frac{1}{7}$$

より，解は $\begin{pmatrix} x \\ y \\ z \end{pmatrix} = \frac{1}{7} \begin{pmatrix} 10 \\ -7 \\ -1 \end{pmatrix}$.

2.5 特別な形の行列式

いくつかの特別な形の行列式の求め方を述べる.

命題 2.3 ヴァンデルモンドの行列式 (Vandermonde's determinant)

$$
\begin{vmatrix}
1 & 1 & \cdots & 1 \\
x_1 & x_2 & \cdots & x_n \\
x_1^2 & x_2^2 & \cdots & x_n^2 \\
\vdots & \vdots & & \vdots \\
x_1^{n-1} & x_2^{n-1} & \cdots & x_n^{n-1}
\end{vmatrix}
= \prod_{1 \le i < j \le n} (x_j - x_i)
$$

証明 n に関する帰納法で示す.

$n = 2$ のとき, $\begin{vmatrix} 1 & 1 \\ x_1 & x_2 \end{vmatrix} = x_2 - x_1$ で成立する.

$n-1$ のとき成立すると仮定する. n のとき, 与えられた行列式に, 第 n 行 + 第 $n-1$ 行 $\times(-x_1)$, 第 $n-1$ 行 + 第 $n-2$ 行 $\times(-x_1)$, $\cdots$, 第 2 行 + 第 1 行 $\times(-x_1)$ という操作を順に行うと,

$$
\begin{vmatrix}
1 & 1 & \cdots & 1 \\
x_1 & x_2 & \cdots & x_n \\
x_1^2 & x_2^2 & \cdots & x_n^2 \\
\vdots & \vdots & & \vdots \\
x_1^{n-1} & x_2^{n-1} & \cdots & x_n^{n-1}
\end{vmatrix}
=
\begin{vmatrix}
1 & 1 & \cdots & 1 \\
0 & x_2 - x_1 & \cdots & x_n - x_1 \\
0 & x_2^2 - x_2 x_1 & \cdots & x_n^2 - x_n x_1 \\
\vdots & \vdots & & \vdots \\
0 & x_2^{n-1} - x_2^{n-2} x_1 & \cdots & x_n^{n-1} - x_n^{n-2} x_1
\end{vmatrix}
$$

$$
=
\begin{vmatrix}
1 & 1 & \cdots & 1 \\
0 & x_2 - x_1 & \cdots & x_n - x_1 \\
0 & x_2(x_2 - x_1) & \cdots & x_n(x_n - x_1) \\
\vdots & \vdots & & \vdots \\
0 & x_2^{n-2}(x_2 - x_1) & \cdots & x_n^{n-2}(x_n - x_1)
\end{vmatrix}
$$

$$
=
\begin{vmatrix}
x_2 - x_1 & x_3 - x_1 & \cdots & x_n - x_1 \\
x_2(x_2 - x_1) & x_3(x_3 - x_1) & \cdots & x_n(x_n - x_1) \\
\vdots & \vdots & & \vdots \\
x_2^{n-2}(x_2 - x_1) & x_3^{n-2}(x_3 - x_1) & \cdots & x_n^{n-2}(x_n - x_1)
\end{vmatrix}
\qquad \text{命題 2.1 (1) の利用}
$$

$$
= (x_2 - x_1)(x_3 - x_1) \cdots (x_n - x_1)
\begin{vmatrix}
1 & 1 & \cdots & 1 \\
x_2 & x_3 & \cdots & x_n \\
x_2^2 & x_3^2 & \cdots & x_n^2 \\
\vdots & \vdots & & \vdots \\
x_2^{n-2} & x_3^{n-2} & \cdots & x_n^{n-2}
\end{vmatrix}
\qquad \text{定理 2.7 (1) の利用}
$$

$$
= (x_2 - x_1)(x_3 - x_1) \cdots (x_n - x_1) \prod_{2 \le i < j \le n} (x_j - x_i)
\qquad \text{帰納法の仮定により}
$$

$$
= \prod_{1 \le i < j \le n} (x_j - x_i)
$$

84　第 2 章　行列式

$$
\boxed{例\ \mathbf{2.29}}\quad
\begin{vmatrix}
1 & 1 & 1 & 1 \\
2 & 3 & 5 & 7 \\
2^2 & 3^2 & 5^2 & 7^2 \\
2^3 & 3^3 & 5^3 & 7^3
\end{vmatrix}
= (3-2)(5-2)(7-2)(5-3)(7-3)(7-5) = 240
$$

命題 2.4
$$
\begin{vmatrix}
a_0 & -1 & 0 & \cdots & \cdots & 0 \\
a_1 & x & -1 & 0 & \cdots & 0 \\
a_2 & 0 & x & -1 & & \vdots \\
\vdots & \vdots & & \ddots & \ddots & \\
a_{n-1} & 0 & \cdots & 0 & x & -1 \\
a_n & 0 & \cdots & \cdots & 0 & x
\end{vmatrix}
= a_0 x^n + a_1 x^{n-1} + \cdots + a_{n-1}x + a_n
$$

証明　n に関する帰納法で示す．$n=1$ のとき，

$$
\begin{vmatrix}
a_0 & -1 \\
a_1 & x
\end{vmatrix}
= a_0 x + a_1
$$

により成立する．

$n-1$ まで成立すると仮定する．

n のとき，第 1 行に関して余因子展開する．

$$
\begin{vmatrix}
a_0 & -1 & 0 & \cdots & \cdots & 0 \\
a_1 & x & -1 & 0 & \cdots & 0 \\
a_2 & 0 & x & -1 & & \vdots \\
\vdots & \vdots & & \ddots & \ddots & \\
a_{n-1} & 0 & \cdots & 0 & x & -1 \\
a_n & 0 & \cdots & \cdots & 0 & x
\end{vmatrix}
$$

$$
= a_0
\begin{vmatrix}
x & -1 & 0 & \cdots & 0 \\
0 & x & -1 & \ddots & \vdots \\
0 & 0 & x & \ddots & 0 \\
\vdots & \vdots & \ddots & \ddots & -1 \\
0 & 0 & \cdots & 0 & x
\end{vmatrix}
+ (-1)(-1)^{1+2}
\begin{vmatrix}
a_1 & -1 & 0 & \cdots & 0 \\
a_2 & x & -1 & \ddots & \vdots \\
a_3 & 0 & x & \ddots & 0 \\
\vdots & \vdots & \ddots & \ddots & -1 \\
a_n & 0 & \cdots & 0 & x
\end{vmatrix}
$$

$$
= a_0 x^n + (a_1 x^{n-1} + a_2 x^{n-2} + \cdots + a_{n-1}x + a_n) \qquad （帰納法の仮定を用いる）
$$

$$
= a_0 x^n + a_1 x^{n-1} + \cdots + a_{n-1}x + a_n
$$

章末問題　85

章末問題

2.1 次の行列式の値を求めよ.

(1) $\begin{vmatrix} 1 & 3 \\ 2 & 4 \end{vmatrix}$　　(2) $\begin{vmatrix} 2 & 3 \\ -2 & -5 \end{vmatrix}$　　(3) $\begin{vmatrix} 1 & i \\ -i & 1 \end{vmatrix}$　　(4) $\begin{vmatrix} 2 & 3 & 5 \\ -3 & 4 & 7 \\ 8 & -2 & -1 \end{vmatrix}$

(5) $\begin{vmatrix} 4 & 3 & 5 \\ 3 & 1 & 2 \\ 6 & 9 & 7 \end{vmatrix}$　　(6) $\begin{vmatrix} -5 & 0 & 2 \\ 0 & 3 & 1 \\ 4 & -3 & -4 \end{vmatrix}$　　(7) $\begin{vmatrix} 1 & i & -i \\ -i & 1 & i \\ i & -i & 1 \end{vmatrix}$

略解　(1) -2　(2) -4　(3) 0　(4) 49　(5) 34　(6) 21　(7) -2

2.2 次の置換 σ, τ を互換の積で表し, その符号を求めよ.

$$\sigma = \begin{pmatrix} 1 & 2 & 3 & 4 & 5 \\ 2 & 5 & 1 & 4 & 3 \end{pmatrix}, \qquad \tau = \begin{pmatrix} 1 & 2 & 3 & 4 & 5 & 6 & 7 & 8 \\ 7 & 3 & 5 & 2 & 8 & 4 & 1 & 6 \end{pmatrix}$$

略解　互換の積は 1 例.

$\sigma = (3,5)(1,2)(2,3),\ \mathrm{sgn}(\sigma) = -1$

$\tau = (6,8)(1,7)(4,6)(4,5)(2,4)(2,3),\ \mathrm{sgn}(\tau) = 1$

2.3 次の行列式の値を求めよ.

(1) $\begin{vmatrix} 1 & -1 & 2 & 1 \\ 1 & 1 & -4 & 1 \\ 1 & 1 & 0 & 1 \\ 1 & 1 & 4 & -1 \end{vmatrix}$　　(2) $\begin{vmatrix} 2 & 1 & -1 & -1 \\ -2 & -1 & 1 & 3 \\ -2 & -3 & 2 & 1 \\ -1 & -4 & 2 & -1 \end{vmatrix}$　　(3) $\begin{vmatrix} 2 & 3 & 2 & 3 \\ -2 & 4 & 2 & 3 \\ 6 & 6 & -6 & 9 \\ 2 & 1 & 2 & -3 \end{vmatrix}$

(4) $\begin{vmatrix} 6 & 3 & 6 & -5 \\ 3 & 2 & 1 & -2 \\ 4 & 2 & 6 & -3 \\ 2 & 4 & -2 & 3 \end{vmatrix}$　　(5) $\begin{vmatrix} 2 & 4 & 0 & -6 & -6 \\ 3 & 0 & 5 & 3 & 3 \\ 2 & 0 & 4 & -2 & 4 \\ 0 & 3 & 4 & -2 & -4 \\ -2 & 1 & -5 & -4 & -4 \end{vmatrix}$　　(6) $\begin{vmatrix} 0 & 1 & 1 & 1 & 1 & 1 \\ 1 & 0 & 1 & 1 & 1 & 1 \\ 1 & 1 & 0 & 1 & 1 & 1 \\ 1 & 1 & 1 & 0 & 1 & 1 \\ 1 & 1 & 1 & 1 & 0 & 1 \\ 1 & 1 & 1 & 1 & 1 & 0 \end{vmatrix}$

略解　(1) -16　(2) 2　(3) 576　(4) 2　(5) -160　(6) -5

2.4 次の行列の逆行列を求めよ.

(1) $\begin{pmatrix} 3 & 2 & 1 \\ 2 & 1 & 3 \\ 5 & 5 & 4 \end{pmatrix}$　　(2) $\begin{pmatrix} 3 & -3 & 2 \\ -1 & 1 & 0 \\ 5 & 4 & -2 \end{pmatrix}$　　(3) $\begin{pmatrix} 4 & 3 & 2 \\ -5 & -2 & 4 \\ 2 & 1 & 1 \end{pmatrix}$

86   第 2 章　行列式

略解 (1) $-\dfrac{1}{14}\begin{pmatrix} -11 & -3 & 5 \\ 7 & 7 & -7 \\ 5 & -5 & -1 \end{pmatrix}$ (2) $-\dfrac{1}{18}\begin{pmatrix} -2 & 2 & -2 \\ -2 & -16 & -2 \\ -9 & -27 & 0 \end{pmatrix}$ (3) $\dfrac{1}{13}\begin{pmatrix} -6 & -1 & 16 \\ 13 & 0 & -26 \\ -1 & 2 & 7 \end{pmatrix}$

2.5 n 次正方行列 A の余因子行列を $\tilde{A}$ とする．$|A| \neq 0$ のとき，次の等式を示せ．

$$|\tilde{A}| = |A|^{n-1}$$

解答 $A\tilde{A} = |A|E$ より，$|A||\tilde{A}| = |A|^n$．$|A| \neq 0$ より，両辺を $|A|$ で割り $|\tilde{A}| = |A|^{n-1}$

2.6 P が直交行列のとき，$|P| = \pm 1$ であることを示せ．

解答 P が直交行列ならば，${}^tPP = E$ である．この両辺の行列式を取ると，$|{}^tPP| = |E|$．$|{}^tP||P| = |P||P| = 1$．よって，$|P| = \pm 1$．

2.7 A を n 次正方行列，k をスカラーとするとき，$|kA| = k^n|A|$ であることを示せ．

解答 $A = \begin{pmatrix} \boldsymbol{a}^1 \\ \boldsymbol{a}^2 \\ \vdots \\ \boldsymbol{a}^n \end{pmatrix}$ と行ベクトル表示すると，$kA = \begin{pmatrix} k\boldsymbol{a}^1 \\ k\boldsymbol{a}^2 \\ \vdots \\ k\boldsymbol{a}^n \end{pmatrix}$ であるから，

$$|kA| = \begin{vmatrix} k\boldsymbol{a}^1 \\ k\boldsymbol{a}^2 \\ \vdots \\ k\boldsymbol{a}^n \end{vmatrix} = k\begin{vmatrix} \boldsymbol{a}^1 \\ k\boldsymbol{a}^2 \\ \vdots \\ k\boldsymbol{a}^n \end{vmatrix} = \cdots = k^n\begin{vmatrix} \boldsymbol{a}^1 \\ \boldsymbol{a}^2 \\ \vdots \\ \boldsymbol{a}^n \end{vmatrix} = k^n|A|$$

2.8 A が奇数次の交代行列のとき，$|A| = 0$ であることを示せ．

解答 A を n 次の交代行列とし，n を奇数とする．${}^tA = -A$ の両辺の行列式を取る．$|{}^tA| = |-A|$．$|{}^tA| = |A|$ から，$|A| = |-A|$．**2.7** において $k = -1$ とおけば，$|A| = (-1)^n|A|$．n は奇数だから，$|A| = -|A|$．よって $|A| = 0$．

2.9 クラメルの公式を利用して次の連立 1 次方程式を解け．

(1) $\begin{cases} x + 2y - z = 1 \\ -x + y + 2z = 0 \\ 2x - y + z = -2 \end{cases}$ (2) $\begin{cases} x + 2y + z = 1 \\ x + 3y = 3 \\ -x - y + 4z = -2 \end{cases}$

(3) $\begin{cases} 2x + y + 4z = 1 \\ 2x - y + z = 1 \\ 3x + 2y + 4z = -2 \end{cases}$ (4) $\begin{cases} 2x + y - 3z = 0 \\ x + 3y + 4z = -2 \\ 2x + 5y + 2z = 1 \end{cases}$

章末問題　87

略解　(1) $\begin{pmatrix} x \\ y \\ z \end{pmatrix} = \dfrac{1}{2} \begin{pmatrix} -1 \\ 1 \\ -1 \end{pmatrix}$　(2) $\begin{pmatrix} x \\ y \\ z \end{pmatrix} = \dfrac{1}{2} \begin{pmatrix} -3 \\ 3 \\ -1 \end{pmatrix}$　(3) $\begin{pmatrix} x \\ y \\ z \end{pmatrix} = \dfrac{1}{11} \begin{pmatrix} -12 \\ -21 \\ 14 \end{pmatrix}$

(4) $\begin{pmatrix} x \\ y \\ z \end{pmatrix} = -\dfrac{1}{19} \begin{pmatrix} 47 \\ -31 \\ 21 \end{pmatrix}$

2.10　次の連立 1 次方程式を解け.

$$\begin{cases} x + y + z = 1 \\ ax + by + cz = d \\ a^2 x + b^2 y + c^2 z = d^2 \end{cases}$$

略解　a, b, c が互いに相異なるとき, 解はただ 1 つ存在し,

$$x = \frac{(d-b)(c-d)}{(a-b)(c-a)}, \ y = \frac{(a-d)(d-c)}{(a-b)(b-c)}, \ z = \frac{(b-d)(d-a)}{(b-c)(c-a)}$$

a, b, c がすべて等しいときは, 次のようになる.

- $a = b = c$ で $d = a$ のとき, $\begin{pmatrix} x \\ y \\ z \end{pmatrix} = \begin{pmatrix} 1 \\ 0 \\ 0 \end{pmatrix} + \alpha \begin{pmatrix} -1 \\ 1 \\ 0 \end{pmatrix} + \beta \begin{pmatrix} -1 \\ 0 \\ 1 \end{pmatrix}$

- $a = b = c$ で $d \neq a$ のとき, 解なし.

a, b, c のうち 2 つが等しく, 他は異なる場合は次のようになる.

- $a = b, a \neq c$ で $d = a$ のとき, $\begin{pmatrix} x \\ y \\ z \end{pmatrix} = \begin{pmatrix} 1 \\ 0 \\ 0 \end{pmatrix} + \alpha \begin{pmatrix} -1 \\ 1 \\ 0 \end{pmatrix}$

- $a = b, a \neq c$ で $d = c$ のとき, $\begin{pmatrix} x \\ y \\ z \end{pmatrix} = \begin{pmatrix} 0 \\ 0 \\ 1 \end{pmatrix} + \alpha \begin{pmatrix} -1 \\ 1 \\ 0 \end{pmatrix}$

- $a = b, a \neq c$ で $d \neq a$ かつ $d \neq c$ のとき, 解なし.

その他の a, b, c のうち 2 つが等しく他が異なる場合は, 記号を入れ替えるだけの結果であるので省略.

2.11　同次連立 1 次方程式

$$\begin{pmatrix} 1-a & -2 & 1 \\ 0 & -1-a & 1 \\ -1 & 1 & 2-a \end{pmatrix} \begin{pmatrix} x_1 \\ x_2 \\ x_3 \end{pmatrix} = \begin{pmatrix} 0 \\ 0 \\ 0 \end{pmatrix}$$

が自明でない解を持つような a の値とその時の解を求めよ.

略解　$a = -1, 1, 2$ のとき自明でない解を持つ.

88   第 2 章　行列式

$a = -1$ のとき，$\begin{pmatrix} x_1 \\ x_2 \\ x_3 \end{pmatrix} = \alpha \begin{pmatrix} 1 \\ 1 \\ 0 \end{pmatrix}$

$a = 1$ のとき，$\begin{pmatrix} x_1 \\ x_2 \\ x_3 \end{pmatrix} = \alpha \begin{pmatrix} 3 \\ 1 \\ 2 \end{pmatrix}$

$a = 2$ のとき，$\begin{pmatrix} x_1 \\ x_2 \\ x_3 \end{pmatrix} = \alpha \begin{pmatrix} 1 \\ 1 \\ 3 \end{pmatrix}$

2.12　連立 1 次方程式

$$\begin{cases} x - \ y + 3z = 3 \\ x - 2y + 5z = a \\ 2x - 3y + bz = 7 \end{cases}$$

について次に答えよ．

(1)　ただ 1 つの解を持つように定数 a, b の条件を求め，その解を求めよ．

(2)　無数の解を持つような定数 a, b の条件を求め，その解を求めよ．

(3)　解を持たないような定数 a, b の条件を求めよ．

略解　(1)　$b \neq 8$ のとき，ただ 1 つの解を持つ．$\begin{pmatrix} x \\ y \\ z \end{pmatrix} = \dfrac{1}{8 - b} \begin{pmatrix} ab - 9a - 6b + 52 \\ ab - 6a - 3b + 16 \\ a - 4 \end{pmatrix}$

(2)　$a = 4, b = 8$ のとき，無数の解を持つ．$\begin{pmatrix} x \\ y \\ z \end{pmatrix} = \begin{pmatrix} 2 \\ -1 \\ 0 \end{pmatrix} + \alpha \begin{pmatrix} -1 \\ 2 \\ 1 \end{pmatrix}$

(3)　$a \neq 4, b = 8$ のとき，解なし．

2.13　次の行列式の値を求めよ．

(1)　$\begin{vmatrix} \cos\theta & -\sin\theta \\ \sin\theta & \cos\theta \end{vmatrix}$
(2)　$\begin{vmatrix} \sin\theta\cos\varphi & r\cos\theta\cos\varphi & -r\sin\theta\sin\varphi \\ \sin\theta\sin\varphi & r\cos\theta\sin\varphi & r\sin\theta\cos\varphi \\ \cos\theta & -r\sin\theta & 0 \end{vmatrix}$
(3)　$\begin{vmatrix} a & b & c \\ c & a & b \\ b & c & a \end{vmatrix}$

(4)　$\begin{vmatrix} 1 & a & b & c+d \\ 1 & b & c & d+a \\ 1 & c & d & a+b \\ 1 & d & a & b+c \end{vmatrix}$
(5)　$\begin{vmatrix} 0 & 0 & \cdots & 0 & a_{1n} \\ 0 & 0 & & a_{2,n-1} & a_{2n} \\ \vdots & & & \vdots & \vdots \\ 0 & a_{n-1,2} & \cdots & a_{n-1,n-1} & a_{n-1,n} \\ a_{n1} & a_{n2} & \cdots & a_{n,n-1} & a_{nn} \end{vmatrix}$

章末問題　**89**

略解　(1) 1　(2) $r^2 \sin\theta$　(3) $a^3 + b^3 + c^3 - 3abc$　(4) 0

(5) $(-1)^{\frac{1}{2}n(n-1)} a_{1n} a_{2,n-1} \cdots a_{n-1,2} a_{n1}$

2.14　次の等式を示せ.

(1) $\begin{vmatrix} 0 & a & b & c \\ -a & 0 & d & -e \\ -b & -d & 0 & f \\ -c & e & -f & 0 \end{vmatrix} = (af + be + cd)^2$

(2) $\begin{vmatrix} b^2 + c^2 & ab & ca \\ ab & c^2 + a^2 & bc \\ ca & bc & a^2 + b^2 \end{vmatrix} = 4a^2 b^2 c^2$

(3) $\begin{vmatrix} a & b & c & d \\ -b & a & -d & c \\ -c & d & a & -b \\ -d & -c & b & a \end{vmatrix} = (a^2 + b^2 + c^2 + d^2)^2$

(4) $\begin{vmatrix} x^2+1 & x & 0 & \cdots & 0 & 0 & 0 \\ x & x^2+1 & x & \cdots & 0 & 0 & 0 \\ 0 & x & x^2+1 & & 0 & 0 & 0 \\ \vdots & \vdots & & \ddots & & \vdots & \vdots \\ 0 & 0 & 0 & & x^2+1 & x & 0 \\ 0 & 0 & 0 & \cdots & x & x^2+1 & x \\ 0 & 0 & 0 & \cdots & 0 & x & x^2+1 \end{vmatrix} = 1 + x^2 + x^4 + \cdots + x^{2n}$

　　　(n 次)

(5) $\begin{vmatrix} 1+a & 1 & 1 & 1 \\ 1 & 1+b & 1 & 1 \\ 1 & 1 & 1+c & 1 \\ 1 & 1 & 1 & 1+d \end{vmatrix} = abcd\left(1 + \frac{1}{a} + \frac{1}{b} + \frac{1}{c} + \frac{1}{d}\right)$

(6) $\begin{vmatrix} 0 & 1 & 1 & 1 \\ 1 & 0 & z^2 & y^2 \\ 1 & z^2 & 0 & x^2 \\ 1 & y^2 & x^2 & 0 \end{vmatrix} = (x+y+z)(x+y-z)(x-y+z)(x-y-z)$

解答

(1)　第1列に関する余因子展開を行う.

$$\begin{vmatrix} 0 & a & b & c \\ -a & 0 & d & -e \\ -b & -d & 0 & f \\ -c & e & -f & 0 \end{vmatrix} = a\begin{vmatrix} a & b & c \\ -d & 0 & f \\ e & -f & 0 \end{vmatrix} - b\begin{vmatrix} a & b & c \\ 0 & d & -e \\ e & -f & 0 \end{vmatrix} + c\begin{vmatrix} a & b & c \\ 0 & d & -e \\ -d & 0 & f \end{vmatrix}$$

$$= a(bef + cdf + af^2) - b(-be^2 - cde - aef) + c(adf + bde + cd^2)$$

$$= af(af + be + cd) + be(af + be + cd) + cd(af + be + cd) = (af + be + cd)^2$$

(2) $\begin{vmatrix} b^2 + c^2 & ab & ca \\ ab & c^2 + a^2 & bc \\ ca & bc & a^2 + b^2 \end{vmatrix} = \begin{vmatrix} b & c & 0 \\ a & 0 & c \\ 0 & a & b \end{vmatrix}\begin{vmatrix} b & a & 0 \\ c & 0 & a \\ 0 & c & b \end{vmatrix} = (-2abc)(-2abc) = 4a^2b^2c^2$

(3) $A = \begin{pmatrix} a & b & c & d \\ -b & a & -d & c \\ -c & d & a & -b \\ -d & -c & b & a \end{pmatrix}$ とおく.

$$A\,{}^tA = \begin{pmatrix} a & b & c & d \\ -b & a & -d & c \\ -c & d & a & -b \\ -d & -c & b & a \end{pmatrix}\begin{pmatrix} a & -b & -c & -d \\ b & a & d & -c \\ c & -d & a & b \\ d & c & -b & a \end{pmatrix}$$

$$= \begin{pmatrix} a^2 + b^2 + c^2 + d^2 & 0 & 0 & 0 \\ 0 & a^2 + b^2 + c^2 + d^2 & 0 & 0 \\ 0 & 0 & a^2 + b^2 + c^2 + d^2 & 0 \\ 0 & 0 & 0 & a^2 + b^2 + c^2 + d^2 \end{pmatrix}$$

よって，$|A\,{}^tA| = (a^2 + b^2 + c^2 + d^2)^4$. また，$|A\,{}^tA| = |A||{}^tA| = |A||A|$ より，

$|A| = (a^2 + b^2 + c^2 + d^2)^2$

(4) 左辺の n 次の行列式を $D(n)$ とおく．n に関する帰納法で示す．

$n = 1$ のとき，$D(1) = x^2 + 1$ で成立する．

$n - 1$ まで成立すると仮定し，n のとき，

第 1 行に関して余因子展開すると，$D(n) = (x^2 + 1)D(n-1) - x^2 D(n-2)$ を得る．したがって，$D(n) - D(n-1) = x^2\left(D(n-1) - D(n-2)\right)$. これを繰り返し行うと，

$D(n) - D(n-1) = (x^2)^{n-2}\left(D(2) - D(1)\right) = x^{2(n-2)}\{(1 + x^2 + x^4) - (1 + x^2)\} = x^{2n}$.

したがって，$D(n) = D(n-1) + x^{2n}$. 帰納法の仮定により，

$D(n) = 1 + x^2 + \cdots + x^{2(n-1)} + x^{2n}$.

(5) 第 1 列から a を，第 2 列から b を，第 3 列から c を，第 4 列から d をそれぞれくくり出すことにより，

$$
\begin{vmatrix} 1+a & 1 & 1 & 1 \\ 1 & 1+b & 1 & 1 \\ 1 & 1 & 1+c & 1 \\ 1 & 1 & 1 & 1+d \end{vmatrix} = abcd \begin{vmatrix} 1+1/a & 1/b & 1/c & 1/d \\ 1/a & 1+1/b & 1/c & 1/d \\ 1/a & 1/b & 1+1/c & 1/d \\ 1/a & 1/b & 1/c & 1+1/d \end{vmatrix}
$$

第 1 列に他の列をすべて加え，第 1 列から $1+\dfrac{1}{a}+\dfrac{1}{b}+\dfrac{1}{c}+\dfrac{1}{d}$ をくくり出すと，

$$
= abcd\left(1+\frac{1}{a}+\frac{1}{b}+\frac{1}{c}+\frac{1}{d}\right) \begin{vmatrix} 1 & 1/b & 1/c & 1/d \\ 1 & 1+1/b & 1/c & 1/d \\ 1 & 1/b & 1+1/c & 1/d \\ 1 & 1/b & 1/c & 1+1/d \end{vmatrix}
$$

第 2 列に第 1 列の $-1/b$ 倍を加えて，

$$
= abcd\left(1+\frac{1}{a}+\frac{1}{b}+\frac{1}{c}+\frac{1}{d}\right) \begin{vmatrix} 1 & 0 & 1/c & 1/d \\ 1 & 1 & 1/c & 1/d \\ 1 & 0 & 1+1/c & 1/d \\ 1 & 0 & 1/c & 1+1/d \end{vmatrix}
$$

同様に，第 3 列に第 1 列の $-1/c$ 倍を加え，第 4 列に第 1 列の $-1/d$ 倍を加えて，

$$
= abcd\left(1+\frac{1}{a}+\frac{1}{b}+\frac{1}{c}+\frac{1}{d}\right) \begin{vmatrix} 1 & 0 & 0 & 0 \\ 1 & 1 & 0 & 0 \\ 1 & 0 & 1 & 0 \\ 1 & 0 & 0 & 1 \end{vmatrix} = abcd\left(1+\frac{1}{a}+\frac{1}{b}+\frac{1}{c}+\frac{1}{d}\right)
$$

(6) 第 2 行に第 4 行の -1 倍を加え，第 3 行に第 4 行の -1 倍を加えて，

$$
\begin{vmatrix} 0 & 1 & 1 & 1 \\ 1 & 0 & z^2 & y^2 \\ 1 & z^2 & 0 & x^2 \\ 1 & y^2 & x^2 & 0 \end{vmatrix} = \begin{vmatrix} 0 & 1 & 1 & 1 \\ 0 & -y^2 & z^2-x^2 & y^2 \\ 0 & z^2-y^2 & -x^2 & x^2 \\ 1 & y^2 & x^2 & 0 \end{vmatrix} = -\begin{vmatrix} 1 & 1 & 1 \\ -y^2 & z^2-x^2 & y^2 \\ z^2-y^2 & -x^2 & x^2 \end{vmatrix}
$$

第 1 列に第 3 列の -1 倍を加え，第 2 列に第 3 列の -1 倍を加えて，

$$
= -\begin{vmatrix} 0 & 0 & 1 \\ -2y^2 & -x^2-y^2+z^2 & y^2 \\ -x^2-y^2+z^2 & -2x^2 & x^2 \end{vmatrix} = -\begin{vmatrix} -2y^2 & -x^2-y^2+z^2 \\ -x^2-y^2+z^2 & -2x^2 \end{vmatrix}
$$

$$
= (-x^2-y^2+z^2)^2 - 4x^2y^2 = (-x^2-y^2+z^2+2xy)(-x^2-y^2+z^2-2xy)
$$

$$
= (z^2-(x-y)^2)(z^2-(x+y)^2) = (z+x-y)(z-x+y)(z+x+y)(z-x-y)
$$

$$
= (x+y+z)(x+y-z)(x-y+z)(x-y-z)
$$

線形空間と線形写像

3.1 線形空間と部分空間

集合 V に属する 2 個の要素のペア $(\boldsymbol{x}, \boldsymbol{y})$ に対して，V の要素 $\boldsymbol{z}$ が一意的に定まっているとき，V には演算が定められている，という．ここでは，この $\boldsymbol{z}$ のことを $\boldsymbol{x}$ と $\boldsymbol{y}$ の和と呼び，$\boldsymbol{x}+\boldsymbol{y}$ で表すことにする．また，K の要素 α と V の要素 $\boldsymbol{x}$ のペア $(\alpha, \boldsymbol{x})$ に対して，V の要素 $\boldsymbol{z} \in V$ が一意的に定まっているとき，この $\boldsymbol{z}$ のことを $\boldsymbol{x}$ の α 倍（または，スカラー倍）と呼び，$\alpha\boldsymbol{x}$ で表すことにする．

▌線形空間の定義▌

定義 3.1 次に示す 8 個の条件をみたす和とスカラー倍が定められている集合 V を，K 上の線形空間 (linear space)，または，ベクトル空間 (vector space) という．

I) $(\boldsymbol{x}+\boldsymbol{y})+\boldsymbol{z} = \boldsymbol{x}+(\boldsymbol{y}+\boldsymbol{z})$ $\quad(\boldsymbol{x},\boldsymbol{y},\boldsymbol{z} \in V)$

II) 特別な V の要素（$\boldsymbol{o}$ と書くことにする）が存在し，すべての $\boldsymbol{x} \in V$ に対して
$\boldsymbol{x}+\boldsymbol{o} = \boldsymbol{o}+\boldsymbol{x} = \boldsymbol{x}$

III) すべての $\boldsymbol{x} \in V$ に対してそれに応じて決まる要素（$-\boldsymbol{x}$ と書くことにする）が存在し，
$\boldsymbol{x}+(-\boldsymbol{x}) = -\boldsymbol{x}+\boldsymbol{x} = \boldsymbol{o}$

IV) $\boldsymbol{x}+\boldsymbol{y} = \boldsymbol{y}+\boldsymbol{x}$ $\quad(\boldsymbol{x},\boldsymbol{y} \in V)$

V) $1\boldsymbol{x} = \boldsymbol{x}$ $\quad(\boldsymbol{x} \in V)$

VI) $\beta(\alpha\boldsymbol{x}) = (\beta\alpha)\boldsymbol{x}$ $\quad(\alpha, \beta \in K, \boldsymbol{x} \in V)$

VII) $\alpha(\boldsymbol{x}+\boldsymbol{y}) = \alpha\boldsymbol{x}+\alpha\boldsymbol{y}$ $\quad(\alpha \in K, \boldsymbol{x},\boldsymbol{y} \in V)$

VIII) $(\alpha+\beta)\boldsymbol{x} = \alpha\boldsymbol{x}+\beta\boldsymbol{x}$ $\quad(\alpha, \beta \in K, \boldsymbol{x} \in V)$

$K = \mathbb{R}$ のときは実ベクトル空間，$K = \mathbb{C}$ のときは複素ベクトル空間ということもある．

以後，線形空間に属する要素のことをベクトルと呼ぶことにする．

■引き算と複数個の足し算■

- 条件 II) の $\boldsymbol{o}$ は一意的に決まる（つまり 1 つしかない）．これを零ベクトルと呼ぶ．
- 条件 III) の $-\boldsymbol{x}$ は，$\boldsymbol{x}$ に対して一意的に決まる．
- ベクトルの引き算を　$\boldsymbol{y} - \boldsymbol{x} = \boldsymbol{y} + (-\boldsymbol{x})$　で定義する．

例 3.1　$K^2 = \left\{ \begin{pmatrix} x_1 \\ x_2 \end{pmatrix} \middle| x_1, x_2 \in K \right\}$ は，1 章で定義した和とスカラー倍，すなわち

$$\begin{pmatrix} x_1 \\ x_2 \end{pmatrix} + \begin{pmatrix} y_1 \\ y_2 \end{pmatrix} = \begin{pmatrix} x_1 + y_1 \\ x_2 + y_2 \end{pmatrix}, \quad \alpha \begin{pmatrix} x_1 \\ x_2 \end{pmatrix} = \begin{pmatrix} \alpha x_1 \\ \alpha x_2 \end{pmatrix} (\alpha \in K)$$

により線形空間になる．

$\begin{pmatrix} 0 \\ 0 \end{pmatrix}$ が条件 II) における $\boldsymbol{o}$ であり，$\boldsymbol{x} = \begin{pmatrix} x_1 \\ x_2 \end{pmatrix}$ に対して $\begin{pmatrix} -x_1 \\ -x_2 \end{pmatrix}$ が条件 III) における $-\boldsymbol{x}$ である．

$K = \mathbb{R}$ のときは，この空間 $\mathbb{R}^2$ は平面全体と同じものとみなすことができる．また，高校で学んだ平面ベクトル全体の集合とも同じものである．

例 3.2

$$\mathbb{R}^3 = \left\{ \begin{pmatrix} x_1 \\ x_2 \\ x_3 \end{pmatrix} \middle| x_1, x_2, x_3 \in \mathbb{R}^3 \right\}$$

も $\mathbb{R}$ 上の線形空間である．これは，普通の意味での空間全体とみなすことができるし，空間ベクトル全体の集合とも同じものである．

上の例と同様にして，$K^n = \left\{ \begin{pmatrix} x_1 \\ x_2 \\ \vdots \\ x_n \end{pmatrix} \middle| x_1, x_2, \cdots, x_n \in K \right\}$ も，n 行 1 列の行列としての和とスカラー倍により K 上の線形空間になる．したがって，今まで親しんできたベクトルは，ここで定義した（線形空間の要素としての）ベクトルの，1 つの例とみなすことができる．K^n を n **次元数ベクトル空間**（あるいは単に，**数ベクトル空間**）と呼び，K^n のベクトルを**数ベクトル**と呼ぶ．次元という概念はここではまだ定義していないので，n 次元という呼び方には少し抵抗があるかもしれないが，3.3 節で行う定義により，K^n は実際に n 次元になっている．

数ベクトル空間 K^n は標準的で重要な例である．この後も，この例を元にした様々な例が出てくる．抽象的な線形空間を想像しにくいときは，この例を頭に浮かべるとわかりやすい．

第 1 章で出てきた m 行 n 列の行列全体の集合も，そこで定義した和とスカラー倍によりベクトル空間になる．

94 第3章 線形空間と線形写像

K 自身も，K 上の線形空間とみなすことができる．

この他にも，多項式全体の集合，数列全体の集合，定められた区間で定義された関数全体の集合等は，自然な和とスカラー倍により線形空間になっている．線形空間の中には，このように，今までの感覚とは少し違うものも存在する．ただし，これらの例は，3.3 節で定義する有限次元の線形空間ではない．

条件 I)〜VIII) により，我々が通常文字式や多項式で行っている計算は，そのほとんどすべてが線形空間の中でも実行可能である．例えば，$\alpha \boldsymbol{o} = \boldsymbol{o}$, $0\boldsymbol{x} = \boldsymbol{o}$, $(-1)\boldsymbol{x} = -\boldsymbol{x}$ 等は常に成り立つし，移項という操作もできる．

試しに，$0\boldsymbol{x} = \boldsymbol{o}$ であることを，条件 I)〜VIII) のみを用いて示してみよう．

証明 便宜的に $\boldsymbol{y} = 0\boldsymbol{x}$ と書いておく．条件 VIII) を用いて
$$\boldsymbol{y} = 0\boldsymbol{x} = (0+0)\boldsymbol{x} = 0\boldsymbol{x} + 0\boldsymbol{x} = \boldsymbol{y} + \boldsymbol{y}\,.$$
条件 III) より $-\boldsymbol{y}$ が存在するから，これを左から足して
$$-\boldsymbol{y} + \boldsymbol{y} = -\boldsymbol{y} + (\boldsymbol{y} + \boldsymbol{y})\,.$$
条件 III) より $\quad -\boldsymbol{y} + \boldsymbol{y} = \boldsymbol{o}$ ．
条件 I)，条件 III)，条件 II) より
$$-\boldsymbol{y} + (\boldsymbol{y} + \boldsymbol{y}) = (-\boldsymbol{y} + \boldsymbol{y}) + \boldsymbol{y} = \boldsymbol{o} + \boldsymbol{y} = \boldsymbol{y}\,.$$
したがって，$\boldsymbol{y} = \boldsymbol{o}$，すなわち $0\boldsymbol{x} = \boldsymbol{o}$ である． ▮

このように，条件 I)〜VIII) は線形空間を規定する基本的な性質であり，線形空間のすべての性質はここから導かれる．条件 I)〜VIII) を，線形空間の**公理 (axiom)** と呼ぶ．

線形空間おいて最初に定められている演算（和）は，あくまで 2 個のベクトルの和である．そこで，3 個以上のベクトルの和については次のように考えることにする．まず，条件 I) より
$$(\boldsymbol{x}_1 + \boldsymbol{x}_2) + \boldsymbol{x}_3 = \boldsymbol{x}_1 + (\boldsymbol{x}_2 + \boldsymbol{x}_3)$$
であるから，これを 3 個のベクトルの和として定義する．すなわち，
$$\boldsymbol{x}_1 + \boldsymbol{x}_2 + \boldsymbol{x}_3 = (\boldsymbol{x}_1 + \boldsymbol{x}_2) + \boldsymbol{x}_3 (\,= \boldsymbol{x}_1 + (\boldsymbol{x}_2 + \boldsymbol{x}_3))$$
である．4 個以上のベクトルの足し算についても，順番に（帰納的に）
$$\boldsymbol{x}_1 + \boldsymbol{x}_2 + \boldsymbol{x}_3 + \boldsymbol{x}_4 = (\boldsymbol{x}_1 + \boldsymbol{x}_2 + \boldsymbol{x}_3) + \boldsymbol{x}_4$$
$$\vdots$$
$$\boldsymbol{x}_1 + \boldsymbol{x}_2 + \cdots + \boldsymbol{x}_n = (\boldsymbol{x}_1 + \boldsymbol{x}_2 + \cdots + \boldsymbol{x}_{n-1}) + \boldsymbol{x}_n$$
と定義することにする．ただし，条件 I) を繰りかえし用いれば，例えば 4 個のベクトルの足し算については
$$\boldsymbol{x}_1 + \boldsymbol{x}_2 + \boldsymbol{x}_3 + \boldsymbol{x}_4 = (\boldsymbol{x}_1 + \boldsymbol{x}_2) + (\boldsymbol{x}_3 + \boldsymbol{x}_4) = \boldsymbol{x}_1 + (\boldsymbol{x}_2 + \boldsymbol{x}_3 + \boldsymbol{x}_4) = \cdots$$

3.1 線形空間と部分空間 95

等が成立する．つまり，一般に n 個のベクトルの足し算は，隣り合う 2 個のベクトルを順番に足し合わせてゆけばよいし，足し合わせる順番も任意である，ということである．

■部分空間■

線形空間は 2 種類の演算をもった集合であったが，その部分集合のなかで特に重要なものは，次で定義される部分空間と呼ばれるものである．

> **定義 3.2** K 上の線形空間 V の部分集合 W で，次に示す条件をみたすものを，V の**部分空間** (**subspace**) と呼ぶ．
>
> (i) $\boldsymbol{o} \in W$
>
> (ii) $\boldsymbol{x}, \boldsymbol{y} \in W$ ならば $\boldsymbol{x} + \boldsymbol{y} \in W$
>
> (iii) $\alpha \in K, \boldsymbol{x} \in W$ ならば $\alpha \boldsymbol{x} \in W$

- $\boldsymbol{o}$ だけからなる集合 $\{\boldsymbol{o}\}$ は V の部分空間である（零空間と呼ぶ）．
- V 自身も V の部分空間である．
- 条件 (ii),(iii) により，W にも V と同じ和とスカラー倍が定義される．この和とスカラー倍により，W も K 上の線形空間になっている．

注意 3.1 定義 3.2 において，条件 (i) がないと空集合も部分空間になってしまう．これは都合が悪いので (i) という条件を入れておくことにするが，(i) を $W \neq \emptyset$ という条件で置き換えても条件全体としては同値である．

例 3.3 $W = \left\{ \boldsymbol{x} = \begin{pmatrix} x_1 \\ x_2 \\ x_3 \end{pmatrix} \in K^3 \,\middle|\, x_1 + 2x_2 - 3x_3 = 0 \right\}$

は K^3 の部分空間である．

証明 (i) $0 + 2 \cdot 0 - 3 \cdot 0 = 0$ より，$\boldsymbol{o} = \begin{pmatrix} 0 \\ 0 \\ 0 \end{pmatrix} \in W$.

(ii) $\boldsymbol{x} = \begin{pmatrix} x_1 \\ x_2 \\ x_3 \end{pmatrix}, \boldsymbol{y} = \begin{pmatrix} y_1 \\ y_2 \\ y_3 \end{pmatrix} \in W$ とすると，

$$x_1 + 2x_2 - 3x_3 = 0, \quad y_1 + 2y_2 - 3y_3 = 0.$$

したがって，

$$(x_1 + y_1) + 2(x_2 + y_2) - 3(x_3 + y_3) = (x_1 + 2x_2 - 3x_3) + (y_1 + 2y_2 - 3y_3)$$
$$= 0 + 0 = 0.$$

96 　第 3 章　線形空間と線形写像

ゆえに，$\boldsymbol{x} + \boldsymbol{y} = \begin{pmatrix} x_1 + y_1 \\ x_2 + y_2 \\ x_3 + y_3 \end{pmatrix} \in W.$

(iii) $\alpha \in K$, $\boldsymbol{x} = \begin{pmatrix} x_1 \\ x_2 \\ x_3 \end{pmatrix} \in W$ とすると，

$$x_1 + 2x_2 - 3x_3 = 0.$$

したがって，

$$\alpha x_1 + 2\alpha x_2 - 3\alpha x_3 = \alpha(x_1 + 2x_2 - 3x_3) = \alpha 0 = 0.$$

ゆえに，$\alpha \boldsymbol{x} = \begin{pmatrix} \alpha x_1 \\ \alpha x_2 \\ \alpha x_3 \end{pmatrix} \in W.$

　部分空間の条件 (i) (ii) (iii) をみたすから，W は K^3 の部分空間である. ∎

例 3.4　$W = \left\{ \boldsymbol{x} = \begin{pmatrix} x_1 \\ x_2 \\ x_3 \\ x_4 \end{pmatrix} \in \mathbb{C}^4 \left| \begin{array}{c} x_1 + ix_2 - x_3 - ix_4 = 0 \\ ix_1 + 2x_2 + ix_3 + ix_4 = 0 \\ 2ix_1 + x_2 + 2ix_4 = 0 \end{array} \right. \right\}$ は $\mathbb{C}^4$ の部分空間である. ただ

し，i は虚数単位である.

証明　例 3.3 と同じ方法でもできるが，ここでは，第 1 章で学んだ行列の演算の性質を使ってもう
少し簡潔に証明してみよう.

$A = \begin{pmatrix} 1 & i & -1 & -i \\ i & 2 & i & i \\ 2i & 1 & 0 & 2i \end{pmatrix}$ とすると，$W = \{\boldsymbol{x} \in \mathbb{C}^4 | A\boldsymbol{x} = \boldsymbol{o}\}$ と書ける.

　まず，$A\boldsymbol{o} = \boldsymbol{o}$ より $\boldsymbol{o} \in W$ である（(i) が成立）. また，$\boldsymbol{x}, \boldsymbol{y} \in W$ とすると，W の定義から
$A\boldsymbol{x} = A\boldsymbol{y} = \boldsymbol{o}$ だから，$A(\boldsymbol{x} + \boldsymbol{y}) = A\boldsymbol{x} + A\boldsymbol{y} = \boldsymbol{o} + \boldsymbol{o} = \boldsymbol{o}$. したがって $\boldsymbol{x} + \boldsymbol{y} \in W$ である（(ii)
が成立）. さらに，$\alpha \in \mathbb{C}, \boldsymbol{x} \in W$ とすると $A\boldsymbol{x} = \boldsymbol{o}$ だから $A(\alpha\boldsymbol{x}) = \alpha(A\boldsymbol{x}) = \alpha\boldsymbol{o} = \boldsymbol{o}$. したがって
$\alpha\boldsymbol{x} \in W$ である（(iii) が成立）. 以上より W は $\mathbb{C}^4$ の部分空間である. ∎

　これと同様の方法により，より一般に次の例が得られる.

例 3.5　A を m 行 n 列の行列とし，$W = \{\boldsymbol{x} \in K^n | A\boldsymbol{x} = \boldsymbol{o}\}$ とすると，W は K^n の部分空間で
ある.

証明　$A\boldsymbol{o} = \boldsymbol{o}$ より $\boldsymbol{o} \in W$. $\boldsymbol{x}, \boldsymbol{y} \in W$ とすると $A\boldsymbol{x} = A\boldsymbol{y} = \boldsymbol{o}$ だから $A(\boldsymbol{x} + \boldsymbol{y}) = A\boldsymbol{x} +$
$A\boldsymbol{y} = \boldsymbol{o} + \boldsymbol{o} = \boldsymbol{o}$. したがって，$\boldsymbol{x} + \boldsymbol{y} \in W$. $\alpha \in K$, $\boldsymbol{x} \in W$ とすると $A\boldsymbol{x} = \boldsymbol{o}$ だから
$A(\alpha\boldsymbol{x}) = \alpha A\boldsymbol{x} = \alpha\boldsymbol{o} = \boldsymbol{o}$. したがって，$\alpha\boldsymbol{x} \in W$. ∎

次のようなものも，部分空間の例である．

自然数 n を 1 つきめておくと，n 次以下の多項式全体の集合は，多項式全体が作る線形空間の部分空間である．

収束する数列全体の集合は，数列全体が作る線形空間の部分空間である．

数直線上のある区間 I で定義された連続関数全体の集合を $\mathcal{C}(I)$ とすると，これは，I で定義された関数全体の作る $\mathbb{R}$ 上の線形空間 ($\mathcal{F}(I)$ と書くことにする) の部分空間である．さらに，I で定義された微分可能な関数全体の作る集合も，$\mathcal{F}(I)$ の部分空間である．この集合は，$\mathcal{C}(I)$ の部分空間でもある．

▊線形結合▊

V を K 上の線形空間とする．ベクトル $\boldsymbol{x}_1, \boldsymbol{x}_2, \cdots, \boldsymbol{x}_n \in V$ に対して，

$$\alpha_1 \boldsymbol{x}_1 + \alpha_2 \boldsymbol{x}_2 + \cdots + \alpha_n \boldsymbol{x}_n \qquad (\alpha_1,\ \alpha_2, \cdots, \alpha_n \in K)$$

と表せるベクトルを $\boldsymbol{x}_1, \boldsymbol{x}_2, \cdots, \boldsymbol{x}_n$ の**線形結合 (linear combination)**，または，**一次結合**と呼び，$\alpha_1, \alpha_2, \cdots, \alpha_n$ をその係数と呼ぶ．また，$\boldsymbol{x}_1, \boldsymbol{x}_2, \cdots, \boldsymbol{x}_n$ の線形結合全体の集合（V の部分集合になっている）を $\langle \boldsymbol{x}_1, \boldsymbol{x}_2, \cdots, \boldsymbol{x}_n \rangle$ で表すことにする．すなわち，

$$\langle \boldsymbol{x}_1, \boldsymbol{x}_2, \cdots, \boldsymbol{x}_n \rangle = \{ \alpha_1 \boldsymbol{x}_1 + \alpha_2 \boldsymbol{x}_2 + \cdots + \alpha_n \boldsymbol{x}_n \mid \alpha_1,\ \alpha_2, \cdots, \alpha_n \in K \}$$

である．

$$0\boldsymbol{x}_1 + 0\boldsymbol{x}_2 + \cdots + 0\boldsymbol{x}_n = \boldsymbol{o}, \quad 1\boldsymbol{x}_1 + 0\boldsymbol{x}_2 + \cdots + 0\boldsymbol{x}_n = \boldsymbol{x}_1$$

であることより $\boldsymbol{o},\ \boldsymbol{x}_1 \in \langle \boldsymbol{x}_1, \boldsymbol{x}_2, \cdots, \boldsymbol{x}_n \rangle$ であることがわかる．同様に，

$$\boldsymbol{x}_2,\ \cdots, \boldsymbol{x}_n \in \langle \boldsymbol{x}_1, \boldsymbol{x}_2, \cdots, \boldsymbol{x}_n \rangle$$

でもある．

定理 3.1 V を K 上の線形空間，$\boldsymbol{x}_1, \boldsymbol{x}_2, \cdots, \boldsymbol{x}_n \in V$ とする．このとき，

$$\langle \boldsymbol{x}_1, \boldsymbol{x}_2, \cdots, \boldsymbol{x}_n \rangle$$

は V の部分空間である．

証明 $W = \langle \boldsymbol{x}_1, \boldsymbol{x}_2, \cdots, \boldsymbol{x}_n \rangle$ とする．

$\boldsymbol{o} \in W$ であることは，すでに述べてある．

$\boldsymbol{x}, \boldsymbol{y} \in W$ とする．W の定義から，$\boldsymbol{x}, \boldsymbol{y}$ は K の要素 $\alpha_1, \alpha_2, \cdots, \alpha_n, \beta_1, \beta_2, \cdots, \beta_n$ を用いて

$$\boldsymbol{x} = \alpha_1 \boldsymbol{x}_1 + \alpha_2 \boldsymbol{x}_2 + \cdots + \alpha_n \boldsymbol{x}_n,$$

$$\boldsymbol{y} = \beta_1 \boldsymbol{x}_1 + \beta_2 \boldsymbol{x}_2 + \cdots + \beta_n \boldsymbol{x}_n$$

と表すことができる．したがって，

$$\boldsymbol{x} + \boldsymbol{y} = (\alpha_1 \boldsymbol{x}_1 + \alpha_2 \boldsymbol{x}_2 + \cdots + \alpha_n \boldsymbol{x}_n) + (\beta_1 \boldsymbol{x}_1 + \beta_2 \boldsymbol{x}_2 + \cdots + \beta_n \boldsymbol{x}_n)$$

$$= (\alpha_1 + \beta_1)\boldsymbol{x}_1 + (\alpha_2 + \beta_2)\boldsymbol{x}_2 + \cdots + (\alpha_n + \beta_n)\boldsymbol{x}_n$$

であるから $\boldsymbol{x} + \boldsymbol{y} \in W$ である．

$\alpha \in K$, $\boldsymbol{x} \in W$ とする. $\boldsymbol{x} = \alpha_1 \boldsymbol{x}_1 + \alpha_2 \boldsymbol{x}_2 + \cdots + \alpha_n \boldsymbol{x}_n$ $(\alpha_i \in K)$ と書けるから,

$$\alpha \boldsymbol{x} = \alpha(\alpha_1 \boldsymbol{x}_1 + \alpha_2 \boldsymbol{x}_2 + \cdots + \alpha_n \boldsymbol{x}_n)$$
$$= (\alpha\alpha_1)\boldsymbol{x}_1 + (\alpha\alpha_2)\boldsymbol{x}_2 + \cdots + (\alpha\alpha_n)\boldsymbol{x}_n$$

である. したがって $\alpha \boldsymbol{x} \in W$ である.

以上より, $\langle \boldsymbol{x}_1, \boldsymbol{x}_2, \cdots, \boldsymbol{x}_n \rangle$ は V の部分空間である.

注意 3.2 上の証明の中で, 公理 I)〜VIII) が何回も使われている. どこで, どれが, どのように使われているのか, よく考えてみよう.

▌生成系▐

線形空間 V の部分空間 W ($W = V$ の場合ももちろん含む) が, 適当な $\boldsymbol{x}_1, \boldsymbol{x}_2, \cdots, \boldsymbol{x}_n \in W$ を用いて

$$W = \langle \boldsymbol{x}_1, \boldsymbol{x}_2, \cdots, \boldsymbol{x}_n \rangle$$

と表すことができるとき, $\boldsymbol{x}_1, \boldsymbol{x}_2, \cdots, \boldsymbol{x}_n$ を W の**生成系 (generators)** と呼ぶ. すなわち, $\boldsymbol{x}_1, \boldsymbol{x}_2, \cdots, \boldsymbol{x}_n \in W$ であって, W に属する任意のベクトル $\boldsymbol{x}$ が, K の要素 $\alpha_1, \alpha_2, \cdots, \alpha_n$ を用いて

$$\boldsymbol{x} = \alpha_1 \boldsymbol{x}_1 + \alpha_2 \boldsymbol{x}_2 + \cdots + \alpha_n \boldsymbol{x}_n$$

と書き表せる, ということである. $\boldsymbol{x}_1, \boldsymbol{x}_2, \cdots, \boldsymbol{x}_n$ は W を生成する, W は $\boldsymbol{x}_1, \boldsymbol{x}_2, \cdots, \boldsymbol{x}_n$ で生成される, ともいう.

例えば, $\boldsymbol{e}_1 = \begin{pmatrix} 1 \\ 0 \end{pmatrix}$, $\boldsymbol{e}_2 = \begin{pmatrix} 0 \\ 1 \end{pmatrix} \in K^2$ とすると,

$$\langle \boldsymbol{e}_1, \boldsymbol{e}_2 \rangle = \left\{ \alpha_1 \begin{pmatrix} 1 \\ 0 \end{pmatrix} + \alpha_2 \begin{pmatrix} 0 \\ 1 \end{pmatrix} \middle| \alpha_1, \alpha_2 \in K \right\} = \left\{ \begin{pmatrix} \alpha_1 \\ \alpha_2 \end{pmatrix} \middle| \alpha_1, \alpha_2 \in K \right\} = K^2$$

であるから, $\boldsymbol{e}_1, \boldsymbol{e}_2$ は K^2 の生成系である.

同様に, $\boldsymbol{e}_1 = \begin{pmatrix} 1 \\ 0 \\ 0 \\ \vdots \\ 0 \end{pmatrix}$, $\boldsymbol{e}_2 = \begin{pmatrix} 0 \\ 1 \\ 0 \\ \vdots \\ 0 \end{pmatrix}$, $\cdots$, $\boldsymbol{e}_n = \begin{pmatrix} 0 \\ 0 \\ 0 \\ \vdots \\ 1 \end{pmatrix}$ とすると,

$$\langle \boldsymbol{e}_1, \boldsymbol{e}_2, \cdots, \boldsymbol{e}_n \rangle = \left\{ \alpha_1 \begin{pmatrix} 1 \\ 0 \\ 0 \\ \vdots \\ 0 \end{pmatrix} + \alpha_2 \begin{pmatrix} 0 \\ 1 \\ 0 \\ \vdots \\ 0 \end{pmatrix} + \cdots + \alpha_n \begin{pmatrix} 0 \\ 0 \\ 0 \\ \vdots \\ 1 \end{pmatrix} \middle| \alpha_i \in K \right\}$$

$$= \left\{ \left. \begin{pmatrix} \alpha_1 \\ \alpha_2 \\ \vdots \\ \alpha_n \end{pmatrix} \right| \alpha_i \in K \right\} = K^n$$

であるから $\boldsymbol{e}_1, \cdots, \boldsymbol{e}_n$ は K^n の生成系である.

例 3.6 $\begin{pmatrix} 1 \\ 1 \end{pmatrix}, \begin{pmatrix} 1 \\ -1 \end{pmatrix}$ も K^2 の生成系である.

証明 $\boldsymbol{x} = \begin{pmatrix} x_1 \\ x_2 \end{pmatrix}$ を K^2 の任意のベクトルとするとき,$\boldsymbol{x}$ が $\begin{pmatrix} 1 \\ 1 \end{pmatrix}, \begin{pmatrix} 1 \\ -1 \end{pmatrix}$ の線形結合になっ

ていることを示せばよい.すなわち,K から α, β をうまくとって,$\boldsymbol{x} = \alpha \begin{pmatrix} 1 \\ 1 \end{pmatrix} + \beta \begin{pmatrix} 1 \\ -1 \end{pmatrix}$ と

書き表せることを示せばよい.この式は,$\begin{cases} x_1 = \alpha + \beta \\ x_2 = \alpha - \beta \end{cases}$ と同値であるから,したがって,α, β に

関するこの方程式が解をもつことを示せばよいが,実際,これは $\alpha = \dfrac{x_1 + x_2}{2}, \beta = \dfrac{x_1 - x_2}{2}$ とい

う解をもつ.つまり,

$$\boldsymbol{x} = \frac{x_1 + x_2}{2} \begin{pmatrix} 1 \\ 1 \end{pmatrix} + \frac{x_1 - x_2}{2} \begin{pmatrix} 1 \\ -1 \end{pmatrix}$$

と書くことができる.

以上より,$\begin{pmatrix} 1 \\ 1 \end{pmatrix}, \begin{pmatrix} 1 \\ -1 \end{pmatrix}$ が K^2 の生成系であることがわかる. ▮

この例からもわかるように,生成系は一通りに定まるわけではない.

例題 3.1 $\begin{pmatrix} 1 \\ 1 \end{pmatrix}, \begin{pmatrix} 1 \\ 2 \end{pmatrix}$ や $\begin{pmatrix} 3 \\ 6 \end{pmatrix}, \begin{pmatrix} 2 \\ 5 \end{pmatrix}$ も,K^2 の生成系であることを示せ.

解答 $\begin{pmatrix} x_1 \\ x_2 \end{pmatrix} = (2x_1 - x_2) \begin{pmatrix} 1 \\ 1 \end{pmatrix} + (x_2 - x_1) \begin{pmatrix} 1 \\ 2 \end{pmatrix},$

$\begin{pmatrix} x_1 \\ x_2 \end{pmatrix} = \dfrac{5x_1 - 2x_2}{3} \begin{pmatrix} 3 \\ 6 \end{pmatrix} + (x_2 - 2x_1) \begin{pmatrix} 2 \\ 5 \end{pmatrix}$ である. ▮

100 第3章 線形空間と線形写像

例題 3.2 $\begin{pmatrix} 1 \\ 1 \\ 1 \end{pmatrix}, \begin{pmatrix} 1 \\ 2 \\ 3 \end{pmatrix}, \begin{pmatrix} 2 \\ 3 \\ 5 \end{pmatrix}$ は K^3 の生成系であるが, $\begin{pmatrix} 1 \\ 1 \\ 1 \end{pmatrix}, \begin{pmatrix} 1 \\ 2 \\ 3 \end{pmatrix}, \begin{pmatrix} 2 \\ 3 \\ 4 \end{pmatrix}$ は K^3 の生

成系ではない. このことを示せ.

解答 任意のベクトル $\begin{pmatrix} x_1 \\ x_2 \\ x_3 \end{pmatrix} \in K^3$ に対して

$$\begin{pmatrix} x_1 \\ x_2 \\ x_3 \end{pmatrix} = (x_1 + x_2 - x_3) \begin{pmatrix} 1 \\ 1 \\ 1 \end{pmatrix} + (-2x_1 + 3x_2 - x_3) \begin{pmatrix} 1 \\ 2 \\ 3 \end{pmatrix} + (x_1 - 2x_2 + x_3) \begin{pmatrix} 2 \\ 3 \\ 5 \end{pmatrix}.$$

例えば, $\begin{pmatrix} 1 \\ 0 \\ 0 \end{pmatrix} = \alpha \begin{pmatrix} 1 \\ 1 \\ 1 \end{pmatrix} + \beta \begin{pmatrix} 1 \\ 2 \\ 3 \end{pmatrix} + \gamma \begin{pmatrix} 2 \\ 3 \\ 4 \end{pmatrix}$ と表せるとすると $\begin{cases} 1 = \alpha + \beta + 2\gamma \\ 0 = \alpha + 2\beta + 3\gamma \\ 0 = \alpha + 3\beta + 4\gamma \end{cases}$ となる

が, $\beta + \gamma = -1$, かつ $\beta + \gamma = 0$ となり矛盾.

次に, 例 3.3 にでてきた W の生成系を 1 組求めてみよう.

$\boldsymbol{x} = \begin{pmatrix} x_1 \\ x_2 \\ x_3 \end{pmatrix}$ を W に属する任意のベクトルとする. このとき, W の定義から $x_1 + 2x_2 - 3x_3 = 0$

が成立している. したがって, $x_1 = -2x_2 + 3x_3$ であり,

$$\boldsymbol{x} = \begin{pmatrix} x_1 \\ x_2 \\ x_3 \end{pmatrix} = \begin{pmatrix} -2x_2 + 3x_3 \\ x_2 \\ x_3 \end{pmatrix} = x_2 \begin{pmatrix} -2 \\ 1 \\ 0 \end{pmatrix} + x_3 \begin{pmatrix} 3 \\ 0 \\ 1 \end{pmatrix}$$

と書くことができる. $-2 + 2 \cdot 1 - 3 \cdot 0 = 0$, $3 + 2 \cdot 0 - 3 \cdot 1 = 0$ より, $\begin{pmatrix} -2 \\ 1 \\ 0 \end{pmatrix}, \begin{pmatrix} 3 \\ 0 \\ 1 \end{pmatrix} \in W$ であ

るから, このことは, $\begin{pmatrix} -2 \\ 1 \\ 0 \end{pmatrix}, \begin{pmatrix} 3 \\ 0 \\ 1 \end{pmatrix}$ が W の生成系であることを示している.

例題 3.3 $\begin{pmatrix} 1 \\ 1 \\ 1 \end{pmatrix}, \begin{pmatrix} -1 \\ 2 \\ 1 \end{pmatrix}$ も W の生成系であることを示し, 他の生成系の例を作れ.

解答 $\begin{pmatrix} 1 \\ 1 \\ 1 \end{pmatrix}, \begin{pmatrix} -1 \\ 2 \\ 1 \end{pmatrix} \in W$ であり，任意の $\begin{pmatrix} x_1 \\ x_2 \\ x_3 \end{pmatrix} \in W$ に対して

$$\begin{pmatrix} x_1 \\ x_2 \\ x_3 \end{pmatrix} = (-x_2 + 2x_3) \begin{pmatrix} 1 \\ 1 \\ 1 \end{pmatrix} + (x_2 - x_3) \begin{pmatrix} -1 \\ 2 \\ 1 \end{pmatrix}$$

である．例えば，$\begin{pmatrix} -1 \\ 2 \\ 1 \end{pmatrix}, \begin{pmatrix} -3 \\ 3 \\ 1 \end{pmatrix}$ 等も W の生成系．

例 3.7 $A = \begin{pmatrix} 1 & 1 & 1 \\ 2 & 3 & -1 \\ -1 & -2 & 2 \end{pmatrix}$ のとき，$W = \{\, \boldsymbol{x} \in K^3 \,|\, A\boldsymbol{x} = \boldsymbol{o} \,\}$ の生成系を 1 組求めてみよう．

$\boldsymbol{x} = \begin{pmatrix} x_1 \\ x_2 \\ x_3 \end{pmatrix}$ を W の任意のベクトルとする．係数行列 A の基本変形を行うと，例えば，

$$\begin{pmatrix} 1 & 1 & 1 \\ 2 & 3 & -1 \\ -1 & -2 & 2 \end{pmatrix} \rightarrow \begin{pmatrix} 1 & 1 & 1 \\ 0 & 1 & -3 \\ 0 & -1 & 3 \end{pmatrix} \rightarrow \begin{pmatrix} 1 & 0 & 4 \\ 0 & 1 & -3 \\ 0 & 0 & 0 \end{pmatrix}$$

とできる．$A\boldsymbol{x} = \boldsymbol{o}$ と $\begin{pmatrix} 1 & 0 & 4 \\ 0 & 1 & -3 \\ 0 & 0 & 0 \end{pmatrix} \begin{pmatrix} x_1 \\ x_2 \\ x_3 \end{pmatrix} = \begin{pmatrix} 0 \\ 0 \\ 0 \end{pmatrix}$ は同値であるから，$\begin{cases} x_1 + 4x_3 = 0 \\ x_2 - 3x_3 = 0 \end{cases}$ が

成立している．したがって，$\begin{cases} x_1 = -4x_3 \\ x_2 = 3x_3 \end{cases}$ であり，$\boldsymbol{x} = \begin{pmatrix} x_1 \\ x_2 \\ x_3 \end{pmatrix} = x_3 \begin{pmatrix} -4 \\ 3 \\ 1 \end{pmatrix}$ と書くことがで

きる．$A \begin{pmatrix} -4 \\ 3 \\ 1 \end{pmatrix} = \begin{pmatrix} 0 \\ 0 \\ 0 \end{pmatrix}$ より $\begin{pmatrix} -4 \\ 3 \\ 1 \end{pmatrix} \in W$ であり，$\boldsymbol{x}$ は W の任意のベクトルであったから，

このことは，$\begin{pmatrix} -4 \\ 3 \\ 1 \end{pmatrix}$ が W の生成系であることを示している．

102 第 3 章 線形空間と線形写像

例題 3.4 次のそれぞれの A について，部分空間 $W = \{x \in K^3 | Ax = o\}$ の生成系を 1 組求めよ.

(1) $A = \begin{pmatrix} 3 & 6 & -3 \\ -2 & -4 & 2 \end{pmatrix}$, (2) $A = \begin{pmatrix} 1 & 1 & 1 \\ 1 & 2 & -1 \\ 3 & 4 & 1 \end{pmatrix}$

解答 (1) $x_1 + 2x_2 - x_3 = 0$ より，例えば $\begin{pmatrix} 1 \\ 0 \\ 1 \end{pmatrix}, \begin{pmatrix} 0 \\ 1 \\ 2 \end{pmatrix}$.

(2) $x_1 + 3x_3 = 0, x_2 - 2x_3 = 0$ より，例えば $\begin{pmatrix} -3 \\ 2 \\ 1 \end{pmatrix}$.

3.2 線形独立と線形従属

線形空間 V から n 個のベクトル $x_1, x_2, \cdots, x_n$ をとってくる．$x_1, x_2, \cdots, x_n$ の線形結合は，係数がすべて 0 ならばあきらかに零ベクトルになるが，逆は必ずしも成り立たない．これが成り立つような，$x_1, x_2, \cdots, x_n$ を線形独立なベクトルと呼ぶ．すなわち，

定義 3.3 $x_1, x_2, \cdots, x_n$ が**線形独立 (linearly independent)** であるとは，次の命題が成立することである．

$$\lceil \alpha_1 x_1 + \alpha_2 x_2 + \cdots + \alpha_n x_n = o \quad ならば \quad \alpha_1 = \alpha_2 = \cdots = \alpha_n = 0 \rfloor$$

線形独立でないとき，**線形従属 (linearly dependent)** であるという．

注意 3.3 $x_1, x_2, \cdots, x_n$ が線形独立なベクトルであるとは，線形結合が零ベクトルになれば必然的に係数はすべて 0 になってしまう，あるいは，係数をすべて 0 にしない限り線形結合を零ベクトルにすることはできない，そういう性質を持ったベクトルの集まりである，ということである．その否定が線形従属であるから，$x_1, x_2, \cdots, x_n$ が線形従属なベクトルであるとは，少なくとも 1 つは 0 でない係数を用いて，線形結合を零ベクトルにすることができる，ということである．

例 3.8 $e_1, e_2 \in K^2$ は線形独立である．

証明 $\alpha_1 e_1 + \alpha_2 e_2 = o$ とする．$\alpha_1 e_1 + \alpha_2 e_2 = \begin{pmatrix} \alpha_1 \\ 0 \end{pmatrix} + \begin{pmatrix} 0 \\ \alpha_2 \end{pmatrix} = \begin{pmatrix} \alpha_1 \\ \alpha_2 \end{pmatrix}$ であるから

$\begin{pmatrix} \alpha_1 \\ \alpha_2 \end{pmatrix} = \begin{pmatrix} 0 \\ 0 \end{pmatrix}$ である．すなわち，$\alpha_1 = \alpha_2 = 0$ である．

$$\lceil \alpha_1 e_1 + \alpha_2 e_2 = o \ ならば \ \alpha_1 = \alpha_2 = 0 \rfloor$$

が成立しているから，e_1, e_2 は線形独立である．

同様に，

3.2 線形独立と線形従属　103

例 3.9　$e_1, e_2, \cdots, e_n \in K^n$ は線形独立である.

証明　$\alpha_1 e_1 + \alpha_2 e_2 + \cdots + \alpha_n e_n = o$ とすると, $\begin{pmatrix} \alpha_1 \\ \alpha_2 \\ \vdots \\ \alpha_n \end{pmatrix} = \begin{pmatrix} 0 \\ 0 \\ \vdots \\ 0 \end{pmatrix}$ だから $\alpha_1 = \alpha_2 = \cdots = \alpha_n = 0$.

例 3.10　$u = \begin{pmatrix} 1 \\ 1 \end{pmatrix}, v = \begin{pmatrix} 1 \\ -1 \end{pmatrix}$ とすると, u, v は線形独立である.

証明　$\alpha u + \beta v = o$ とすると, $\begin{pmatrix} \alpha + \beta \\ \alpha - \beta \end{pmatrix} = \begin{pmatrix} 0 \\ 0 \end{pmatrix}$, したがって $\begin{cases} \alpha + \beta = 0 \\ \alpha - \beta = 0 \end{cases}$　である. これを
みたすのは $\alpha = \beta = 0$ のみである. したがって u, v は線形独立である.

<u>注意 3.4</u>　この例の最後のところで,
"$\alpha = \beta = 0$ ならば $\alpha + \beta = 0, \alpha - \beta = 0$ だから u, v は線形独立である. "
としたら間違いである. これでは論理が逆になってしまう.

例 3.11　$v_1 = \begin{pmatrix} 1 \\ -1 \\ 2 \end{pmatrix}, v_2 = \begin{pmatrix} -1 \\ 3 \\ -4 \end{pmatrix}, v_3 = \begin{pmatrix} 2 \\ 1 \\ -1 \end{pmatrix}$ とすると, $v_1, v_2, v_3 \in K^3$ は線形独立である.

証明　$\alpha v_1 + \beta v_2 + \gamma v_3 = o$ とする. 行列を用いて表すと

$$\begin{pmatrix} 1 & -1 & 2 \\ -1 & 3 & 1 \\ 2 & -4 & -1 \end{pmatrix} \begin{pmatrix} \alpha \\ \beta \\ \gamma \end{pmatrix} = \begin{pmatrix} 0 \\ 0 \\ 0 \end{pmatrix}$$

と書けるが, これは, α, β, γ に関する同次連立1次方程式である. 係数行列を基本変形すると, 例えば

$$\begin{pmatrix} 1 & -1 & 2 \\ -1 & 3 & 1 \\ 2 & -4 & -1 \end{pmatrix} \rightarrow \begin{pmatrix} 1 & -1 & 2 \\ 0 & 2 & 3 \\ 0 & 0 & -2 \end{pmatrix}$$

とできるから $\mathrm{rank} \begin{pmatrix} 1 & -1 & 2 \\ -1 & 3 & 1 \\ 2 & -4 & -1 \end{pmatrix} = 3$ である. 定理 1.18 より, この方程式は自明な解しか持
たない. つまり, $\alpha = \beta = \gamma = 0$ である. 以上より, v_1, v_2, v_3 は線形独立である.

104　第 3 章　線形空間と線形写像

例 3.12　$v_1 = \begin{pmatrix} 1 \\ -1 \\ 2 \end{pmatrix}, v_2 = \begin{pmatrix} -1 \\ 3 \\ -4 \end{pmatrix}, v_3 = \begin{pmatrix} 2 \\ 1 \\ 1 \end{pmatrix}$ とすると，v_1, v_2, v_3 は線形従属である．

証明　$\alpha v_1 + \beta v_2 + \gamma v_3 = \begin{pmatrix} 1 & -1 & 2 \\ -1 & 3 & 1 \\ 2 & -4 & 1 \end{pmatrix} \begin{pmatrix} \alpha \\ \beta \\ \gamma \end{pmatrix}$ であり，基本変形をすることにより

$\mathrm{rank} \begin{pmatrix} 1 & -1 & 2 \\ -1 & 3 & 1 \\ 2 & -4 & 1 \end{pmatrix} = 2$ であることがわかる（確かめよ）．したがって，同次連立 1 次方程式

$$\begin{pmatrix} 1 & -1 & 2 \\ -1 & 3 & 1 \\ 2 & -4 & 1 \end{pmatrix} \begin{pmatrix} \alpha \\ \beta \\ \gamma \end{pmatrix} = \begin{pmatrix} 0 \\ 0 \\ 0 \end{pmatrix}$$

は自明でない解をもつ．それを α, β, γ とすれば，この中の少なくとも 1 つは 0 ではなくて，かつ，$\alpha v_1 + \beta v_2 + \gamma v_3 = o$ が成り立つ．少なくとも 1 つが 0 でない係数を用いて線形結合を o にできるから，v_1, v_2, v_3 は線形従属である． ■

注意 3.5　例 3.12 における v_1, v_2, v_3 については，実際 $7v_1 + 3v_2 - 2v_3 = o$ が成立している．確かめよ．

　例 3.11, 3.12 では，同次連立 1 次方程式を実際に解いているわけではない．1 章で学んだ方程式の解と係数行列の階数に関する関係を使って，結論を導いている．必要なのは，自明でない解をもつかどうかであり，具体的に解を求めることではない．

　全く同様の手法で，より一般に次の定理が得られる．

定理 3.2　数ベクトル空間 K^n の ℓ 個のベクトル

$$x_1 = \begin{pmatrix} x_{11} \\ x_{21} \\ \vdots \\ x_{n1} \end{pmatrix}, x_2 = \begin{pmatrix} x_{12} \\ x_{22} \\ \vdots \\ x_{n2} \end{pmatrix}, \cdots, x_\ell = \begin{pmatrix} x_{1\ell} \\ x_{2\ell} \\ \vdots \\ x_{n\ell} \end{pmatrix}$$

が線形独立であるための必要十分条件は，

$$\mathrm{rank} \begin{pmatrix} x_{11} & x_{12} & \cdots & x_{1\ell} \\ x_{21} & x_{22} & \cdots & x_{2\ell} \\ \vdots & \vdots & \ddots & \vdots \\ x_{n1} & x_{n2} & \cdots & x_{n\ell} \end{pmatrix} = \ell$$

が成立することである．

$$\boxed{\text{証明}} \quad A = \begin{pmatrix} x_{11} & x_{12} & \cdots & x_{1\ell} \\ x_{21} & x_{22} & \cdots & x_{2\ell} \\ \vdots & \vdots & \ddots & \vdots \\ x_{n1} & x_{n2} & \cdots & x_{n\ell} \end{pmatrix} \quad \text{で行列 } A \text{ を定義すると,}$$

$$\alpha_1 \boldsymbol{x}_1 + \alpha_2 \boldsymbol{x}_2 + \cdots + \alpha_\ell \boldsymbol{x}_\ell = A \begin{pmatrix} \alpha_1 \\ \alpha_2 \\ \vdots \\ \alpha_\ell \end{pmatrix}$$

と書くことができる. したがって,

$$\alpha_1 \boldsymbol{x}_1 + \alpha_2 \boldsymbol{x}_2 + \cdots + \alpha_\ell \boldsymbol{x}_\ell = \boldsymbol{o}$$

であることと, $\alpha_1, \alpha_2, \cdots, \alpha_\ell$ が A を係数行列とする同次連立 1 次方程式の解になることとは同値である.

$\operatorname{rank} A = \ell$ であるならば, この方程式の解は自明な解のみであるから,

$$\alpha_1 \boldsymbol{x}_1 + \alpha_2 \boldsymbol{x}_2 + \cdots + \alpha_\ell \boldsymbol{x}_\ell = \boldsymbol{o}$$

をみたすのは,

$$\alpha_1 = \alpha_2 = \cdots = \alpha_\ell = 0$$

のときだけである. これは, $\boldsymbol{x}_1, \boldsymbol{x}_2, \cdots, \boldsymbol{x}_\ell$ が線形独立であることを示している.

$\operatorname{rank} A < \ell$ であるならば, A を係数行列とする同次連立 1 次方程式は自明でない解をもつ. その解を $\alpha_1, \alpha_2, \cdots, \alpha_\ell$ としておけば, この中の少なくとも 1 つは 0 ではなくて, かつ,

$$\alpha_1 \boldsymbol{x}_1 + \alpha_2 \boldsymbol{x}_2 + \cdots + \alpha_\ell \boldsymbol{x}_\ell = \boldsymbol{o}$$

が成立する. これは, $\boldsymbol{x}_1, \boldsymbol{x}_2, \cdots, \boldsymbol{x}_\ell$ が線形従属であることを示している.

この定理を使えば, 例 3.10 の $\boldsymbol{u}, \boldsymbol{v}$ が線形独立であることは, $\operatorname{rank} \begin{pmatrix} 1 & 1 \\ 1 & -1 \end{pmatrix} = 2$ であることよりすぐにわかる.

$\boxed{\text{例 3.13}} \quad \boldsymbol{x}_1 = \begin{pmatrix} 1 \\ 1 \\ 0 \\ 1 \end{pmatrix}, \boldsymbol{x}_2 = \begin{pmatrix} 1 \\ 0 \\ 1 \\ 1 \end{pmatrix}, \boldsymbol{x}_3 = \begin{pmatrix} 0 \\ 1 \\ 1 \\ 0 \end{pmatrix}, \boldsymbol{x}_4 = \begin{pmatrix} 2 \\ 0 \\ -2 \\ 2 \end{pmatrix} \in K^4 \text{ とする.}$

$\operatorname{rank} \begin{pmatrix} 1 & 1 & 0 \\ 1 & 0 & 1 \\ 0 & 1 & 1 \\ 1 & 1 & 0 \end{pmatrix} = \operatorname{rank} \begin{pmatrix} 1 & 1 & 0 & 2 \\ 1 & 0 & 1 & 0 \\ 0 & 1 & 1 & -2 \\ 1 & 1 & 0 & 2 \end{pmatrix} = 3$ であるから, $\boldsymbol{x}_1, \boldsymbol{x}_2, \boldsymbol{x}_3$ は線形独立, $\boldsymbol{x}_1, \boldsymbol{x}_2, \boldsymbol{x}_3, \boldsymbol{x}_4$

106 第3章 線形空間と線形写像

は線形従属である. $\boldsymbol{x}_1, \boldsymbol{x}_2, \boldsymbol{x}_3, \boldsymbol{x}_4$ が線形従属であることは, 直接, $2\boldsymbol{x}_1 + 0\boldsymbol{x}_2 - 2\boldsymbol{x}_3 - \boldsymbol{x}_4 = \boldsymbol{o}$ であることからもわかる.

例題 3.5 例 3.13 の 4 個のベクトルから, 線形独立となる 3 個のベクトルの組み合わせをすべて列挙せよ.

解答 $\mathrm{rank}\,(\boldsymbol{x}_1\,\boldsymbol{x}_3\,\boldsymbol{x}_4) = 2$ だから $\boldsymbol{x}_1, \boldsymbol{x}_3, \boldsymbol{x}_4$ は線形従属, それ以外の組み合わせは線形独立. ∎

例題 3.6 次のそれぞれの K^3 のベクトルについて, 線形独立か線形従属か判定せよ. ただし, (3) は $K = \mathbb{C}$ とする.

(1) $\begin{pmatrix} 2 \\ 1 \\ -1 \end{pmatrix}, \begin{pmatrix} 1 \\ 3 \\ 2 \end{pmatrix}, \begin{pmatrix} -1 \\ 2 \\ 1 \end{pmatrix}$　(2) $\begin{pmatrix} 1 \\ 1 \\ 0 \end{pmatrix}, \begin{pmatrix} 1 \\ 0 \\ 1 \end{pmatrix}, \begin{pmatrix} 0 \\ 1 \\ -1 \end{pmatrix}$　(3) $\begin{pmatrix} 1 \\ 0 \\ i \end{pmatrix}, \begin{pmatrix} 0 \\ i \\ 1 \end{pmatrix}, \begin{pmatrix} 1 \\ 1 \\ 2i \end{pmatrix}$

解答 (1) 線形独立, (2) 線形従属, (3) 線形独立（それぞれの階数を計算すると, $3, 2, 3$ である）. ∎

次の系は, 定理 3.2 からの直接の帰結である.

系 3.1 K^n の中の $n+1$ 個以上のベクトルは, 必ず線形従属である.

線形独立性に関してすぐにわかることをいくつかあげておく. 簡単なので各自証明しておくように.

- 1 つのベクトル $\boldsymbol{x}$ が線形独立であることと $\boldsymbol{x} \neq \boldsymbol{o}$ であることは同値である.
- $\boldsymbol{x}_1, \boldsymbol{x}_2, \cdots, \boldsymbol{x}_n$ の中に 1 つでも零ベクトルがあれば, これらは線形従属である.
- $\boldsymbol{x}_1, \boldsymbol{x}_2, \cdots, \boldsymbol{x}_n$ が線形独立ならば, この中から任意に選んだいくつかのベクトルも線形独立である.
- $\boldsymbol{x}_1, \boldsymbol{x}_2, \cdots, \boldsymbol{x}_n$ が線形従属ならば, これらにいくつかのベクトルを加えても線形従属である.

線形独立や線形従属という概念は, いろいろな言い換えができる. 例えば, 次のような定理が成り立つ.

定理 3.3 V を線形空間, $\boldsymbol{x}_1, \boldsymbol{x}_2, \cdots, \boldsymbol{x}_n \in V$ とする.

(1) $\boldsymbol{x}_1, \boldsymbol{x}_2, \cdots, \boldsymbol{x}_n$ が線形独立であることと, $\boldsymbol{x}_1, \boldsymbol{x}_2, \cdots, \boldsymbol{x}_n$ の中のどのベクトルも他の $n-1$ 個のベクトルの線形結合で表すことができない, ということとは同値である.

(2) $\boldsymbol{x}_1, \boldsymbol{x}_2, \cdots, \boldsymbol{x}_n$ が線形従属であることと, $\boldsymbol{x}_1, \boldsymbol{x}_2, \cdots, \boldsymbol{x}_n$ の中のあるベクトルを他の $n-1$ 個のベクトルの線形結合で表すことができる, ということとは同値である.

証明 (1) の主張と (2) の主張は同値であるから, どちらか一方を示せばよい. ここでは, (2) を示すことにする.

まず, $\boldsymbol{x}_1, \boldsymbol{x}_2, \cdots, \boldsymbol{x}_n$ が線形従属であるとする. 線形従属の定義から, すべてが 0 とは限らない $\alpha_1, \alpha_2, \cdots, \alpha_n \in K$ を選んで

$$\alpha_1 \boldsymbol{x}_1 + \alpha_2 \boldsymbol{x}_2 + \cdots + \alpha_n \boldsymbol{x}_n = \boldsymbol{o} \tag{3.1}$$

とすることができる. $\alpha_1, \alpha_2, \cdots, \alpha_n$ の中には 0 でないものが 1 つはあるから, 例えば $\alpha_1 \neq 0$ としておく. そうすると $1/\alpha_1$ があるから, (3.1) 式の両辺を $1/\alpha_1$ 倍して

$$\boldsymbol{x}_1 + \frac{\alpha_2}{\alpha_1}\boldsymbol{x}_2 + \cdots + \frac{\alpha_n}{\alpha_1}\boldsymbol{x}_n = \boldsymbol{o}$$

となり, したがって,

$$\boldsymbol{x}_1 = -\frac{\alpha_2}{\alpha_1}\boldsymbol{x}_2 - \cdots - \frac{\alpha_n}{\alpha_1}\boldsymbol{x}_n$$

が得られる. これは, $\boldsymbol{x}_1$ が他の $n-1$ 個のベクトルの線形結合で表されていることを示している. 同様に, $\alpha_2 \neq 0$ であれば $\boldsymbol{x}_2$ が他の $n-1$ 個のベクトルの線形結合で表される. 他の場合も同様である.

逆に, $\boldsymbol{x}_1$ が他の $n-1$ 個のベクトルの線形結合で表されているとする. すなわち,

$$\boldsymbol{x}_1 = \alpha_2\boldsymbol{x}_2 + \cdots + \alpha_n\boldsymbol{x}_n$$

と書けているとすると,

$$1\boldsymbol{x}_1 - \alpha_2\boldsymbol{x}_2 - \cdots - \alpha_n\boldsymbol{x}_n = \boldsymbol{o}$$

である. $1 \neq 0$ であるから, $\boldsymbol{x}_1, \boldsymbol{x}_2, \cdots, \boldsymbol{x}_n$ は線形従属である. $\boldsymbol{x}_i \, (2 \leqq i \leqq n)$ が他の $n-1$ 個のベクトルの線形結合で表されている場合も同様である.

例 3.14 $\boldsymbol{x}_1 = \begin{pmatrix} 1 \\ 1 \\ 0 \\ 1 \end{pmatrix}, \boldsymbol{x}_2 = \begin{pmatrix} 1 \\ 0 \\ 1 \\ 1 \end{pmatrix}, \boldsymbol{x}_3 = \begin{pmatrix} 0 \\ 1 \\ 1 \\ 0 \end{pmatrix} \boldsymbol{x}_4 = \begin{pmatrix} 2 \\ 0 \\ -2 \\ 2 \end{pmatrix}$ とする. 例 3.13 でみたように,

$\boldsymbol{x}_1, \boldsymbol{x}_2, \boldsymbol{x}_3$ は線形独立, $\boldsymbol{x}_1, \boldsymbol{x}_2, \boldsymbol{x}_3, \boldsymbol{x}_4$ は線形従属であった. このとき, $\boldsymbol{x}_1$ を $\boldsymbol{x}_2$ と $\boldsymbol{x}_3$ の線形結合で表したり, $\boldsymbol{x}_3$ を $\boldsymbol{x}_1$ と $\boldsymbol{x}_2$ の線形結合で表すことは明らかにできないが,

$$\boldsymbol{x}_1 = \boldsymbol{x}_3 + \frac{1}{2}\boldsymbol{x}_4 = 0\boldsymbol{x}_2 + 1\boldsymbol{x}_3 + \frac{1}{2}\boldsymbol{x}_4, \quad \boldsymbol{x}_3 = \boldsymbol{x}_1 - \frac{1}{2}\boldsymbol{x}_4 = 1\boldsymbol{x}_1 + 0\boldsymbol{x}_2 - \frac{1}{2}\boldsymbol{x}_4,$$

$$\boldsymbol{x}_4 = 2\boldsymbol{x}_1 - 2\boldsymbol{x}_3 = 2\boldsymbol{x}_1 + 0\boldsymbol{x}_2 - 2\boldsymbol{x}_3$$

と表すことはできる. しかし, $\boldsymbol{x}_2$ を $\boldsymbol{x}_1, \boldsymbol{x}_3, \boldsymbol{x}_4$ の線形結合で表すことはできない.

例題 3.7 何故か, 理由を考えよ.

解答 $\boldsymbol{x}_2 = \alpha\boldsymbol{x}_1 + \beta\boldsymbol{x}_3 + \gamma\boldsymbol{x}_4$ は α, β, γ に関する 3 変数の連立方程式であるが, この方程式は解を持たない.

上の例からわかるように, いくつかのベクトルが線形従属だからといって, そこにあるどのベクトルも他のベクトルの線形結合で表される, というわけではない.

高校の数学や物理で学んだように, $\mathbb{R}^2$ や $\mathbb{R}^3$ のベクトルは矢印 (有向線分) で表すことができる. このようなベクトルについて考えてみよう.

108　第 3 章　線形空間と線形写像

まず，2 個のベクトル $\boldsymbol{x}, \boldsymbol{y}$ をとることにする．$\boldsymbol{x}, \boldsymbol{y}$ が線形従属ならば，定理 3.3 から $\boldsymbol{x} = \alpha\boldsymbol{y}$ または $\boldsymbol{y} = \beta\boldsymbol{x}$ と書ける．このことは，この 2 つのベクトルを表す矢印が平行であることを意味している．もちろん逆もいえるから，$\mathbb{R}^2$ や $\mathbb{R}^3$ の中の 2 つのベクトルが線形従属か線形独立か，ということは，それらを表す矢印が平行であるかないか，ということに対応している．

次に $\mathbb{R}^3$ の中の 3 個のベクトル $\boldsymbol{u}, \boldsymbol{v}, \boldsymbol{w}$ について考えてみる．定理 3.3 を使うと，$\boldsymbol{u}, \boldsymbol{v}, \boldsymbol{w}$ が線形従属であるということは，

$$\boldsymbol{u} = \alpha_1\boldsymbol{v} + \alpha_2\boldsymbol{w}, \quad \boldsymbol{v} = \beta_1\boldsymbol{u} + \beta_2\boldsymbol{w} \quad \text{または} \quad \boldsymbol{w} = \gamma_1\boldsymbol{u} + \gamma_2\boldsymbol{v}$$

と書ける，ということと同じである．3 つのベクトルを表す矢印の始点を同一の点にとっておけば，いずれの場合もそれらが同一平面上にあることを示している．逆もいえるから，$\boldsymbol{u}, \boldsymbol{v}, \boldsymbol{w}$ が線形従属ということは，上記のようにとった矢印が同一平面上に載っている，ということに対応している．

例 3.14 を少し一般化して，次の定理がいえる．

定理 3.4　n 個のベクトル $\boldsymbol{a}_1, \boldsymbol{a}_2, \cdots, \boldsymbol{a}_n \in K^m$ を列にもつ m 行 n 列の行列 $A = (\boldsymbol{a}_1 \ \boldsymbol{a}_2 \ \cdots \ \boldsymbol{a}_n)$ を考える．$\operatorname{rank} A = r$ であるとすると，$\boldsymbol{a}_1, \boldsymbol{a}_2, \cdots, \boldsymbol{a}_n$ の中から，r 個の線形独立なベクトルを選び出すことができる．このとき，それ以外のベクトル（A の列）は，線形独立に選んだ r 個のベクトルの線形結合で表せる．

証明　簡単のために $m = n = 3, r = 2$ の場合の証明を行う．一般の場合も，本質的には同じようにできる．

$A = \begin{pmatrix} a_{11} & a_{12} & a_{13} \\ a_{21} & a_{22} & a_{23} \\ a_{31} & a_{32} & a_{33} \end{pmatrix}$ の階数が 2 であることより，基本変形により A は次のいずれかに変形できる．

$$\begin{pmatrix} p_{11} & p_{12} & p_{13} \\ 0 & p_{22} & p_{23} \\ 0 & 0 & 0 \end{pmatrix} \begin{pmatrix} p_{11} \neq 0 \\ p_{22} \neq 0 \end{pmatrix}, \quad \begin{pmatrix} p_{11} & p_{12} & p_{13} \\ 0 & 0 & p_{23} \\ 0 & 0 & 0 \end{pmatrix} \begin{pmatrix} p_{11} \neq 0 \\ p_{23} \neq 0 \end{pmatrix},$$

$$\begin{pmatrix} 0 & p_{12} & p_{13} \\ 0 & 0 & p_{23} \\ 0 & 0 & 0 \end{pmatrix} \begin{pmatrix} p_{12} \neq 0 \\ p_{23} \neq 0 \end{pmatrix}.$$

最初の場合を考える．このときは，

$$\operatorname{rank} \begin{pmatrix} a_{11} & a_{12} \\ a_{21} & a_{22} \\ a_{31} & a_{32} \end{pmatrix} = \operatorname{rank} \begin{pmatrix} p_{11} & p_{12} \\ 0 & p_{22} \\ 0 & 0 \end{pmatrix} = 2$$

であるから，2 個のベクトル $\begin{pmatrix} a_{11} \\ a_{21} \\ a_{31} \end{pmatrix}$, $\begin{pmatrix} a_{12} \\ a_{22} \\ a_{32} \end{pmatrix}$ は線形独立である（定理 3.2 より）．また，

$$\mathrm{rank} \begin{pmatrix} a_{11} & a_{12} & a_{13} \\ a_{21} & a_{22} & a_{23} \\ a_{31} & a_{32} & a_{33} \end{pmatrix} = \mathrm{rank} \begin{pmatrix} p_{11} & p_{12} & p_{13} \\ 0 & p_{22} & p_{23} \\ 0 & 0 & 0 \end{pmatrix} = 2$$

であるから，$\begin{pmatrix} a_{11} \\ a_{21} \\ a_{31} \end{pmatrix}$, $\begin{pmatrix} a_{12} \\ a_{22} \\ a_{32} \end{pmatrix}$, $\begin{pmatrix} a_{13} \\ a_{23} \\ a_{33} \end{pmatrix}$ は線形従属である（定理 3.2 より）．したがって，$(\alpha, \beta, \gamma) \neq$

$(0, 0, 0)$ をみたす α, β, γ を用いて

$$\alpha \begin{pmatrix} a_{11} \\ a_{21} \\ a_{31} \end{pmatrix} + \beta \begin{pmatrix} a_{12} \\ a_{22} \\ a_{32} \end{pmatrix} + \gamma \begin{pmatrix} a_{13} \\ a_{23} \\ a_{33} \end{pmatrix} = \begin{pmatrix} 0 \\ 0 \\ 0 \end{pmatrix} \tag{3.2}$$

と書き表すことができる．$\gamma = 0$ とすると，$\alpha \neq 0$ または $\beta \neq 0$ であり，かつ，

$$\alpha \begin{pmatrix} a_{11} \\ a_{21} \\ a_{31} \end{pmatrix} + \beta \begin{pmatrix} a_{12} \\ a_{22} \\ a_{32} \end{pmatrix} = \begin{pmatrix} 0 \\ 0 \\ 0 \end{pmatrix}$$

であるから，これは $\begin{pmatrix} a_{11} \\ a_{21} \\ a_{31} \end{pmatrix}$, $\begin{pmatrix} a_{12} \\ a_{22} \\ a_{32} \end{pmatrix}$ が線形独立であることに反する．したがって $\gamma \neq 0$ であり，

$1/\gamma$ がある．これを，(3.2) 式の両辺にかけて移項すると，

$$\begin{pmatrix} a_{13} \\ a_{23} \\ a_{33} \end{pmatrix} = -\frac{\alpha}{\gamma} \begin{pmatrix} a_{11} \\ a_{21} \\ a_{31} \end{pmatrix} - \frac{\beta}{\gamma} \begin{pmatrix} a_{12} \\ a_{22} \\ a_{32} \end{pmatrix}$$

となる．第 3 列が，第 1 列と第 2 列の線形結合になっている．

他の場合も同様である． ▮

注意 3.6 証明の中では，第 1 列と第 2 列が線形独立であることを示し，第 3 列を第 1 列と第 2 列の線形結合として表したが，$p_{23} \neq 0$ ならば第 1 列と第 3 列も線形独立であり，このときは第 2 列を第 1 列と第 3 列の線形結合として表すこともできる．

系 3.2 定理 3.4 の仮定の下で，A の列から選び出せる線形独立なベクトルの最大個数は r である．

証明 定理より r 個の線形独立な列を選び出せることはわかっている．$r + 1$ 個の線形独立な列があったとしてその $r + 1$ 個の列だけで作る $r + 1$ 列の行列を B とすると，定理 3.2 より $\mathrm{rank}\, B = r + 1$

110　第 3 章　線形空間と線形写像

である．一方，B は A の列から一部だけを取り除いて作った行列であるから，$\operatorname{rank} B \leqq \operatorname{rank} A$ である．$r+1 \leqq r$ となりこれは矛盾.　∎

例題 3.8　次のそれぞれの行列について，列の中から線形独立になる最大個数のベクトルの組をすべて選び，それ以外の列を線形結合で表せ．ただし，(2) は $K = \mathbb{C}$ で考える.

$$(1) \begin{pmatrix} 1 & 2 & -2 & 1 \\ -2 & 1 & 4 & -3 \\ -1 & 3 & 2 & 1 \end{pmatrix} \quad (2) \begin{pmatrix} 1 & 0 & 0 & i \\ 0 & i & -1 & 0 \\ 2 & -i & 1 & 2i \\ i & 0 & 0 & -1 \end{pmatrix} \quad (3) \begin{pmatrix} 2 & 1 & 0 & -1 \\ 1 & -2 & 1 & 1 \\ -1 & 1 & 1 & 0 \\ 3 & -2 & 3 & 1 \end{pmatrix}$$

解答　k 列を $\boldsymbol{x}_k$ と書くことにする.

(1)　$\operatorname{rank} \begin{pmatrix} 1 & 2 & -2 & 1 \\ -2 & 1 & 4 & -3 \\ -1 & 3 & 2 & 1 \end{pmatrix} = 3$ であるから，最大 3 個の線形独立な列を選び出せる．実際，

線形独立になる組み合わせは，再び階数を計算することにより $\boldsymbol{x}_1, \boldsymbol{x}_2, \boldsymbol{x}_4$ と $\boldsymbol{x}_2, \boldsymbol{x}_3, \boldsymbol{x}_4$ であることがわかる．これらの場合に，$\boldsymbol{x}_3 = -2\boldsymbol{x}_1$, $\boldsymbol{x}_1 = -(1/2)\boldsymbol{x}_3$.

(2)　$\operatorname{rank} \begin{pmatrix} 1 & 0 & 0 & i \\ 0 & i & -1 & 0 \\ 2 & -i & 1 & 2i \\ i & 0 & 0 & -1 \end{pmatrix} = 2$ であるから，最大 2 個の線形独立な列を選び出せる．実際，

線形独立になる組み合わせは，再び階数を計算することにより $\boldsymbol{x}_1, \boldsymbol{x}_2$ と $\boldsymbol{x}_1, \boldsymbol{x}_3$ と $\boldsymbol{x}_2, \boldsymbol{x}_4$ と $\boldsymbol{x}_3, \boldsymbol{x}_4$ であることがわかる．$\boldsymbol{x}_1$ と $\boldsymbol{x}_2$ を用いて，$\boldsymbol{x}_3 = i\boldsymbol{x}_2$, $\boldsymbol{x}_4 = i\boldsymbol{x}_1$ である．他の組み合わせの場合も同様.

(3)　$\operatorname{rank} \begin{pmatrix} 2 & 1 & 0 & -1 \\ 1 & -2 & 1 & 1 \\ -1 & 1 & 1 & 0 \\ 3 & -2 & 3 & 1 \end{pmatrix} = 3$ であるから，最大 3 個の線形独立な列を選び出せ，すべての 3

列の組み合わせが線形独立になる．$\boldsymbol{x}_4 = -(1/4)\boldsymbol{x}_1 - (1/2)\boldsymbol{x}_2 + (1/4)\boldsymbol{x}_3$, $\boldsymbol{x}_3 = \boldsymbol{x}_1 + 2\boldsymbol{x}_2 + 4\boldsymbol{x}_4$, $\boldsymbol{x}_2 = -(1/2)\boldsymbol{x}_1 + (1/2)\boldsymbol{x}_3 - 2\boldsymbol{x}_4$, $\boldsymbol{x}_1 = -2\boldsymbol{x}_2 + \boldsymbol{x}_3 - 4\boldsymbol{x}_4$.　∎

　線形空間 V の生成元の個数と，V に属する線形独立なベクトルの個数のあいだには，次の関係がある.

定理 3.5　V を m 個のベクトルで生成される線形空間とする．$\boldsymbol{v}_1, \boldsymbol{v}_2, \cdots, \boldsymbol{v}_n \in V$ が線形独立ならば，$n \leqq m$ である.

証明 $\boldsymbol{u}_1, \boldsymbol{u}_2, \cdots, \boldsymbol{u}_m$ を V の生成系とすると,

$$\boldsymbol{v}_1 = a_{11}\boldsymbol{u}_1 + a_{21}\boldsymbol{u}_2 + \cdots + a_{m1}\boldsymbol{u}_m$$

$$\boldsymbol{v}_2 = a_{12}\boldsymbol{u}_1 + a_{22}\boldsymbol{u}_2 + \cdots + a_{m2}\boldsymbol{u}_m$$

$$\vdots$$

$$\boldsymbol{v}_n = a_{1n}\boldsymbol{u}_1 + a_{2n}\boldsymbol{u}_2 + \cdots + a_{mn}\boldsymbol{u}_m$$

とかける.

$$A = \begin{pmatrix} a_{11} & a_{12} & \cdots & a_{1n} \\ a_{21} & a_{22} & \cdots & a_{2n} \\ \vdots & \vdots & & \vdots \\ a_{m1} & a_{m2} & \cdots & a_{mn} \end{pmatrix}$$ を係数行列とする同次連立 1 次方程式を考え, $\boldsymbol{x} = \begin{pmatrix} x_1 \\ x_2 \\ \vdots \\ x_n \end{pmatrix}$ を

その解とする. $A\boldsymbol{x} = \boldsymbol{o}$ であるから,

$$x_1\boldsymbol{v}_1 + x_2\boldsymbol{v}_2 + \cdots + x_n\boldsymbol{v}_n$$

$$= x_1(a_{11}\boldsymbol{u}_1 + a_{21}\boldsymbol{u}_2 + \cdots + a_{m1}\boldsymbol{u}_m) + x_2(a_{12}\boldsymbol{u}_1 + a_{22}\boldsymbol{u}_2 + \cdots + a_{m2}\boldsymbol{u}_m) +$$

$$\cdots + x_n(a_{1n}\boldsymbol{u}_1 + a_{2n}\boldsymbol{u}_2 + \cdots + a_{mn}\boldsymbol{u}_m)$$

$$= (a_{11}x_1 + a_{12}x_2 + \cdots + a_{1n}x_n)\boldsymbol{u}_1 + (a_{21}x_1 + a_{22}x_2 + \cdots + a_{2n}x_n)\boldsymbol{u}_2 +$$

$$\cdots + (a_{m1}x_1 + a_{m2}x_2 + \cdots + a_{mn}x_n)\boldsymbol{u}_m$$

$$= \boldsymbol{o}$$

となるが, $\boldsymbol{v}_1, \boldsymbol{v}_2, \cdots, \boldsymbol{v}_n$ は線形独立だから $x_1 = x_2 = \cdots = x_n = 0$ である. つまり, 考えている同次連立 1 次方程式は自明な解しか持たない. したがって定理 1.14 より $\mathrm{rank}A = n$ である. $\mathrm{rank}A \leqq m$ であるから, $n \leqq m$ である.

生成系の数より多い個数の線形独立なベクトルは存在しない, ということである.

3.3 線形空間の基底と次元

線形空間の生成系を 3.1 節で定義したが, それは一意的には決まっていなかった. 例えば, $K^2 = \left\langle \begin{pmatrix} 1 \\ 0 \end{pmatrix}, \begin{pmatrix} 0 \\ 1 \end{pmatrix} \right\rangle = \left\langle \begin{pmatrix} 1 \\ 1 \end{pmatrix}, \begin{pmatrix} 1 \\ -1 \end{pmatrix} \right\rangle = \cdots$ であった. あるいは, 例 3.13 における $\boldsymbol{x}_1, \boldsymbol{x}_2, \boldsymbol{x}_3, \boldsymbol{x}_4 \in K^4$ を考えると, $\langle \boldsymbol{x}_1, \boldsymbol{x}_2, \boldsymbol{x}_3 \rangle = \langle \boldsymbol{x}_1, \boldsymbol{x}_2, \boldsymbol{x}_3, \boldsymbol{x}_4 \rangle$ である. なぜならば, $\boldsymbol{x}_4 = 2\boldsymbol{x}_1 - 2\boldsymbol{x}_3$ より, $\boldsymbol{x}_1, \boldsymbol{x}_2, \boldsymbol{x}_3, \boldsymbol{x}_4$ の線形結合で書けるベクトルは, 常に $\boldsymbol{x}_1, \boldsymbol{x}_2, \boldsymbol{x}_3$ の線形結合に書き直すことができるからである. つまり, $\boldsymbol{x}_1, \boldsymbol{x}_2, \boldsymbol{x}_3, \boldsymbol{x}_4$ が生成する線形空間は, 生成系から $\boldsymbol{x}_4$ を取り除いても変わらない.

このように, 生成系の取り方には大きな自由度がある. なるべく少ない個数で生成系を構成するにはどうしたらよいか? このような視点から, 基底という概念が生まれてくる.

112 第 3 章　線形空間と線形写像

定義 3.4　V を線形空間, $\boldsymbol{x}_1, \boldsymbol{x}_2, \cdots \boldsymbol{x}_n \in V$ とする. 次の 2 つの条件をみたすとき, $\boldsymbol{x}_1, \boldsymbol{x}_2, \cdots, \boldsymbol{x}_n$ を V の**基底** (**base, basis**) と呼ぶ.

(i)　$\boldsymbol{x}_1, \boldsymbol{x}_2, \cdots \boldsymbol{x}_n$ は線形独立である.

(ii)　$V = \langle \boldsymbol{x}_1, \boldsymbol{x}_2, \cdots \boldsymbol{x}_n \rangle$,　すなわち, $\boldsymbol{x}_1, \boldsymbol{x}_2, \cdots \boldsymbol{x}_n$ は V を生成する.

前節までに見てきたように, $\begin{pmatrix} 1 \\ 0 \end{pmatrix}, \begin{pmatrix} 0 \\ 1 \end{pmatrix}$ や $\begin{pmatrix} 1 \\ 1 \end{pmatrix}, \begin{pmatrix} 1 \\ -1 \end{pmatrix}$ は K^2 の基底である.

例 3.15　$\begin{pmatrix} 1 \\ 1 \\ 0 \end{pmatrix}, \begin{pmatrix} 1 \\ -1 \\ 0 \end{pmatrix}, \begin{pmatrix} 1 \\ 1 \\ 1 \end{pmatrix}$ は, K^3 の基底である.

証明　基本変形をすることにより, $\mathrm{rank} \begin{pmatrix} 1 & 1 & 1 \\ 1 & -1 & 1 \\ 0 & 0 & 1 \end{pmatrix} = 3$ であることがわかる. したがって,

定理 3.2 より $\begin{pmatrix} 1 \\ 1 \\ 0 \end{pmatrix}, \begin{pmatrix} 1 \\ -1 \\ 0 \end{pmatrix}, \begin{pmatrix} 1 \\ 1 \\ 1 \end{pmatrix}$ は線形独立である. これらが K^3 の生成系であることを示す

には, K^3 から任意にとってきた $\begin{pmatrix} x_1 \\ x_2 \\ x_3 \end{pmatrix}$ が,

$$\begin{pmatrix} x_1 \\ x_2 \\ x_3 \end{pmatrix} = \alpha \begin{pmatrix} 1 \\ 1 \\ 0 \end{pmatrix} + \beta \begin{pmatrix} 1 \\ -1 \\ 0 \end{pmatrix} + \gamma \begin{pmatrix} 1 \\ 1 \\ 1 \end{pmatrix} \qquad (\alpha, \beta, \gamma \in K)$$

と書けることを示せばよい. すなわち, α, β, γ に関する方程式

$$\begin{cases} \alpha + \beta + \gamma = x_1 \\ \alpha - \beta + \gamma = x_2 \\ \qquad\qquad \gamma = x_3 \end{cases}$$

が解をもつことをいえばよいが, K の要素 x_1, x_2, x_3 の取り方によらず常に

$$\mathrm{rank} \begin{pmatrix} 1 & 1 & 1 & x_1 \\ 1 & -1 & 1 & x_2 \\ 0 & 0 & 1 & x_3 \end{pmatrix} = 3 = \mathrm{rank} \begin{pmatrix} 1 & 1 & 1 \\ 1 & -1 & 1 \\ 0 & 0 & 1 \end{pmatrix}$$

であるから, 定理 1.12 より解は存在する.

3.3 線形空間の基底と次元　　113

以上より, $\begin{pmatrix} 1 \\ 1 \\ 0 \end{pmatrix}, \begin{pmatrix} 1 \\ -1 \\ 0 \end{pmatrix}, \begin{pmatrix} 1 \\ 1 \\ 1 \end{pmatrix}$ は線形独立であり, かつ, K^3 の生成系であるから, K^3 の基

底である.

一般に, $e_1 = \begin{pmatrix} 1 \\ 0 \\ 0 \\ \vdots \\ 0 \end{pmatrix}, e_2 = \begin{pmatrix} 0 \\ 1 \\ 0 \\ \vdots \\ 0 \end{pmatrix}, \cdots, e_n = \begin{pmatrix} 0 \\ 0 \\ 0 \\ \vdots \\ 1 \end{pmatrix}$ は K^n の基底になっている (簡単なことな

ので各自確かめてみること). この基底を K^n の**標準基底 (canonical basis)** と呼ぶ. n が変われば
$e_1, e_2, \cdots$ も本来は違うものになるが, 記号の節約のために, どの n に対しても特に断らない限り
K^n の標準基底を $e_1, e, \cdots, e_n$ で表すことにする.

　ここでは定義 3.4 によって基底を定義したが, この定義はいろいろに言い換えることができる. 次
の定理はそのことを述べている.

定理 3.6　線形空間 V の n 個のベクトル $v_1, v_2, \cdots v_n$ について次の 3 つの命題は同値である.
(1)　$v_1, v_2, \cdots v_n$ は V の基底である.
(2)　$v_1, v_2, \cdots v_n$ は線形独立であり, かつ, これにどんな $x \in V$ を加えても $n+1$ 個のベクトル
　　$v_1, v_2, \cdots v_n, x$ は線形従属である.
(3)　$v_1, v_2, \cdots v_n$ は V を生成し, かつ, この n 個のベクトルからどの 1 つを取り除いても残りの
　　$n-1$ 個のベクトルで V を生成することはできない.

証明　(1)⇒(2) と (1)⇒(3) は定理 3.5 より明らかである.
　(2)⇒(1)　$v_1, v_2, \cdots, v_n$ が V の生成系であることを示せばよい.
　　　　x を V から任意に選ぶ. $v_1, v_2, \cdots, v_n, x$ は線形従属であるから, 少なくとも 1 つは 0
　　　　ではない $n+1$ 個のスカラー $\alpha_1, \alpha_2, \cdots, \alpha_n, \beta \in K$ を用いて

$$\alpha_1 v_1 + \alpha_2 v_2 + \cdots + \alpha_n v_n + \beta x = o \qquad (*)$$

と書き表すことができる. $\beta = 0$ とすると

$$\alpha_1 v_1 + \alpha_2 v_2 + \cdots + \alpha_n v_n = o$$

となり, かつ $\alpha_1, \alpha_2, \cdots, \alpha_n$ の中の少なくとも 1 つは 0 ではない. これは $v_1, v_2, \cdots, v_n$
が線形独立であることに反する. したがって $\beta \neq 0$ であり, $\dfrac{1}{\beta}$ がある. $(*)$ の両辺を
$\dfrac{1}{\beta}$ 倍して移行することにより

$$x = -\frac{\alpha_1}{\beta} v_1 - \frac{\alpha_2}{\beta} v_2 \cdots - \frac{\alpha_n}{\beta} v_n$$

を得る. これは, $v_1, v_2, \cdots, v_n$ が V の生成系であることを示している.

114　第 3 章　線形空間と線形写像

(3)⇒(1)　$\boldsymbol{v}_1, \boldsymbol{v}_2, \cdots, \boldsymbol{v}_n$ が線形独立であることを示せばよい.

線形従属であるとすると, 定理 3.3 よりこの中の少なくとも 1 つのベクトルは他の $n-1$ 個のベクトルの線形結合で書き表すことができる. 例えば,

$$\boldsymbol{v}_1 = \beta_2 \boldsymbol{v}_2 + \cdots + \beta_n \boldsymbol{v}_n$$

と書けている場合を考えることにする.

$\boldsymbol{x} \in V$ を任意にとってくる. $\boldsymbol{v}_1, \boldsymbol{v}_2, \cdots, \boldsymbol{v}_n$ は V の生成系だから

$$\boldsymbol{x} = \alpha_1 \boldsymbol{v}_1 + \alpha_2 \boldsymbol{v}_2 + \cdots + \alpha_n \boldsymbol{v}_n \quad (\alpha_1, \alpha_2, \cdots, \alpha_n \in K)$$

と書ける. したがって

$$\boldsymbol{x} = \alpha_1 (\beta_2 \boldsymbol{v}_2 + \cdots + \beta_n \boldsymbol{v}_n) + \alpha_2 \boldsymbol{v}_2 + \cdots + \alpha_n \boldsymbol{v}_n$$
$$= (\alpha_1 \beta_2 + \alpha_2) \boldsymbol{v}_2 + \cdots + (\alpha_1 \beta_n + \alpha_n) \boldsymbol{v}_n$$

であるが, これは $\boldsymbol{v}_2, \cdots, \boldsymbol{v}_n$ が V を生成することを示していて, (3) の主張に反する. 他の場合も同様である.

実は, すべての線形空間が有限個のベクトルからなる基底をもっているわけではない. しかし, 線形空間が有限個のベクトルからなる基底をもつならば, それを構成するベクトルの個数は定理 3.5 により常に一定であることがわかる. 有限個のベクトルからなる基底をもつ線形空間を**有限次元線形空間 (finite dimensional linear space)** と呼ぶ. 有限次元でない線形空間を, 無限次元の線形空間と呼ぶ.

V が有限次元の線形空間のとき, 基底が V を生成する最小個数のベクトルであり, 同時に, 基底は線形独立になることができる最大個数のベクトルでもある.

以後本書では, 特に断らない限り有限次元線形空間のみを扱い, 線形空間といったら有限次元線形空間を意味するものとする.

■次元■

> **定義 3.5**　線形空間 V が n 個のベクトルからなる基底をもつとき, n を V の**次元 (dimension)** と呼び　$\dim_K V$ で表す.

<u>注意 3.7</u>　$V = \{\boldsymbol{o}\}$ であることと, $\dim_K V = 0$ であることは同値である.

K^n は標準基底 $\boldsymbol{e}_1, \boldsymbol{e}_2, \cdots, \boldsymbol{e}_n$ をもつから $\dim_K K^n = n$ である. 例 3.13 の $\boldsymbol{x}_1, \boldsymbol{x}_2, \boldsymbol{x}_3$ は線形独立であったから $\dim_K \langle \boldsymbol{x}_1, \boldsymbol{x}_2, \boldsymbol{x}_3 \rangle = 3$ である. 例 3.4 で考えた部分空間 W が $\begin{pmatrix} -2 \\ 1 \\ 0 \end{pmatrix}, \begin{pmatrix} 3 \\ 0 \\ 1 \end{pmatrix}$ という生成系をもつことはすでに示してある. $\mathrm{rank} \begin{pmatrix} -2 & 3 \\ 1 & 0 \\ 0 & 1 \end{pmatrix} = 2$ であるから, 定理 3.2 よりこの 2

つのベクトルは線形独立であり，したがって W の基底である．ゆえに，$\dim_K W = 2$ である．

注意 3.8 $\mathbb{C}$ 上の線形空間は自然に $\mathbb{R}$ 上の線形空間と見なすことができる．足し算はスカラー倍に関係なく定義されているし，実数は特別な複素数と見なすことができるから，複素数倍が定義されていれば実数倍も自然に決まる．公理 I)~VIII) も当然満たされるからである．しかし，$\mathbb{C}$ 上で考えるか $\mathbb{R}$ 上で考えるかで次元は変わってしまう．例えば，$\mathbb{C}^2 = \left\{ \begin{pmatrix} z \\ w \end{pmatrix} \middle| z, w \in \mathbb{C} \right\}$ は $\begin{pmatrix} 1 \\ 0 \end{pmatrix}, \begin{pmatrix} 0 \\ 1 \end{pmatrix}$ を基底としてもつ $\mathbb{C}$ 上の線形空間だから $\dim_{\mathbb{C}} \mathbb{C}^2 = 2$ である．しかし，$\mathbb{R}$ 上の線形空間とみなすと $\begin{pmatrix} 1 \\ 0 \end{pmatrix}, \begin{pmatrix} i \\ 0 \end{pmatrix}, \begin{pmatrix} 0 \\ 1 \end{pmatrix}, \begin{pmatrix} 0 \\ i \end{pmatrix}$ が基底になる（確かめよ!）．したがって $\dim_{\mathbb{R}} \mathbb{C}^2 = 4$ である．一般に，$\mathbb{C}$ 上の線形空間 V を $\mathbb{R}$ 上の線形空間とみなすと $\dim_{\mathbb{R}} V = 2 \dim_{\mathbb{C}} V$ である．

今後（今までもそうであったが）K は $\mathbb{R}$ か $\mathbb{C}$ のいずれかに固定しておくことにする．

K が，$\mathbb{R}$ か $\mathbb{C}$ のいずれかであることが明らかなときには，$\dim_K V$ の K を省略して，$\dim V$ と書くこともある．

線形空間 V が有限次元ならば，その部分空間 W も有限次元である．また，W の任意の基底 $\boldsymbol{x}_1, \boldsymbol{x}_2, \cdots, \boldsymbol{x}_\ell$ に対して，これらにいくつかのベクトル $\boldsymbol{y}_1, \boldsymbol{y}_2, \cdots, \boldsymbol{y}_m$ を加えて，V の基底 $\boldsymbol{x}_1, \boldsymbol{x}_2, \cdots, \boldsymbol{x}_\ell, \boldsymbol{y}_1, \boldsymbol{y}_2, \cdots, \boldsymbol{y}_m$ を作ることができる．したがって，$\dim_K W \leqq \dim_K V$ である．特に，W が V の部分空間でありかつ $\dim_K W = \dim_K V$ ならば，$W = V$ である．

定理 3.7 n 次元の線形空間 V の中の n 個のベクトル $\boldsymbol{v}_1, \boldsymbol{v}_2, \cdots, \boldsymbol{v}_n \in V$ について，次は同値である．
(1) $\boldsymbol{v}_1, \boldsymbol{v}_2, \cdots, \boldsymbol{v}_n$ は V の基底である．
(2) $\boldsymbol{v}_1, \boldsymbol{v}_2, \cdots, \boldsymbol{v}_n$ は線形独立である．
(3) $\boldsymbol{v}_1, \boldsymbol{v}_2, \cdots, \boldsymbol{v}_n$ は V を生成する．

証明は，基底はいつも同じ個数（次元個）のベクトルから作られるということと，定理 3.6 による．次の系とともに，読者に委ねる．

系 3.3 K^n の中の n 個のベクトル $\begin{pmatrix} x_{11} \\ x_{21} \\ \vdots \\ x_{n1} \end{pmatrix}, \begin{pmatrix} x_{12} \\ x_{22} \\ \vdots \\ x_{n2} \end{pmatrix}, \cdots, \begin{pmatrix} x_{1n} \\ x_{2n} \\ \vdots \\ x_{nn} \end{pmatrix}$ が基底であるための必要十分条件は，$\begin{pmatrix} x_{11} & x_{12} & \cdots & x_{1n} \\ x_{21} & x_{22} & \cdots & x_{2n} \\ \vdots & \vdots & \ddots & \vdots \\ x_{n1} & x_{n2} & \cdots & x_{nn} \end{pmatrix}$ が正則になることである．

次の課題はベクトルの成分表示である．しかし，残念ながらこの章で扱っている一般的な線形空間の枠組みの中では，ベクトルの成分表示を無条件に定義することはできない．成分表示は基底に依存

116　第 3 章　線形空間と線形写像

する．基底を 1 組固定しておいて，はじめてその基底に関する成分表示を定義することができるのである．

そこで，この節の残りの部分では，最初に線形空間 V の基底 $\boldsymbol{v}_1, \boldsymbol{v}_2, \cdots, \boldsymbol{v}_n$ を 1 組決めておいて成分を定義し，その後，基底が変わったらそれがどのように変化するのかをみてゆくことにする．

■成分表示■

ベクトル $\boldsymbol{x} \in V$ を任意に選ぶ．$\boldsymbol{v}_1, \boldsymbol{v}_2, \cdots, \boldsymbol{v}_n$ は V の生成系だから必ず

$$\boldsymbol{x} = x_1\boldsymbol{v}_1 + x_2\boldsymbol{v}_2 + \cdots + x_n\boldsymbol{v}_n \quad (x_1, x_2, \cdots, x_n \in K) \tag{3.3}$$

と書ける．$\boldsymbol{v}_1, \boldsymbol{v}_2, \cdots, \boldsymbol{v}_n$ は線形独立だから $x_1, x_2, \cdots, x_n$ は一意的に決まる（章末問題 **3.4** を参照）．つまり，任意にとってきた $\boldsymbol{x} \in V$ に対して，(3.3) 式によって $\begin{pmatrix} x_1 \\ x_2 \\ \vdots \\ x_n \end{pmatrix} \in K^n$ が必ず一意的に決まる．この $\begin{pmatrix} x_1 \\ x_2 \\ \vdots \\ x_n \end{pmatrix}$ を，$\boldsymbol{x}$ の，基底 $\boldsymbol{v}_1, \boldsymbol{v}_2, \cdots, \boldsymbol{v}_n$ に関する**成分表示**と呼ぶ．行列の積のルールを適用して，(3.3) 式を

$$\boldsymbol{x} = \begin{pmatrix} \boldsymbol{v}_1 & \boldsymbol{v}_2 & \cdots & \boldsymbol{v}_n \end{pmatrix} \begin{pmatrix} x_1 \\ x_2 \\ \vdots \\ x_n \end{pmatrix}$$

と書くことにする．

$V = K^n$ のときは，$(\boldsymbol{v}_1\ \boldsymbol{v}_2\ \cdots\ \boldsymbol{v}_n)$ は n 次の正方行列であり，上の演算は普通の行列の積である．また，$\boldsymbol{v}_1, \boldsymbol{v}_2, \cdots, \boldsymbol{v}_n$ として標準基底をとれば，$(\boldsymbol{v}_1\ \boldsymbol{v}_2\ \cdots\ \boldsymbol{v}_n) = (\boldsymbol{e}_1\ \boldsymbol{e}_2\ \cdots\ \boldsymbol{e}_n)$ は n 次の単位行列であり，ここで定義した成分表示と従来の意味での成分表示は一致する．あるいは，$\boldsymbol{x} \in K^n$ と標準基底に関する $\boldsymbol{x}$ の成分表示は一致する，ともいえる．

例 3.16　K^2 の基底 $\boldsymbol{u} = \begin{pmatrix} 1 \\ 1 \end{pmatrix}, \boldsymbol{v} = \begin{pmatrix} 1 \\ -1 \end{pmatrix}$ に関する $\boldsymbol{x} = \begin{pmatrix} x_1 \\ x_2 \end{pmatrix}$ の成分表示は $\begin{pmatrix} \dfrac{x_1 + x_2}{2} \\ \dfrac{x_1 - x_2}{2} \end{pmatrix}$ である．なぜならば，

$$\begin{pmatrix} x_1 \\ x_2 \end{pmatrix} = \frac{x_1 + x_2}{2}\boldsymbol{u} + \frac{x_1 - x_2}{2}\boldsymbol{v} = \begin{pmatrix} 1 & 1 \\ 1 & -1 \end{pmatrix} \begin{pmatrix} \dfrac{x_1 + x_2}{2} \\ \dfrac{x_1 - x_2}{2} \end{pmatrix}$$

が成立しているから．

3.3 線形空間の基底と次元　　117

例 3.17　K^3 から 3 個のベクトル $\boldsymbol{v}_1 = \begin{pmatrix} 1 \\ 1 \\ 0 \end{pmatrix}$, $\boldsymbol{v}_2 = \begin{pmatrix} 1 \\ 0 \\ 1 \end{pmatrix}$, $\boldsymbol{v}_3 = \begin{pmatrix} 0 \\ 1 \\ 1 \end{pmatrix}$ を選ぶ.

$\begin{vmatrix} 1 & 1 & 0 \\ 1 & 0 & 1 \\ 0 & 1 & 1 \end{vmatrix} = -2 \neq 0$ だから $\begin{pmatrix} 1 & 1 & 0 \\ 1 & 0 & 1 \\ 0 & 1 & 1 \end{pmatrix}$ は正則である. したがって, 系 3.3 より $\boldsymbol{v}_1, \boldsymbol{v}_2, \boldsymbol{v}_3$ は

基底である. そこで, $\boldsymbol{x} = \begin{pmatrix} x_1 \\ x_2 \\ x_3 \end{pmatrix} \in K^3$ を任意にとり, 基底 $\boldsymbol{v}_1, \boldsymbol{v}_2, \boldsymbol{v}_3$ に関する成分表示を計算し

てみよう.

$\begin{pmatrix} \alpha \\ \beta \\ \gamma \end{pmatrix}$ をその成分表示とすると, 定義より

$$\begin{pmatrix} x_1 \\ x_2 \\ x_3 \end{pmatrix} = \begin{pmatrix} \boldsymbol{v}_1 & \boldsymbol{v}_2 & \boldsymbol{v}_3 \end{pmatrix} \begin{pmatrix} \alpha \\ \beta \\ \gamma \end{pmatrix} = \begin{pmatrix} 1 & 1 & 0 \\ 1 & 0 & 1 \\ 0 & 1 & 1 \end{pmatrix} \begin{pmatrix} \alpha \\ \beta \\ \gamma \end{pmatrix}$$

である. $\begin{cases} x_1 = \alpha + \beta \\ x_2 = \alpha + \gamma \\ x_3 = \beta + \gamma \end{cases}$　だから, これを解いて $\begin{cases} \alpha = \dfrac{x_1 + x_2 - x_3}{2} \\ \beta = \dfrac{x_1 - x_2 + x_3}{2} \\ \gamma = \dfrac{-x_1 + x_2 + x_3}{2} \end{cases}$　である. したがって,

$\begin{pmatrix} \dfrac{x_1 + x_2 - x_3}{2} \\ \dfrac{x_1 - x_2 + x_3}{2} \\ \dfrac{-x_1 + x_2 + x_3}{2} \end{pmatrix}$ が, $\boldsymbol{v}_1, \boldsymbol{v}_2, \boldsymbol{v}_3$ に関する $\begin{pmatrix} x_1 \\ x_2 \\ x_3 \end{pmatrix}$ の成分表示である. 例えば, $\begin{pmatrix} 1 \\ -2 \\ 3 \end{pmatrix}$ の

$\boldsymbol{v}_1, \boldsymbol{v}_2, \boldsymbol{v}_3$ に関する成分表示は $\begin{pmatrix} -2 \\ 3 \\ 0 \end{pmatrix}$ である.

▎基底の変換▎

　次に, 線形空間 V のもう 1 組の基底 $\boldsymbol{v}_1', \boldsymbol{v}_2', \cdots, \boldsymbol{v}_n'$ を考えることにする. $\boldsymbol{v}_1, \boldsymbol{v}_2, \cdots, \boldsymbol{v}_n$ は V の
生成系だから

$$\boldsymbol{v}_1' = a_{11}\boldsymbol{v}_1 + a_{21}\boldsymbol{v}_2 + \cdots + a_{n1}\boldsymbol{v}_n \qquad (a_{11}, a_{21}, \cdots, a_{n1} \in K) \tag{3.4}$$

$$\boldsymbol{v}_2' = a_{12}\boldsymbol{v}_1 + a_{22}\boldsymbol{v}_2 + \cdots + a_{n2}\boldsymbol{v}_n \qquad (a_{12}, a_{22}, \cdots, a_{n2} \in K) \tag{3.5}$$

$\vdots$

$$\boldsymbol{v}_n' = a_{1n}\boldsymbol{v}_1 + a_{2n}\boldsymbol{v}_2 + \cdots + a_{nn}\boldsymbol{v}_n \qquad (a_{1n}, a_{2n}, \cdots, a_{nn} \in K) \tag{3.6}$$

と書くことができる．さらに，$\boldsymbol{v}_1, \boldsymbol{v}_2, \cdots, \boldsymbol{v}_n$ は線形独立だから，この表し方は一意的である．この係数を並べてできる n 次の正方行列（向きに注意）

$$\begin{pmatrix} a_{11} & a_{12} & \cdots & a_{1n} \\ a_{21} & a_{22} & \cdots & a_{2n} \\ \vdots & \vdots & \ddots & \vdots \\ a_{n1} & a_{n2} & \cdots & a_{nn} \end{pmatrix}$$

を基底 $\boldsymbol{v}_1, \boldsymbol{v}_2, \cdots, \boldsymbol{v}_n$ から基底 $\boldsymbol{v}_1', \boldsymbol{v}_2', \cdots, \boldsymbol{v}_n'$ への**変換行列** (transformation matrix) と呼ぶ．

例 3.18 $\boldsymbol{u} = \begin{pmatrix} 1 \\ 1 \end{pmatrix}, \boldsymbol{v} = \begin{pmatrix} 1 \\ -1 \end{pmatrix}$ は K^2 の基底であった．$\boldsymbol{e}_1, \boldsymbol{e}_2$ を K^2 の標準基底とすると，

$\boldsymbol{u} = \boldsymbol{e}_1 + \boldsymbol{e}_2, \quad \boldsymbol{v} = \boldsymbol{e}_1 - \boldsymbol{e}_2$ であるから，標準基底 $\boldsymbol{e}_1, \boldsymbol{e}_2$ から基底 $\boldsymbol{u}, \boldsymbol{v}$ への変換行列は $\begin{pmatrix} 1 & 1 \\ 1 & -1 \end{pmatrix}$ である．

例 3.19 $\boldsymbol{v}_1 = \begin{pmatrix} 1 \\ 1 \\ 0 \end{pmatrix}, \boldsymbol{v}_2 = \begin{pmatrix} 1 \\ 0 \\ 1 \end{pmatrix}, \boldsymbol{v}_3 = \begin{pmatrix} 0 \\ 1 \\ 1 \end{pmatrix}$ は K^3 の基底であった．$\boldsymbol{e}_1, \boldsymbol{e}_2, \boldsymbol{e}_3$ を K^3 の標準基底とすると，$\boldsymbol{v}_1 = \boldsymbol{e}_1 + \boldsymbol{e}_2, \quad \boldsymbol{v}_2 = \boldsymbol{e}_1 + \boldsymbol{e}_3, \boldsymbol{v}_3 = \boldsymbol{e}_2 + \boldsymbol{e}_3$ であるから，標準基底 $\boldsymbol{e}_1, \boldsymbol{e}_2, \boldsymbol{e}_3$ から基底 $\boldsymbol{v}_1, \boldsymbol{v}_2, \boldsymbol{v}_3$ への変換行列は $\begin{pmatrix} 1 & 1 & 0 \\ 1 & 0 & 1 \\ 0 & 1 & 1 \end{pmatrix}$ である．

例 3.20 一般に，$\boldsymbol{v}_1, \boldsymbol{v}_2, \cdots, \boldsymbol{v}_n$ を K^n の基底とするとき，K^n の標準基底から基底 $\boldsymbol{v}_1, \boldsymbol{v}_2, \cdots, \boldsymbol{v}_n$ への変換行列は $\begin{pmatrix} \boldsymbol{v}_1 & \boldsymbol{v}_2 & \cdots & \boldsymbol{v}_n \end{pmatrix}$ である．

証明 $\boldsymbol{v}_i = \begin{pmatrix} v_{i1} \\ v_{i2} \\ \vdots \\ v_{in} \end{pmatrix}$ とすると，$\boldsymbol{v}_1 = v_{11}\boldsymbol{e}_1 + v_{12}\boldsymbol{e}_2 + \cdots + v_{1n}\boldsymbol{e}_n, \boldsymbol{v}_2 = v_{21}\boldsymbol{e}_1 + v_{22}\boldsymbol{e}_2 + \cdots + v_{2n}\boldsymbol{e}_n, \cdots, \boldsymbol{v}_n = v_{n1}\boldsymbol{e}_1 + v_{n2}\boldsymbol{e}_2 + \cdots + v_{nn}\boldsymbol{e}_n$ である．したがって，変換行列は

$$\begin{pmatrix} v_{11} & v_{21} & \cdots & v_{n1} \\ v_{12} & v_{22} & \cdots & v_{n2} \\ \vdots & \vdots & \ddots & \vdots \\ v_{1n} & v_{2n} & \cdots & v_{nn} \end{pmatrix} = \begin{pmatrix} \boldsymbol{v}_1 & \boldsymbol{v}_2 & \cdots & \boldsymbol{v}_n \end{pmatrix}.$$

3.3 線形空間の基底と次元　119

例 3.21 $\begin{pmatrix} 1 \\ 1 \\ 0 \end{pmatrix}, \begin{pmatrix} 1 \\ -1 \\ 0 \end{pmatrix}, \begin{pmatrix} 1 \\ 1 \\ 1 \end{pmatrix}$ は K^3 の基底であった．そこで，基底 $\begin{pmatrix} 1 \\ 1 \\ 0 \end{pmatrix}, \begin{pmatrix} 1 \\ 0 \\ 1 \end{pmatrix}, \begin{pmatrix} 0 \\ 1 \\ 1 \end{pmatrix}$

からこの基底への変換行列を計算してみよう．

$$\begin{pmatrix} 1 \\ 1 \\ 0 \end{pmatrix} = \begin{pmatrix} 1 \\ 1 \\ 0 \end{pmatrix} + 0 \begin{pmatrix} 1 \\ 0 \\ 1 \end{pmatrix} + 0 \begin{pmatrix} 0 \\ 1 \\ 1 \end{pmatrix}, \quad \begin{pmatrix} 1 \\ -1 \\ 0 \end{pmatrix} = 0 \begin{pmatrix} 1 \\ 1 \\ 0 \end{pmatrix} + \begin{pmatrix} 1 \\ 0 \\ 1 \end{pmatrix} - \begin{pmatrix} 0 \\ 1 \\ 1 \end{pmatrix},$$

$$\begin{pmatrix} 1 \\ 1 \\ 1 \end{pmatrix} = \frac{1}{2} \begin{pmatrix} 1 \\ 1 \\ 0 \end{pmatrix} + \frac{1}{2} \begin{pmatrix} 1 \\ 0 \\ 1 \end{pmatrix} + \frac{1}{2} \begin{pmatrix} 0 \\ 1 \\ 1 \end{pmatrix}$$

である（確かめよ!）．

したがって，求める変換行列は $\begin{pmatrix} 1 & 0 & \dfrac{1}{2} \\ 0 & 1 & \dfrac{1}{2} \\ 0 & -1 & \dfrac{1}{2} \end{pmatrix}$ である．

成分表示のときと同様に，行列の積のルールを適用すると，(3.4) から (3.6) 式は，まとめて

$$\begin{pmatrix} \boldsymbol{v}_1' & \boldsymbol{v}_2' & \cdots & \boldsymbol{v}_n' \end{pmatrix} = \begin{pmatrix} \boldsymbol{v}_1 & \boldsymbol{v}_2 & \cdots & \boldsymbol{v}_n \end{pmatrix} \begin{pmatrix} a_{11} & a_{12} & \cdots & a_{1n} \\ a_{21} & a_{22} & \cdots & a_{2n} \\ \vdots & \vdots & \ddots & \vdots \\ a_{n1} & a_{n2} & \cdots & a_{nn} \end{pmatrix} \tag{3.7}$$

と書くことができる．この式の右辺に現れる行列が，基底 $\boldsymbol{v}_1, \boldsymbol{v}_2, \cdots, \boldsymbol{v}_n$ から基底 $\boldsymbol{v}_1', \boldsymbol{v}_2', \cdots, \boldsymbol{v}_n'$ への変換行列である．

$V = K^n$ のときは，$\begin{pmatrix} \boldsymbol{v}_1 & \boldsymbol{v}_2 & \cdots & \boldsymbol{v}_n \end{pmatrix}$ と $\begin{pmatrix} \boldsymbol{v}_1' & \boldsymbol{v}_2' & \cdots & \boldsymbol{v}_n' \end{pmatrix}$ はともに n 次の正方行列で，(3.7) 式は行列の積そのものである．

■ 変換行列の正則性 ■

定理 3.8 V を n 次元線形空間，$\boldsymbol{v}_1, \boldsymbol{v}_2, \cdots, \boldsymbol{v}_n$ と $\boldsymbol{v}_1', \boldsymbol{v}_2', \cdots, \boldsymbol{v}_n'$ を V の 2 組の基底とする．$\boldsymbol{v}_1, \boldsymbol{v}_2, \cdots, \boldsymbol{v}_n$ から $\boldsymbol{v}_1', \boldsymbol{v}_2', \cdots, \boldsymbol{v}_n'$ への変換行列を A とすると A は正則行列であり，$\boldsymbol{v}_1', \boldsymbol{v}_2', \cdots, \boldsymbol{v}_n'$ から $\boldsymbol{v}_1, \boldsymbol{v}_2, \cdots, \boldsymbol{v}_n$ への変換行列は A^{-1} である．

証明 $\boldsymbol{v}_1', \boldsymbol{v}_2', \cdots, \boldsymbol{v}_n'$ から $\boldsymbol{v}_1, \boldsymbol{v}_2, \cdots, \boldsymbol{v}_n$ への変換行列を B とすると，変換行列の定義から

$$\begin{pmatrix} \boldsymbol{v}_1' & \boldsymbol{v}_2' & \cdots & \boldsymbol{v}_n' \end{pmatrix} = \begin{pmatrix} \boldsymbol{v}_1 & \boldsymbol{v}_2 & \cdots & \boldsymbol{v}_n \end{pmatrix} A \tag{3.8}$$

$$\begin{pmatrix} \boldsymbol{v}_1 & \boldsymbol{v}_2 & \cdots & \boldsymbol{v}_n \end{pmatrix} = \begin{pmatrix} \boldsymbol{v}_1' & \boldsymbol{v}_2' & \cdots & \boldsymbol{v}_n' \end{pmatrix} B \tag{3.9}$$

と書ける．(3.9) 式を (3.8) 式に代入すると，

$$\begin{pmatrix} \boldsymbol{v}_1' & \boldsymbol{v}_2' & \cdots & \boldsymbol{v}_n' \end{pmatrix} = \left(\begin{pmatrix} \boldsymbol{v}_1' & \boldsymbol{v}_2' & \cdots & \boldsymbol{v}_n' \end{pmatrix} B \right) A = \begin{pmatrix} \boldsymbol{v}_1' & \boldsymbol{v}_2' & \cdots & \boldsymbol{v}_n' \end{pmatrix} (BA)$$

120 第3章 線形空間と線形写像

が成立する. 明らかに

$$\begin{pmatrix} \boldsymbol{v}_1' & \boldsymbol{v}_2' & \cdots & \boldsymbol{v}_n' \end{pmatrix} = \begin{pmatrix} \boldsymbol{v}_1' & \boldsymbol{v}_2' & \cdots & \boldsymbol{v}_n' \end{pmatrix} E$$

であり, $\boldsymbol{v}_1', \boldsymbol{v}_2', \cdots, \boldsymbol{v}_n'$ は線形独立であるから, $BA = E$ である. 同様に $AB = E$ もいえる. したがって A, B は正則行列であり, $B = A^{-1}$ である.

例題 3.9 証明の最後の部分は, "線形独立なベクトル $\boldsymbol{u}_1, \boldsymbol{u}_2, \cdots, \boldsymbol{u}_n$ と n 行 m 列の行列 A, B について,

$$\begin{pmatrix} \boldsymbol{u}_1 & \boldsymbol{u}_2 & \cdots & \boldsymbol{u}_n \end{pmatrix} A = \begin{pmatrix} \boldsymbol{u}_1 & \boldsymbol{u}_2 & \cdots & \boldsymbol{u}_n \end{pmatrix} B \qquad ならば \qquad A = B$$

が成立する" という命題を使っている. このことを証明せよ.

解答 $A = (a_{ij})$, $B = (b_{ij})$ としておくと, すべての j $(1 \leqq j \leqq m)$ について $a_{1j}\boldsymbol{u}_1 + a_{2j}\boldsymbol{u}_2 + \cdots + a_{nj}\boldsymbol{u}_n = b_{1j}\boldsymbol{u}_1 + b_{2j}\boldsymbol{u}_2 + \cdots + b_{nj}\boldsymbol{u}_n$ であり, $\boldsymbol{u}_1, \boldsymbol{u}_2, \cdots, \boldsymbol{u}_n$ は線形独立だから, $a_{1j} = b_{1j}, a_{1j} = b_{1j}, \cdots, a_{1j} = b_{1j}$, したがって, $A = B$ である.

例 3.20 とあわせると, 数ベクトル空間における標準基底とそれ以外の基底との変換行列は, 次のように表せる.

系 3.4 $\boldsymbol{v}_1, \boldsymbol{v}_2, \cdots, \boldsymbol{v}_n$ を K^n の基底とすると, 標準基底から $\boldsymbol{v}_1, \boldsymbol{v}_2, \cdots, \boldsymbol{v}_n$ への変換行列は $\begin{pmatrix} \boldsymbol{v}_1 & \boldsymbol{v}_2 & \cdots & \boldsymbol{v}_n \end{pmatrix}$ であり $\boldsymbol{v}_1, \boldsymbol{v}_2, \cdots, \boldsymbol{v}_n$ から標準基底への変換行列は $\begin{pmatrix} \boldsymbol{v}_1 & \boldsymbol{v}_2 & \cdots & \boldsymbol{v}_n \end{pmatrix}^{-1}$ である.

系 3.5 定理 3.8 の条件の下で, V に属するベクトル $\boldsymbol{x}$ の, 基底 $\boldsymbol{v}_1, \boldsymbol{v}_2, \cdots, \boldsymbol{v}_n$ に関する成分表示が $\begin{pmatrix} x_1 \\ x_2 \\ \vdots \\ x_n \end{pmatrix}$ であるならば, 基底 $\boldsymbol{v}_1', \boldsymbol{v}_2', \cdots, \boldsymbol{v}_n'$ に関する $\boldsymbol{x}$ の成分表示は $A^{-1} \begin{pmatrix} x_1 \\ x_2 \\ \vdots \\ x_n \end{pmatrix}$ である.

証明 成分表示の定義から $\boldsymbol{x} = \begin{pmatrix} \boldsymbol{v}_1 & \boldsymbol{v}_2 & \cdots & \boldsymbol{v}_n \end{pmatrix} \begin{pmatrix} x_1 \\ x_2 \\ \vdots \\ x_n \end{pmatrix}$ と書ける. (3.9) 式より

$$\boldsymbol{x} = \begin{pmatrix} \boldsymbol{v}_1' & \boldsymbol{v}_2' & \cdots & \boldsymbol{v}_n' \end{pmatrix} B \begin{pmatrix} x_1 \\ x_2 \\ \vdots \\ x_n \end{pmatrix} = \begin{pmatrix} \boldsymbol{v}_1' & \boldsymbol{v}_2' & \cdots & \boldsymbol{v}_n' \end{pmatrix} A^{-1} \begin{pmatrix} x_1 \\ x_2 \\ \vdots \\ x_n \end{pmatrix}.$$

3.3 線形空間の基底と次元　　121

これは，x の $v'_1, v'_2, \cdots, v'_n$ に関する成分表示が $A^{-1} \begin{pmatrix} x_1 \\ x_2 \\ \vdots \\ x_n \end{pmatrix}$ であることを示している. ▮

例 3.22　K^3 の基底 $v_1 = \begin{pmatrix} 1 \\ 1 \\ 0 \end{pmatrix}, v_2 = \begin{pmatrix} 1 \\ 0 \\ 1 \end{pmatrix}, v_3 = \begin{pmatrix} 0 \\ 1 \\ 1 \end{pmatrix}$ に関する $x = \begin{pmatrix} x_1 \\ x_2 \\ x_3 \end{pmatrix}$ の成分表示

を上で述べた定理と系を用いて求めてみよう.

標準基底から v_1, v_2, v_3 への変換行列は $\begin{pmatrix} v_1 & v_2 & v_3 \end{pmatrix}$ であり，x の標準基底に関する成分表

示は $\begin{pmatrix} x_1 \\ x_2 \\ x_3 \end{pmatrix}$ である. したがって，x の v_1, v_2, v_3 に関する成分表示は

$$
\begin{pmatrix} 1 & 1 & 0 \\ 1 & 0 & 1 \\ 0 & 1 & 1 \end{pmatrix}^{-1} \begin{pmatrix} x_1 \\ x_2 \\ x_3 \end{pmatrix} = \begin{pmatrix} \dfrac{1}{2} & \dfrac{1}{2} & -\dfrac{1}{2} \\ \dfrac{1}{2} & -\dfrac{1}{2} & \dfrac{1}{2} \\ -\dfrac{1}{2} & \dfrac{1}{2} & \dfrac{1}{2} \end{pmatrix} \begin{pmatrix} x_1 \\ x_2 \\ x_3 \end{pmatrix} = \begin{pmatrix} \dfrac{x_1 + x_2 - x_3}{2} \\ \dfrac{x_1 - x_2 + x_3}{2} \\ \dfrac{-x_1 + x_2 + x_3}{2} \end{pmatrix}
$$

である. もちろん，この結果は例 3.17 の結果と一致する.

例題 3.10　例 3.21 にでてくる 2 組の基底に関する $\begin{pmatrix} 3 \\ -2 \\ 5 \end{pmatrix}$ の成分表示をそれぞれ求めよ. また，

それらと基底の変換行列に対して，系 3.5 の関係が成立していることを確かめよ.

解答　$\begin{pmatrix} 3 \\ -2 \\ 5 \end{pmatrix}$ の基底 $\begin{pmatrix} 1 \\ 1 \\ 0 \end{pmatrix}, \begin{pmatrix} 1 \\ 0 \\ 1 \end{pmatrix}, \begin{pmatrix} 0 \\ 1 \\ 1 \end{pmatrix}$ に関する成分表示は $\begin{pmatrix} -2 \\ 5 \\ 0 \end{pmatrix}$，基底 $\begin{pmatrix} 1 \\ 1 \\ 0 \end{pmatrix}, \begin{pmatrix} 1 \\ -1 \\ 0 \end{pmatrix},$

$\begin{pmatrix} 1 \\ 1 \\ 1 \end{pmatrix}$ に関する成分表示は $\begin{pmatrix} -9/2 \\ 5/2 \\ 5 \end{pmatrix}$ であり，$\begin{pmatrix} 1 & 0 & 1/2 \\ 0 & 1 & 1/2 \\ 0 & -1 & 1/2 \end{pmatrix} \begin{pmatrix} -9/2 \\ 5/2 \\ 5 \end{pmatrix} = \begin{pmatrix} -2 \\ 5 \\ 0 \end{pmatrix}$，した

がって，$\begin{pmatrix} -9/2 \\ 5/2 \\ 5 \end{pmatrix} = \begin{pmatrix} 1 & 0 & 1/2 \\ 0 & 1 & 1/2 \\ 0 & -1 & 1/2 \end{pmatrix}^{-1} \begin{pmatrix} -2 \\ 5 \\ 0 \end{pmatrix}$ である. ▮

122   第 3 章 線形空間と線形写像

3.4   線形写像

S, T を 2 つの集合とする．S の各要素 s に対して T の要素 t が一意的に対応しているとき，この対応を S から T への写像と呼び，写像そのものを 1 つの文字 f, g 等で表す．f が S から T への写像であることを表すのに，

$$f : S \to T \quad \text{または} \quad f : S \ni s \mapsto t \in T$$

という表現を用いることにする．S の要素 s に対応している T の要素が t であるとき，t を s における f の像と呼び，$f(s)$ で表す．すなわち，$t = f(s)$ である．

$f : S \to T, g : T \to P$ を 2 つの写像とする．T が共通であることに注意せよ．$s \in S$ に対して $g(f(s)) \in P$ を対応させることにより，S から P への写像を作ることができる．この写像を f と g の合成写像と呼び，$g \circ f$ で表す．すなわち，$(g \circ f)(s) = g(f(s))$ である（この設定では，$f \circ g$ ではなく $g \circ f$ と書く）．

$$S \xrightarrow{f} T \xrightarrow{g} P \qquad s \xmapsto{f} f(s) \xmapsto{g} g(f(s))$$

集合 S に対して，$S \ni s \mapsto s \in S$ で決まる対応も S から S への写像である．この写像を（S 上の）恒等写像と呼び，id_S で表す．つまり，集合 S の各要素に対して同じ要素を対応させる S から S への写像が，恒等写像 id_S である．$id_T \circ f = f$, $f \circ id_S = f$ が成立している．S 上で考えていることが明らかなときには，id と省略して書くこともある．

この節で扱うのは，次で定義する線形空間から線形空間への特別な写像である．

定義 3.6 U, V を線形空間，$f : U \to V$ を U から V への写像とする．次の 2 つの条件をみたすとき，f を U から V への**線形写像 (linear map)** と呼ぶ．

(i) $f(\boldsymbol{x} + \boldsymbol{y}) = f(\boldsymbol{x}) + f(\boldsymbol{y}) \quad (\boldsymbol{x}, \boldsymbol{y} \in U)$

(ii) $f(\alpha \boldsymbol{x}) = \alpha f(\boldsymbol{x}) \quad (\alpha \in K, \boldsymbol{x} \in U)$

(i),(ii) の性質をあわせて**線形性 (linearity)** という．

$V = K$ のときは**線形関数 (linear function)**，$V = U$ のときは（V 上の）**線形変換 (linear transformation)**，と呼ぶこともある．

定義から，線形写像について次が成立することはすぐにわかる．

- $f(\boldsymbol{o}) = \boldsymbol{o}$
- $f(-\boldsymbol{x}) = -f(\boldsymbol{x})$

例題 3.11   このことを確かめよ．

解答 $f(\boldsymbol{o}) = f(\boldsymbol{o} + \boldsymbol{o}) = f(\boldsymbol{o}) + f(\boldsymbol{o})$．両辺に $-f(\boldsymbol{o})$ を足すと，$\boldsymbol{o} = -f(\boldsymbol{o}) + f(\boldsymbol{o}) = -f(\boldsymbol{o}) + (f(\boldsymbol{o}) + f(\boldsymbol{o})) = (-f(\boldsymbol{o}) + f(\boldsymbol{o})) + f(\boldsymbol{o}) = \boldsymbol{o} + f(\boldsymbol{o}) = f(\boldsymbol{o})$．

$f(-\boldsymbol{x}) + f(\boldsymbol{x}) = f(-\boldsymbol{x} + \boldsymbol{x}) = f(\boldsymbol{o}) = \boldsymbol{o}$．これは，定義により $f(-\boldsymbol{x}) = -f(\boldsymbol{x})$ であることを示し

3.4 線形写像   123

ている.

■行列倍による線形写像■

命題 3.1 A を m 行 n 列の行列とする.

$$f : K^n \ni \boldsymbol{x} \mapsto A\boldsymbol{x} \in K^m$$

で決まる写像は，線形写像である.

証明 $\boldsymbol{x}, \boldsymbol{y}$ は n 行 1 列の行列であり，$A\boldsymbol{x}$ は行列の積，$\alpha\boldsymbol{x}$ はスカラー倍だから，1 章の結果より

$$f(\boldsymbol{x} + \boldsymbol{y}) = A(\boldsymbol{x} + \boldsymbol{y}) = A\boldsymbol{x} + A\boldsymbol{y} = f(\boldsymbol{x}) + f(\boldsymbol{y})$$

$$f(\alpha\boldsymbol{x}) = A(\alpha\boldsymbol{x}) = \alpha(A\boldsymbol{x}) = \alpha f(\boldsymbol{x})$$

が成立する．したがって，f は線形写像である.

例 3.23
$$f : K^3 \ni \begin{pmatrix} x_1 \\ x_2 \\ x_3 \end{pmatrix} \mapsto \begin{pmatrix} x_1 + 2x_2 + 3x_3 \\ 4x_1 + 5x_2 + 6x_3 \end{pmatrix} \in K^2$$

で決まる写像を考える．$A = \begin{pmatrix} 1 & 2 & 3 \\ 4 & 5 & 6 \end{pmatrix}$, $\boldsymbol{x} = \begin{pmatrix} x_1 \\ x_2 \\ x_3 \end{pmatrix}$ とすれば，

$$f(\boldsymbol{x}) = \begin{pmatrix} x_1 + 2x_2 + 3x_3 \\ 4x_1 + 5x_2 + 6x_3 \end{pmatrix} = A\boldsymbol{x}$$

であるから，f は線形写像である.

この例からもわかるように，命題 3.1 で決まる線形写像の像は，n 変数の同次 1 次式を成分にもつ K^m のベクトルである．したがって，このような線形写像は，複数個の同次 1 次関数を同時に扱ったもの，と考えることができる．実は，K^n から K^m への線形写像は，命題 3.1 で定義されたものに限ることも後でわかる.

■恒等写像の線形性■

定理 3.9 (1) 恒等写像 $id_V : V \to V$ は線形写像である.

(2) $f : U \to V$, $g : V \to W$ が線形写像ならば，合成写像 $g \circ f : U \to W$ も線形写像である.

証明 (1) $id_V(\boldsymbol{x} + \boldsymbol{y}) = \boldsymbol{x} + \boldsymbol{y} = id_V(\boldsymbol{x}) + id_V(\boldsymbol{y})$
$\qquad\qquad id_V(\alpha\boldsymbol{x}) = \alpha\boldsymbol{x} = \alpha \cdot id_V(\boldsymbol{x})$

より，id_V は定義 3.6 の (i),(ii) をみたす.

(2) $(g \circ f)(\boldsymbol{x} + \boldsymbol{y}) = g(f(\boldsymbol{x} + \boldsymbol{y})) = g(f(\boldsymbol{x}) + g(\boldsymbol{y}))$ 　　　(f の線形性)
$\qquad\qquad\qquad\quad = g(f(\boldsymbol{x})) + g(f(\boldsymbol{y}))$ 　　　(g の線形性)
$\qquad\qquad\qquad\quad = (g \circ f)(\boldsymbol{x}) + (g \circ f)(\boldsymbol{y})$

$\quad (g \circ f)(\alpha\boldsymbol{x}) = g(f(\alpha\boldsymbol{x})) = g(\alpha f(\boldsymbol{x}))$ 　　　(f の線形性)

124   第3章　線形空間と線形写像

$$= \alpha g(f(\boldsymbol{x})) \qquad\qquad (g \text{ の線形性})$$
$$= \alpha (g \circ f)(\boldsymbol{x})$$

より，$g \circ f$ は定義 3.6 の (i),(ii) をみたす. ∎

　線形写像があると，2 つの線形空間の部分空間どうしも移りあう. 次の定理は，そのことを示している.

■像と核■

定理 3.10 $f : U \to V$ を線形写像，$S \subseteq U, T \subseteq V$ をそれぞれの部分空間とすると，
$$f^{-1}(T) = \{\boldsymbol{x} \in U | f(\boldsymbol{x}) \in T\}, \qquad f(S) = \{f(\boldsymbol{x}) \in V | \boldsymbol{x} \in S\}$$
は，それぞれ，U, V の部分空間である.

証明 $f^{-1}(T)$ が部分空間であることを示す.

　まず，$f(\boldsymbol{o}) = \boldsymbol{o} \in T$ より，$\boldsymbol{o} \in f^{-1}(T)$. これで，部分空間の定義の条件のうち (i) がいえた.

　次に，$\boldsymbol{x}, \boldsymbol{y} \in f^{-1}(T)$ とする. $f^{-1}(T)$ の定義から $f(\boldsymbol{x}) \in T, f(\boldsymbol{y}) \in T$ であり，T は部分空間であるから $f(\boldsymbol{x}) + f(\boldsymbol{y}) \in T$ である. 一方，f は線形写像だから $f(\boldsymbol{x} + \boldsymbol{y}) = f(\boldsymbol{x}) + f(\boldsymbol{y})$ がいえ，したがって $f(\boldsymbol{x} + \boldsymbol{y}) \in T$ である. ゆえに，$\boldsymbol{x} + \boldsymbol{y} \in f^{-1}(T)$ である. これで (ii) もいえた.

　最後に，$\alpha \in K, \boldsymbol{x} \in f^{-1}(T)$ とすると，$f(\boldsymbol{x}) \in T$，したがって，$f(\alpha\boldsymbol{x}) = \alpha f(\boldsymbol{x}) \in T$，ゆえに，$\alpha\boldsymbol{x} \in f^{-1}(T)$ である. これで (iii) もいえた.

　以上より，$f^{-1}(T)$ は U の部分空間である.

　次に $f(S)$ が部分空間であることを示す.

　$f(S)$ の任意のベクトルは $f(\boldsymbol{x})$ $(\boldsymbol{x} \in S)$ と書ける.

(i)　$\boldsymbol{o} \in S$ より，$\boldsymbol{o} = f(\boldsymbol{o}) \in f(S)$.

(ii)　$f(\boldsymbol{x}), f(\boldsymbol{y})$ $(\boldsymbol{x}, \boldsymbol{y} \in S)$ を $f(S)$ から任意にとると，$f(\boldsymbol{x}) + f(\boldsymbol{y}) = f(\boldsymbol{x} + \boldsymbol{y})$ であり $\boldsymbol{x} + \boldsymbol{y} \in S$ であるから，$f(\boldsymbol{x}) + f(\boldsymbol{y}) \in f(S)$ である.

(iii)　$\alpha \in K$ とし，$f(\boldsymbol{x})$ $(\boldsymbol{x} \in S)$ を任意にとると，$\alpha f(\boldsymbol{x}) = f(\alpha\boldsymbol{x})$ であり，$\alpha\boldsymbol{x} \in S$ であるから，$\alpha f(\boldsymbol{x}) \in f(S)$ である. ∎

　特に，$S = U$ のとき，$f(U)$ を f の**像 (image)** と呼び $\operatorname{Im}(f)$ で表す. また，$T = \{\boldsymbol{o}\}$ のとき，$f^{-1}(\{\boldsymbol{o}\})$ を f の**核 (kernel)** と呼び $\operatorname{Ker}(f)$ で表す. すなわち，
$$\operatorname{Im}(f) = \{f(\boldsymbol{x}) | \boldsymbol{x} \in U\} \quad (V \text{ の部分空間})$$
$$\operatorname{Ker}(f) = \{\boldsymbol{x} \in U | f(\boldsymbol{x}) = \boldsymbol{o} \in V\} \quad (U \text{ の部分空間}).$$

■線形写像の次元公式■

定理 3.11 $f : U \to V$ を線形写像とすると，
$$\dim_K U = \dim_K \operatorname{Ker}(f) + \dim_K \operatorname{Im}(f)$$
が成立する.

証明 $\boldsymbol{x}_1, \boldsymbol{x}_2, \cdots \boldsymbol{x}_\ell$ を $\mathrm{Ker}(f)$ の基底とする. $\mathrm{Ker}(f)$ は U の部分空間だから,$\boldsymbol{x}_1, \boldsymbol{x}_2, \cdots \boldsymbol{x}_\ell$ に U のベクトルを付け加えていって U の基底を作ることができる. そのようにして作った U の基底を $\boldsymbol{x}_1, \boldsymbol{x}_2, \cdots \boldsymbol{x}_\ell, \boldsymbol{y}_1, \boldsymbol{y}_2, \cdots, \boldsymbol{y}_m$ とする. もちろん,$\dim_K \mathrm{Ker}(f) = \ell, \dim_K U = \ell + m$ である.

まず,$\mathrm{Im}(f) = \langle f(\boldsymbol{y}_1), f(\boldsymbol{y}_2), \cdots, f(\boldsymbol{y}_m) \rangle$ であることを示す.

$\boldsymbol{y} \in \langle f(\boldsymbol{y}_1), f(\boldsymbol{y}_2), \cdots, f(\boldsymbol{y}_m) \rangle$ を任意にとる. 定義から

$$\boldsymbol{y} = \alpha_1 f(\boldsymbol{y}_1) + \alpha_2 f(\boldsymbol{y}_2) + \cdots + \alpha_m f(\boldsymbol{y}_m)$$

と書けるが,f は線形写像だから

$$\alpha_1 f(\boldsymbol{y}_1) + \alpha_2 f(\boldsymbol{y}_2) + \cdots + \alpha_m f(\boldsymbol{y}_m) = f(\alpha_1 \boldsymbol{y}_1 + \alpha_2 \boldsymbol{y}_2 + \cdots + \alpha_m \boldsymbol{y}_m),$$

したがって,$\boldsymbol{y} \in \mathrm{Im}(f)$ である. ゆえに,

$$\mathrm{Im}(f) \supseteqq \langle f(\boldsymbol{y}_1), f(\boldsymbol{y}_2), \cdots, f(\boldsymbol{y}_m) \rangle \tag{3.10}$$

である.

逆に,$\boldsymbol{y} \in \mathrm{Im}(f)$ を任意にとる. $\boldsymbol{y} = f(\boldsymbol{x})$ $(\boldsymbol{x} \in U)$ と書け,$\boldsymbol{x}_1, \boldsymbol{x}_2, \cdots \boldsymbol{x}_\ell, \boldsymbol{y}_1, \boldsymbol{y}_2, \cdots, \boldsymbol{y}_m$ は U の基底だから

$$\boldsymbol{x} = \alpha_1 \boldsymbol{x}_1 + \alpha_2 \boldsymbol{x}_2 + \cdots + \alpha_\ell \boldsymbol{x}_\ell + \beta_1 \boldsymbol{y}_1 + \beta_2 \boldsymbol{y}_2 + \cdots + \beta_m \boldsymbol{y}_m$$

と書ける. $\boldsymbol{x}_1, \boldsymbol{x}_2, \cdots \boldsymbol{x}_\ell \in \mathrm{Ker}(f)$ だから $f(\boldsymbol{x}_i) = \boldsymbol{o}$ $(i = 1, 2, \cdots, \ell)$,したがって

$$\begin{aligned} f(\boldsymbol{x}) &= f(\alpha_1 \boldsymbol{x}_1 + \alpha_2 \boldsymbol{x}_2 + \cdots + \alpha_\ell \boldsymbol{x}_\ell + \beta_1 \boldsymbol{y}_1 + \beta_2 \boldsymbol{y}_2 + \cdots + \beta_m \boldsymbol{y}_m) \\ &= \alpha_1 f(\boldsymbol{x}_1) + \alpha_2 f(\boldsymbol{x}_2) + \cdots + \alpha_\ell f(\boldsymbol{x}_\ell) + \beta_1 f(\boldsymbol{y}_1) + \beta_2 f(\boldsymbol{y}_2) + \cdots + \beta_m f(\boldsymbol{y}_m) \\ &= \beta_1 f(\boldsymbol{y}_1) + \beta_2 f(\boldsymbol{y}_2) + \cdots + \beta_m f(\boldsymbol{y}_m) \in \langle f(\boldsymbol{y}_1), f(\boldsymbol{y}_2), \cdots, f(\boldsymbol{y}_m) \rangle \end{aligned}$$

となり

$$\mathrm{Im}(f) \subseteqq \langle f(\boldsymbol{y}_1), f(\boldsymbol{y}_2), \cdots, f(\boldsymbol{y}_m) \rangle \tag{3.11}$$

がいえる.

(3.10),(3.11) より

$$\mathrm{Im}(f) = \langle f(\boldsymbol{y}_1), f(\boldsymbol{y}_2), \cdots, f(\boldsymbol{y}_m) \rangle$$

が示せた.

次に,$f(\boldsymbol{y}_1), f(\boldsymbol{y}_2), \cdots, f(\boldsymbol{y}_m)$ が線形独立であることを示す.

$$\beta_1 f(\boldsymbol{y}_1) + \beta_2 f(\boldsymbol{y}_2) + \cdots + \beta_m f(\boldsymbol{y}_m) = \boldsymbol{o}$$

とする. このとき,f が線形写像であることから

$$f(\beta_1 \boldsymbol{y}_1 + \beta_2 \boldsymbol{y}_2 + \cdots + \beta_m \boldsymbol{y}_m) = \boldsymbol{o}$$

となり,したがって

$$\beta_1 \boldsymbol{y}_1 + \beta_2 \boldsymbol{y}_2 + \cdots + \beta_m \boldsymbol{y}_m \in \mathrm{Ker}(f)$$

126 第3章 線形空間と線形写像

が成立する. $\boldsymbol{x}_1, \boldsymbol{x}_2, \cdots, \boldsymbol{x}_\ell$ が $\mathrm{Ker}(f)$ の基底であることより, K の要素 $\alpha_1, \alpha_2, \cdots, \alpha_\ell$ を用いて

$$\beta_1 \boldsymbol{y}_1 + \beta_2 \boldsymbol{y}_2 + \cdots + \beta_m \boldsymbol{y}_m = \alpha_1 \boldsymbol{x}_1 + \alpha_2 \boldsymbol{x}_2 + \cdots + \alpha_\ell \boldsymbol{x}_\ell$$

と書ける. 移項をして

$$-\alpha_1 \boldsymbol{x}_1 - \alpha_2 \boldsymbol{x}_2 - \cdots - \alpha_\ell \boldsymbol{x}_\ell + \beta_1 \boldsymbol{y}_1 + \beta_2 \boldsymbol{y}_2 + \cdots + \beta_m \boldsymbol{y}_m = \boldsymbol{o}$$

であるが, $\boldsymbol{x}_1, \boldsymbol{x}_2, \cdots \boldsymbol{x}_\ell, \boldsymbol{y}_1, \boldsymbol{y}_2, \cdots, \boldsymbol{y}_m$ は線形独立だから係数はすべて 0 になる. 特に, $\beta_1 = \beta_2 = \cdots = \beta_m = 0$ である. このことは, $f(\boldsymbol{y}_1), f(\boldsymbol{y}_2), \cdots, f(\boldsymbol{y}_m)$ が線形独立であることを示している.

以上より, $f(\boldsymbol{y}_1), f(\boldsymbol{y}_2), \cdots, f(\boldsymbol{y}_m)$ は $\mathrm{Im}(f)$ の基底となり, $\dim_K \mathrm{Im}(f) = m$ である.

したがって, $\dim_K U = \ell + m = \dim_K \mathrm{Ker}(f) + \dim_K \mathrm{Im}(f)$ である. ∎

■**像の次元と階数**■

> **定理 3.12** $f : K^n \ni \boldsymbol{x} \mapsto A\boldsymbol{x} \in K^m$ を m 行 n 列の行列 A で決まる線形写像とする. このとき,
>
> $$\dim_K \mathrm{Im}(f) = \mathrm{rank}\, A$$
>
> が成り立つ.

証明 簡単のために $m = n = 3$, $\mathrm{rank}\, A = 2$ の場合に示すことにする. 一般の場合も同様に証明できる.

$A = \begin{pmatrix} a_{11} & a_{12} & a_{13} \\ a_{21} & a_{22} & a_{23} \\ a_{31} & a_{32} & a_{33} \end{pmatrix}$ とする. $\mathrm{rank}\, A = 2$ であるから, 定理 3.4 より, 列の中から 2 個の線

形独立なベクトルを選ぶことができて, 残りの列はそれらの線形結合で書き表すことができる. 便宜

的に, $\boldsymbol{a}_1 = \begin{pmatrix} a_{11} \\ a_{21} \\ a_{31} \end{pmatrix}$, $\boldsymbol{a}_2 = \begin{pmatrix} a_{12} \\ a_{22} \\ a_{32} \end{pmatrix}$ が線形独立で, $\boldsymbol{a}_3 = \begin{pmatrix} a_{13} \\ a_{23} \\ a_{33} \end{pmatrix} = \alpha \boldsymbol{a}_1 + \beta \boldsymbol{a}_2$ と書けていると

する.

K^3 の標準基底を $\boldsymbol{e}_1, \boldsymbol{e}_2, \boldsymbol{e}_3$ とすると,

$$f(\boldsymbol{e}_1) = A\boldsymbol{e}_1 = \boldsymbol{a}_1, \quad f(\boldsymbol{e}_2) = A\boldsymbol{e}_2 = \boldsymbol{a}_2, \quad f(\boldsymbol{e}_3) = A\boldsymbol{e}_3 = \boldsymbol{a}_3$$

である. $\boldsymbol{x}$ を K^3 の任意のベクトルとすると $\boldsymbol{x} = x_1 \boldsymbol{e}_1 + x_2 \boldsymbol{e}_2 + x_3 \boldsymbol{e}_3$ と書けるから,

$$f(\boldsymbol{x}) = x_1 f(\boldsymbol{e}_1) + x_2 f(\boldsymbol{e}_2) + x_3 f(\boldsymbol{e}_3) = x_1 \boldsymbol{a}_1 + x_2 \boldsymbol{a}_2 + x_3 \boldsymbol{a}_3$$

$$= x_1 \boldsymbol{a}_1 + x_2 \boldsymbol{a}_2 + x_3(\alpha \boldsymbol{a}_1 + \beta \boldsymbol{a}_2) = (x_1 + x_3 \alpha)\boldsymbol{a}_1 + (x_2 + x_3 \beta)\boldsymbol{a}_2 \in \langle \boldsymbol{a}_1, \boldsymbol{a}_2 \rangle$$

である. したがって, $\mathrm{Im}(f) \subseteq \langle \boldsymbol{a}_1, \boldsymbol{a}_2 \rangle$ がわかる.

逆に, $\boldsymbol{a}_i = f(\boldsymbol{e}_i) \in \mathrm{Im}(f)$ $(i = 1, 2)$ より $\mathrm{Im}(f) \supseteq \langle \boldsymbol{a}_1, \boldsymbol{a}_2 \rangle$ である.

以上より, $\mathrm{Im}(f) = \langle \boldsymbol{a}_1, \boldsymbol{a}_2 \rangle$ であり, $\boldsymbol{a}_1, \boldsymbol{a}_2$ は $\mathrm{Im}(f)$ の生成系である. $\boldsymbol{a}_1, \boldsymbol{a}_2$ は選び方から線形独立でもあったから $\mathrm{Im}(f)$ の基底である. したがって, $\dim_K \mathrm{Im}(f) = 2 = \mathrm{rank}\, A$ である.

$\boldsymbol{a}_1, \boldsymbol{a}_3$ が線形独立の場合や, $\boldsymbol{a}_2, \boldsymbol{a}_3$ が線形独立の場合も同様である. ∎

3.4 線形写像 *127*

系 3.6 すべてのベクトル $\boldsymbol{x} \in K^n$ に対して $A\boldsymbol{x} = \boldsymbol{o}$ ならば $A = O$ である.

証明
$$\mathrm{Im}(f) = \{f(\boldsymbol{x}) | \boldsymbol{x} \in K^n\} = \{A\boldsymbol{x} | \boldsymbol{x} \in K^n\} = \{\boldsymbol{o}\}$$

より $\mathrm{rank}\, A = \dim_K \mathrm{Im}(f) = 0$ である. したがって A の成分はすべて 0 であり, $A = O$ である. ▮

■ K^n 間の線形写像の核 ■

m 行 n 列の行列 A で定義された線形写像 $f : K^n \ni \boldsymbol{x} \mapsto A\boldsymbol{x} \in K^m$ を考えると, $f(\boldsymbol{x}) = A\boldsymbol{x}$ だから

$$\mathrm{Ker}(f) = \{\boldsymbol{x} \in K^n | A\boldsymbol{x} = \boldsymbol{o}\}$$

である. したがって, この場合の $\mathrm{Ker}(f)$ は, A を係数行列とする同次連立 1 次方程式 $A\boldsymbol{x} = \boldsymbol{o}$ の解を成分としてもつ数ベクトル全体の集合である. この部分空間を, 方程式 $A\boldsymbol{x} = \boldsymbol{o}$ の**解空間**と呼ぶことにする.

今までの議論を利用して方程式 $\begin{cases} 3x_1 + 5x_2 - 7x_3 = 0 \\ x_1 + 2x_2 - 3x_3 = 0 \\ -2x_1 - 5x_2 + 8x_3 = 0 \end{cases}$ の解空間を, 求めてみよう.

この方程式を行列を用いて書くと

$$\begin{pmatrix} 3 & 5 & -7 \\ 1 & 2 & -3 \\ -2 & -5 & 8 \end{pmatrix} \begin{pmatrix} x_1 \\ x_2 \\ x_3 \end{pmatrix} = \begin{pmatrix} 0 \\ 0 \\ 0 \end{pmatrix}$$

である. $A = \begin{pmatrix} 3 & 5 & -7 \\ 1 & 2 & -3 \\ -2 & -5 & 8 \end{pmatrix}$, $f : K^3 \ni \boldsymbol{x} \mapsto A\boldsymbol{x} \in K^3$, 解空間を W とすると

$$W = \mathrm{Ker}(f) = \left\{ \begin{pmatrix} x_1 \\ x_2 \\ x_3 \end{pmatrix} \middle| A \begin{pmatrix} x_1 \\ x_2 \\ x_3 \end{pmatrix} = \begin{pmatrix} 0 \\ 0 \\ 0 \end{pmatrix} \right\}$$

である. 基本変形により

$$\begin{pmatrix} 3 & 5 & -7 \\ 1 & 2 & -3 \\ -2 & -5 & 8 \end{pmatrix} \longrightarrow \begin{pmatrix} 1 & 0 & 1 \\ 0 & 1 & -2 \\ 0 & 0 & 0 \end{pmatrix}$$

と変形できるが,

$$\dim_K W = \dim_K \mathrm{Ker}(f) = \dim_K K^3 - \dim_K \mathrm{Im}(f) \quad (\text{定理 3.11 より})$$
$$= \dim_K K^3 - \mathrm{rank}\, A \quad (\text{定理 3.12 より})$$
$$= 3 - 2 = 1$$

であるから，W は 1 つのベクトルで生成される．また，$\begin{cases} x_1 + \quad x_3 = 0 \\ x_2 - 2x_3 = 0 \end{cases}$ より $\begin{cases} x_1 = -1 \\ x_2 = 2 \\ x_3 = 1 \end{cases}$ は解

になっているから，$\begin{pmatrix} -1 \\ 2 \\ 1 \end{pmatrix} \in W$ である．

　以上より，解空間は

$$W = \left\langle \begin{pmatrix} -1 \\ 2 \\ 1 \end{pmatrix} \right\rangle = \left\{ s \begin{pmatrix} -1 \\ 2 \\ 1 \end{pmatrix} \middle| s \in K \right\} = \left\{ \begin{pmatrix} -s \\ 2s \\ s \end{pmatrix} \middle| s \in K \right\}$$

である．したがって，方程式の解は

$$\begin{cases} x_1 = -s \\ x_2 = 2s \qquad (s \in K) \\ x_3 = s \end{cases}$$

と書ける．

例題 3.12 $\begin{cases} x_1 - 2x_2 - 4x_3 - \quad x_4 - 2x_5 = 0 \\ -2x_1 + 4x_2 + 2x_3 - \quad x_4 + \quad x_5 = 0 \\ 3x_1 - 6x_2 - 2x_3 + 2x_4 - \quad x_5 = 0 \\ -3x_1 + 6x_2 + 4x_3 - \quad x_4 + 2x_5 = 0 \end{cases}$ の解を求めよ．

解答 $A = \begin{pmatrix} 1 & -2 & -4 & -1 & -2 \\ -2 & 4 & 2 & -1 & 1 \\ 3 & -6 & -2 & 2 & -1 \\ -3 & 6 & 4 & -1 & 2 \end{pmatrix}$ とすると，解空間は $W = \{\boldsymbol{x} \in K^5 | A\boldsymbol{x} = \boldsymbol{o}\}$ であり，

A を基本変形すると

$$\begin{pmatrix} 1 & -2 & -4 & -1 & -2 \\ -2 & 4 & 2 & -1 & 1 \\ 3 & -6 & -2 & 2 & -1 \\ -3 & 6 & 4 & -1 & 2 \end{pmatrix} \longrightarrow \begin{pmatrix} 1 & -2 & 0 & 1 & 0 \\ 0 & 0 & 2 & 1 & 1 \\ 0 & 0 & 0 & 0 & 0 \\ 0 & 0 & 0 & 0 & 0 \end{pmatrix}$$

3.4 線形写像　　129

となる．したがって $\dim_K W = 5 - 2 = 3$ であり，W は 3 つのベクトルからなる基底をもつ．

$$W = \left\{ \begin{pmatrix} x_1 \\ x_2 \\ x_3 \\ x_4 \\ x_5 \end{pmatrix} \middle| x_1 - 2x_2 + x_4 = 0,\ 2x_3 + x_4 + x_5 = 0 \right\}$$

でもあるから，例えば $\begin{pmatrix} 1 \\ 1 \\ -1 \\ 1 \\ 1 \end{pmatrix}$, $\begin{pmatrix} 2 \\ 1 \\ 1 \\ 0 \\ -2 \end{pmatrix}$, $\begin{pmatrix} 0 \\ -1 \\ 1 \\ -2 \\ 0 \end{pmatrix} \in W$ である．さらに

$$\mathrm{rank} \begin{pmatrix} 1 & 2 & 0 \\ 1 & 1 & -1 \\ -1 & 1 & 1 \\ 1 & 0 & -2 \\ 1 & -2 & 0 \end{pmatrix} = \mathrm{rank} \begin{pmatrix} 1 & 0 & 0 \\ 0 & 1 & 0 \\ 0 & 0 & 1 \\ 0 & 0 & 0 \\ 0 & 0 & 0 \end{pmatrix} = 3$$ であるからこの 3 個のベクトルは線形独立であ

る．$\dim_K W = 3$ であったから，これらは W の基底である（定理 3.7 参照）．したがって

$$W = \left\langle \begin{pmatrix} 1 \\ 1 \\ -1 \\ 1 \\ 1 \end{pmatrix}, \begin{pmatrix} 2 \\ 1 \\ 1 \\ 0 \\ -2 \end{pmatrix}, \begin{pmatrix} 0 \\ -1 \\ 1 \\ -2 \\ 0 \end{pmatrix} \right\rangle$$ であり，方程式の解は $\begin{cases} x_1 = s + 2t \\ x_2 = s + t - u \\ x_3 = -s + t + u \quad (s, t, u \in K) \\ x_4 = s - 2u \\ x_5 = s - 2t \end{cases}$

である．

注意 3.9　基底の選び方は一通りではない．

$$W = \left\langle \begin{pmatrix} 1 \\ 0 \\ 0 \\ -1 \\ 1 \end{pmatrix}, \begin{pmatrix} 0 \\ 1 \\ 0 \\ 2 \\ -2 \end{pmatrix}, \begin{pmatrix} -1 \\ 0 \\ -1 \\ 1 \\ 1 \end{pmatrix} \right\rangle = \left\langle \begin{pmatrix} 1 \\ -1 \\ 2 \\ -3 \\ -1 \end{pmatrix}, \begin{pmatrix} 1 \\ 1 \\ 1 \\ 1 \\ -3 \end{pmatrix}, \begin{pmatrix} 3 \\ 1 \\ 0 \\ -1 \\ 1 \end{pmatrix} \right\rangle = \cdots$$ 等，表現の仕方は無数

にある．したがって方程式の解の表し方も無数にある．

例題 3.13　このことを確かめよ．

130 第3章 線形空間と線形写像

解答 $A\begin{pmatrix}1\\0\\0\\-1\\1\end{pmatrix}=A\begin{pmatrix}0\\1\\0\\2\\-2\end{pmatrix}=A\begin{pmatrix}-1\\0\\-1\\1\\1\end{pmatrix}=\begin{pmatrix}0\\0\\0\\0\\0\end{pmatrix}$ であるから $\begin{pmatrix}1\\0\\0\\-1\\1\end{pmatrix},\begin{pmatrix}0\\1\\0\\2\\-2\end{pmatrix},\begin{pmatrix}-1\\0\\-1\\1\\1\end{pmatrix}\in$

W. $\operatorname{rank}\begin{pmatrix}1&0&-1\\0&1&0\\0&0&-1\\-1&2&1\\1&-2&1\end{pmatrix}=3$, であるからこの3個のベクトルは線形独立, $\dim W=3$ であっ

たから, 基底である. 以下も同様.

例題 3.14 $\begin{cases}2x_1-3x_2+x_3=0\\-3x_1+5x_2-2x_3=0\\-4x_1+7x_2-3x_3=0\end{cases}$ の解空間の次元と基底を求めよ.

解答 $A=\begin{pmatrix}2&-3&1\\-3&5&-2\\-4&7&-3\end{pmatrix}$ とすると, この方程式は $A\boldsymbol{x}=\boldsymbol{o}$ と書ける. A を基本変形すると

例えば $\begin{pmatrix}1&-1&0\\0&1&-1\\0&0&0\end{pmatrix}$ とできる. したがって, $\operatorname{rank}A=2$ であり, 解空間の次元は $3-2=1$.

$A\begin{pmatrix}1\\1\\1\end{pmatrix}=\begin{pmatrix}0\\0\\0\end{pmatrix}$ より, 基底として $\begin{pmatrix}1\\1\\1\end{pmatrix}$ をとれる.

3.5 線形写像の表現行列

線形写像も, 第1章で学んだ行列を用いて具体的に表すことができる. ただしこの場合も, ベクトルの成分表示がそうであったように基底を1組決めておく必要がある. そこで, この章でもまず基底を1組決めて議論を行い, その後に, 基底を変えることによって線形写像を表す行列がどのように変化するのかを考えることにする.

U, V を K 上の線形空間, $f: U \to V$ を線形写像とし, U の基底 $\boldsymbol{u}_1, \boldsymbol{u}_2, \cdots, \boldsymbol{u}_n$ と V の基底 $\boldsymbol{v}_1, \boldsymbol{v}_2, \cdots, \boldsymbol{v}_m$ を1組決めておく. まず, この状況の下で考えることにする.

$f(\boldsymbol{u}_1)$ は V のベクトルだから $\boldsymbol{v}_1, \boldsymbol{v}_2, \cdots, \boldsymbol{v}_m$ の線形結合で一意的に表せる. すなわち,

$$f(\boldsymbol{u}_1)=a_{11}\boldsymbol{v}_1+a_{21}\boldsymbol{v}_2+\cdots+a_{m1}\boldsymbol{v}_m \qquad (a_{11}, a_{21}, \cdots, a_{m1}\in K)$$

と書けて，$a_{11}, a_{21}, \cdots, a_{m1}$ は一意的に決まる．同様に，

$$f(\boldsymbol{u}_2) = a_{12}\boldsymbol{v}_1 + a_{22}\boldsymbol{v}_2 + \cdots + a_{m2}\boldsymbol{v}_m \qquad (a_{12}, a_{22}, \cdots, a_{m2} \in K)$$

$$\vdots$$

$$f(\boldsymbol{u}_n) = a_{1n}\boldsymbol{v}_1 + a_{2n}\boldsymbol{v}_2 + \cdots + a_{mn}\boldsymbol{v}_m \qquad (a_{1n}, a_{2n}, \cdots, a_{mn} \in K)$$

と一意的に書き表せる．この係数を並べてできる m 行 n 列の行列（向きに注意）

$$\begin{pmatrix} a_{11} & a_{12} & \cdots & a_{1n} \\ a_{21} & a_{22} & \cdots & a_{2n} \\ \vdots & \vdots & & \vdots \\ a_{m1} & a_{m2} & \cdots & a_{mn} \end{pmatrix}$$

を，（基底 $\boldsymbol{u}_1, \boldsymbol{u}_2, \cdots, \boldsymbol{u}_n$ と $\boldsymbol{v}_1, \boldsymbol{v}_2, \cdots, \boldsymbol{v}_m$ に関する）線形写像 f の**表現行列 (representation matrix)** と呼ぶ．成分表示や基底の変換行列のときと同様に，行列の積のルールを適用して

$$\begin{pmatrix} f(\boldsymbol{u}_1) & f(\boldsymbol{u}_2) & \cdots & f(\boldsymbol{u}_n) \end{pmatrix} = \begin{pmatrix} \boldsymbol{v}_1 & \boldsymbol{v}_2 & \cdots & \boldsymbol{v}_m \end{pmatrix} \begin{pmatrix} a_{11} & a_{12} & \cdots & a_{1n} \\ a_{21} & a_{22} & \cdots & a_{2n} \\ \vdots & \vdots & & \vdots \\ a_{m1} & a_{m2} & \cdots & a_{mn} \end{pmatrix}$$

と書くことにする．今までと同様に，U, V が数ベクトル空間のときには，これは行列の積である．

例 3.24 $A = \begin{pmatrix} a_{11} & a_{12} & a_{13} \\ a_{21} & a_{22} & a_{23} \end{pmatrix}$, $f : K^3 \ni \boldsymbol{x} \mapsto A\boldsymbol{x} \in K^2$ とし，f の標準基底に関する表現行列を求めてみよう．

標準基底が 2 種類出てくるので，混乱を避けるために K^3 の標準基底を $\boldsymbol{e}_1, \boldsymbol{e}_2, \boldsymbol{e}_3$, K^2 の標準基底を $\boldsymbol{e}'_1, \boldsymbol{e}'_2$ と書いておくことにすると，

$$f(\boldsymbol{e}_1) = \begin{pmatrix} a_{11} & a_{12} & a_{13} \\ a_{21} & a_{22} & a_{23} \end{pmatrix} \begin{pmatrix} 1 \\ 0 \\ 0 \end{pmatrix} = \begin{pmatrix} a_{11} \\ a_{21} \end{pmatrix} = a_{11}\boldsymbol{e}'_1 + a_{21}\boldsymbol{e}'_2$$

$$f(\boldsymbol{e}_2) = \begin{pmatrix} a_{11} & a_{12} & a_{13} \\ a_{21} & a_{22} & a_{23} \end{pmatrix} \begin{pmatrix} 0 \\ 1 \\ 0 \end{pmatrix} = \begin{pmatrix} a_{12} \\ a_{22} \end{pmatrix} = a_{12}\boldsymbol{e}'_1 + a_{22}\boldsymbol{e}'_2$$

$$f(\boldsymbol{e}_3) = \begin{pmatrix} a_{11} & a_{12} & a_{13} \\ a_{21} & a_{22} & a_{23} \end{pmatrix} \begin{pmatrix} 0 \\ 0 \\ 1 \end{pmatrix} = \begin{pmatrix} a_{13} \\ a_{23} \end{pmatrix} = a_{13}\boldsymbol{e}'_1 + a_{23}\boldsymbol{e}'_2$$

である．したがって，K^3 の標準基底 $\boldsymbol{e}_1, \boldsymbol{e}_2, \boldsymbol{e}_3$ と K^2 の標準基底 $\boldsymbol{e}'_1, \boldsymbol{e}'_2$ に関する f の表現行列は $\begin{pmatrix} a_{11} & a_{12} & a_{13} \\ a_{21} & a_{22} & a_{23} \end{pmatrix}$, すなわち A である．

132　第 3 章　線形空間と線形写像

例題 3.15　$A = \begin{pmatrix} 1 & 3 \\ 2 & 4 \end{pmatrix}$, $\boldsymbol{u} = \begin{pmatrix} 1 \\ 1 \end{pmatrix}$, $\boldsymbol{v} = \begin{pmatrix} 1 \\ -1 \end{pmatrix}$　とする.

　$f : K^2 \ni \boldsymbol{x} \mapsto A\boldsymbol{x} \in K^2$ の基底 $\boldsymbol{u}, \boldsymbol{v}$ と基底 $\boldsymbol{u}, \boldsymbol{v}$ に関する表現行列を求めよ.

注意 3.10　以後, このように線形写像の両側の線形空間で同じ基底をとるときには, 単に, 基底 $\boldsymbol{u}, \boldsymbol{v}$ に関する表現行列, ということにする.

解答　$f(\boldsymbol{u}) = A\boldsymbol{u} = \begin{pmatrix} 4 \\ 6 \end{pmatrix}$, $f(\boldsymbol{v}) = A\boldsymbol{v} = \begin{pmatrix} -2 \\ -2 \end{pmatrix}$ である.

$f(\boldsymbol{u}) = \alpha\boldsymbol{u} + \beta\boldsymbol{v}$, $f(\boldsymbol{v}) = \gamma\boldsymbol{u} + \delta\boldsymbol{v}$ とすると, $\begin{cases} \alpha + \beta = 4 \\ \alpha - \beta = 6 \end{cases}$ $\begin{cases} \gamma + \delta = -2 \\ \gamma - \delta = -2 \end{cases}$　であるから, これ

を解いて, $\alpha = 5, \beta = -1, \gamma = -2, \delta = 0$. したがって, 表現行列は, $\begin{pmatrix} 5 & -2 \\ -1 & 0 \end{pmatrix}$ である.

例題 3.16　$A = \begin{pmatrix} 1 & 2 & 3 \\ 4 & 5 & 6 \end{pmatrix}$ とするとき, $f : K^3 \ni \boldsymbol{x} \mapsto A\boldsymbol{x} \in K^2$ の基底 $\boldsymbol{u}_1 = \begin{pmatrix} 1 \\ 1 \\ 0 \end{pmatrix}$,

$\boldsymbol{u}_2 = \begin{pmatrix} 1 \\ 0 \\ 1 \end{pmatrix}$, $\boldsymbol{u}_3 = \begin{pmatrix} 0 \\ 1 \\ 1 \end{pmatrix}$ と, 基底 $\boldsymbol{v}_1 = \begin{pmatrix} 1 \\ 1 \end{pmatrix}$, $\boldsymbol{v}_2 = \begin{pmatrix} 1 \\ -1 \end{pmatrix}$ に関する表現行列を求めよ.

解答　$f(\boldsymbol{u}_1) = A\boldsymbol{u}_1 = \begin{pmatrix} 3 \\ 9 \end{pmatrix}$, $f(\boldsymbol{u}_2) = A\boldsymbol{u}_2 = \begin{pmatrix} 4 \\ 10 \end{pmatrix}$, $f(\boldsymbol{u}_3) = A\boldsymbol{u}_3 = \begin{pmatrix} 5 \\ 11 \end{pmatrix}$

であるから,

$$f(\boldsymbol{u}_1) = \alpha\boldsymbol{v}_1 + \beta\boldsymbol{v}_2, \ f(\boldsymbol{u}_2) = \gamma\boldsymbol{v}_1 + \delta\boldsymbol{v}_2, \ f(\boldsymbol{u}_3) = \mu\boldsymbol{v}_1 + \nu\boldsymbol{v}_2$$

とすると,

$$\begin{cases} \alpha + \beta = 3 \\ \alpha - \beta = 9 \end{cases}, \quad \begin{cases} \gamma + \delta = 4 \\ \gamma - \delta = 10 \end{cases}, \quad \begin{cases} \mu + \nu = 5 \\ \mu - \nu = 11 \end{cases}$$

である. これを解いて, $\alpha = 6, \beta = -3, \gamma = 7, \delta = -3, \mu = 8, \nu = -3$. したがって, 表現行

列は, $\begin{pmatrix} 6 & 7 & 8 \\ -3 & -3 & -3 \end{pmatrix}$ である.

例題 3.17　$A = \begin{pmatrix} 2 & -1 \\ 1 & 3 \end{pmatrix}$, $f : K^2 \ni \boldsymbol{x} \mapsto A\boldsymbol{x} \in K^2$ とする. 線形写像 f の出発点の K^2 の基底

として $\boldsymbol{u}_1' = \begin{pmatrix} 1 \\ 1 \end{pmatrix}, \boldsymbol{u}_2' = \begin{pmatrix} 1 \\ -1 \end{pmatrix}$ をとり, 到着点の K^2 の基底として $\boldsymbol{u}_1 = \begin{pmatrix} 1 \\ 2 \end{pmatrix}, \boldsymbol{u}_2 = \begin{pmatrix} 1 \\ 3 \end{pmatrix}$ をとるとき, f の表現行列を求めよ.

解答 $f(\boldsymbol{u}_1') = A \begin{pmatrix} 1 \\ 1 \end{pmatrix} = \begin{pmatrix} 1 \\ 4 \end{pmatrix}$, $f(\boldsymbol{u}_2') = A \begin{pmatrix} 1 \\ -1 \end{pmatrix} = \begin{pmatrix} 3 \\ -2 \end{pmatrix}$ より, $f(\boldsymbol{u}_1') = \alpha \boldsymbol{u}_1 + \beta \boldsymbol{u}_2$, $f(\boldsymbol{u}_2') = \gamma \boldsymbol{u}_1 + \delta \boldsymbol{u}_2$ とすると $\begin{cases} \alpha + \beta = 1 \\ 2\alpha + 3\beta = 4 \end{cases}$, $\begin{cases} \gamma + \delta = 3 \\ 2\gamma + 3\delta = -2 \end{cases}$. したがって, $\alpha = -1, \beta = 2, \gamma = 11, \delta = -8$ となり. 表現行列は, $\begin{pmatrix} -1 & 11 \\ 2 & -8 \end{pmatrix}$.

例題 3.18 $B = \begin{pmatrix} 1 & -2 \\ 2 & 1 \\ -5 & 3 \end{pmatrix}$, $g: K^2 \ni \boldsymbol{x} \mapsto B\boldsymbol{x} \in K^3$ とする. K^2 の基底 $\boldsymbol{u}_1 = \begin{pmatrix} 1 \\ 2 \end{pmatrix}, \boldsymbol{u}_2 = \begin{pmatrix} 1 \\ 3 \end{pmatrix}$ と, K^3 の基底 $\boldsymbol{v}_1 = \begin{pmatrix} 1 \\ 1 \\ 0 \end{pmatrix}, \boldsymbol{v}_2 = \begin{pmatrix} 1 \\ 0 \\ 1 \end{pmatrix}, \boldsymbol{v}_3 = \begin{pmatrix} 0 \\ 1 \\ 1 \end{pmatrix}$ に関する g の表現行列を求めよ.

解答 $g(\boldsymbol{u}_1) = B \begin{pmatrix} 1 \\ 2 \end{pmatrix} = \begin{pmatrix} -3 \\ 4 \\ 1 \end{pmatrix}$, $g(\boldsymbol{u}_2) = B \begin{pmatrix} 1 \\ 3 \end{pmatrix} = \begin{pmatrix} -5 \\ 5 \\ 4 \end{pmatrix}$ より, $g(\boldsymbol{u}_1) = \alpha \boldsymbol{v}_1 + \beta \boldsymbol{v}_2 + \gamma \boldsymbol{v}_3$, $g(\boldsymbol{u}_2) = \mu \boldsymbol{v}_1 + \nu \boldsymbol{v}_2 + \sigma \boldsymbol{v}_3$ とすると $\alpha = 0, \beta = -3, \gamma = 4, \mu = -2, \nu = -3, \sigma = 7$ となり, 表現行列は, $\begin{pmatrix} 0 & -2 \\ -3 & -3 \\ 4 & 7 \end{pmatrix}$.

例 3.24 で考えたことは, 容易に一般の m 行 n 列の行列に一般化できる.

▌標準基底に関する表現行列▐

定理 3.13 A を m 行 n 列の行列とし, $f: K^n \ni \boldsymbol{x} \mapsto A\boldsymbol{x} \in K^m$ とすると, それぞれの標準基底に関する f の表現行列は A である.

証明 $A = \begin{pmatrix} a_{11} & a_{12} & \cdots & a_{1n} \\ a_{21} & a_{22} & \cdots & a_{2n} \\ \vdots & \vdots & & \vdots \\ a_{m1} & a_{m2} & \cdots & a_{mn} \end{pmatrix}$ と成分で書いておくと, $f(\boldsymbol{e}_1) = A\boldsymbol{e}_1 = \begin{pmatrix} a_{11} \\ a_{21} \\ \vdots \\ a_{m1} \end{pmatrix} =$

$a_{11}\boldsymbol{e}_1 + a_{21}\boldsymbol{e}_2 + \cdots + a_{m1}\boldsymbol{e}_m$. 同様にして, $f(\boldsymbol{e}_2) = a_{12}\boldsymbol{e}_1 + a_{22}\boldsymbol{e}_2 + \cdots + a_{m2}\boldsymbol{e}_m, \cdots, f(\boldsymbol{e}_n) =$

134 第3章 線形空間と線形写像

$a_{1n}\boldsymbol{e}_1 + a_{2n}\boldsymbol{e}_2 + \cdots + a_{mn}\boldsymbol{e}_m.$ したがって表現行列は $\begin{pmatrix} a_{11} & a_{12} & \cdots & a_{1n} \\ a_{21} & a_{22} & \cdots & a_{2n} \\ \vdots & \vdots & & \vdots \\ a_{m1} & a_{m2} & \cdots & a_{mn} \end{pmatrix} = A$ である. ∎

▌表現行列と成分表示▐

$f : U \to V$ を線形写像とする. $\boldsymbol{u}_1, \boldsymbol{u}_2, \cdots, \boldsymbol{u}_n, \boldsymbol{v}_1, \boldsymbol{v}_2, \cdots, \boldsymbol{v}_m$ をそれぞれ U, V の基底とすると, この基底に関する f の表現行列 A が決まる. すなわち

$$\begin{pmatrix} f(\boldsymbol{u}_1) & f(\boldsymbol{u}_2) & \cdots & f(\boldsymbol{u}_n) \end{pmatrix} = \begin{pmatrix} \boldsymbol{v}_1 & \boldsymbol{v}_2 & \cdots & \boldsymbol{v}_m \end{pmatrix} A$$

である. $\boldsymbol{x} \in U$ を任意にとり, $\boldsymbol{u}_1, \boldsymbol{u}_2, \cdots, \boldsymbol{u}_n$ に関する成分表示を $\begin{pmatrix} x_1 \\ x_2 \\ \vdots \\ x_n \end{pmatrix}$ とすると

$$\boldsymbol{x} = x_1\boldsymbol{u}_1 + x_2\boldsymbol{u}_2 + \cdots + x_n\boldsymbol{u}_n$$

であるから,

$$f(\boldsymbol{x}) = x_1 f(\boldsymbol{u}_1) + x_2 f(\boldsymbol{u}_2) + \cdots + x_n f(\boldsymbol{u}_n)$$

$$= \begin{pmatrix} f(\boldsymbol{u}_1) & f(\boldsymbol{u}_2) & \cdots & f(\boldsymbol{u}_n) \end{pmatrix} \begin{pmatrix} x_1 \\ x_2 \\ \vdots \\ x_n \end{pmatrix} = \begin{pmatrix} \boldsymbol{v}_1 & \boldsymbol{v}_2 & \cdots & \boldsymbol{v}_m \end{pmatrix} A \begin{pmatrix} x_1 \\ x_2 \\ \vdots \\ x_n \end{pmatrix}$$

となる. したがって, 次の定理が証明された.

定理 3.14 $f : U \to V$ を線形写像, $\boldsymbol{u}_1, \boldsymbol{u}_2, \cdots, \boldsymbol{u}_n$ を U の基底, $\boldsymbol{v}_1, \boldsymbol{v}_2, \cdots, \boldsymbol{v}_m$ を V の基底, これらの基底に関する f の表現行列を A とする. $\boldsymbol{x} \in U$ の $\boldsymbol{u}_1, \boldsymbol{u}_2, \cdots, \boldsymbol{u}_n$ に関する成分表示が $\begin{pmatrix} x_1 \\ x_2 \\ \vdots \\ x_n \end{pmatrix}$ ならば, $f(\boldsymbol{x})$ の $\boldsymbol{v}_1, \boldsymbol{v}_2, \cdots, \boldsymbol{v}_m$ に関する成分表示は $A \begin{pmatrix} x_1 \\ x_2 \\ \vdots \\ x_n \end{pmatrix}$ である.

例えば, 例題 3.15 の線形写像 f と基底 $\boldsymbol{u}, \boldsymbol{v}$ について考えてみよう.

例 3.16 より, 任意のベクトル $\boldsymbol{x} = \begin{pmatrix} x_1 \\ x_2 \end{pmatrix}$ に対してその成分表示は $\begin{pmatrix} \dfrac{x_1 + x_2}{2} \\ \dfrac{x_1 - x_2}{2} \end{pmatrix}$ であった. し

たがって, $f(\boldsymbol{x}) = \begin{pmatrix} x_1 + 3x_2 \\ 2x_1 + 4x_2 \end{pmatrix}$ の基底 $\boldsymbol{u}, \boldsymbol{v}$ に関する成分表示は $\begin{pmatrix} \dfrac{3x_1 + 7x_2}{2} \\ \dfrac{-x_1 - x_2}{2} \end{pmatrix}$ である.

一方, 基底 $\boldsymbol{u}, \boldsymbol{v}$ に関する f の表現行列は $\begin{pmatrix} 5 & -2 \\ -1 & 0 \end{pmatrix}$ であり,

$$\begin{pmatrix} 5 & -2 \\ -1 & 0 \end{pmatrix} \begin{pmatrix} \dfrac{x_1 + x_2}{2} \\ \dfrac{x_1 - x_2}{2} \end{pmatrix} = \begin{pmatrix} \dfrac{3x_1 + 7x_2}{2} \\ \dfrac{-x_1 - x_2}{2} \end{pmatrix}$$

が成立している.

例題 3.19 $f : K^2 \to K^3$ を $A = \begin{pmatrix} 1 & -2 \\ 2 & 1 \\ -5 & 3 \end{pmatrix}$ で決まる線形写像とし, K^2 の基底として

$\boldsymbol{u}_1 = \begin{pmatrix} 1 \\ 2 \end{pmatrix}, \boldsymbol{u}_2 = \begin{pmatrix} 1 \\ 3 \end{pmatrix}$ を, K^3 の基底として $\boldsymbol{v}_1 = \begin{pmatrix} 1 \\ 1 \\ 0 \end{pmatrix}, \boldsymbol{v}_2 = \begin{pmatrix} 1 \\ 0 \\ 1 \end{pmatrix}, \boldsymbol{v}_3 = \begin{pmatrix} 0 \\ 1 \\ 1 \end{pmatrix}$ をとる

ことにする. $\boldsymbol{x} = \begin{pmatrix} 15 \\ -22 \end{pmatrix}$ とするとき, $f(\boldsymbol{x})$ の成分表示を 2 種類の方法で求めよ.

解答 1. $f(\boldsymbol{x}) = A\boldsymbol{x} = \begin{pmatrix} 59 \\ 8 \\ -141 \end{pmatrix} = 104\boldsymbol{v}_1 - 45\boldsymbol{v}_2 - 96\boldsymbol{v}_3$ より成分表示は $\begin{pmatrix} 104 \\ -45 \\ -96 \end{pmatrix}$.

2. 例題 3.18 より, 表現行列は $\begin{pmatrix} 0 & -2 \\ -3 & -3 \\ 4 & 7 \end{pmatrix}$. 一方, $\boldsymbol{x} = 67\boldsymbol{u}_1 - 52\boldsymbol{u}_2$ より $\boldsymbol{x}$ の成分表示は

$\begin{pmatrix} 67 \\ -52 \end{pmatrix}$, したがって $f(\boldsymbol{x})$ の成分表示は $\begin{pmatrix} 0 & -2 \\ -3 & -3 \\ 4 & 7 \end{pmatrix} \begin{pmatrix} 67 \\ -52 \end{pmatrix} = \begin{pmatrix} 104 \\ -45 \\ -96 \end{pmatrix}$.

このように線形写像と行列を関連付けると, 写像の合成と行列の積がちょうど対応していることが, 次の定理からわかる.

定理 3.15 U, V, W を線形空間とし, $\boldsymbol{u}_1, \boldsymbol{u}_2, \cdots, \boldsymbol{u}_n \in U, \boldsymbol{v}_1, \boldsymbol{v}_2, \cdots, \boldsymbol{v}_m \in V, \boldsymbol{w}_1, \boldsymbol{w}_2, \cdots, \boldsymbol{w}_\ell \in W$ をそれぞれの空間の基底とする.

$$f : U \to V, \ g : V \to W$$

を線形写像,

136　第3章　線形空間と線形写像

A を $\boldsymbol{u}_1, \boldsymbol{u}_2, \cdots, \boldsymbol{u}_n$ と $\boldsymbol{v}_1, \boldsymbol{v}_2, \cdots, \boldsymbol{v}_m$ に関する f の表現行列，
B を $\boldsymbol{v}_1, \boldsymbol{v}_2, \cdots, \boldsymbol{v}_m$ と $\boldsymbol{w}_1, \boldsymbol{w}_2, \cdots, \boldsymbol{w}_\ell$ に関する g の表現行列
とすると，合成写像

$$g \circ f : U \to W$$

の $\boldsymbol{u}_1, \boldsymbol{u}_2, \cdots, \boldsymbol{u}_n$ と $\boldsymbol{w}_1, \boldsymbol{w}_2, \cdots, \boldsymbol{w}_\ell$ に関する表現行列は BA である．

証明　表現行列の定義から

$$\begin{pmatrix} f(\boldsymbol{u}_1) & f(\boldsymbol{u}_2) & \cdots & f(\boldsymbol{u}_n) \end{pmatrix} = \begin{pmatrix} \boldsymbol{v}_1 & \boldsymbol{v}_2 & \cdots & \boldsymbol{v}_m \end{pmatrix} A \tag{3.12}$$

$$\begin{pmatrix} g(\boldsymbol{v}_1) & g(\boldsymbol{v}_2) & \cdots & g(\boldsymbol{v}_m) \end{pmatrix} = \begin{pmatrix} \boldsymbol{w}_1 & \boldsymbol{w}_2 & \cdots & \boldsymbol{w}_\ell \end{pmatrix} B \tag{3.13}$$

と書けている．

$$A = \begin{pmatrix} a_{11} & a_{12} & \cdots & a_{1n} \\ a_{21} & a_{22} & \cdots & a_{2n} \\ \vdots & \vdots & & \vdots \\ a_{m1} & a_{m2} & \cdots & a_{mn} \end{pmatrix}$$

と成分表示をしておくと，

$$f(\boldsymbol{u}_1) = a_{11}\boldsymbol{v}_1 + a_{21}\boldsymbol{v}_2 + \cdots + a_{m1}\boldsymbol{v}_m$$

$$f(\boldsymbol{u}_2) = a_{12}\boldsymbol{v}_1 + a_{22}\boldsymbol{v}_2 + \cdots + a_{m2}\boldsymbol{v}_m$$

$$\vdots$$

$$f(\boldsymbol{u}_n) = a_{1n}\boldsymbol{v}_1 + a_{2n}\boldsymbol{v}_2 + \cdots + a_{mn}\boldsymbol{v}_m$$

であるから，

$$(g \circ f)(\boldsymbol{u}_1) = g(f(\boldsymbol{u}_1)) = a_{11}g(\boldsymbol{v}_1) + a_{21}g(\boldsymbol{v}_2) + \cdots + a_{m1}g(\boldsymbol{v}_m)$$

$$(g \circ f)(\boldsymbol{u}_2) = g(f(\boldsymbol{u}_2)) = a_{12}g(\boldsymbol{v}_1) + a_{22}g(\boldsymbol{v}_2) + \cdots + a_{m2}g(\boldsymbol{v}_m)$$

$$\vdots$$

$$(g \circ f)(\boldsymbol{u}_n) = g(f(\boldsymbol{u}_n)) = a_{1n}g(\boldsymbol{v}_1) + a_{2n}g(\boldsymbol{v}_2) + \cdots + a_{mn}g(\boldsymbol{v}_m)$$

が成立する．したがって

$$\begin{pmatrix} (g \circ f)(\boldsymbol{u}_1) & (g \circ f)(\boldsymbol{u}_2) & \cdots & (g \circ f)(\boldsymbol{u}_n) \end{pmatrix}$$

$$= \begin{pmatrix} g(\boldsymbol{v}_1) & g(\boldsymbol{v}_2) & \cdots & g(\boldsymbol{v}_m) \end{pmatrix} \begin{pmatrix} a_{11} & a_{12} & \cdots & a_{1n} \\ a_{21} & a_{22} & \cdots & a_{2n} \\ \vdots & \vdots & & \vdots \\ a_{m1} & a_{m2} & \cdots & a_{mn} \end{pmatrix}$$

$$= \begin{pmatrix} g(\boldsymbol{v}_1) & g(\boldsymbol{v}_2) & \cdots & g(\boldsymbol{v}_m) \end{pmatrix} A$$

$$= \begin{pmatrix} \boldsymbol{w}_1 & \boldsymbol{w}_2 & \cdots & \boldsymbol{w}_\ell \end{pmatrix} BA \qquad ((3.13) \text{ より})$$

が成立し，これは BA が，$g \circ f$ の $\boldsymbol{u}_1, \boldsymbol{u}_2, \cdots, \boldsymbol{u}_n$ と $\boldsymbol{w}_1, \boldsymbol{w}_2, \cdots, \boldsymbol{w}_\ell$ に関する表現行列であることを示している. ▮

例 3.25 $f : K^2 \ni \boldsymbol{x} \mapsto \begin{pmatrix} 2 & -1 \\ 1 & 3 \end{pmatrix} \boldsymbol{x} \in K^2$ の，出発点の K^2 の基底 $\boldsymbol{u}_1' = \begin{pmatrix} 1 \\ 1 \end{pmatrix}, \boldsymbol{u}_2' = \begin{pmatrix} 1 \\ -1 \end{pmatrix}$

と到着点の K^2 の基底 $\boldsymbol{u}_1 = \begin{pmatrix} 1 \\ 2 \end{pmatrix}, \boldsymbol{u}_2 = \begin{pmatrix} 1 \\ 3 \end{pmatrix}$ に関する表現行列は $\begin{pmatrix} -1 & 11 \\ 2 & -8 \end{pmatrix}$ であった（例題 3.17）.

また，$g : K^2 \ni \boldsymbol{x} \mapsto \begin{pmatrix} 1 & -2 \\ 2 & 1 \\ -5 & 3 \end{pmatrix} \boldsymbol{x} \in K^3$ の基底 $\boldsymbol{u}_1 = \begin{pmatrix} 1 \\ 2 \end{pmatrix}, \boldsymbol{u}_2 = \begin{pmatrix} 1 \\ 3 \end{pmatrix}$ と，基底

$\boldsymbol{v}_1 = \begin{pmatrix} 1 \\ 1 \\ 0 \end{pmatrix}, \boldsymbol{v}_2 = \begin{pmatrix} 1 \\ 0 \\ 1 \end{pmatrix}, \boldsymbol{v}_3 = \begin{pmatrix} 0 \\ 1 \\ 1 \end{pmatrix}$ に関する表現行列は $\begin{pmatrix} 0 & -2 \\ -3 & -3 \\ 4 & 7 \end{pmatrix}$ であった（例題 3.18）.

したがって，合成写像 $g \circ f : K^2 \to K^3$ の基底 $\boldsymbol{u}_1', \boldsymbol{u}_2'$ と基底 $\boldsymbol{v}_1, \boldsymbol{v}_2, \boldsymbol{v}_3$ に関する表現行列は

$$\begin{pmatrix} 0 & -2 \\ -3 & -3 \\ 4 & 7 \end{pmatrix} \begin{pmatrix} -1 & 11 \\ 2 & -8 \end{pmatrix} = \begin{pmatrix} -4 & 16 \\ -3 & -9 \\ 10 & -12 \end{pmatrix}$$

である.

▮ 恒等写像の表現行列と基底の変換行列 ▮

次に，恒等写像 $id_V : V \to V$ の表現行列を調べてみよう．まず，id_V の出発点と到着点の V で同じ基底 $\boldsymbol{v}_1, \boldsymbol{v}_2, \cdots, \boldsymbol{v}_n$ をとってみる．このときは，

$$\begin{pmatrix} id_V(\boldsymbol{v}_1) & id_V(\boldsymbol{v}_2) & \cdots & id_V(\boldsymbol{v}_n) \end{pmatrix} = \begin{pmatrix} \boldsymbol{v}_1 & \boldsymbol{v}_2 & \cdots & \boldsymbol{v}_n \end{pmatrix} = \begin{pmatrix} \boldsymbol{v}_1 & \boldsymbol{v}_2 & \cdots & \boldsymbol{v}_n \end{pmatrix} E$$

であるから，表現行列は，単位行列 E である.

では，出発点と到着点の V で違う基底をとると，表現行列はどうなるだろうか．そこで，出発点の V の基底として $\boldsymbol{v}_1', \boldsymbol{v}_2', \cdots, \boldsymbol{v}_n'$ を，到着点の V の基底として $\boldsymbol{v}_1, \boldsymbol{v}_2, \cdots, \boldsymbol{v}_n$ をとり，このときの表現行列を A とする．定義から，

$$\begin{pmatrix} id_V(\boldsymbol{v}_1') & id_V(\boldsymbol{v}_2') & \cdots & id_V(\boldsymbol{v}_n') \end{pmatrix} = \begin{pmatrix} \boldsymbol{v}_1 & \boldsymbol{v}_2 & \cdots & \boldsymbol{v}_n \end{pmatrix} A$$

であるが，

$$id_V(\boldsymbol{v}_1') = \boldsymbol{v}_1', \ id_V(\boldsymbol{v}_2') = \boldsymbol{v}_2', \ \cdots, \ id_V(\boldsymbol{v}_n') = \boldsymbol{v}_n',$$

だから，

$$\begin{pmatrix} \boldsymbol{v}_1' & \boldsymbol{v}_2' & \cdots & \boldsymbol{v}_n' \end{pmatrix} = \begin{pmatrix} \boldsymbol{v}_1 & \boldsymbol{v}_2 & \cdots & \boldsymbol{v}_n \end{pmatrix} A$$

138 第 3 章 線形空間と線形写像

である．これを 3.3 節の (3.7) 式と比べると，A は，基底 $\boldsymbol{v}_1, \boldsymbol{v}_2, \cdots, \boldsymbol{v}_n$ から基底 $\boldsymbol{v}_1', \boldsymbol{v}_2', \cdots, \boldsymbol{v}_n'$ への変換行列になっていることがわかる．つまり，

恒等写像 $id_V : V \to V$ の表現行列は，到着点の V の基底から出発点の V の基底への変換行列と一致する．

これで準備が整ったので，基底を変換すると表現行列がどう変わるのかを調べることにする．少し複雑なので，設定をまとめて書いておくことにする．

- $f : U \to V$ 　　線形写像
- $\boldsymbol{u}_1, \boldsymbol{u}_2, \cdots, \boldsymbol{u}_n$ および $\boldsymbol{u}_1', \boldsymbol{u}_2', \cdots, \boldsymbol{u}_n'$: U の基底
- $\boldsymbol{v}_1, \boldsymbol{v}_2, \cdots, \boldsymbol{v}_m$ および $\boldsymbol{v}_1', \boldsymbol{v}_2', \cdots, \boldsymbol{v}_m'$: V の基底
- P: $\boldsymbol{u}_1, \boldsymbol{u}_2, \cdots, \boldsymbol{u}_n$ から $\boldsymbol{u}_1', \boldsymbol{u}_2', \cdots, \boldsymbol{u}_n'$ への変換行列
- Q: $\boldsymbol{v}_1, \boldsymbol{v}_2, \cdots, \boldsymbol{v}_m$ から $\boldsymbol{v}_1', \boldsymbol{v}_2', \cdots, \boldsymbol{v}_m'$ への変換行列
- A: $\boldsymbol{u}_1, \boldsymbol{u}_2, \cdots, \boldsymbol{u}_n$ と $\boldsymbol{v}_1, \boldsymbol{v}_2, \cdots, \boldsymbol{v}_m$ に関する f の表現行列
- B: $\boldsymbol{u}_1', \boldsymbol{u}_2', \cdots, \boldsymbol{u}_n'$ と $\boldsymbol{v}_1', \boldsymbol{v}_2', \cdots, \boldsymbol{v}_m'$ に関する f の表現行列

この状況の下で，$f : U \to V$ の，基底 $\boldsymbol{u}_1', \boldsymbol{u}_2', \cdots, \boldsymbol{u}_n'$ と基底 $\boldsymbol{v}_1, \boldsymbol{v}_2, \cdots, \boldsymbol{v}_m$ に関する f の表現行列を 2 種類の方法で求めてみる．

まず，$f = f \circ id_U$ であることに注意する．右辺 f の出発点の U の基底を $\boldsymbol{u}_1, \boldsymbol{u}_2, \cdots, \boldsymbol{u}_n$，到着点の V の基底を $\boldsymbol{v}_1, \boldsymbol{v}_2, \cdots, \boldsymbol{v}_m$ とし，id_U の出発点の U 基底を $\boldsymbol{u}_1', \boldsymbol{u}_2', \cdots, \boldsymbol{u}_n'$，到着点の U の基底を $\boldsymbol{u}_1, \boldsymbol{u}_2, \cdots, \boldsymbol{u}_m$ とすると，それぞれの表現行列は A, P である（下図参照）．したがって，基底 $\boldsymbol{u}_1', \boldsymbol{u}_2', \cdots, \boldsymbol{u}_n'$ と基底 $\boldsymbol{v}_1, \boldsymbol{v}_2, \cdots, \boldsymbol{v}_m$ に関する f の表現行列は，定理 3.15 より AP である．

一方，$f = id_V \circ f$ でもある．この式の右辺 f の出発点の U の基底を $\boldsymbol{u}_1', \boldsymbol{u}_2', \cdots, \boldsymbol{u}_n'$，到着点の V の基底を $\boldsymbol{v}_1', \boldsymbol{v}_2', \cdots, \boldsymbol{v}_m'$ とし，id_V の出発点の V 基底を $\boldsymbol{v}_1', \boldsymbol{v}_2', \cdots, \boldsymbol{v}_n'$，到着点の V の基底を $\boldsymbol{v}_1, \boldsymbol{v}_2, \cdots, \boldsymbol{v}_m$ とすると，それぞれの表現行列は B, Q である．このことから，基底 $\boldsymbol{u}_1', \boldsymbol{u}_2', \cdots, \boldsymbol{u}_n'$ と基底 $\boldsymbol{v}_1, \boldsymbol{v}_2, \cdots, \boldsymbol{v}_m$ に関する f の表現行列は，定理 3.15 より QB でもある．

線形写像の表現行列は基底を決めればただ 1 つに決まる．したがって，以上のことから A, B, P, Q のあいだに

$$AP = QB$$

という関係が成り立つことがわかる．Q は正則行列であったから，この式は

$$B = Q^{-1}AP \tag{3.14}$$

3.5 線形写像の表現行列　　*139*

と書き直すこともできる.

例 3.26 $A = \begin{pmatrix} 1 & 2 & 3 \\ 4 & 5 & 6 \end{pmatrix}$ とする. 線形写像 $f : K^3 \ni \boldsymbol{x} \mapsto A\boldsymbol{x} \in K^2$ の, 基底 $\boldsymbol{u}_1 = \begin{pmatrix} 1 \\ 1 \\ 0 \end{pmatrix}$,

$\boldsymbol{u}_2 = \begin{pmatrix} 1 \\ 0 \\ 1 \end{pmatrix}, \boldsymbol{u}_3 = \begin{pmatrix} 0 \\ 1 \\ 1 \end{pmatrix}$ と基底 $\boldsymbol{v}_1 = \begin{pmatrix} 1 \\ 1 \end{pmatrix}, \boldsymbol{v}_2 = \begin{pmatrix} 1 \\ -1 \end{pmatrix}$ に関する表現行列を, 今までの議論

を用いて求めてみる.

　まず, f の標準基底に関する表現行列は A である. また, K^3 の標準基底から基底 $\boldsymbol{u}_1, \boldsymbol{u}_2, \boldsymbol{u}_3$ への変換行列は $\begin{pmatrix} \boldsymbol{u}_1 & \boldsymbol{u}_2 & \boldsymbol{u}_3 \end{pmatrix}$ であり, K^2 の標準基底から基底 $\boldsymbol{v}_1, \boldsymbol{v}_2$ への変換行列は $\begin{pmatrix} \boldsymbol{v}_1 & \boldsymbol{v}_2 \end{pmatrix}$ であるから, (3.14) 式より, 基底 $\boldsymbol{u}_1, \boldsymbol{u}_2, \boldsymbol{u}_3$ と基底 $\boldsymbol{v}_1, \boldsymbol{v}_2$ に関する f の表現行列は

$$\begin{pmatrix} \boldsymbol{v}_1 & \boldsymbol{v}_2 \end{pmatrix}^{-1} A \begin{pmatrix} \boldsymbol{u}_1 & \boldsymbol{u}_2 & \boldsymbol{u}_3 \end{pmatrix} = \begin{pmatrix} 1 & 1 \\ 1 & -1 \end{pmatrix}^{-1} \begin{pmatrix} 1 & 2 & 3 \\ 4 & 5 & 6 \end{pmatrix} \begin{pmatrix} 1 & 1 & 0 \\ 1 & 0 & 1 \\ 0 & 1 & 1 \end{pmatrix}$$

$$= \begin{pmatrix} 6 & 7 & 8 \\ -3 & -3 & -3 \end{pmatrix}$$

である. もちろんこの結果は, 例題 3.16 の結果と一致する.

例題 3.20 $A = \begin{pmatrix} 1 & 2 & 3 \\ 4 & 5 & 6 \end{pmatrix}$ とする. 線形写像 $f : K^3 \ni \boldsymbol{x} \mapsto A\boldsymbol{x} \in K^2$ の, 基底 $\boldsymbol{u}_1 = \begin{pmatrix} 1 \\ -3 \\ 1 \end{pmatrix}, \boldsymbol{u}_2 = \begin{pmatrix} 1 \\ -1 \\ 0 \end{pmatrix}, \boldsymbol{u}_3 = \begin{pmatrix} 0 \\ 1 \\ 1 \end{pmatrix}$ と基底 $\boldsymbol{v}_1 = \begin{pmatrix} 1 \\ 2 \end{pmatrix}, \boldsymbol{v}_2 = \begin{pmatrix} 1 \\ 3 \end{pmatrix}$ に関する表現行列を, 上に示した方法で求めよ.

解答　標準基底に関する f の表現行列は A であり, K^3 の標準基底から基底 $\boldsymbol{u}_1, \boldsymbol{u}_2, \boldsymbol{u}_3$ への

変換行列は $\begin{pmatrix} \boldsymbol{u}_1 & \boldsymbol{u}_2 & \boldsymbol{u}_3 \end{pmatrix} = \begin{pmatrix} 1 & 1 & 0 \\ -3 & -1 & 1 \\ 1 & 0 & 1 \end{pmatrix}$, K^2 の標準基底から基底 $\boldsymbol{v}_1, \boldsymbol{v}_2$ への変換行列

は $\begin{pmatrix} \boldsymbol{v}_1 & \boldsymbol{v}_2 \end{pmatrix} = \begin{pmatrix} 1 & 1 \\ 2 & 3 \end{pmatrix}$ であるから, 基底 $\boldsymbol{u}_1, \boldsymbol{u}_2, \boldsymbol{u}_3$ と基底 $\boldsymbol{v}_1, \boldsymbol{v}_2$ に関する f の表現行列は

$\begin{pmatrix} 1 & 1 \\ 2 & 3 \end{pmatrix}^{-1} \begin{pmatrix} 1 & 2 & 3 \\ 4 & 5 & 6 \end{pmatrix} \begin{pmatrix} 1 & 1 & 0 \\ -3 & -1 & 1 \\ 1 & 0 & 1 \end{pmatrix} = \begin{pmatrix} -1 & -2 & 4 \\ -1 & 1 & 1 \end{pmatrix}$ である.

140　第 3 章　線形空間と線形写像

章末問題

3.1　次の (1),(2) のベクトルについて，それらが K^4 の生成系であるかどうかを判定せよ．

(1) $\begin{pmatrix} 1 \\ 0 \\ 2 \\ -1 \end{pmatrix}, \begin{pmatrix} 0 \\ -1 \\ 1 \\ 2 \end{pmatrix}, \begin{pmatrix} 1 \\ 2 \\ -1 \\ 1 \end{pmatrix}, \begin{pmatrix} -1 \\ 1 \\ 0 \\ 2 \end{pmatrix}$　(2) $\begin{pmatrix} 1 \\ 1 \\ 0 \\ 0 \end{pmatrix}, \begin{pmatrix} 1 \\ 0 \\ 1 \\ 0 \end{pmatrix}, \begin{pmatrix} 1 \\ 0 \\ 1 \\ -1 \end{pmatrix}, \begin{pmatrix} 1 \\ 1 \\ 0 \\ 1 \end{pmatrix}$

解答

(1)　$\mathrm{rank} \begin{pmatrix} 1 & 0 & 1 & -1 \\ 0 & -1 & 2 & 1 \\ 2 & 1 & -1 & 0 \\ -1 & 2 & 1 & 2 \end{pmatrix} = 4$ より，$\begin{pmatrix} 1 & 0 & 1 & -1 \\ 0 & -1 & 2 & 1 \\ 2 & 1 & -1 & 0 \\ -1 & 2 & 1 & 2 \end{pmatrix} \begin{pmatrix} \alpha \\ \beta \\ \gamma \\ \delta \end{pmatrix} = \begin{pmatrix} x_1 \\ x_2 \\ x_3 \\ x_4 \end{pmatrix}$ はすべ

ての $x_1, x_2, x_3, x_4 \in K$ に対して解をもつから，すべての $\begin{pmatrix} x_1 \\ x_2 \\ x_3 \\ x_4 \end{pmatrix} \in K^4$ に対して $\begin{pmatrix} x_1 \\ x_2 \\ x_3 \\ x_4 \end{pmatrix} = $

$\alpha \begin{pmatrix} 1 \\ 0 \\ 2 \\ -1 \end{pmatrix} + \beta \begin{pmatrix} 0 \\ -1 \\ 1 \\ 2 \end{pmatrix} + \gamma \begin{pmatrix} 1 \\ 2 \\ -1 \\ 1 \end{pmatrix} + \delta \begin{pmatrix} -1 \\ 1 \\ 0 \\ 2 \end{pmatrix}$ をみたす $\alpha, \beta, \gamma, \delta$ が存在する．したがって

生成系である．

(2)　例えば，$\begin{pmatrix} 1 \\ 0 \\ 0 \\ 0 \end{pmatrix} = \alpha \begin{pmatrix} 1 \\ 1 \\ 0 \\ 0 \end{pmatrix} + \beta \begin{pmatrix} 1 \\ 0 \\ 1 \\ 0 \end{pmatrix} + \gamma \begin{pmatrix} 1 \\ 0 \\ 1 \\ -1 \end{pmatrix} + \delta \begin{pmatrix} 1 \\ 1 \\ 0 \\ 1 \end{pmatrix}$ となる $\alpha, \beta, \gamma, \delta$ は存在しな

いから生成系ではない．

3.2　n 次正方行列 A と $\lambda \in K$ に対して

$$W = \{ \boldsymbol{x} \in K^n | A\boldsymbol{x} = \lambda \boldsymbol{x} \}$$

とすると，W は K^n の部分空間になる．このことを証明せよ．

解答　$A\boldsymbol{o} = \boldsymbol{o} = \lambda \boldsymbol{o}$ より $\boldsymbol{o} \in W$．$\boldsymbol{x}, \boldsymbol{y} \in W$ ならば $A(\boldsymbol{x}+\boldsymbol{y}) = A\boldsymbol{x} + A\boldsymbol{y} = \lambda \boldsymbol{x} + \lambda \boldsymbol{y} = \lambda(\boldsymbol{x}+\boldsymbol{y})$ より $\boldsymbol{x} + \boldsymbol{y} \in W$．$\alpha \in K, \boldsymbol{x} \in W$ ならば $A(\alpha \boldsymbol{x}) = \alpha(A\boldsymbol{x}) = \alpha(\lambda \boldsymbol{x}) = (\alpha\lambda)\boldsymbol{x} = (\lambda\alpha)\boldsymbol{x} = \lambda(\alpha\boldsymbol{x})$ より $\alpha\boldsymbol{x} \in W$．

章末問題　141

3.3　$x_1, x_2, \cdots, x_n \in V$ が線形独立ならば,

$$x_1, \ x_1 + x_2, \ \cdots, \ x_1 + x_2 + \cdots + x_n$$

も線形独立である. このことを証明せよ.

解答　$\alpha_1 x_1 + \alpha_2(x_1 + x_2) + \cdots + \alpha_n(x_1 + x_2 + \cdots + x_n) = o$ とする. $\alpha_1 x_1 + \alpha_2(x_1 + x_2) + \cdots + \alpha_n(x_1 + x_2 + \cdots + x_n) = (\alpha_1 + \alpha_2 + \cdots + \alpha_n)x_1 + (\alpha_2 + \cdots + \alpha_n)x_2 + \cdots + \alpha_n x_n$ であり, $x_1, x_2, \cdots, x_n$ は線形独立だから, $\alpha_1 + \alpha_2 + \cdots + \alpha_n = \alpha_2 + \cdots + \alpha_n = \cdots = \alpha_n = 0$. したがって, $\alpha_n = \alpha_{n-1} = \cdots = \alpha_1 = 0$. ∎

3.4　$x_1, x_2, \cdots, x_n \in V$ が線形独立であるとき,

$$\alpha_1 x_1 + \alpha_2 x_2 + \cdots + \alpha_n x_n = \beta_1 x_1 + \beta_2 x_2 + \cdots + \beta_n x_n$$

ならば

$$\alpha_1 = \beta_1, \alpha_2 = \beta_2, \cdots, \alpha_n = \beta_n$$

である. このことを証明せよ.

解答　$\alpha_1 x_1 + \alpha_2 x_2 + \cdots + \alpha_n x_n = \beta_1 x_1 + \beta_2 x_2 + \cdots + \beta_n x_n$ とすると, $(\alpha_1 - \beta_1)x_1 + (\alpha_2 - \beta_2)x_2 + \cdots + (\alpha_n - \beta_n)x_n = o$. $x_1, x_2, \cdots, x_n$ は線形独立だから $\alpha_1 - \beta_1 = \alpha_2 - \beta_2 = \cdots = \alpha_n - \beta_n = 0$, したがって, $\alpha_1 = \beta_1, \alpha_2 = \beta_2, \cdots, \alpha_n = \beta_n$ である. ∎

3.5　次のそれぞれのベクトルの組が K^3 の基底であるか判定せよ.

(1) $\begin{pmatrix} 2 \\ 1 \\ -3 \end{pmatrix}, \begin{pmatrix} 3 \\ -2 \\ 1 \end{pmatrix}, \begin{pmatrix} -1 \\ 2 \\ 1 \end{pmatrix}$ (2) $\begin{pmatrix} 1 \\ -i \\ 1 \end{pmatrix}, \begin{pmatrix} 1 \\ 0 \\ i \end{pmatrix}, \begin{pmatrix} 0 \\ 1 \\ 1+i \end{pmatrix}$ (3) $\begin{pmatrix} 1 \\ -2 \\ 2 \end{pmatrix}, \begin{pmatrix} 1 \\ -2 \\ x \end{pmatrix}, \begin{pmatrix} -1 \\ y \\ 1 \end{pmatrix}$

ただし, (3) において $x, y \in K$ である.

解答　K^3 の中の3個のベクトルであるから, 線形独立であるか線形従属であるかを調べればよい. そのためには, それらを並べた3次の正方行列が正則であるか否かを調べればよい. そのためには行列式の値を調べればよい.

(1) $\begin{vmatrix} 2 & 3 & -1 \\ 1 & -2 & 2 \\ -3 & 1 & 1 \end{vmatrix} = -24 \neq 0$ より基底である.

(2) $\begin{vmatrix} 1 & 1 & 0 \\ -i & 0 & 1 \\ 1 & i & 1+i \end{vmatrix} = 0$ より基底ではない.

(3) $\begin{vmatrix} 1 & 1 & -1 \\ -2 & -2 & y \\ 2 & x & 1 \end{vmatrix} = -(x-2)(y-2)$ より, $x \neq 2$ かつ $y \neq 2$ ならば基底, そうでなければ基底でない. ∎

142　第 3 章　線形空間と線形写像

3.6 $\begin{pmatrix} 1 \\ -3 \\ 1 \end{pmatrix}, \begin{pmatrix} 1 \\ -1 \\ 2 \end{pmatrix}, \begin{pmatrix} 0 \\ 1 \\ 1 \end{pmatrix}$ が K^3 の基底であることを示し，この基底に関する $\begin{pmatrix} 3 \\ -5 \\ 11 \end{pmatrix}$ の成分表示を求めよ．

解答 $\begin{vmatrix} 1 & 1 & 0 \\ -3 & -1 & 1 \\ 1 & 2 & 1 \end{vmatrix} = 1 \neq 0$ より $\begin{pmatrix} 1 \\ -3 \\ 1 \end{pmatrix}, \begin{pmatrix} 1 \\ -1 \\ 2 \end{pmatrix}, \begin{pmatrix} 0 \\ 1 \\ 1 \end{pmatrix}$ は基底である．また，方程式

$\begin{pmatrix} 1 & 1 & 0 \\ -3 & -1 & 1 \\ 1 & 2 & 1 \end{pmatrix} \begin{pmatrix} \alpha \\ \beta \\ \gamma \end{pmatrix} = \begin{pmatrix} 3 \\ -5 \\ 11 \end{pmatrix}$ を解くことにより，$\begin{pmatrix} 3 \\ -5 \\ 11 \end{pmatrix} = 7 \begin{pmatrix} 1 \\ -3 \\ 1 \end{pmatrix} - 4 \begin{pmatrix} 1 \\ -1 \\ 2 \end{pmatrix} +$

$12 \begin{pmatrix} 0 \\ 1 \\ 1 \end{pmatrix}$ であることがわかるから，成分表示は $\begin{pmatrix} 7 \\ -4 \\ 12 \end{pmatrix}$ である． ▮

3.7 V を K 上の線形空間，$\boldsymbol{u}_1, \boldsymbol{u}_2, \cdots, \boldsymbol{u}_n,\ \boldsymbol{v}_1, \boldsymbol{v}_2, \cdots, \boldsymbol{v}_n,\ \boldsymbol{w}_1, \boldsymbol{w}_2, \cdots, \boldsymbol{w}_n$ を V の 3 組の基底とし，A を基底 $\boldsymbol{v}_1, \boldsymbol{v}_2, \cdots, \boldsymbol{v}_n$ から基底 $\boldsymbol{u}_1, \boldsymbol{u}_2, \cdots, \boldsymbol{u}_n$ への変換行列，B を基底 $\boldsymbol{w}_1, \boldsymbol{w}_2, \cdots, \boldsymbol{w}_n$ から基底 $\boldsymbol{v}_1, \boldsymbol{v}_2, \cdots, \boldsymbol{v}_n$ への変換行列とする．このとき，基底 $\boldsymbol{w}_1, \boldsymbol{w}_2, \cdots, \boldsymbol{w}_n$ から基底 $\boldsymbol{u}_1, \boldsymbol{u}_2, \cdots, \boldsymbol{u}_n$ への変換行列は BA であることを示せ．

解答 基底の変換行列の定義から，$\begin{pmatrix} \boldsymbol{u}_1 & \boldsymbol{u}_2 & \cdots & \boldsymbol{u}_n \end{pmatrix} = \begin{pmatrix} \boldsymbol{v}_1 & \boldsymbol{v}_2 & \cdots & \boldsymbol{v}_n \end{pmatrix} A$ かつ

$\begin{pmatrix} \boldsymbol{v}_1 & \boldsymbol{v}_2 & \cdots & \boldsymbol{v}_n \end{pmatrix} = \begin{pmatrix} \boldsymbol{w}_1 & \boldsymbol{w}_2 & \cdots & \boldsymbol{w}_n \end{pmatrix} B$ である．したがって，

$\begin{pmatrix} \boldsymbol{u}_1 & \boldsymbol{u}_2 & \cdots & \boldsymbol{u}_n \end{pmatrix} = \left(\begin{pmatrix} \boldsymbol{w}_1 & \boldsymbol{w}_2 & \cdots & \boldsymbol{w}_n \end{pmatrix} B \right) A = \begin{pmatrix} \boldsymbol{w}_1 & \boldsymbol{w}_2 & \cdots & \boldsymbol{w}_n \end{pmatrix} (BA)$ が成立する．このことは，BA が基底 $\boldsymbol{w}_1, \boldsymbol{w}_2, \cdots, \boldsymbol{w}_n$ から基底 $\boldsymbol{u}_1, \boldsymbol{u}_2, \cdots, \boldsymbol{u}_n$ への変換行列であることを示している． ▮

3.8 次のそれぞれの行列 A について，$W = \{\boldsymbol{x} \in K^4 \mid A\boldsymbol{x} = 0\}$ の次元と基底を求めよ．

(1) $\begin{pmatrix} 1 & 1 & 1 & 1 \\ 2 & 3 & 0 & -1 \\ -1 & -2 & 1 & 2 \end{pmatrix}$, 　　(2) $\begin{pmatrix} 1 & -1 & 2 & 1 \\ -1 & 2 & 1 & -3 \\ 2 & 1 & -1 & 1 \\ 2 & 2 & 2 & -1 \end{pmatrix}$

解答

(1) $\mathrm{rank}\, A = 2$ であるから $\dim W = 4 - 2 = 2$ であり，$A \begin{pmatrix} -3 \\ 2 \\ 1 \\ 0 \end{pmatrix} = A \begin{pmatrix} -4 \\ 3 \\ 0 \\ 1 \end{pmatrix} = \begin{pmatrix} 0 \\ 0 \\ 0 \\ 0 \end{pmatrix}$ より

章末問題 143

$$\begin{pmatrix} -3 \\ 2 \\ 1 \\ 0 \end{pmatrix}, \begin{pmatrix} -4 \\ 3 \\ 0 \\ 1 \end{pmatrix} \in W \text{ である. さらに, } \mathrm{rank} \begin{pmatrix} -3 & -4 \\ 2 & 3 \\ 1 & 0 \\ 0 & 1 \end{pmatrix} = 2 \text{ よりこれらは線形独立であ}$$

り, $\dim W = 2$ だから基底である.

(2) $\mathrm{rank}\, A = 3$ であるから $\dim W = 4 - 3 = 1$ であり, $A \begin{pmatrix} -11 \\ 13 \\ 5 \\ 14 \end{pmatrix} = \begin{pmatrix} 0 \\ 0 \\ 0 \\ 0 \end{pmatrix}$ となるから

$$\begin{pmatrix} -11 \\ 13 \\ 5 \\ 14 \end{pmatrix} \text{ は } W \text{ の基底である.}$$

3.9 次の同次連立 1 次方程式の解空間の次元と基底を求めよ.

(1) $\begin{cases} -4x_1 + 2x_2 - 2x_3 = 0 \\ 2x_1 - x_2 + x_3 = 0 \\ 6x_1 - 3x_2 + 3x_3 = 0 \end{cases}$
(2) $\begin{cases} x_1 + 2x_2 + x_3 + 3x_4 = 0 \\ 2x_1 - 5x_2 - x_3 - 3x_4 = 0 \\ 5x_1 - 8x_2 - x_3 - 3x_4 = 0 \end{cases}$

解答

(1) 係数行列は $A = \begin{pmatrix} -4 & 2 & -2 \\ 2 & -1 & 1 \\ 6 & -3 & 3 \end{pmatrix}$ であり, $\mathrm{rank}\, A = 1$, したがって, 解空間の次元は $3 - 1 = 2$

である. 例えば, $A \begin{pmatrix} 1 \\ 2 \\ 0 \end{pmatrix} = \begin{pmatrix} 0 \\ 0 \\ 0 \end{pmatrix}, A \begin{pmatrix} 0 \\ 1 \\ 1 \end{pmatrix} = \begin{pmatrix} 0 \\ 0 \\ 0 \end{pmatrix}$ となるから, $\begin{pmatrix} 1 \\ 2 \\ 0 \end{pmatrix}, \begin{pmatrix} 0 \\ 1 \\ 1 \end{pmatrix}$ は解で

ある. $\mathrm{rank} \begin{pmatrix} 1 & 0 \\ 2 & 1 \\ 0 & 1 \end{pmatrix} = 2$ であるからこれらは線形独立であり, 解空間は 2 次元であるからこ

れらは解空間の基底である.

(2) 係数行列は $A = \begin{pmatrix} 1 & 2 & 1 & 3 \\ 2 & -5 & -1 & -3 \\ 5 & -8 & -1 & -3 \end{pmatrix}$ であり, $\mathrm{rank}\, A = 2$, したがって, 解空間の次元

は $4 - 2 = 2$ である. 例えば, $A\begin{pmatrix} 1 \\ 1 \\ 0 \\ -1 \end{pmatrix} = \begin{pmatrix} 0 \\ 0 \\ 0 \\ 0 \end{pmatrix}$, $A\begin{pmatrix} 0 \\ 0 \\ 3 \\ -1 \end{pmatrix} = \begin{pmatrix} 0 \\ 0 \\ 0 \\ 0 \end{pmatrix}$ となるから,

$\begin{pmatrix} 1 \\ 1 \\ 0 \\ -1 \end{pmatrix}, \begin{pmatrix} 0 \\ 0 \\ 3 \\ -1 \end{pmatrix}$ は解である. $\mathrm{rank}\begin{pmatrix} 1 & 0 \\ 1 & 0 \\ 0 & 3 \\ -1 & -1 \end{pmatrix} = 2$ であるからこれらは線形独立であり,

解空間は 2 次元であるからこれらは解空間の基底である.

3.10 $A = \begin{pmatrix} 1 & -2 \\ 2 & 1 \\ -5 & 3 \end{pmatrix}$ とする. 線形写像 $f : K^2 \ni \boldsymbol{x} \mapsto A\boldsymbol{x} \in K^3$ の, 基底 $\boldsymbol{u}_1 = \begin{pmatrix} 1 \\ 2 \end{pmatrix}, \boldsymbol{u}_2 = $

$\begin{pmatrix} 1 \\ 3 \end{pmatrix}$ と基底 $\boldsymbol{v}_1 = \begin{pmatrix} 1 \\ 1 \\ 0 \end{pmatrix}, \boldsymbol{v}_2 = \begin{pmatrix} 1 \\ 0 \\ 1 \end{pmatrix}, \boldsymbol{v}_3 = \begin{pmatrix} 0 \\ 1 \\ 1 \end{pmatrix}$ に関する表現行列を, 2 通りの方法で求めよ.

解答 1. $f(\boldsymbol{u}_1) = A\boldsymbol{u}_1 = \begin{pmatrix} -3 \\ 4 \\ 1 \end{pmatrix} = -3\begin{pmatrix} 1 \\ 0 \\ 1 \end{pmatrix} + 4\begin{pmatrix} 0 \\ 1 \\ 1 \end{pmatrix}$, $f(\boldsymbol{u}_2) = A\boldsymbol{u}_2 = \begin{pmatrix} -5 \\ 5 \\ 4 \end{pmatrix} = $

$-2\begin{pmatrix} 1 \\ 1 \\ 0 \end{pmatrix} - 3\begin{pmatrix} 1 \\ 0 \\ 1 \end{pmatrix} + 7\begin{pmatrix} 0 \\ 1 \\ 1 \end{pmatrix}$ より, 表現行列は $\begin{pmatrix} 0 & -2 \\ -3 & -3 \\ 4 & 7 \end{pmatrix}$ である.

2. 標準基底に関する表現行列は A であり, K^2 の標準基底から $\boldsymbol{u}_1, \boldsymbol{u}_2$ への変換行列は $\begin{pmatrix} \boldsymbol{u}_1 & \boldsymbol{u}_2 \end{pmatrix}$, K^3 の標準基底から $\boldsymbol{v}_1, \boldsymbol{v}_2, \boldsymbol{v}_3$ への変換行列は $\begin{pmatrix} \boldsymbol{v}_1 & \boldsymbol{v}_2 & \boldsymbol{v}_3 \end{pmatrix}$ である. したがって, $\begin{pmatrix} \boldsymbol{u}_1 & \boldsymbol{u}_2 \end{pmatrix}$

と $\begin{pmatrix} \boldsymbol{v}_1 & \boldsymbol{v}_2 & \boldsymbol{v}_3 \end{pmatrix}$ に関する表現行列は $\begin{pmatrix} \boldsymbol{v}_1 & \boldsymbol{v}_2 & \boldsymbol{v}_3 \end{pmatrix}^{-1} A \begin{pmatrix} \boldsymbol{u}_1 & \boldsymbol{u}_2 \end{pmatrix} = \begin{pmatrix} 0 & -2 \\ -3 & -3 \\ 4 & 7 \end{pmatrix}$ である.

3.11 K^n から K^m への線形写像 f は, 必ず, ある m 行 n 列の行列 A を用いて $f(\boldsymbol{x}) = A\boldsymbol{x}$ と書くことができる. すなわち, 数ベクトル空間のあいだの線形写像に関して, 命題 3.1 の逆が成立する. このことを証明せよ (ヒント:標準基底に関する表現行列や成分表示を考える).

解答 標準基底に関する f の表現行列を A とする. K^n の標準基底に関する $\boldsymbol{x}$ の成分表示は $\boldsymbol{x}$ であるから, K^m の標準基底に関する $f(\boldsymbol{x})$ の成分表示は $A\boldsymbol{x}$ である (定理 3.14 参照). 一方, K^m の標準基底に関する $f(\boldsymbol{x})$ の成分表示は $f(\boldsymbol{x})$ であるから $f(\boldsymbol{x}) = A\boldsymbol{x}$ である.

3.12 V を線形空間とし, U, W をその部分空間とする. このとき, $U \cap W, U + W$ も部分空間に

章末問題　145

なることを証明せよ. ただし, $U + W = \{\boldsymbol{x} + \boldsymbol{y} \mid \boldsymbol{x} \in U, \ \boldsymbol{y} \in W\}$ である.

解答　$U \cap W$ について: $\boldsymbol{o} \in U$ かつ $\boldsymbol{o} \in W$ だから $\boldsymbol{o} \in U \cap W$. $\boldsymbol{x}, \boldsymbol{y} \in U \cap W$ とすると $\boldsymbol{x}, \boldsymbol{y} \in U$ かつ $\boldsymbol{x}, \boldsymbol{y} \in W$ だから $\boldsymbol{x} + \boldsymbol{y} \in U$ かつ $\boldsymbol{x} + \boldsymbol{y} \in W$, したがって, $\boldsymbol{x} + \boldsymbol{y} \in U \cap W$. $\alpha \in K$, $\boldsymbol{x} \in U \cap W$ とすると $\boldsymbol{x} \in U$ かつ $\boldsymbol{x} \in W$ だから $\alpha \boldsymbol{x} \in U$ かつ $\alpha \boldsymbol{x} \in W$, したがって, $\alpha \boldsymbol{x} \in U \cap W$. 以上より, $U \cap V$ は部分空間である.

$U + W$ について: $\boldsymbol{o} = \boldsymbol{o} + \boldsymbol{o} \in U + W$. $\boldsymbol{x} + \boldsymbol{y}, \boldsymbol{z} + \boldsymbol{w} \in U + W$ $(\boldsymbol{x}, \boldsymbol{z} \in U, \boldsymbol{y}, \boldsymbol{w} \in W)$ とすると, $(\boldsymbol{x} + \boldsymbol{y}) + (\boldsymbol{z} + \boldsymbol{w}) = (\boldsymbol{x} + \boldsymbol{z}) + (\boldsymbol{y} + \boldsymbol{w}) \in U + W$. $\alpha \in K$, $\boldsymbol{x} + \boldsymbol{y} \in U + W$ $(\boldsymbol{x} \in U, \boldsymbol{y} \in W)$ とすると $\alpha(\boldsymbol{x} + \boldsymbol{y}) = \alpha \boldsymbol{x} + \alpha \boldsymbol{y} \in U + W$. 以上より, $U + V$ は部分空間である.

3.13　V を K 上の線形空間, U, W を $U \cap W = \{\boldsymbol{o}\}$ をみたす 2 つの部分空間とする. $\boldsymbol{x}_1, \cdots, \boldsymbol{x}_n$ が U の基底, $\boldsymbol{y}_1, \cdots, \boldsymbol{y}_m$ が W の基底であるとき, $\boldsymbol{x}_1, \cdots, \boldsymbol{x}_n, \boldsymbol{y}_1, \cdots, \boldsymbol{y}_m$ は $U + W$ の基底になることを証明せよ.

解答　$U + W$ の任意のベクトルは $\boldsymbol{x} + \boldsymbol{y}$ $(\boldsymbol{x} \in U, \boldsymbol{y} \in W)$ と表せる. $\boldsymbol{x}_1, \cdots, \boldsymbol{x}_n$ が U の生成系であることより $\boldsymbol{x} = \alpha_1 \boldsymbol{x}_1 + \cdots + \alpha_n \boldsymbol{x}_n$ $(\alpha_i \in K)$ と表せ, $\boldsymbol{y}_1, \cdots, \boldsymbol{y}_m$ が W の生成系であることより $\boldsymbol{y} = \beta_1 \boldsymbol{y}_1 + \cdots + \beta_m \boldsymbol{y}_m$ $(\beta_j \in K)$ と表せる. したがって, $\boldsymbol{x} + \boldsymbol{y} = \alpha_1 \boldsymbol{x}_1 + \cdots + \alpha_n \boldsymbol{x}_n + \beta_1 \boldsymbol{y}_1 + \cdots + \beta_m \boldsymbol{y}_m$ であり, $\boldsymbol{x}_1, \cdots, \boldsymbol{x}_n, \boldsymbol{y}_1, \cdots, \boldsymbol{y}_m$ は $U + W$ の生成系である. 次に, $\alpha_1 \boldsymbol{x}_1 + \cdots + \alpha_n \boldsymbol{x}_n + \beta_1 \boldsymbol{y}_1 + \cdots + \beta_m \boldsymbol{y}_m = \boldsymbol{o}$ とする. このとき, $\alpha_1 \boldsymbol{x}_1 + \cdots + \alpha_n \boldsymbol{x}_n = -\beta_1 \boldsymbol{y}_1 - \cdots - \beta_m \boldsymbol{y}_m \in U \cap W = \{\boldsymbol{o}\}$ だから $\alpha_1 \boldsymbol{x}_1 + \cdots + \alpha_n \boldsymbol{x}_n = -\beta_1 \boldsymbol{y}_1 - \cdots - \beta_m \boldsymbol{y}_m = \boldsymbol{o}$ となる. $\boldsymbol{x}_1, \cdots, \boldsymbol{x}_n$ は線形独立だから $\alpha_1 = \cdots = \alpha_n = 0$, $\boldsymbol{y}_1, \cdots, \boldsymbol{y}_m$ も線形独立だから $\beta_1 = \cdots = \beta_m = 0$ となる. したがって, $\boldsymbol{x}_1, \cdots, \boldsymbol{x}_n, \boldsymbol{y}_1, \cdots, \boldsymbol{y}_m$ は線形独立である. 以上より, $\boldsymbol{x}_1, \cdots, \boldsymbol{x}_n, \boldsymbol{y}_1, \cdots, \boldsymbol{y}_m$ は $U + W$ の基底である.

3.14　$f : U \to V$ を線形写像とし, $\boldsymbol{x}_1, \boldsymbol{x}_2, \cdots, \boldsymbol{x}_n \in U$ とする. $f(\boldsymbol{x}_1), f(\boldsymbol{x}_2), \cdots, f(\boldsymbol{x}_n)$ が線形独立ならば $\boldsymbol{x}_1, \boldsymbol{x}_2, \cdots, \boldsymbol{x}_n$ も線形独立であることを示せ. 逆は一般には成立しない. 反例を 1 つあげよ.

解答　$\alpha_1 \boldsymbol{x}_1 + \alpha_2 \boldsymbol{x}_2 + \cdots + \alpha_n \boldsymbol{x}_n = \boldsymbol{o}$ とする. このとき, $\alpha_1 f(\boldsymbol{x}_1) + \alpha_2 f(\boldsymbol{x}_2) + \cdots + \alpha_n f(\boldsymbol{x}_n) = f(\alpha_1 \boldsymbol{x}_1 + \cdots + \alpha_n \boldsymbol{x}_n) = f(\boldsymbol{o}) = \boldsymbol{o}$ であるが, $f(\boldsymbol{x}_1), f(\boldsymbol{x}_2), \cdots, f(\boldsymbol{x}_n)$ は線形独立だから $\alpha_1 = \alpha_2 = \cdots = \alpha_n = 0$ である. したがって, $\boldsymbol{x}_1, \boldsymbol{x}_2, \cdots, \boldsymbol{x}_n$ は線形独立である.

反例) 例えば, $f : K^3 \ni \begin{pmatrix} x_1 \\ x_2 \\ x_3 \end{pmatrix} \mapsto \begin{pmatrix} x_1 \\ x_2 \end{pmatrix} \in K^2$ は線形写像であり, $\begin{pmatrix} 1 \\ 0 \\ 0 \end{pmatrix}, \begin{pmatrix} 1 \\ 0 \\ 1 \end{pmatrix}$ は線形独立であるが, $f \begin{pmatrix} 1 \\ 0 \\ 0 \end{pmatrix} = \begin{pmatrix} 1 \\ 0 \end{pmatrix}, f \begin{pmatrix} 1 \\ 0 \\ 1 \end{pmatrix} = \begin{pmatrix} 1 \\ 0 \end{pmatrix}$ は線形従属である.

4

内積

この章では，線形空間を数ベクトル空間 K^n に限定し，その空間上での内積を扱う．したがって，ベクトルとは常に数ベクトルを意味する．また，成分表示は，特に断らない限り標準基底に関する成分表示を考えることとし，数ベクトル $\bm{x}, \bm{y}, \bm{z}, \bm{w}, \cdots \in K^n$ の（標準基底に関する）成分表示を，常に

$$\begin{pmatrix} x_1 \\ x_2 \\ \vdots \\ x_n \end{pmatrix}, \begin{pmatrix} y_1 \\ y_2 \\ \vdots \\ y_n \end{pmatrix}, \begin{pmatrix} z_1 \\ z_2 \\ \vdots \\ z_n \end{pmatrix}, \begin{pmatrix} w_1 \\ w_2 \\ \vdots \\ w_n \end{pmatrix}, \cdots$$

で表すことにする．

さらに，内積を扱うときは，$\mathbb{R}$ 上の数ベクトル空間の場合と $\mathbb{C}$ 上の数ベクトル空間の場合とに分けて考える方がわかりやすい．そこで，最初の 3 節では $\mathbb{R}^n$ の内積を扱い，残りの節で，$\mathbb{C}^n$ の内積を考えることにする．

4.1 数ベクトル空間 $\mathbb{R}^n$ 上の内積

まず定義から始めるが，すべての自然数 n で成り立つように，次のように定義することにする．

定義 4.1 ベクトル $\bm{x}, \bm{y} \in \mathbb{R}^n$ に対して $\bm{x} \cdot \bm{y}$ を次で定義し，$\bm{x}$ と $\bm{y}$ の**内積** (inner product) と呼ぶ．

$$\bm{x} \cdot \bm{y} = x_1 y_1 + x_2 y_2 + \cdots + x_n y_n.$$

ベクトル $\bm{x}, \bm{y}$ を n 行 1 列の行列とみなし，1 行 1 列の行列 (a) を実数 a と同一視することにすれば，

$$\bm{x} \cdot \bm{y} = {}^t\bm{x}\bm{y} \quad \text{（右辺は行列の積）}$$

である．

4.1 数ベクトル空間 $\mathbb{R}^n$ 上の内積　147

例 4.1　$x = \begin{pmatrix} 2 \\ -3 \\ 5 \end{pmatrix}, y = \begin{pmatrix} 1 \\ 2 \\ -2 \end{pmatrix}$ ならば

$$x \cdot y = 2 \cdot 1 + (-3) \cdot 2 + 5 \cdot (-2) = -14 \quad \left(= \begin{pmatrix} 2 & -3 & 5 \end{pmatrix} \begin{pmatrix} 1 \\ 2 \\ -2 \end{pmatrix} \right)$$

である．また，$\mathbb{R}^n$ の標準基底 $e_1, e_2, \cdots, e_n$ に対して，

$$e_i \cdot e_j = \begin{cases} 1 & (i = j) \\ 0 & (i \neq j) \end{cases}$$

である．

例題 4.1　次の x, y について，内積 $x \cdot y$ を求めよ．

(1) $x = \begin{pmatrix} 3 \\ 5 \end{pmatrix}, y = \begin{pmatrix} 2 \\ -3 \end{pmatrix}$　　(2) $x = \begin{pmatrix} 1 \\ 0 \\ -2 \end{pmatrix}, y = \begin{pmatrix} 3 \\ -8 \\ 2 \end{pmatrix}$

(3) $x = \begin{pmatrix} 1 \\ 2 \\ \vdots \\ n \end{pmatrix}, y = \begin{pmatrix} n \\ n-1 \\ \vdots \\ 1 \end{pmatrix}$

解答　(1) $x \cdot y = 3 \cdot 2 + 5 \cdot (-3) = -9$. (2) $x \cdot y = 1 \cdot 3 + 0 \cdot (-8) + (-2) \cdot 2 = -1$.

(3) $x \cdot y = \displaystyle\sum_{k=1}^{n} k(n - k + 1) = \dfrac{n(n+1)(n+2)}{6}$.

次の命題は，定義から直ちにわかる．

命題 4.1　$x, y, z \in \mathbb{R}^n$, $\alpha \in \mathbb{R}$ に対して，

(1)　$x \cdot y = y \cdot x$

(2)　$x \cdot (y + z) = x \cdot y + x \cdot z$,　　$(x + y) \cdot z = x \cdot z + y \cdot z$

(3)　$x \cdot \alpha y = \alpha(x \cdot y)$,　　$\alpha x \cdot y = \alpha(x \cdot y)$

注意 4.1　命題 4.1 の性質 (1) により，(2),(3) の左右の式は，それぞれ同値である．

命題 4.2　すべてのベクトル $x \in \mathbb{R}^n$ に対して常に $x \cdot x \geqq 0$ であり，

$$x \cdot x = 0 \quad \Longleftrightarrow \quad x = o$$

148　第 4 章　内積

である.

証明　命題 4.1: (1) $\boldsymbol{x} \cdot \boldsymbol{y} = \sum_{k=1}^{n} x_k y_k = \sum_{k=1}^{n} y_k x_k = \boldsymbol{y} \cdot \boldsymbol{x}$. (2) $\boldsymbol{x} \cdot (\boldsymbol{y} + \boldsymbol{z}) = \sum_{k=1}^{n} x_k (y_k + z_k) =$

$\sum_{k=1}^{n} (x_k y_k + x_k z_k) = \sum_{k=1}^{n} x_k y_k + \sum_{k=1}^{n} x_k z_k = \boldsymbol{x} \cdot \boldsymbol{y} + \boldsymbol{x} \cdot \boldsymbol{z}$. 2 番目も同様.　(3) $\boldsymbol{x} \cdot \alpha \boldsymbol{y} = \sum_{k=1}^{n} x_k (\alpha y_k) =$

$\sum_{k=1}^{n} \alpha (x_k y_k) = \alpha \sum_{k=1}^{n} x_k y_k = \alpha \boldsymbol{x} \cdot \boldsymbol{y}$. 2 番目も同様.

命題 4.2: $\boldsymbol{x} \cdot \boldsymbol{x} = \sum_{k=1}^{n} x_k^2 \geqq 0$. $\boldsymbol{x} \cdot \boldsymbol{x} = 0$ ならば，すべての k に対して $x_k^2 = 0$ したがって $x_k = 0$

となり，$\boldsymbol{x} = \boldsymbol{o}$. 逆は明らか.

▌ノルム▌

定義 4.2　ベクトル $\boldsymbol{x} \in \mathbb{R}^n$ に対して $\|\boldsymbol{x}\|$ を次で定義し，$\boldsymbol{x}$ のノルム (**norm**) と呼ぶ.
$$\|\boldsymbol{x}\| = \sqrt{\boldsymbol{x} \cdot \boldsymbol{x}}.$$
明らかに $\|\boldsymbol{x}\| \geqq 0$ であり，命題 4.2 により
$$\|\boldsymbol{x}\| = 0 \quad \Longleftrightarrow \quad \boldsymbol{x} = \boldsymbol{o} \tag{4.1}$$
である.

常に $\boldsymbol{x} \cdot \boldsymbol{x} \geqq 0$ であることに注意（命題 4.2）.

例 4.2　例 4.1 の $\boldsymbol{x}, \boldsymbol{y}$ に対して，

$$\|\boldsymbol{x}\| = \sqrt{\begin{pmatrix} 2 \\ -3 \\ 5 \end{pmatrix} \cdot \begin{pmatrix} 2 \\ -3 \\ 5 \end{pmatrix}} = \sqrt{2^2 + (-3)^2 + 5^2} = \sqrt{38}$$

$$\|\boldsymbol{y}\| = \sqrt{\begin{pmatrix} 1 \\ 2 \\ -2 \end{pmatrix} \cdot \begin{pmatrix} 1 \\ 2 \\ -2 \end{pmatrix}} = \sqrt{1^2 + 2^2 + (-2)^2} = \sqrt{9} = 3$$

例題 4.2　$\|\alpha \boldsymbol{x}\| = |\alpha| \|\boldsymbol{x}\|$ であることを示せ.

解答　$\|\alpha \boldsymbol{x}\| = \sqrt{\sum_{k=1}^{n} (\alpha x_k)^2} = \sqrt{\alpha^2 \sum_{k=1}^{n} x_k^2} = \sqrt{\alpha^2} \sqrt{\sum_{k=1}^{n} x_k^2} = |\alpha| \|\boldsymbol{x}\|$

$\boldsymbol{x}, \boldsymbol{y}$ を $\boldsymbol{o}$ でない 2 つのベクトルとし，それらの直交性を，$\boldsymbol{x} \cdot \boldsymbol{y} = 0$ で定義する．すなわち，

$$\boldsymbol{x} \text{ と } \boldsymbol{y} \text{ が直交する} \overset{\text{def}}{\Longleftrightarrow} \boldsymbol{x} \cdot \boldsymbol{y} = 0$$

4.1 数ベクトル空間 $\mathbb{R}^n$ 上の内積   149

である. 例えば, $\begin{pmatrix} 1 \\ 1 \end{pmatrix} \cdot \begin{pmatrix} 1 \\ -1 \end{pmatrix} = 1 \cdot 1 + 1 \cdot (-1) = 0$ より $\begin{pmatrix} 1 \\ 1 \end{pmatrix}$ と $\begin{pmatrix} 1 \\ -1 \end{pmatrix}$ は直交している.

また, $\begin{pmatrix} 1 \\ 2 \\ 5 \end{pmatrix} \cdot \begin{pmatrix} -2 \\ 1 \\ 0 \end{pmatrix} = -2 + 2 + 0 = 0$ より $\begin{pmatrix} 1 \\ 2 \\ 5 \end{pmatrix}$ と $\begin{pmatrix} -2 \\ 1 \\ 0 \end{pmatrix}$ も直交している. もちろん,

$i \neq j$ のとき, $\boldsymbol{e}_i$ と $\boldsymbol{e}_j$ も直交している.

▌直交補空間▐

S を $\mathbb{R}^n$ の部分集合とする. S に属するすべてのベクトルと直交するベクトル全体の集合を $S^\perp$ で表し, S の**直交補空間** (orthogonal complement) と呼ぶ. すなわち,

$$S^\perp = \{\boldsymbol{x} \in \mathbb{R}^n | \text{すべての } \boldsymbol{z} \in S \text{ に対して } \boldsymbol{x} \cdot \boldsymbol{z} = 0\}$$

である.

定理 4.1 $S^\perp$ は $\mathbb{R}^n$ の部分空間であり, S が部分空間ならば $S \cap S^\perp = \{\boldsymbol{o}\}$ が成立する.

証明 まず, すべての $\boldsymbol{z} \in S$ に対して $\boldsymbol{o} \cdot \boldsymbol{z} = 0$ だから $\boldsymbol{o} \in S^\perp$ である.

$\boldsymbol{x}, \boldsymbol{y} \in S^\perp$ とすると, すべての $\boldsymbol{z} \in S$ に対して $\boldsymbol{x} \cdot \boldsymbol{z} = \boldsymbol{y} \cdot \boldsymbol{z} = 0$ が成立するから $(\boldsymbol{x} + \boldsymbol{y}) \cdot \boldsymbol{z} = \boldsymbol{x} \cdot \boldsymbol{z} + \boldsymbol{y} \cdot \boldsymbol{z} = 0$, したがって $\boldsymbol{x} + \boldsymbol{y} \in S^\perp$ である.

$\alpha \in \mathbb{R}$, $\boldsymbol{x} \in S^\perp$ とすると, すべての $\boldsymbol{z} \in S$ に対して $\boldsymbol{x} \cdot \boldsymbol{z} = 0$ が成立するから $\alpha \boldsymbol{x} \cdot \boldsymbol{z} = \alpha(\boldsymbol{x} \cdot \boldsymbol{z}) = 0$, したがって $\alpha \boldsymbol{x} \in S^\perp$ である.

以上より, $S^\perp$ は $\mathbb{R}^n$ の部分空間である.

また, $\boldsymbol{x} \in S \cap S^\perp$ とすると, $\boldsymbol{x} \in S$ であり, かつ $\boldsymbol{x} \in S^\perp$ でもあるから $\boldsymbol{x} \cdot \boldsymbol{x} = 0$, したがって命題 4.2 により $\boldsymbol{x} = \boldsymbol{o}$ である. S が部分空間ならば $\boldsymbol{o} \in S$ だから, $S \cap S^\perp = \{\boldsymbol{o}\}$ である. ▋

例 4.3 $S = \left\{ \begin{pmatrix} 1 \\ 1 \end{pmatrix} \right\}$ のとき

$$S^\perp = \left\{ \begin{pmatrix} x_1 \\ x_2 \end{pmatrix} \middle| \begin{pmatrix} x_1 \\ x_2 \end{pmatrix} \cdot \begin{pmatrix} 1 \\ 1 \end{pmatrix} = x_1 + x_2 = 0 \right\} = \left\{ \begin{pmatrix} s \\ -s \end{pmatrix} \middle| s \in \mathbb{R}^2 \right\}$$

$$= \left\langle \begin{pmatrix} 1 \\ -1 \end{pmatrix} \right\rangle$$

例 4.4 $S = \left\{ \begin{pmatrix} 1 \\ 0 \\ -2 \end{pmatrix}, \begin{pmatrix} 3 \\ -8 \\ 2 \end{pmatrix} \right\}$ のとき

$$S^\perp = \left\{ \begin{pmatrix} x_1 \\ x_2 \\ x_3 \end{pmatrix} \,\middle|\, \begin{pmatrix} x_1 \\ x_2 \\ x_3 \end{pmatrix} \cdot \begin{pmatrix} 1 \\ 0 \\ -2 \end{pmatrix} = 0 \quad \text{かつ} \quad \begin{pmatrix} x_1 \\ x_2 \\ x_3 \end{pmatrix} \cdot \begin{pmatrix} 3 \\ -8 \\ 2 \end{pmatrix} = 0 \right\}$$

$$= \left\{ \begin{pmatrix} x_1 \\ x_2 \\ x_3 \end{pmatrix} \,\middle|\, x_1 - 2x_3 = 3x_1 - 8x_2 + 2x_3 = 0 \right\}$$

方程式 $x_1 - 2x_3 = 3x_1 - 8x_2 + 2x_3 = 0$ を解くと, $\begin{pmatrix} x_1 \\ x_2 \\ x_3 \end{pmatrix} = \begin{pmatrix} 2s \\ s \\ s \end{pmatrix} = s \begin{pmatrix} 2 \\ 1 \\ 1 \end{pmatrix}$ $(s \in \mathbb{R})$ である

から

$$S^\perp = \left\langle \begin{pmatrix} 2 \\ 1 \\ 1 \end{pmatrix} \right\rangle$$

である.

例 4.5 $S = \left\{ \begin{pmatrix} 1 \\ 2 \\ 5 \end{pmatrix} \right\}$ のとき

$$S^\perp = \left\{ \begin{pmatrix} x_1 \\ x_2 \\ x_3 \end{pmatrix} \,\middle|\, \begin{pmatrix} x_1 \\ x_2 \\ x_3 \end{pmatrix} \cdot \begin{pmatrix} 1 \\ 2 \\ 5 \end{pmatrix} = x_1 + 2x_2 + 5x_3 = 0 \right\}$$

$$= \left\{ \begin{pmatrix} -2s - 5t \\ s \\ t \end{pmatrix} \,\middle|\, s, t \in \mathbb{R} \right\} = \left\{ s \begin{pmatrix} -2 \\ 1 \\ 0 \end{pmatrix} + t \begin{pmatrix} -5 \\ 0 \\ 1 \end{pmatrix} \,\middle|\, s, t \in \mathbb{R} \right\}$$

$$= \left\langle \begin{pmatrix} -2 \\ 1 \\ 0 \end{pmatrix}, \begin{pmatrix} -5 \\ 0 \\ 1 \end{pmatrix} \right\rangle$$

である. この例は,

$$S^\perp = \left\langle \begin{pmatrix} -2 \\ 1 \\ 0 \end{pmatrix}, \begin{pmatrix} 1 \\ 2 \\ -1 \end{pmatrix} \right\rangle$$

4.1 数ベクトル空間 $\mathbb{R}^n$ 上の内積　　151

とも表せるが，このときは，$\begin{pmatrix} -2 \\ 1 \\ 0 \end{pmatrix} \cdot \begin{pmatrix} 1 \\ 2 \\ -1 \end{pmatrix} = 0$ も成立している.

例題 4.3　$x = \begin{pmatrix} 1 \\ 2 \\ 3 \end{pmatrix}, y = \begin{pmatrix} 2 \\ 3 \\ 5 \end{pmatrix} (\in \mathbb{R}^3)$ に対して，部分空間 $\{x, y\}^{\perp}$ の基底を 1 組求めよ.

解答　$\{x, y\}^{\perp} = \left\{ \begin{pmatrix} x_1 \\ x_2 \\ x_3 \end{pmatrix} \middle| \begin{pmatrix} x_1 \\ x_2 \\ x_3 \end{pmatrix} \cdot \begin{pmatrix} 1 \\ 2 \\ 3 \end{pmatrix} = \begin{pmatrix} x_1 \\ x_2 \\ x_3 \end{pmatrix} \cdot \begin{pmatrix} 2 \\ 3 \\ 5 \end{pmatrix} = 0 \right\}$

$= \left\{ \begin{pmatrix} x_1 \\ x_2 \\ x_3 \end{pmatrix} \middle| x_1 + 2x_2 + 3x_3 = 2x_1 + 3x_2 + 5x_3 = 0 \right\}.$

方程式 $x_1 + 2x_2 + 3x_3 = 2x_1 + 3x_2 + 5x_3 = 0$ を解いて，例えば $\begin{pmatrix} 1 \\ 1 \\ -1 \end{pmatrix}$ は $\{x, y\}^{\perp}$ の基底である. ∎

例題 4.4　V を $\mathbb{R}^n$ の部分空間とし，$v_1, v_2, \cdots, v_\ell$ をその生成系とする. すなわち，$V = \langle v_1, v_2, \cdots, v_\ell \rangle$ である. このとき，$V^{\perp} = \{v_1, v_2, \cdots, v_\ell\}^{\perp}$ であることを示せ.

解答　$x \in V^{\perp}$ とすると，すべての $y \in V$ に対して $x \cdot y = 0$ である. $v_k \in V$ $(1 \leqq k \leqq \ell)$ であるから，すべての k $(1 \leqq k \leqq \ell)$ について $x \cdot v_k = 0$ である. したがって，$x \in \{v_1, v_2, \cdots, v_\ell\}^{\perp}$ である. 逆に，$x \in \{v_1, v_2, \cdots, v_\ell\}^{\perp}$ とすると，すべての k $(1 \leqq k \leqq \ell)$ に対して $x \cdot v_k = 0$ である. $y \in V$ を任意にとってくると，$y = \alpha_1 v_1 + \cdots + \alpha_\ell v_\ell$ $(\alpha_k \in K)$ と表せるから，$x \cdot y = \alpha_1 (x \cdot v_1) + \cdots + \alpha_\ell (x \cdot v_\ell) = 0$ である. したがって，$x \in V^{\perp}$ である. ∎

$n = 2$ または $n = 3$ として，$\mathbb{R}^n$ のベクトルを矢印（有向線分）で表すと，ベクトル x のノルムは x の長さであり，ベクトル x と ベクトル y のなす角を θ とすると，$x \cdot y = \|x\| \|y\| \cdot \cos\theta$ である. つまり，ノルムとは長さ（あるいは大きさ）という概念を一般の $\mathbb{R}^n$ のベクトルに対して拡張した概念であり，2 つのベクトル x, y が直交するとは，2 つの矢印の直交性を一般の $\mathbb{R}^n$ のベクトルに対して拡張した概念である.

▎シュワルツの不等式▎

定理 4.2　すべての $x, y \in \mathbb{R}^n$ に対して，次の不等式が成立する.

$$\|x\|^2 \|y\|^2 \geqq (x \cdot y)^2. \tag{4.2}$$

等号が成立するための必要十分条件は，x と y が線形従属になることである.

152   第 4 章 内積

証明　$x = o$ のときは等号が成立し（両辺とも 0 である），かつ，x と y は線形従属である.

$x \neq o$ とする．すべての実数 $t \in \mathbb{R}$ に対して，明らかに $\|tx + y\|^2 \geqq 0$ であるが，定義 4.2 と命題 4.1 により，

$$\|tx + y\|^2 = (tx + y) \cdot (tx + y) = (tx) \cdot (tx) + (tx) \cdot y + y \cdot (tx) + y \cdot y$$

$$= t^2(x \cdot x) + t(x \cdot y) + t(y \cdot x) + y \cdot y = \|x\|^2 t^2 + 2(x \cdot y)t + \|y\|^2$$

である．したがって，すべての実数 t に対して

$$\|x\|^2 t^2 + 2(x \cdot y)t + \|y\|^2 \geqq 0 \tag{4.3}$$

が成立している．仮定から $\|x\|^2 > 0$ であるから，(4.3) 式は

$$(x \cdot y)^2 - \|x\|^2 \|y\|^2 \leqq 0$$

が成立することと同値である（t に関する 2 次式の判別式が 0 以下ということ）．故に，$\|x\|^2 \|y\|^2 \geqq (x \cdot y)^2$ である.

等号が成立するということは，$\|x\|^2 t^2 + 2(x \cdot y)t + \|y\|^2 = 0$ が成立する実数 t があるということ，すなわち，$\|tx + y\|^2 = 0$ が成立する実数 t があるということである．(4.1) より，このことは，$tx + y = o$ が成立する実数 t があるということ，すなわち，x と y が線形従属であることと同値である（仮定より $x \neq o$ であり，y の係数は 1 である）．　∎

$\|x\|\|y\| \geqq 0$ だから，(4.2) は次のように書き換えられる.

$$-\|x\|\|y\| \leqq x \cdot y \leqq \|x\|\|y\| . \tag{4.4}$$

また，(4.2) を成分を用いて表すと，

$$\left(\sum_{k=1}^{n} x_k^2\right)\left(\sum_{k=1}^{n} y_k^2\right) \geqq \left(\sum_{k=1}^{n} x_k y_k\right)^2$$

と書ける．これは，シュワルツ (Schwarz) の不等式と呼ばれているものである．$n = 2, 3$ の場合は，左辺から右辺を引くことによっても簡単に証明できる.

▌**三角不等式**▌

定理 4.2 より，三角不等式と呼ばれる次の定理が導かれる.

定理 4.3　すべてのベクトル $x, y \in \mathbb{R}^n$ に対して，次の不等式が成立する.

$$\|x\| + \|y\| \geqq \|x + y\| . \tag{4.5}$$

等号が成立するための必要十分条件は，

$$y = \alpha x \ (\alpha \geqq 0) \quad \text{または} \quad x = \alpha y \ (\alpha \geqq 0)$$

が成立することである.

証明　両辺とも 0 以上だから，$(\|x\| + \|y\|)^2 \geqq \|x + y\|^2$ を示せばよい.

$$(\|x\| + \|y\|)^2 - \|x + y\|^2$$

$$= (\|x\|^2 + 2\|x\|\|y\| + \|y\|^2) - (\|x\|^2 + 2(x \cdot y) + \|y\|^2)$$

$$= 2(\|\boldsymbol{x}\|\|\boldsymbol{y}\| - \boldsymbol{x}\cdot\boldsymbol{y}) \geqq 0. \qquad ((4.4) \text{より})$$

次に，等号が成立する条件を調べることにする．$\boldsymbol{x} = \boldsymbol{o}$ ならば明らかに等号が成立し，かつ，$\boldsymbol{x} = 0\boldsymbol{y}$ である．そこで，$\boldsymbol{x} \neq \boldsymbol{o}$ としておく．この場合，$\boldsymbol{y} = \alpha\boldsymbol{x}$ $(\alpha \in \mathbb{R})$ と書けることと，$\boldsymbol{x}, \boldsymbol{y}$ が線形従属であることとは同値であるが，このことは，不等式 (4.2) で等号が成立することと同値であった．さらにこれは，不等式 (4.4) のいずれかの等号が成立することと同値である．また，左側の等号が成立することと $\alpha \leqq 0$ であること，および，右側の等号が成立することと $\alpha \geqq 0$ であることが対応している（何故か？）．したがって，

$$\text{三角不等式 (4.5) において等号が成立する} \iff \begin{cases} \boldsymbol{x} = \boldsymbol{o} \\ \text{または} \\ \boldsymbol{y} = \alpha\boldsymbol{x} \ (\alpha \geqq 0) \text{ と書ける} \end{cases}$$

であり，右側の主張は，

$$\boldsymbol{y} = \alpha\boldsymbol{x} \ (\alpha \geqq 0) \quad \text{または} \quad \boldsymbol{x} = \alpha\boldsymbol{y} \ (\alpha \geqq 0)$$

が成立することと同値である．

$n = 2, 3$ のときには，この定理は三角形の辺の長さに関する有名な性質であり，等号の成立は，三角形がつぶれていることを意味している．

例題 4.5 上の証明の最後の部分を示せ．

解答 $\boldsymbol{o} = 0\boldsymbol{y}$ であるから，上の主張から下の主張がでてくる．下の主張がいえていて，$\boldsymbol{x} \neq \boldsymbol{o}$ とする．$\boldsymbol{y} = \alpha\boldsymbol{x}$ $(\alpha \geqq 0)$ ならばそのまま上の主張がでてくるし，そうでないならば $\boldsymbol{x} = \alpha\boldsymbol{y}$ $(\alpha \geqq 0)$ であるから $\alpha \neq 0$ より $\boldsymbol{y} = (1/\alpha)\boldsymbol{x}$, $1/\alpha > 0$ である．

■ノルムと内積■

ベクトルのノルムは内積を用いて定義されたが，逆に，ノルムを用いて内積を再現することもできる．次の定理の (2) はそのことを示している．

定理 4.4 任意のベクトル $\boldsymbol{x}, \boldsymbol{y} \in \mathbb{R}^n$ に対して次が成立する．

(1) $\|\boldsymbol{x}\|^2 + \|\boldsymbol{y}\|^2 = \dfrac{1}{2}(\|\boldsymbol{x} + \boldsymbol{y}\|^2 + \|\boldsymbol{x} - \boldsymbol{y}\|^2)$.

(2) $\boldsymbol{x} \cdot \boldsymbol{y} = \dfrac{1}{4}(\|\boldsymbol{x} + \boldsymbol{y}\|^2 - \|\boldsymbol{x} - \boldsymbol{y}\|^2)$.

証明 $\|\boldsymbol{x} \pm \boldsymbol{y}\|^2 = \|\boldsymbol{x}\|^2 \pm 2(\boldsymbol{x}\cdot\boldsymbol{y}) + \|\boldsymbol{y}\|^2$ より結論を得る．

4.2 正規直交基底

この節では，ベクトルの直交性と線形独立性の関係を考察し，正規直交基底と呼ばれる特別の基底を定義することにする．さらに，正規直交基底を作るための具体的なアルゴリズムを考えることにする．

154 第 4 章 内積

定理 4.5 $x_1, x_2, \cdots, x_\ell \in \mathbb{R}^n$ を o でないベクトルとする.

$$x_i \cdot x_j = 0 \ (i \neq j) \quad \text{ならば}, \quad x_1, x_2, \cdots, x_\ell \in \mathbb{R}^n \text{ は線形独立}$$

である.

証明
$$\alpha_1 x_1 + \alpha_2 x_2 + \cdots + \alpha_\ell x_\ell = o$$

とする. x_1 とこの等式の両辺との内積をとると

$$\text{左辺} = x_1 \cdot (\alpha_1 x_1 + \alpha_2 x_2 + \cdots + \alpha_\ell x_\ell)$$
$$= x_1 \cdot (\alpha_1 x_1) + x_1 \cdot (\alpha_2 x_2) + \cdots + x_1 \cdot (\alpha_\ell x_\ell)$$
$$= \alpha_1 (x_1 \cdot x_1) + \alpha_2 (x_1 \cdot x_2) + \cdots + \alpha_\ell (x_1 \cdot x_\ell) = \alpha_1 \|x_1\|^2$$

であり　右辺 $= x_1 \cdot o = 0$　だから $\alpha_1 \|x_1\|^2 = 0$ が成立し, したがって, $\alpha_1 = 0$ である ($x_1 \neq o$ より $\|x_1\| \neq 0$ であることに注意). 同様にして,

$$\alpha_2 = \cdots = \alpha_\ell = 0$$

である. ∎

定義 4.3 $\|x_i\| = 1 \ (i = 1, 2, \cdots, \ell)$, $x_i \cdot x_j = 0 \ (i \neq j)$ をみたすベクトル $x_1, x_2, \cdots, x_\ell$ を**正規直交系 (orthonormal system)** と呼ぶ.

注意 4.2 $\|x_i\| = 1$ ならば $x_i \neq 0$ だから, 定理 4.5 より正規直交系は線形独立である.

定義 4.4 V を $\mathbb{R}^n$ の部分空間とする. 正規直交系である V の基底を**正規直交基底 (orthonormal basis)** と呼ぶ.

定理 3.7 と注意 4.2 より次がわかる.

定理 4.6 $\dim V = \ell$, $x_1, x_2, \cdots, x_\ell \in V$ とする. このとき,

$$x_i \cdot x_j = \delta_{ij} \quad \text{ならば} \quad x_1, x_2, \cdots, x_\ell \text{ は } V \text{ の正規直交基底である.}$$

ただし, $\delta_{ij} = \begin{cases} 1 \ (i = j) \\ 0 \ (i \neq j) \end{cases}$ である.

例 4.6 $e_1, e_2, \cdots, e_n$ は $\mathbb{R}^n$ の正規直交基底である.

例 4.7 $\begin{pmatrix} \dfrac{1}{\sqrt{2}} \\ \dfrac{1}{\sqrt{2}} \\ 0 \end{pmatrix}, \begin{pmatrix} -\dfrac{2}{3} \\ -\dfrac{2}{3} \\ \dfrac{1}{3} \end{pmatrix}, \begin{pmatrix} -\dfrac{1}{3\sqrt{2}} \\ -\dfrac{1}{3\sqrt{2}} \\ -\dfrac{4}{3\sqrt{2}} \end{pmatrix}$ は $\mathbb{R}^3$ の正規直交基底である.

4.2 正規直交基底   155

例題 4.6   例 4.7 の基底が正規直交基底であることを確かめよ.

解答
$$\begin{pmatrix} \dfrac{1}{\sqrt{2}} \\ \dfrac{1}{\sqrt{2}} \\ 0 \end{pmatrix} \cdot \begin{pmatrix} \dfrac{1}{\sqrt{2}} \\ \dfrac{1}{\sqrt{2}} \\ 0 \end{pmatrix} = \frac{1}{2} + \frac{1}{2} = 1, \quad \begin{pmatrix} \dfrac{2}{3} \\ -\dfrac{2}{3} \\ \dfrac{1}{3} \end{pmatrix} \cdot \begin{pmatrix} \dfrac{2}{3} \\ -\dfrac{2}{3} \\ \dfrac{1}{3} \end{pmatrix} = \frac{4}{9} + \frac{4}{9} + \frac{1}{9} = 1,$$

$$\begin{pmatrix} \dfrac{1}{3\sqrt{2}} \\ -\dfrac{1}{3\sqrt{2}} \\ -\dfrac{4}{3\sqrt{2}} \end{pmatrix} \cdot \begin{pmatrix} \dfrac{1}{3\sqrt{2}} \\ -\dfrac{1}{3\sqrt{2}} \\ -\dfrac{4}{3\sqrt{2}} \end{pmatrix} = \frac{1}{18} + \frac{1}{18} + \frac{16}{18} = 1.$$

$$\begin{pmatrix} \dfrac{1}{\sqrt{2}} \\ \dfrac{1}{\sqrt{2}} \\ 0 \end{pmatrix} \cdot \begin{pmatrix} \dfrac{2}{3} \\ -\dfrac{2}{3} \\ \dfrac{1}{3} \end{pmatrix} = \frac{2}{3\sqrt{2}} - \frac{2}{3\sqrt{2}} = 0, \quad \begin{pmatrix} \dfrac{1}{\sqrt{2}} \\ \dfrac{1}{\sqrt{2}} \\ 0 \end{pmatrix} \cdot \begin{pmatrix} \dfrac{1}{3\sqrt{2}} \\ -\dfrac{1}{3\sqrt{2}} \\ -\dfrac{4}{3\sqrt{2}} \end{pmatrix} = \frac{1}{6} - \frac{1}{6} = 0,$$

$$\begin{pmatrix} \dfrac{2}{3} \\ -\dfrac{2}{3} \\ \dfrac{1}{3} \end{pmatrix} \cdot \begin{pmatrix} \dfrac{1}{3\sqrt{2}} \\ -\dfrac{1}{3\sqrt{2}} \\ -\dfrac{4}{3\sqrt{2}} \end{pmatrix} = \frac{2}{9\sqrt{2}} + \frac{2}{9\sqrt{2}} - \frac{4}{9\sqrt{2}} = 0.$$

例題 4.7 $\boldsymbol{x}_1, \boldsymbol{x}_2, \cdots, \boldsymbol{x}_\ell$ を正規直交系とするとき
$$\boldsymbol{x} = \alpha_1 \boldsymbol{x}_1 + \alpha_2 \boldsymbol{x}_2 + \cdots + \alpha_\ell \boldsymbol{x}_\ell \quad \text{ならば} \quad \alpha_i = \boldsymbol{x}_i \cdot \boldsymbol{x} \quad (1 \leqq i \leqq \ell)$$
であることを示せ.

解答 $\boldsymbol{x}_i \cdot \boldsymbol{x} = \boldsymbol{x}_i \cdot (\alpha_1 \boldsymbol{x}_1 + \cdots + \alpha_i \boldsymbol{x}_i + \cdots + \alpha_\ell \boldsymbol{x}_\ell) = \alpha_1 (\boldsymbol{x}_i \cdot \boldsymbol{x}_1) + \cdots + \alpha_i (\boldsymbol{x}_i \cdot \boldsymbol{x}_i) + \cdots + \alpha_\ell (\boldsymbol{x}_i \cdot \boldsymbol{x}_\ell) = \alpha_1 \cdot 0 + \cdots + \alpha_i \cdot 1 + \cdots + \alpha_\ell \cdot 0 = \alpha_i.$

例 4.8 $\begin{pmatrix} 1 \\ 1 \end{pmatrix}, \begin{pmatrix} 1 \\ -1 \end{pmatrix}$ は $\mathbb{R}^2$ の正規直交基底ではないが, $\begin{pmatrix} \dfrac{1}{\sqrt{2}} \\ \dfrac{1}{\sqrt{2}} \end{pmatrix}, \begin{pmatrix} -\dfrac{1}{\sqrt{2}} \\ -\dfrac{1}{\sqrt{2}} \end{pmatrix}$ は $\mathbb{R}^2$ の正

規直交基底である.

$$\left(\because \ \left\|\begin{pmatrix} \dfrac{1}{\sqrt{2}} \\ \pm\dfrac{1}{\sqrt{2}} \end{pmatrix}\right\| = \dfrac{1}{2} + \dfrac{1}{2} = 1, \ \begin{pmatrix} \dfrac{1}{\sqrt{2}} \\ \dfrac{1}{\sqrt{2}} \end{pmatrix} \cdot \begin{pmatrix} \dfrac{1}{\sqrt{2}} \\ -\dfrac{1}{\sqrt{2}} \end{pmatrix} = \dfrac{1}{2} - \dfrac{1}{2} = 0. \right)$$

▌正規直交基底を作る▐

一般に,零ベクトルでないベクトル v に対して $\dfrac{1}{\|v\|}v$ を作ることを v の**正規化 (normalization)** という. $\left\|\dfrac{1}{\|v\|}v\right\| = \dfrac{1}{\|v\|}\|v\| = 1$ であるから,正規化されたベクトルのノルムは 1 であり,元のベクトルの正の実数倍になっている(有向線分であれば同じ向きをもつ).例 4.8 のように,異なる 2 つずつが直交するベクトルからなる基底があれば,すべてのベクトルを正規化することにより正規直交基底を作ることができる.任意の基底から出発しても,以下の手順で正規直交基底を作ることができる.この一連の手順(アルゴリズム)を**グラム・シュミットの直交化法 (Gram-Schmidt orthonormalization)** と呼ぶ.

V を $\mathbb{R}^n$ の ℓ 次元部分空間とし,$v_1, v_2, \cdots, v_\ell$ をその基底とする.

ステップ I まず,

$$x_1 = \frac{1}{\|v_1\|}v_1$$

とすると,

$$x_1 \in V \ \text{かつ} \ \|x_1\| = 1$$

である.

ステップ II 次に,

$$y_2 = v_2 - (x_1 \cdot v_2)x_1$$

とすると,

$$x_1 \cdot y_2 = x_1 \cdot v_2 - (x_1 \cdot v_2)(x_1 \cdot x_1) = x_1 \cdot v_2 - (x_1 \cdot v_2) \times 1 = 0$$

である.y_2 は v_1 と v_2 の線形結合だから $y_2 \in V$ であり,v_2 の係数は 1 だから $y_2 \neq o$ である.したがって,$\|y_2\| \neq 0$ であり,

$$x_2 = \frac{1}{\|y_2\|}y_2$$

として x_2 を作れる.作り方から,

$$x_2 \in V, \ \|x_2\| = 1 \ \text{かつ} \ x_1 \cdot x_2 = 0$$

である.

$\boxed{\text{ステップ III}}$ 次に,

$$y_3 = v_3 - (x_1 \cdot v_3)x_1 - (x_2 \cdot v_3)x_2$$

とすると

$$x_1 \cdot y_3 = x_1 \cdot v_3 - (x_1 \cdot v_3)(x_1 \cdot x_1) - (x_2 \cdot v_3)(x_1 \cdot x_2)$$

$$= x_1 \cdot v_3 - (x_1 \cdot v_3) \times 1 - (x_2 \cdot v_3) \times 0 = 0$$

$$x_2 \cdot y_3 = x_2 \cdot v_3 - (x_1 \cdot v_3)(x_2 \cdot x_1) - (x_2 \cdot v_3)(x_2 \cdot x_2)$$

$$= x_2 \cdot v_3 - (x_1 \cdot v_3) \times 0 - (x_2 \cdot v_3) \times 1 = 0$$

である. y_3 は v_1, v_2, v_3 の線形結合だから $y_3 \in V$ であり, v_3 の係数は 1 だから $y_3 \neq o$ である. したがって, $\|y_3\| \neq 0$ であり,

$$x_3 = \frac{1}{\|y_3\|}y_3$$

として x_3 を作れる. 作り方から,

$$x_3 \in V, \ \|x_3\| = 1 \ \text{かつ} \ x_1 \cdot x_3 = x_2 \cdot x_3 = 0$$

である.

$$\vdots$$

この操作を ℓ 回繰り返すことにより,

$$x_1, x_2, x_3, \cdots, x_\ell \in V$$

を作れて, 作り方から

$$x_i \cdot x_j = \delta_{ij}$$

である. 定理 4.6 より $x_1, x_2, x_3, \cdots, x_\ell$ は V の正規直交基底である.

<u>注意 4.3</u> グラム・シュミットの直交化法があることにより, $\mathbb{R}^n$ の任意の部分空間は, 必ず正規直交基底をもつことがわかる.

<u>注意 4.4</u> 与えられた基底を構成するベクトルの順序を変えてグラム・シュミットの直交化法を適用すると, 異なった正規直交基底が得られることに注意しよう.

$\boxed{\text{例 4.9}}$ $v_1 = \begin{pmatrix} 1 \\ 1 \\ 0 \end{pmatrix}, v_2 = \begin{pmatrix} 1 \\ 0 \\ 1 \end{pmatrix}, v_3 = \begin{pmatrix} 0 \\ 1 \\ 1 \end{pmatrix}$ は $\mathbb{R}^3$ の基底であった (例 3.22 参照). これから出発して, 正規直交基底を作ってみよう.

$$\boxed{x_1 = \frac{1}{\|v_1\|} v_1} = \frac{1}{\sqrt{2}} \begin{pmatrix} 1 \\ 1 \\ 0 \end{pmatrix} = \begin{pmatrix} \dfrac{1}{\sqrt{2}} \\ \dfrac{1}{\sqrt{2}} \\ 0 \end{pmatrix}$$

$$\boxed{y_2 = v_2 - (x_1 \cdot v_2)x_1} = \begin{pmatrix} 1 \\ 0 \\ 1 \end{pmatrix} - \left(\frac{1}{\sqrt{2}} + 0 + 0\right) \begin{pmatrix} \dfrac{1}{\sqrt{2}} \\ \dfrac{1}{\sqrt{2}} \\ 0 \end{pmatrix} = \begin{pmatrix} \dfrac{1}{2} \\ -\dfrac{1}{2} \\ 1 \end{pmatrix}$$

$$\boxed{x_2 = \frac{1}{\|y_2\|} y_2} = \frac{2}{\sqrt{6}} \begin{pmatrix} \dfrac{1}{2} \\ -\dfrac{1}{2} \\ 1 \end{pmatrix} = \begin{pmatrix} \dfrac{1}{\sqrt{6}} \\ -\dfrac{1}{\sqrt{6}} \\ \dfrac{2}{\sqrt{6}} \end{pmatrix}$$

$$\boxed{y_3 = v_3 - (x_1 \cdot v_3)x_1 - (x_2 \cdot v_3)x_2}$$

$$= \begin{pmatrix} 0 \\ 1 \\ 1 \end{pmatrix} - \left(0 + \frac{1}{\sqrt{2}} + 0\right) \begin{pmatrix} \dfrac{1}{\sqrt{2}} \\ \dfrac{1}{\sqrt{2}} \\ 0 \end{pmatrix} - \left(0 - \frac{1}{\sqrt{6}} + \frac{2}{\sqrt{6}}\right) \begin{pmatrix} \dfrac{1}{\sqrt{6}} \\ -\dfrac{1}{\sqrt{6}} \\ \dfrac{2}{\sqrt{6}} \end{pmatrix} = \begin{pmatrix} -\dfrac{2}{3} \\ \dfrac{2}{3} \\ \dfrac{2}{3} \end{pmatrix}$$

$$\boxed{x_3 = \frac{1}{\|y_3\|} y_3} = \frac{3}{2\sqrt{3}} \begin{pmatrix} -\dfrac{2}{3} \\ \dfrac{2}{3} \\ \dfrac{2}{3} \end{pmatrix} = \begin{pmatrix} -\dfrac{1}{\sqrt{3}} \\ \dfrac{1}{\sqrt{3}} \\ \dfrac{1}{\sqrt{3}} \end{pmatrix}$$

以上により, $\mathbb{R}^3$ の 1 つの正規直交基底として

$$\begin{pmatrix} \dfrac{1}{\sqrt{2}} \\ \dfrac{1}{\sqrt{2}} \\ 0 \end{pmatrix}, \quad \begin{pmatrix} \dfrac{1}{\sqrt{6}} \\ -\dfrac{1}{\sqrt{6}} \\ \dfrac{2}{\sqrt{6}} \end{pmatrix}, \quad \begin{pmatrix} -\dfrac{1}{\sqrt{3}} \\ \dfrac{1}{\sqrt{3}} \\ \dfrac{1}{\sqrt{3}} \end{pmatrix}$$

を作ることができた.

例題 4.8 上の例の中の 3 つのベクトルが正規直交基底であることを確かめよ.

$$\begin{pmatrix} \dfrac{1}{\sqrt{2}} \\ \dfrac{1}{\sqrt{2}} \\ 0 \end{pmatrix} \cdot \begin{pmatrix} \dfrac{1}{\sqrt{2}} \\ \dfrac{1}{\sqrt{2}} \\ 0 \end{pmatrix} = \begin{pmatrix} -\dfrac{1}{\sqrt{6}} \\ -\dfrac{1}{\sqrt{6}} \\ \dfrac{2}{\sqrt{6}} \end{pmatrix} \cdot \begin{pmatrix} -\dfrac{1}{\sqrt{6}} \\ -\dfrac{1}{\sqrt{6}} \\ \dfrac{2}{\sqrt{6}} \end{pmatrix} = \begin{pmatrix} -\dfrac{1}{\sqrt{3}} \\ \dfrac{1}{\sqrt{3}} \\ \dfrac{1}{\sqrt{3}} \end{pmatrix} \cdot \begin{pmatrix} -\dfrac{1}{\sqrt{3}} \\ \dfrac{1}{\sqrt{3}} \\ \dfrac{1}{\sqrt{3}} \end{pmatrix} = 1$$

$$\begin{pmatrix} \dfrac{1}{\sqrt{2}} \\ \dfrac{1}{\sqrt{2}} \\ 0 \end{pmatrix} \cdot \begin{pmatrix} \dfrac{1}{\sqrt{6}} \\ -\dfrac{1}{\sqrt{6}} \\ \dfrac{2}{\sqrt{6}} \end{pmatrix} = \begin{pmatrix} \dfrac{1}{\sqrt{2}} \\ \dfrac{1}{\sqrt{2}} \\ 0 \end{pmatrix} \cdot \begin{pmatrix} -\dfrac{1}{\sqrt{3}} \\ \dfrac{1}{\sqrt{3}} \\ \dfrac{1}{\sqrt{3}} \end{pmatrix} = \begin{pmatrix} \dfrac{1}{\sqrt{6}} \\ -\dfrac{1}{\sqrt{6}} \\ \dfrac{2}{\sqrt{6}} \end{pmatrix} \cdot \begin{pmatrix} -\dfrac{1}{\sqrt{3}} \\ \dfrac{1}{\sqrt{3}} \\ \dfrac{1}{\sqrt{3}} \end{pmatrix} = 0.$$

$\boldsymbol{v}_1, \boldsymbol{v}_2, \boldsymbol{v}_3$ の順番を入れ替えてグラム・シュミットの直交化法を適用すると，どんな正規直交基底ができるか考えてみよう．

例 4.10 例 3.12 における $\mathbb{R}^5$ の部分空間 W の基底

$$\boldsymbol{v}_1 = \begin{pmatrix} 1 \\ 1 \\ -1 \\ 1 \\ 1 \end{pmatrix}, \quad \boldsymbol{v}_2 = \begin{pmatrix} 2 \\ 1 \\ 1 \\ 0 \\ -2 \end{pmatrix}, \quad \boldsymbol{v}_3 = \begin{pmatrix} 0 \\ -1 \\ 1 \\ -2 \\ 0 \end{pmatrix}$$

から出発して，この空間の正規直交基底を作ることにする．

$$\boldsymbol{x}_1 = \frac{1}{\|\boldsymbol{v}_1\|}\boldsymbol{v}_1 = \frac{1}{\sqrt{5}} \begin{pmatrix} 1 \\ 1 \\ -1 \\ 1 \\ 1 \end{pmatrix}$$

$$\boldsymbol{y}_2 = \boldsymbol{v}_2 \quad (\text{なぜならば，}\ \boldsymbol{x}_1 \cdot \boldsymbol{v}_2 = 0)$$

$$\boldsymbol{x}_2 = \frac{1}{\|\boldsymbol{y}_2\|}\boldsymbol{y}_2 = \frac{1}{\sqrt{10}} \begin{pmatrix} 2 \\ 1 \\ 1 \\ 0 \\ -2 \end{pmatrix}$$

$$\boldsymbol{y}_3 = \boldsymbol{v}_3 - (\boldsymbol{x}_1 \cdot \boldsymbol{v}_3)\boldsymbol{x}_1 - (\boldsymbol{x}_2 \cdot \boldsymbol{v}_3)\boldsymbol{x}_2 = \begin{pmatrix} 0 \\ -1 \\ 1 \\ -2 \\ 0 \end{pmatrix} + \frac{4}{\sqrt{5}}\frac{1}{\sqrt{5}} \begin{pmatrix} 1 \\ 1 \\ -1 \\ 1 \\ 1 \end{pmatrix} = \frac{1}{5} \begin{pmatrix} 4 \\ -1 \\ 1 \\ -6 \\ 4 \end{pmatrix}$$

$$x_3 = \frac{1}{\|y_3\|}y_3 = \frac{1}{\sqrt{70}}\begin{pmatrix} 4 \\ -1 \\ 1 \\ -6 \\ 4 \end{pmatrix}$$

以上により，W の 1 つの正規直交基底として

$$\frac{1}{\sqrt{5}}\begin{pmatrix} 1 \\ 1 \\ -1 \\ 1 \\ 1 \end{pmatrix}, \quad \frac{1}{\sqrt{10}}\begin{pmatrix} 2 \\ 1 \\ 1 \\ 0 \\ -2 \end{pmatrix}, \quad \frac{1}{\sqrt{70}}\begin{pmatrix} 4 \\ -1 \\ 1 \\ -6 \\ 4 \end{pmatrix}$$

を作ることができた．

例題 4.9　次のそれぞれの場合に，与えられた 3 個のベクトルが $\mathbb{R}^3$ の基底であることを示し，そ
れらをもとに正規直交基底を作れ．

(1) $\begin{pmatrix} 1 \\ 1 \\ 1 \end{pmatrix}, \begin{pmatrix} 1 \\ 1 \\ -1 \end{pmatrix}, \begin{pmatrix} 1 \\ 2 \\ 1 \end{pmatrix}$　　(2) $\begin{pmatrix} 2 \\ 1 \\ 2 \end{pmatrix}, \begin{pmatrix} 1 \\ 1 \\ 0 \end{pmatrix}, \begin{pmatrix} 1 \\ 5 \\ 1 \end{pmatrix}$

解答　(1), (2) それぞれの場合に，3 個のベクトルを左から v_1, v_2, v_3 としておく．

(1) $\begin{vmatrix} v_1 & v_2 & v_3 \end{vmatrix} = 2 \neq 0$ より v_1, v_2, v_3 は基底である（系 3.3 参照）．

$$x_1 = \frac{1}{\|v_1\|}v_1 = \begin{pmatrix} \dfrac{1}{\sqrt{3}} \\ \dfrac{1}{\sqrt{3}} \\ \dfrac{1}{\sqrt{3}} \end{pmatrix}.$$

$$y_2 = v_2 - (x_1 \cdot v_2)x_1 = \begin{pmatrix} \dfrac{2}{3} \\ \dfrac{2}{3} \\ -\dfrac{4}{3} \end{pmatrix}, \quad x_2 = \frac{1}{\|y_2\|}y_2 = \begin{pmatrix} \dfrac{1}{\sqrt{6}} \\ \dfrac{1}{\sqrt{6}} \\ -\dfrac{2}{\sqrt{6}} \end{pmatrix}.$$

$$y_3 = v_3 - (x_1 \cdot v_3)x_1 - (x_2 \cdot v_3)x_2 = \begin{pmatrix} -\dfrac{1}{2} \\ \dfrac{1}{2} \\ 0 \end{pmatrix},$$

$$x_3 = \frac{1}{\|y_3\|}y_3 = \begin{pmatrix} -\dfrac{1}{\sqrt{2}} \\ \dfrac{1}{\sqrt{2}} \\ 0 \end{pmatrix}.$$

x_1, x_2, x_3 は正規直交基底である.

(2) $\begin{vmatrix} v_1 & v_2 & v_3 \end{vmatrix} = 9 \neq 0$ より v_1, v_2, v_3 は基底である.

$$x_1 = \frac{1}{\|v_1\|}v_1 = \begin{pmatrix} \dfrac{2}{3} \\ \dfrac{1}{3} \\ \dfrac{2}{3} \end{pmatrix}. \quad y_2 = v_2 - (x_1 \cdot v_2)x_1 = \begin{pmatrix} \dfrac{1}{3} \\ \dfrac{2}{3} \\ -\dfrac{2}{3} \end{pmatrix} = x_2.$$

$$y_3 = v_3 - (x_1 \cdot v_3)x_1 - (x_2 \cdot v_3)x_2 = \begin{pmatrix} -2 \\ 2 \\ 1 \end{pmatrix},$$

$$x_3 = \frac{1}{\|y_3\|}y_3 = \begin{pmatrix} -\dfrac{2}{3} \\ \dfrac{2}{3} \\ \dfrac{1}{3} \end{pmatrix}.$$

x_1, x_2, x_3 は正規直交基底である.

定理 4.7 V を $\mathbb{R}^n$ の部分空間とすると,次が成立する.
$$\dim V + \dim V^{\perp} = n$$

証明 $x_1, x_2, \cdots, x_\ell$ を V の正規直交基底とし,
$$f : \mathbb{R}^n \ni x \mapsto \sum_{i=1}^{\ell}(x_i \cdot x)x_i \in V$$

で $\mathbb{R}^n$ から V への写像を定義すると,
$$f \text{ は線形写像で} \quad \mathrm{Im}(f) = V \tag{$*$}$$

である.さらに,このとき
$$\mathrm{Ker}(f) = \{x \in \mathbb{R}^n | f(x) = o\} = \{x \in \mathbb{R}^n | \sum_{i=1}^{\ell}(x_i \cdot x)x_i = o\}$$
$$= \{x \in \mathbb{R}^n | \text{すべての } x_i \text{ について } x_i \cdot x = 0\} \tag{$\star$}$$
$$= \{x_1, x_2, \cdots, x_\ell\}^{\perp} = V^{\perp}$$

162 第4章 内積

である．したがって，定理 3.11 より

$$\dim V + \dim V^{\perp} = \dim \mathrm{Im}(f) + \dim \mathrm{Ker}(f) = \dim \mathbb{R}^n = n.$$

例題 4.10 上の証明の中の，$(*)$ と $(\star)$ の部分を説明せよ．

解答 $(*)$: $\boldsymbol{x} \in V$ を任意にとる．$\boldsymbol{x} = \alpha_1 \boldsymbol{x}_1 + \cdots + \alpha_\ell \boldsymbol{x}_\ell$ と書けるが，$\boldsymbol{x}_1, \boldsymbol{x}_2, \cdots, \boldsymbol{x}_\ell$ は V の正規直交基底だから $\alpha_k = \boldsymbol{x}_k \cdot \boldsymbol{x}$ である．したがって，$f(\boldsymbol{x}) = \boldsymbol{x}$ である．

$(\star)$: $\boldsymbol{x}_1, \boldsymbol{x}_2, \cdots, \boldsymbol{x}_\ell$ は線形独立だから，

$$\sum_{i=1}^{\ell} (\boldsymbol{x}_i \cdot \boldsymbol{x})\boldsymbol{x}_i = \boldsymbol{o} \iff \text{すべての } i \ (1 \leqq i \leqq \ell) \text{ について } \boldsymbol{x}_i \cdot \boldsymbol{x} = 0.$$

4.3 正規直交基底の変換と直交行列

この節では，2組の正規直交基底の間の変換行列を考えるが，そこには直交行列が自然に表れてくる．

定理 4.8 $P = (p_{ij})$ を n 次の正方行列とする．このとき，次は同値である．

(1) P は直交行列である．

(2) ${}^t\!PP = E$

(3) $P\,{}^t\!P = E$

(4) $\begin{pmatrix} p_{11} \\ p_{21} \\ \vdots \\ p_{n1} \end{pmatrix}, \begin{pmatrix} p_{12} \\ p_{22} \\ \vdots \\ p_{n2} \end{pmatrix}, \cdots, \begin{pmatrix} p_{1n} \\ p_{2n} \\ \vdots \\ p_{nn} \end{pmatrix}$ は，$\mathbb{R}^n$ の正規直交基底である．

証明 (1),(2),(3) が同値であることは1章での議論によりわかる．そこで，(2) と (4) が同値であることを示すことにする．記述の手間を省くために $n = 3$ のときに示すことにするが，一般の n の場合も全く同様にできる．

$${}^t\!PP = \begin{pmatrix} p_{11} & p_{21} & p_{31} \\ p_{12} & p_{22} & p_{32} \\ p_{13} & p_{23} & p_{33} \end{pmatrix} \begin{pmatrix} p_{11} & p_{12} & p_{13} \\ p_{21} & p_{22} & p_{23} \\ p_{31} & p_{32} & p_{33} \end{pmatrix} =$$

$$\begin{pmatrix} p_{11}p_{11}+p_{21}p_{21}+p_{31}p_{31} & p_{11}p_{12}+p_{21}p_{22}+p_{31}p_{32} & p_{11}p_{13}+p_{21}p_{23}+p_{31}p_{33} \\ p_{12}p_{11}+p_{22}p_{21}+p_{32}p_{31} & p_{12}p_{12}+p_{22}p_{22}+p_{32}p_{32} & p_{12}p_{13}+p_{22}p_{23}+p_{32}p_{33} \\ p_{13}p_{11}+p_{23}p_{21}+p_{33}p_{31} & p_{13}p_{12}+p_{23}p_{22}+p_{33}p_{32} & p_{13}p_{13}+p_{23}p_{23}+p_{33}p_{33} \end{pmatrix}$$

であるから，${}^t\!PP = E$ であることと $p_{1i}p_{1j} + p_{2i}p_{2j} + p_{3i}p_{3j} = \delta_{ij}$ がすべての i, j $(1 \leq i, j \leq 3)$

について成立することが同値である.

$$p_{1i}p_{1j} + p_{2i}p_{2j} + p_{3i}p_{3j} = \begin{pmatrix} p_{1i} \\ p_{2i} \\ p_{3i} \end{pmatrix} \cdot \begin{pmatrix} p_{1j} \\ p_{2j} \\ p_{3j} \end{pmatrix}$$

であるから,このことは (2) と (4) が同値であることを示している.

直交行列 $P = \begin{pmatrix} \cos\theta & -\sin\theta \\ \sin\theta & \cos\theta \end{pmatrix}$ を用いて,$f(\boldsymbol{x}) = P\boldsymbol{x}$ で $\mathbb{R}^2$ の線形変換 f を定義する.つまり,f は,標準基底に関して P を表現行列としてもつ $\mathbb{R}^2$ から $\mathbb{R}^2$ への線形写像である.このとき

$$\boldsymbol{x} = \begin{pmatrix} x_1 \\ x_2 \end{pmatrix} \in \mathbb{R}^2 \quad \text{に対して} \quad f(\boldsymbol{x}) = \begin{pmatrix} x_1\cos\theta - x_2\sin\theta \\ x_1\sin\theta + x_2\cos\theta \end{pmatrix}$$

であり,したがって

$$\|f(\boldsymbol{x})\| = \sqrt{(x_1\cos\theta - x_2\sin\theta)^2 + (x_1\sin\theta + x_2\cos\theta)^2} = \sqrt{x_1^2 + x_2^2} = \|\boldsymbol{x}\|$$

が成り立つ.$\boldsymbol{x}, f(\boldsymbol{x})$ を原点を始点とする矢印と見なし,x 軸から $\boldsymbol{x}$ への角度を ϕ としておくと,$x_1 = \|\boldsymbol{x}\|\cos\phi,\ x_2 = \|\boldsymbol{x}\|\sin\phi$ であるから,

$$x_1\cos\theta - x_2\sin\theta = \|\boldsymbol{x}\|\cos\phi\cos\theta - \|\boldsymbol{x}\|\sin\phi\sin\theta$$

$$= \|\boldsymbol{x}\|\cos(\phi+\theta) = \|f(\boldsymbol{x})\|\cos(\phi+\theta)$$

$$x_1\sin\theta + x_2\cos\theta = \|\boldsymbol{x}\|\cos\theta\sin\phi + \|\boldsymbol{x}\|\sin\phi\cos\theta$$

$$= \|\boldsymbol{x}\|\sin(\phi+\theta) = \|f(\boldsymbol{x})\|\sin(\phi+\theta)$$

となる.このことは,行列 P が,平面上の,原点を中心とした角度 θ の回転を表現する行列であることを示している.

1 章例 1.27 の 2 番目の行列に $\theta = 0$ を代入すると $\begin{pmatrix} 1 & 0 \\ 0 & -1 \end{pmatrix}$ となる.

$$\begin{pmatrix} 1 & 0 \\ 0 & -1 \end{pmatrix}\begin{pmatrix} x_1 \\ x_2 \end{pmatrix} = \begin{pmatrix} x_1 \\ -x_2 \end{pmatrix}$$

だから,この行列は平面上の x 軸に関する対称変換を表している.また,$\theta = \pi$ を代入すると $\begin{pmatrix} -1 & 0 \\ 0 & 1 \end{pmatrix}$ となり,この行列は,平面上の y 軸に関する対称変換を表している.

例題 4.11 1 章例 1.27 の 2 番目の行列が,具体的に平面上のどのような変換を表しているか考察せよ.

解答 $\begin{pmatrix} \cos\theta & \sin\theta \\ \sin\theta & -\cos\theta \end{pmatrix} = \begin{pmatrix} \cos\theta & -\sin\theta \\ \sin\theta & \cos\theta \end{pmatrix}\begin{pmatrix} 1 & 0 \\ 0 & -1 \end{pmatrix}$ だから,平面上の x 軸に関する対称

変換をした後に原点を中心とした角度 θ の回転をすることを表している. したがってこれは, 原点を中心に x 軸を $\dfrac{\theta}{2}$ だけ回転した直線に関する対称変換でもある.

$\boldsymbol{u}_1, \boldsymbol{u}_2, \cdots, \boldsymbol{u}_n$ を $\mathbb{R}^n$ の正規直交基底, $\boldsymbol{v}_1, \boldsymbol{v}_2, \cdots, \boldsymbol{v}_n$ を $\mathbb{R}^n$ の基底（正規直交基底であることはこの時点では仮定しない）, $P = (p_{ij})$ を $\boldsymbol{u}_1, \boldsymbol{u}_2, \cdots, \boldsymbol{u}_n$ から $\boldsymbol{v}_1, \boldsymbol{v}_2, \cdots, \boldsymbol{v}_n$ への変換行列とする. すなわち

$$\begin{pmatrix} \boldsymbol{v}_1 & \boldsymbol{v}_2 & \cdots & \boldsymbol{v}_n \end{pmatrix} = \begin{pmatrix} \boldsymbol{u}_1 & \boldsymbol{u}_2 & \cdots & \boldsymbol{u}_n \end{pmatrix} P$$

である. このとき,

$$\boldsymbol{v}_i = p_{1i}\boldsymbol{u}_1 + p_{2i}\boldsymbol{u}_2 + \cdots + p_{ni}\boldsymbol{u}_n, \quad \boldsymbol{v}_j = p_{1j}\boldsymbol{u}_1 + p_{2j}\boldsymbol{u}_2 + \cdots + p_{nj}\boldsymbol{u}_n$$

だから

$$
\begin{aligned}
\boldsymbol{v}_i \cdot \boldsymbol{v}_j &= (p_{1i}\boldsymbol{u}_1 + p_{2i}\boldsymbol{u}_2 + \cdots + p_{ni}\boldsymbol{u}_n) \cdot (p_{1j}\boldsymbol{u}_1 + p_{2j}\boldsymbol{u}_2 + \cdots + p_{nj}\boldsymbol{u}_n) \\
&= p_{1i}p_{1j}(\boldsymbol{u}_1 \cdot \boldsymbol{u}_1) + p_{1i}p_{2j}(\boldsymbol{u}_1 \cdot \boldsymbol{u}_2) + \cdots + p_{1i}p_{nj}(\boldsymbol{u}_1 \cdot \boldsymbol{u}_n) \\
&\quad + p_{2i}p_{1j}(\boldsymbol{u}_2 \cdot \boldsymbol{u}_1) + p_{2i}p_{2j}(\boldsymbol{u}_2 \cdot \boldsymbol{u}_2) + \cdots + p_{2i}p_{nj}(\boldsymbol{u}_2 \cdot \boldsymbol{u}_n) \\
&\quad + \cdots \\
&\quad + p_{ni}p_{1j}(\boldsymbol{u}_n \cdot \boldsymbol{u}_1) + p_{ni}p_{2j}(\boldsymbol{u}_n \cdot \boldsymbol{u}_2) + \cdots + p_{ni}p_{nj}(\boldsymbol{u}_n \cdot \boldsymbol{u}_n) \\
&= p_{1i}p_{1j} + p_{2i}p_{2j} + \cdots + p_{ni}p_{nj} = \begin{pmatrix} p_{1i} \\ p_{2i} \\ \vdots \\ p_{ni} \end{pmatrix} \cdot \begin{pmatrix} p_{1j} \\ p_{2j} \\ \vdots \\ p_{nj} \end{pmatrix}.
\end{aligned}
$$

したがって,

$$\boldsymbol{v}_i \cdot \boldsymbol{v}_j = \delta_{ij} \quad \Longleftrightarrow \quad \begin{pmatrix} p_{1i} \\ p_{2i} \\ \vdots \\ p_{ni} \end{pmatrix} \cdot \begin{pmatrix} p_{1j} \\ p_{2j} \\ \vdots \\ p_{nj} \end{pmatrix} = \delta_{ij}.$$

このことより, 次の定理がいえる.

定理 4.9 $\boldsymbol{u}_1, \boldsymbol{u}_2, \cdots, \boldsymbol{u}_n$ を $\mathbb{R}^n$ の正規直交基底, $\boldsymbol{v}_1, \boldsymbol{v}_2, \cdots, \boldsymbol{v}_n$ を $\mathbb{R}^n$ の基底, P を $\boldsymbol{u}_1, \boldsymbol{u}_2, \cdots, \boldsymbol{u}_n$ から $\boldsymbol{v}_1, \boldsymbol{v}_2, \cdots, \boldsymbol{v}_n$ への変換行列とする.
このとき,

$\boldsymbol{v}_1, \boldsymbol{v}_2, \cdots, \boldsymbol{v}_n$ が 正規直交基底であることと P が直交行列であること

は同値である.

4.3 正規直交基底の変換と直交行列　　165

例 4.11　$\mathbb{R}^2$ の標準基底 $\boldsymbol{e}_1, \boldsymbol{e}_2$ から基底 $\begin{pmatrix} \dfrac{1}{\sqrt{2}} \\ \dfrac{1}{\sqrt{2}} \end{pmatrix}, \begin{pmatrix} -\dfrac{1}{\sqrt{2}} \\ \dfrac{1}{\sqrt{2}} \end{pmatrix}$ への変換行列は $\begin{pmatrix} \dfrac{1}{\sqrt{2}} & -\dfrac{1}{\sqrt{2}} \\ \dfrac{1}{\sqrt{2}} & \dfrac{1}{\sqrt{2}} \end{pmatrix}$

であった. $\begin{pmatrix} \dfrac{1}{\sqrt{2}} \\ \dfrac{1}{\sqrt{2}} \end{pmatrix}, \begin{pmatrix} -\dfrac{1}{\sqrt{2}} \\ \dfrac{1}{\sqrt{2}} \end{pmatrix}$ は正規直交基底であり, $\begin{pmatrix} \dfrac{1}{\sqrt{2}} & -\dfrac{1}{\sqrt{2}} \\ \dfrac{1}{\sqrt{2}} & \dfrac{1}{\sqrt{2}} \end{pmatrix}$ は直交行列である.

また,

$$\begin{pmatrix} \dfrac{1}{\sqrt{2}} & -\dfrac{1}{\sqrt{2}} \\ \dfrac{1}{\sqrt{2}} & \dfrac{1}{\sqrt{2}} \end{pmatrix}^{-1} = {}^t\begin{pmatrix} \dfrac{1}{\sqrt{2}} & -\dfrac{1}{\sqrt{2}} \\ \dfrac{1}{\sqrt{2}} & \dfrac{1}{\sqrt{2}} \end{pmatrix} \quad (\text{定理 } 4.8(1) \text{ 参照})$$

$$= \begin{pmatrix} \dfrac{1}{\sqrt{2}} & \dfrac{1}{\sqrt{2}} \\ -\dfrac{1}{\sqrt{2}} & \dfrac{1}{\sqrt{2}} \end{pmatrix}$$

は, $\begin{pmatrix} \dfrac{1}{\sqrt{2}} \\ \dfrac{1}{\sqrt{2}} \end{pmatrix}, \begin{pmatrix} -\dfrac{1}{\sqrt{2}} \\ \dfrac{1}{\sqrt{2}} \end{pmatrix}$ から標準基底への変換行列であるからやはり直交行列である.

例 4.12　$\mathbb{R}^2$ の正規直交基底 $\begin{pmatrix} \dfrac{1}{\sqrt{2}} \\ \dfrac{1}{\sqrt{2}} \end{pmatrix}, \begin{pmatrix} -\dfrac{1}{\sqrt{2}} \\ \dfrac{1}{\sqrt{2}} \end{pmatrix}$ から正規直交基底 $\begin{pmatrix} \dfrac{1}{2} \\ \dfrac{\sqrt{3}}{2} \end{pmatrix}, \begin{pmatrix} \dfrac{\sqrt{3}}{2} \\ -\dfrac{1}{2} \end{pmatrix}$

への変換行列を P とすると

$$\begin{pmatrix} \dfrac{1}{2} & \dfrac{\sqrt{3}}{2} \\ \dfrac{\sqrt{3}}{2} & -\dfrac{1}{2} \end{pmatrix} = \begin{pmatrix} \dfrac{1}{\sqrt{2}} & -\dfrac{1}{\sqrt{2}} \\ \dfrac{1}{\sqrt{2}} & \dfrac{1}{\sqrt{2}} \end{pmatrix} P$$

である. したがって

$$P = \begin{pmatrix} \dfrac{1}{\sqrt{2}} & -\dfrac{1}{\sqrt{2}} \\ \dfrac{1}{\sqrt{2}} & \dfrac{1}{\sqrt{2}} \end{pmatrix}^{-1} \begin{pmatrix} \dfrac{1}{2} & \dfrac{\sqrt{3}}{2} \\ \dfrac{\sqrt{3}}{2} & -\dfrac{1}{2} \end{pmatrix} = {}^t\begin{pmatrix} \dfrac{1}{\sqrt{2}} & -\dfrac{1}{\sqrt{2}} \\ \dfrac{1}{\sqrt{2}} & \dfrac{1}{\sqrt{2}} \end{pmatrix} \begin{pmatrix} \dfrac{1}{2} & \dfrac{\sqrt{3}}{2} \\ \dfrac{\sqrt{3}}{2} & -\dfrac{1}{2} \end{pmatrix}$$

$$= \begin{pmatrix} \dfrac{1+\sqrt{3}}{2\sqrt{2}} & \dfrac{-1+\sqrt{3}}{2\sqrt{2}} \\ \dfrac{-1+\sqrt{3}}{2\sqrt{2}} & -\dfrac{1+\sqrt{3}}{2\sqrt{2}} \end{pmatrix}.$$

これは直交行列である（確かめよ）.

166 第4章 内積

4.4 数ベクトル空間 $\mathbb{C}^n$ 上の内積

$\mathbb{C}^n$ 上の内積に関する理論は非常に豊富である．しかし，そのすべてを解説する余裕はないので，ここでは，後の議論に必要なことを選んで解説することにする．

この節では，行列とは常に複素数を成分にもつものとし，成分がすべて実数になるものを，特に実行列と呼ぶことにする．

▌$\mathbb{C}^n$ 上の内積▐

定義 4.5　ベクトル $\boldsymbol{x}, \boldsymbol{y} \in \mathbb{C}^n$ に対して $\boldsymbol{x} \cdot \boldsymbol{y}$ を次で定義し，$\boldsymbol{x}$ と $\boldsymbol{y}$ の**内積 (inner product)** と呼ぶ．

$$\boldsymbol{x} \cdot \boldsymbol{y} = \overline{x_1} y_1 + \overline{x_2} y_2 + \cdots + \overline{x_n} y_n.$$

行列の記法を使えば，$\boldsymbol{x} \cdot \boldsymbol{y} = \boldsymbol{x}^* \boldsymbol{y}$ である．

<u>注意 4.5</u>　$\boldsymbol{x}, \boldsymbol{y} \in \mathbb{R}^n$ のときは $\boldsymbol{x}^* = {}^t\boldsymbol{x}$ であるから，定義 4.1 と定義 4.5 における内積の定義は，もちろん一致する．

例 4.13
$$\begin{pmatrix} 2 \\ 3i \\ 1-i \end{pmatrix} \cdot \begin{pmatrix} 2+i \\ 3-2i \\ 1-i \end{pmatrix} = \begin{pmatrix} 2 & -3i & 1+i \end{pmatrix} \begin{pmatrix} 2+i \\ 3-2i \\ 1-i \end{pmatrix} = -7i$$

$$\begin{pmatrix} \cos\theta \\ i\sin\theta \end{pmatrix} \cdot \begin{pmatrix} i\sin\theta \\ \cos\theta \end{pmatrix} = \begin{pmatrix} \cos\theta & -i\sin\theta \end{pmatrix} \begin{pmatrix} i\sin\theta \\ \cos\theta \end{pmatrix} = 0$$

$$\begin{pmatrix} z_1 \\ z_2 \\ \vdots \\ z_n \end{pmatrix} \cdot \begin{pmatrix} z_1 \\ z_2 \\ \vdots \\ z_n \end{pmatrix} = \begin{pmatrix} \overline{z_1} & \overline{z_2} & \cdots & \overline{z_n} \end{pmatrix} \begin{pmatrix} z_1 \\ z_2 \\ \vdots \\ z_n \end{pmatrix} = |z_1|^2 + |z_2|^2 + \cdots + |z_n|^2$$

命題 4.1, 命題 4.2 に対応して，$\mathbb{C}$ 上の内積についても次の命題がいえる．

命題 4.3　$\boldsymbol{x}, \boldsymbol{y}, \boldsymbol{z} \in \mathbb{C}^n$, $\alpha \in \mathbb{C}$ に対して，

(1)　$\boldsymbol{x} \cdot \boldsymbol{y} = \overline{\boldsymbol{y} \cdot \boldsymbol{x}}$

(2)　$\boldsymbol{x} \cdot (\boldsymbol{y} + \boldsymbol{z}) = \boldsymbol{x} \cdot \boldsymbol{y} + \boldsymbol{x} \cdot \boldsymbol{z}$,　　$(\boldsymbol{x} + \boldsymbol{y}) \cdot \boldsymbol{z} = \boldsymbol{x} \cdot \boldsymbol{z} + \boldsymbol{y} \cdot \boldsymbol{z}$

(3)　$\boldsymbol{x} \cdot \alpha\boldsymbol{y} = \alpha(\boldsymbol{x} \cdot \boldsymbol{y})$,　　$\alpha\boldsymbol{x} \cdot \boldsymbol{y} = \overline{\alpha}(\boldsymbol{x} \cdot \boldsymbol{y})$

(4)　$\boldsymbol{x} \cdot \boldsymbol{x}$ は常に 0 以上の実数であり，

$$\boldsymbol{x} \cdot \boldsymbol{x} = 0 \iff \boldsymbol{x} = \boldsymbol{o}$$

である．

証明　(1)　$\overline{(\boldsymbol{y} \cdot \boldsymbol{x})} = \overline{\overline{y_1}x_1 + \cdots + \overline{y_n}x_n} = \overline{x_1}y_1 + \cdots + \overline{x_n}y_n = \boldsymbol{x} \cdot \boldsymbol{y}$.

4.4 数ベクトル空間 $\mathbb{C}^n$ 上の内積　167

(2)　$\boldsymbol{x}\cdot(\boldsymbol{y}+\boldsymbol{z}) = \overline{x_1}(y_1+z_1)+\cdots+\overline{x_n}(y_n+z_n) = \overline{x_1}y_1+\cdots+\overline{x_n}y_n+\overline{x_1}z_1+\cdots+\overline{x_n}+z_n = \boldsymbol{x}\cdot\boldsymbol{y}+\boldsymbol{x}\cdot\boldsymbol{z}$.
　　2 番目も同様.

(3)　$\boldsymbol{x}\cdot\alpha\boldsymbol{y} = \overline{x_1}(\alpha y_1)+\cdots+\overline{x_n}(\alpha y_n) = \alpha(\overline{x_1}y_1+\cdots+\overline{x_n}y_n) = \alpha(\boldsymbol{x}\cdot\boldsymbol{y})$. $\alpha\boldsymbol{x}\cdot\boldsymbol{y} = \overline{(\alpha x_1)}y_1+$
　　$\cdots+\overline{(\alpha x_n)}y_n = \overline{\alpha}(\overline{x_1}y_1+\cdots+\overline{x_n}y_n) = \overline{\alpha}(\boldsymbol{x}\cdot\boldsymbol{y})$.

(4)　$\boldsymbol{x}\cdot\boldsymbol{x} = \overline{x_1}x_1+\cdots+\overline{x_n}x_n = |x_1|^2+\cdots+|x_n|^2 \geqq 0$. $\boldsymbol{x}\cdot\boldsymbol{x} = 0$ ならばすべての k に対して
　　$|x_k|^2 = 0$, したがって $x_k = 0$, したがって $\boldsymbol{x} = \boldsymbol{o}$ である.　∎

注意 4.6　$\boldsymbol{x}$ と $\boldsymbol{y}$ の内積を　$\boldsymbol{x}\cdot\boldsymbol{y} = \boldsymbol{y}^*\boldsymbol{x} = x_1\overline{y_1}+x_2\overline{y_2}+\cdots+x_n\overline{y_n}$　と定義する流儀もある. この場合は,
命題 4.3 の (3) は

$$\boldsymbol{x}\cdot\alpha\boldsymbol{y} = \overline{\alpha}(\boldsymbol{x}\cdot\boldsymbol{y}), \qquad \alpha\boldsymbol{x}\cdot\boldsymbol{y} = \alpha(\boldsymbol{x}\cdot\boldsymbol{y})$$

となる. どちらで定義してもすべての議論は平行に進み, 本質的な差は出てこない.

■$\mathbb{C}^n$ 上のノルム■

　命題 4.3 の (4) により, 複素数を成分にもつベクトルについても, そのノルムを定義することができる.

定義 4.6　$\boldsymbol{x}\in\mathbb{C}^n$ に対して　$\|\boldsymbol{x}\| = \sqrt{\boldsymbol{x}\cdot\boldsymbol{x}}$　と定義し, $\boldsymbol{x}$ のノルム (norm) と呼ぶ.
　このとき, $\|\boldsymbol{x}\| \geqq 0$ かつ $[\,\|\boldsymbol{x}\| = 0 \iff \boldsymbol{x} = \boldsymbol{o}\,]$　である.

　ここで定義した $\mathbb{C}^n$ 上の内積とノルムに関しても, 定理 4.2 と同様の結果が成立する. ただし, この場合は $\|\boldsymbol{x}\|^2\|\boldsymbol{y}\|^2 \geqq |\boldsymbol{x}\cdot\boldsymbol{y}|^2$ である. グラム・シュミットの直交化法も同様にいえ, したがって, $\mathbb{C}^n$ の部分空間も必ず正規直交基底をもつ. また, 定理 4.4 に対応して次の定理がいえる.

定理 4.10　任意のベクトル $\boldsymbol{x},\boldsymbol{y}\in\mathbb{C}^n$ に対して次が成立する.

(1)　$\|\boldsymbol{x}\|^2+\|\boldsymbol{y}\|^2 = \dfrac{1}{2}(\|\boldsymbol{x}+\boldsymbol{y}\|^2+\|\boldsymbol{x}-\boldsymbol{y}\|^2)$.

(2)　$\boldsymbol{x}\cdot\boldsymbol{y} = \dfrac{1}{4}(\|\boldsymbol{x}+\boldsymbol{y}\|^2-\|\boldsymbol{x}-\boldsymbol{y}\|^2-i\|\boldsymbol{x}+i\boldsymbol{y}\|^2+i\|\boldsymbol{x}-i\boldsymbol{y}\|^2)$.

証明　まず, 任意の $\boldsymbol{x},\boldsymbol{y}$ に対して

$$\|\boldsymbol{x}+\boldsymbol{y}\|^2 = (\boldsymbol{x}+\boldsymbol{y})\cdot(\boldsymbol{x}+\boldsymbol{y}) = \|\boldsymbol{x}\|^2+\boldsymbol{x}\cdot\boldsymbol{y}+\boldsymbol{y}\cdot\boldsymbol{x}+\|\boldsymbol{y}\|^2$$

が成立する. $\boldsymbol{y}$ のかわりに $-\boldsymbol{y}, i\boldsymbol{y}, -i\boldsymbol{y}$ をとることにより

$$\|\boldsymbol{x}-\boldsymbol{y}\|^2 = \|\boldsymbol{x}\|^2-\boldsymbol{x}\cdot\boldsymbol{y}-\boldsymbol{y}\cdot\boldsymbol{x}+\|\boldsymbol{y}\|^2$$

$$\|\boldsymbol{x}+i\boldsymbol{y}\|^2 = \|\boldsymbol{x}\|^2+\boldsymbol{x}\cdot(i\boldsymbol{y})+(i\boldsymbol{y})\cdot\boldsymbol{x}+\|i\boldsymbol{y}\|^2$$

$$= \|\boldsymbol{x}\|^2+i(\boldsymbol{x}\cdot\boldsymbol{y})-i(\boldsymbol{y}\cdot\boldsymbol{x})+\|\boldsymbol{y}\|^2$$

$$\|\boldsymbol{x}-i\boldsymbol{y}\|^2 = \|\boldsymbol{x}\|^2+\boldsymbol{x}\cdot(-i\boldsymbol{y})+(-i\boldsymbol{y})\cdot\boldsymbol{x}+\|-i\boldsymbol{y}\|^2$$

$$= \|\boldsymbol{x}\|^2-i(\boldsymbol{x}\cdot\boldsymbol{y})+i(\boldsymbol{y}\cdot\boldsymbol{x})+\|\boldsymbol{y}\|^2.$$

上の 2 つの式より (1) は得られる. (2) については

$$\|\boldsymbol{x}+\boldsymbol{y}\|^2-\|\boldsymbol{x}-\boldsymbol{y}\|^2-i\|\boldsymbol{x}+i\boldsymbol{y}\|^2+i\|\boldsymbol{x}-i\boldsymbol{y}\|^2$$

$$=\|\boldsymbol{x}\|^2 + \boldsymbol{x}\cdot\boldsymbol{y} + \boldsymbol{y}\cdot\boldsymbol{x} + \|\boldsymbol{y}\|^2 - \left(\|\boldsymbol{x}\|^2 - \boldsymbol{x}\cdot\boldsymbol{y} - \boldsymbol{y}\cdot\boldsymbol{x} + \|\boldsymbol{y}\|^2\right)$$

$$- i\left(\|\boldsymbol{x}\|^2 + i(\boldsymbol{x}\cdot\boldsymbol{y}) - i(\boldsymbol{y}\cdot\boldsymbol{x}) + \|\boldsymbol{y}\|^2\right) + i\left(\|\boldsymbol{x}\|^2 - i(\boldsymbol{x}\cdot\boldsymbol{y}) + i(\boldsymbol{y}\cdot\boldsymbol{x}) + \|\boldsymbol{y}\|^2\right)$$

$$=2\left(\boldsymbol{x}\cdot\boldsymbol{y} + \boldsymbol{y}\cdot\boldsymbol{x}\right) + \boldsymbol{x}\cdot\boldsymbol{y} - \boldsymbol{y}\cdot\boldsymbol{x} + \boldsymbol{x}\cdot\boldsymbol{y} - \boldsymbol{y}\cdot\boldsymbol{x} = 4(\boldsymbol{x}\cdot\boldsymbol{y})$$

よりわかる. ∎

$\boldsymbol{x}, \boldsymbol{y} \in \mathbb{R}^n$ のときも $\boldsymbol{x}, \boldsymbol{y} \in \mathbb{C}^n$ とみなすことはできるから，もちろん (2) が成立する．しかし，この場合は $\|\boldsymbol{x}+i\boldsymbol{y}\| = \|\boldsymbol{x}-i\boldsymbol{y}\|$ であるから，定理 4.4 の (2) と同じ結果になる.

定理 4.11 n 次の正方行列 A と $\boldsymbol{x}, \boldsymbol{y} \in \mathbb{C}^n$ に対して次が成立する.

$$\boldsymbol{x}\cdot A\boldsymbol{y} = A^*\boldsymbol{x}\cdot\boldsymbol{y} .$$

証明 $A^*\boldsymbol{x}\cdot\boldsymbol{y} = (A^*\boldsymbol{x})^*\boldsymbol{y} = \boldsymbol{x}^*(A^*)^*\boldsymbol{y} = \boldsymbol{x}^*(A\boldsymbol{y}) = \boldsymbol{x}\cdot A\boldsymbol{y}$ ∎

系 4.1

(1) A がエルミート行列ならば $\boldsymbol{x}\cdot A\boldsymbol{y} = A\boldsymbol{x}\cdot\boldsymbol{y}$.

(2) A がユニタリ行列ならば $A\boldsymbol{x}\cdot A\boldsymbol{y} = \boldsymbol{x}\cdot\boldsymbol{y}$. したがって，特に $\|A\boldsymbol{x}\| = \|\boldsymbol{x}\|$.

証明 (1) $\boldsymbol{x}\cdot A\boldsymbol{y} = A^*\boldsymbol{x}\cdot\boldsymbol{y} = A\boldsymbol{x}\cdot\boldsymbol{y}$.

(2) $A\boldsymbol{x}\cdot A\boldsymbol{y} = A^*A\boldsymbol{x}\cdot\boldsymbol{y} = E\boldsymbol{x}\cdot\boldsymbol{y} = \boldsymbol{x}\cdot\boldsymbol{y}$. $\|A\boldsymbol{x}\| = \sqrt{A\boldsymbol{x}\cdot A\boldsymbol{x}} = \sqrt{\boldsymbol{x}\cdot\boldsymbol{x}} = \|\boldsymbol{x}\|$. ∎

注意 4.7 定理 4.11 と系 4.1 は実数の世界でも成立する．すなわち，
A が n 次の実正方行列で $\boldsymbol{x}, \boldsymbol{y} \in \mathbb{R}^n$ ならば

$$\boldsymbol{x}\cdot A\boldsymbol{y} = {}^tA\boldsymbol{x}\cdot\boldsymbol{y}$$

が成立し，対称行列はエルミート行列，直交行列はユニタリ行列であるから，

A が対称行列ならば $\quad \boldsymbol{x}\cdot A\boldsymbol{y} = A\boldsymbol{x}\cdot\boldsymbol{y}$

A が直交行列ならば $\quad A\boldsymbol{x}\cdot A\boldsymbol{y} = \boldsymbol{x}\cdot\boldsymbol{y}, \quad \|A\boldsymbol{x}\| = \|\boldsymbol{x}\|$

が成立する.

$\mathbb{C}^n$ 上の内積に関しては次の事実がわかる．これは，行列の相等を内積を用いて判定できることを示している.

定理 4.12 A を正方行列とする．すべてのベクトル $\boldsymbol{x} \in \mathbb{C}^n$ に対して $\boldsymbol{x}\cdot A\boldsymbol{x} = 0$ が成立すれば $A = O$ である.

証明 A を成分を用いて $A = \begin{pmatrix} a_{11} & a_{12} & \cdots & a_{1n} \\ a_{21} & a_{22} & \cdots & a_{2n} \\ \vdots & \vdots & \ddots & \vdots \\ a_{n1} & a_{n2} & \cdots & a_{nn} \end{pmatrix}$ と表しておく．$\boldsymbol{e}_1, \boldsymbol{e}_2, \cdots, \boldsymbol{e}_n$ を $\mathbb{C}^n$ の標準基底とするとき，$\boldsymbol{e}_j \cdot A\boldsymbol{e}_k = a_{jk}$ であることに注意する．まず，仮定からすべての j, k $(1 \leqq j, k \leqq n)$ について

$$(\boldsymbol{e}_j + \boldsymbol{e}_k) \cdot A(\boldsymbol{e}_j + \boldsymbol{e}_k) = (\boldsymbol{e}_j + i\boldsymbol{e}_k) \cdot A(\boldsymbol{e}_j + i\boldsymbol{e}_k) = 0$$

4.4 数ベクトル空間 $\mathbb{C}^n$ 上の内積　　169

である. 一方

$$(\boldsymbol{e}_j + \boldsymbol{e}_k) \cdot A(\boldsymbol{e}_j + \boldsymbol{e}_k) = \boldsymbol{e}_j \cdot A\boldsymbol{e}_j + \boldsymbol{e}_j \cdot A\boldsymbol{e}_k + \boldsymbol{e}_k \cdot A\boldsymbol{e}_j + \boldsymbol{e}_k \cdot A\boldsymbol{e}_k$$

$$= \boldsymbol{e}_j \cdot A\boldsymbol{e}_k + \boldsymbol{e}_k \cdot A\boldsymbol{e}_j$$

$$(\boldsymbol{e}_j + i\boldsymbol{e}_k) \cdot A(\boldsymbol{e}_j + i\boldsymbol{e}_k) = \boldsymbol{e}_j \cdot A\boldsymbol{e}_j + \boldsymbol{e}_j \cdot A(i\boldsymbol{e}_k) + (i\boldsymbol{e}_k) \cdot A\boldsymbol{e}_j + (i\boldsymbol{e}_k) \cdot A(i\boldsymbol{e}_k)$$

$$= \boldsymbol{e}_j \cdot (iA\boldsymbol{e}_k) + (i\boldsymbol{e}_k) \cdot A\boldsymbol{e}_j = i(\boldsymbol{e}_j \cdot A\boldsymbol{e}_k) + \bar{i}(\boldsymbol{e}_k \cdot A\boldsymbol{e}_j)$$

$$= i(\boldsymbol{e}_j \cdot A\boldsymbol{e}_k) - i(\boldsymbol{e}_k \cdot A\boldsymbol{e}_j) = i(\boldsymbol{e}_j \cdot A\boldsymbol{e}_k - \boldsymbol{e}_k \cdot A\boldsymbol{e}_j)$$

であるから,

$$\boldsymbol{e}_j \cdot A\boldsymbol{e}_k + \boldsymbol{e}_k \cdot A\boldsymbol{e}_j = \boldsymbol{e}_j \cdot A\boldsymbol{e}_k - \boldsymbol{e}_k \cdot A\boldsymbol{e}_j = 0,$$

したがって $\boldsymbol{e}_j \cdot A\boldsymbol{e}_k = \boldsymbol{e}_k \cdot A\boldsymbol{e}_j = 0$ である. すべての j, k について $a_{jk} = 0$, であるから $A = O$ である. ∎

系 4.2　A, B を正方行列とする. $\boldsymbol{x} \cdot A\boldsymbol{x} = \boldsymbol{x} \cdot B\boldsymbol{x}$ がすべてのベクトル $\boldsymbol{x} \in \mathbb{C}^n$ に対して成立すれば $A = B$ である.

証明　$\boldsymbol{x} \cdot (A - B)\boldsymbol{x} = \boldsymbol{x} \cdot (A\boldsymbol{x} - B\boldsymbol{x}) = \boldsymbol{x} \cdot A\boldsymbol{x} - \boldsymbol{x} \cdot B\boldsymbol{x} = 0$ がすべてのベクトル $\boldsymbol{x} \in \mathbb{C}^n$ に対して成立しているから $A - B = O$, すなわち $A = B$ である. ∎

<u>注意 4.8</u>　定理 4.12 は, あくまでも複素ベクトル空間 $\mathbb{C}^n$ とそこで定義された内積（定義 4.5 参照）に関しての話であり, 同様の定理は $\mathbb{R}^n$ とそこで定義をした内積（定義 4.1 参照）では成立しない.

例えば, $A = \begin{pmatrix} 0 & 1 \\ -1 & 0 \end{pmatrix}$ とすると明らかに A は零行列ではないが, $\mathbb{R}^2$ の任意のベクトル $\boldsymbol{x} = \begin{pmatrix} x_1 \\ x_2 \end{pmatrix}$ に対して

$$\boldsymbol{x} \cdot A\boldsymbol{x} = \begin{pmatrix} x_1 \\ x_2 \end{pmatrix} \cdot \begin{pmatrix} 0 & 1 \\ -1 & 0 \end{pmatrix}\begin{pmatrix} x_1 \\ x_2 \end{pmatrix} = \begin{pmatrix} x_1 \\ x_2 \end{pmatrix} \cdot \begin{pmatrix} x_2 \\ -x_1 \end{pmatrix} = 0$$

が成立している.

しかし, A を複素行列とみなし $\boldsymbol{x}$ の範囲を $\mathbb{C}^2$ にまで拡張して考えると, 結果は違ってくる. 例えば複素数を成分とするベクトル $\boldsymbol{x} = \begin{pmatrix} 1 \\ i \end{pmatrix}$ をとると

$$\boldsymbol{x} \cdot A\boldsymbol{x} = \begin{pmatrix} 1 \\ i \end{pmatrix} \cdot \begin{pmatrix} 0 & 1 \\ -1 & 0 \end{pmatrix}\begin{pmatrix} 1 \\ i \end{pmatrix} = \begin{pmatrix} 1 \\ i \end{pmatrix} \cdot \begin{pmatrix} i \\ -1 \end{pmatrix} = \begin{pmatrix} 1 & -i \end{pmatrix}\begin{pmatrix} i \\ -1 \end{pmatrix} = 2i$$

となり内積の値は 0 にはならない.

ベクトルをどの世界からとってくるのか（$\mathbb{R}^n$ なのか $\mathbb{C}^n$ なのか）, によって状況はずいぶんと変わるのである.

▌エルミート行列の判定▌

定理 4.13　A を n 次の正方行列とする. すべてのベクトル $\boldsymbol{x} \in \mathbb{C}^n$ に対して $\boldsymbol{x} \cdot A\boldsymbol{x}$ が実数であることと, A がエルミート行列であることは同値である.

証明 $x \in \mathbb{C}^n$ に対して，$x \cdot A^* x = Ax \cdot x = \overline{x \cdot Ax}$ である．一方，$x \cdot Ax$ が実数であることと，$\overline{x \cdot Ax} = x \cdot Ax$ が成立することは同値である．したがって，

$$\text{すべての } x \in \mathbb{C}^n \text{ に対して } x \cdot Ax \text{ が実数}$$

$$\Leftrightarrow \text{すべての } x \in \mathbb{C}^n \text{ に対して } x \cdot A^* x = x \cdot Ax$$

$$\Leftrightarrow A^* = A.$$

章末問題　　*171*

章末問題

4.1　$A = \begin{pmatrix} 1 & -1 & 3 & 2 \\ -2 & 2 & -6 & -4 \end{pmatrix}$ で決まる線形写像 $f : \mathbb{R}^4 \ni \boldsymbol{x} \mapsto A\boldsymbol{x} \in \mathbb{R}^2$ について，$\mathrm{Ker}(f)$ の正規直交基底を 1 組求めよ.

解答　基本変形 $\begin{pmatrix} 1 & -1 & 3 & 2 \\ -2 & 2 & -6 & -4 \end{pmatrix} \rightarrow \begin{pmatrix} 1 & -1 & 3 & 2 \\ 0 & 0 & 0 & 0 \end{pmatrix}$ より，$\dim \mathrm{Im}(f) = \mathrm{rank}\, A = 1$，

したがって，$\dim \mathrm{Ker}(f) = 4 - 1 = 3$ であることがわかる. また，$\begin{pmatrix} 1 \\ 1 \\ 0 \\ 0 \end{pmatrix}, \begin{pmatrix} 0 \\ 2 \\ 0 \\ 1 \end{pmatrix}, \begin{pmatrix} 0 \\ 3 \\ 1 \\ 0 \end{pmatrix} \in \mathrm{Ker}(f)$

であり，基本変形により $\mathrm{rank} \begin{pmatrix} 1 & 0 & 0 \\ 1 & 2 & 3 \\ 0 & 0 & 1 \\ 0 & 1 & 0 \end{pmatrix} = 3$ であることもわかるから，これらは線形独立である. さらに，$\dim \mathrm{Ker}(f) = 3$ であったから，基底になっている. この基底を用いて，グラム・シュ

ミットの直交化法により正規直交基底 $\begin{pmatrix} \dfrac{1}{\sqrt{2}} \\ \dfrac{1}{\sqrt{2}} \\ 0 \\ 0 \end{pmatrix}, \begin{pmatrix} -\dfrac{1}{\sqrt{3}} \\ \dfrac{1}{\sqrt{3}} \\ 0 \\ \dfrac{1}{\sqrt{3}} \end{pmatrix}, \begin{pmatrix} -\dfrac{1}{\sqrt{10}} \\ \dfrac{1}{\sqrt{10}} \\ \dfrac{2}{\sqrt{10}} \\ -\dfrac{2}{\sqrt{10}} \end{pmatrix}$ を作れる.

4.2　V が $\mathbb{R}^n$ の部分空間であるとき，$V + V^{\perp} = \mathbb{R}^n$ であることを示せ.

解答　$\dim(V + V^{\perp}) = n$ であることを示せばよい (115 ページ参照). そこで，$\boldsymbol{u}_1, \cdots, \boldsymbol{u}_k$ を V の基底，$\boldsymbol{v}_1, \cdots, \boldsymbol{v}_\ell$ を $V^{\perp}$ の基底とする. $\dim V = k$，$\dim V^{\perp} = \ell$ であり，$V \cap V^{\perp} = \{\boldsymbol{o}\}$ (定理 4.1) であるから，$\boldsymbol{u}_1, \cdots, \boldsymbol{u}_k, \boldsymbol{v}_1, \cdots, \boldsymbol{v}_\ell$ は $V + V^{\perp}$ の基底である (章末問題 ***3.13*** 参照). したがって $\dim(V + V^{\perp}) = k + \ell$. 一方，$\dim V + \dim V^{\perp} = n$ (定理 4.7) であったから，$k + \ell = n$. したがって $\dim(V + V^{\perp}) = n$ となる.

4.3　$\boldsymbol{u}, \boldsymbol{v} \in \mathbb{R}^n$ とする. このとき

$$f : \mathbb{R}^n \ni \boldsymbol{x} \mapsto (\boldsymbol{u} \cdot \boldsymbol{x})\boldsymbol{u} + (\boldsymbol{v} \cdot \boldsymbol{x})\boldsymbol{v} \in \mathbb{R}^n$$

で定義される写像 f は線形写像であることを示せ. また，$\boldsymbol{u}$ と $\boldsymbol{v}$ が直交するとき，$\mathrm{Ker}(f)$ がどのような部分空間になるのか考察せよ.

解答　$f(\boldsymbol{x} + \boldsymbol{y}) = ((\boldsymbol{u} \cdot (\boldsymbol{x} + \boldsymbol{y}))\boldsymbol{u} + ((\boldsymbol{v} \cdot (\boldsymbol{x} + \boldsymbol{y}))\boldsymbol{v} = ((\boldsymbol{u} \cdot \boldsymbol{x}) + (\boldsymbol{u} \cdot \boldsymbol{y}))\boldsymbol{u} + ((\boldsymbol{v} \cdot \boldsymbol{x}) + (\boldsymbol{v} \cdot \boldsymbol{y}))\boldsymbol{v} =$

172　第 4 章　内積

$(\boldsymbol{u}\cdot\boldsymbol{x})\boldsymbol{u}+(\boldsymbol{u}\cdot\boldsymbol{y})\boldsymbol{u}+(\boldsymbol{v}\cdot\boldsymbol{x})\boldsymbol{v}+(\boldsymbol{v}\cdot\boldsymbol{y})\boldsymbol{v}=(\boldsymbol{u}\cdot\boldsymbol{x})\boldsymbol{u}+(\boldsymbol{v}\cdot\boldsymbol{x})\boldsymbol{v}+(\boldsymbol{u}\cdot\boldsymbol{y})\boldsymbol{u}+(\boldsymbol{v}\cdot\boldsymbol{y})\boldsymbol{v}=f(\boldsymbol{x})+f(\boldsymbol{y}).$

$f(\alpha\boldsymbol{x})=(\boldsymbol{u}\cdot(\alpha\boldsymbol{x}))\boldsymbol{u}+(\boldsymbol{v}\cdot(\alpha\boldsymbol{x}))\boldsymbol{v}=\alpha(\boldsymbol{u}\cdot\boldsymbol{x})\boldsymbol{u}+\alpha(\boldsymbol{v}\cdot\boldsymbol{x})\boldsymbol{v}=\alpha((\boldsymbol{u}\cdot\boldsymbol{x})\boldsymbol{u}+(\boldsymbol{v}\cdot\boldsymbol{x})\boldsymbol{v})=\alpha f(\boldsymbol{x}).$

したがって，f は線形写像である．

また，$\mathrm{Ker}(f)=\{\boldsymbol{x}\in\mathbb{R}^n\mid(\boldsymbol{u}\cdot\boldsymbol{x})\boldsymbol{u}+(\boldsymbol{v}\cdot\boldsymbol{x})\boldsymbol{v}=\boldsymbol{o}\}$ であり，$\boldsymbol{u}$ と $\boldsymbol{v}$ が直交すれば線形独立であるから，$\mathrm{Ker}(f)=\{\boldsymbol{x}\in\mathbb{R}^n\mid\boldsymbol{u}\cdot\boldsymbol{x}=\boldsymbol{v}\cdot\boldsymbol{x}=0\}$ である．$\boldsymbol{u}\cdot\boldsymbol{x}={}^t\boldsymbol{u}\boldsymbol{x}$, $\boldsymbol{v}\cdot\boldsymbol{x}={}^t\boldsymbol{v}\boldsymbol{x}$ であるから，$\boldsymbol{u}\cdot\boldsymbol{x}=\boldsymbol{v}\cdot\boldsymbol{x}=0$ が成立することと $\begin{pmatrix}{}^t\boldsymbol{u}\\{}^t\boldsymbol{v}\end{pmatrix}\boldsymbol{x}=\begin{pmatrix}0\\0\end{pmatrix}$ が成立することは同値である．したがって，

$\mathrm{Ker}(f)$ は，$\begin{pmatrix}{}^t\boldsymbol{u}\\{}^t\boldsymbol{v}\end{pmatrix}$ を係数行列とする同次連立 1 次方程式の解空間である． ▮

4.4　$S\subseteq T$ ならば $S^\perp\supseteq T^\perp$ であることを示せ．

解答　$\boldsymbol{x}\in T^\perp$ とすると，すべての $\boldsymbol{y}\in T$ に対して $\boldsymbol{x}\cdot\boldsymbol{y}=0$ である．$S\subseteq T$ であるから，すべての $\boldsymbol{y}\in S$ に対して $\boldsymbol{x}\cdot\boldsymbol{y}=0$ である．したがって，$\boldsymbol{x}\in S^\perp$ である． ▮

4.5　V が $\mathbb{R}^n$ の部分空間であるとき，$V=(V^\perp)^\perp$ が成立することを示せ．

　（ヒント：まず，$V\subseteq(V^\perp)^\perp$ であることを示し，次元を比較する．）

解答　$\boldsymbol{x}\in V$ とする．$V^\perp$ の定義から，$\boldsymbol{y}\in V^\perp$ ならば $\boldsymbol{x}\cdot\boldsymbol{y}=0$ である．したがって $\boldsymbol{x}\in(V^\perp)^\perp$ となり，$V\subseteq(V^\perp)^\perp$ がいえる．一方，定理 4.7 より $\dim V+\dim V^\perp=n$, $\dim V^\perp+\dim(V^\perp)^\perp=n$ だから，$\dim V=n-\dim V^\perp=\dim(V^\perp)^\perp$ である．$V\subseteq(V^\perp)^\perp$ で両方の次元が等しいから $V=(V^\perp)^\perp$ である (115 ページ参照)． ▮

4.6　U,V を $\mathbb{R}^n$ の部分空間とする．このとき，

$$(U+V)^\perp=U^\perp\cap V^\perp,\qquad(U\cap V)^\perp=U^\perp+V^\perp$$

が成立することを示せ．

解答　$U\subseteq U+V$ だから $(U+V)^\perp\subseteq U^\perp$, $V\subseteq U+V$ だから $(U+V)^\perp\subseteq V^\perp$, したがって，$(U+V)^\perp\subseteq U^\perp\cap V^\perp$ である（上の **4.4** 参照）．逆に，$\boldsymbol{x}\in U^\perp\cap V^\perp$ とすると，$U^\perp\cap V^\perp\subseteq U^\perp$ だからすべての $\boldsymbol{u}\in U$ に対して $\boldsymbol{x}\cdot\boldsymbol{u}=0$ であり，同様にしてすべての $\boldsymbol{v}\in V$ に対して $\boldsymbol{x}\cdot\boldsymbol{v}=0$ である．$U+V$ の任意のベクトルは $\boldsymbol{u}+\boldsymbol{v}$ $(\boldsymbol{u}\in U,\boldsymbol{v}\in V)$ と書けて，$\boldsymbol{x}\cdot(\boldsymbol{u}+\boldsymbol{v})=\boldsymbol{x}\cdot\boldsymbol{u}+\boldsymbol{x}\cdot\boldsymbol{v}=0$ だから，$\boldsymbol{x}\in(U+V)^\perp$ である．以上より，$(U+V)^\perp=U^\perp\cap V^\perp$ である．

今証明したことを $U^\perp,V^\perp$ に適用すると，$(U^\perp+V^\perp)^\perp=(U^\perp)^\perp\cap(V^\perp)^\perp=U\cap V$ である．この両辺の $\perp$ をとることにより，$(U\cap V)^\perp=((U^\perp+V^\perp)^\perp)^\perp=U^\perp+V^\perp$ である．（上の **4.5** 参照）． ▮

4.7　$\boldsymbol{x},\boldsymbol{y}\in\mathbb{R}^n$ について $\left|\|\boldsymbol{x}\|-\|\boldsymbol{y}\|\right|\leqq\|\boldsymbol{x}-\boldsymbol{y}\|$ が成立することを示せ．

解答　$\|\boldsymbol{x}-\boldsymbol{y}\|+\|\boldsymbol{y}\|\geqq\|(\boldsymbol{x}-\boldsymbol{y})+\boldsymbol{y}\|=\|\boldsymbol{x}\|$ より $\|\boldsymbol{x}\|-\|\boldsymbol{y}\|\leqq\|\boldsymbol{x}-\boldsymbol{y}\|$, $\|\boldsymbol{y}-\boldsymbol{x}\|+\|\boldsymbol{x}\|\geqq\|(\boldsymbol{y}-\boldsymbol{x})+\boldsymbol{x}\|=\|\boldsymbol{y}\|$ より $\|\boldsymbol{y}\|-\|\boldsymbol{x}\|\leqq\|\boldsymbol{y}-\boldsymbol{x}\|$ である．$\|\boldsymbol{x}-\boldsymbol{y}\|=\|\boldsymbol{y}-\boldsymbol{x}\|$ だから，$-\|\boldsymbol{x}-\boldsymbol{y}\|\leqq\|\boldsymbol{x}\|-\|\boldsymbol{y}\|\leqq\|\boldsymbol{x}-\boldsymbol{y}\|$, したがって，$\left|\|\boldsymbol{x}\|-\|\boldsymbol{y}\|\right|\leqq\|\boldsymbol{x}-\boldsymbol{y}\|$ である． ▮

章末問題　173

4.8 $f: U \to V$ を線形写像とする．ただし，$U = V = \mathbb{R}^n$，$\boldsymbol{x}_1, \cdots, \boldsymbol{x}_n$ および $\boldsymbol{u}_1, \cdots, \boldsymbol{u}_n$ を U の正規直交基底，$\boldsymbol{y}_1, \cdots, \boldsymbol{y}_n$ および $\boldsymbol{v}_1, \cdots, \boldsymbol{v}_n$ を V の正規直交基底とする．$\boldsymbol{x}_1, \cdots, \boldsymbol{x}_n$ と $\boldsymbol{y}_1, \cdots, \boldsymbol{y}_n$ に関する f の表現行列が直交行列ならば，$\boldsymbol{u}_1, \cdots, \boldsymbol{u}_n$ と $\boldsymbol{v}_1, \cdots, \boldsymbol{v}_n$ に関する f の表現行列も直交行列となることを示せ．

解答　$\boldsymbol{x}_1, \cdots, \boldsymbol{x}_n$ と $\boldsymbol{y}_1, \cdots, \boldsymbol{y}_n$ に関する f の表現行列を A，$\boldsymbol{u}_1, \cdots, \boldsymbol{u}_n$ と $\boldsymbol{v}_1, \cdots, \boldsymbol{v}_n$ 関する表現行列を B，$\boldsymbol{x}_1, \cdots, \boldsymbol{x}_n$ から $\boldsymbol{u}_1, \cdots, \boldsymbol{u}_u$ への変換行列を P，$\boldsymbol{y}_1, \cdots, \boldsymbol{y}_n$ から $\boldsymbol{v}_1, \cdots, \boldsymbol{v}_n$ への変換行列を Q とする．A, P, Q は直交行列であり，$B = Q^{-1}AP$ であるから B も直交行列である．(138 ページ (3.14) 式，定理 4.9 参照)

4.9 n 次の正方行列 A とベクトル $\boldsymbol{x}, \boldsymbol{y} \in \mathbb{C}^n$ に対して

$$4(\boldsymbol{x} \cdot A\boldsymbol{y}) = (\boldsymbol{x}+\boldsymbol{y}) \cdot A(\boldsymbol{x}+\boldsymbol{y}) - (\boldsymbol{x}-\boldsymbol{y}) \cdot A(\boldsymbol{x}-\boldsymbol{y}) - (\boldsymbol{x}+i\boldsymbol{y}) \cdot iA(\boldsymbol{x}+i\boldsymbol{y}) + (\boldsymbol{x}-i\boldsymbol{y}) \cdot iA(\boldsymbol{x}-i\boldsymbol{y})$$

が成立することを示し，これを用いて定理 4.12 を証明せよ．

解答　$A(i\boldsymbol{y}) = iA\boldsymbol{y}$，$\boldsymbol{x} \cdot iA\boldsymbol{x} = i(\boldsymbol{x} \cdot A\boldsymbol{x})$，$\boldsymbol{x} \cdot iA(i\boldsymbol{y}) = \boldsymbol{x} \cdot (-A\boldsymbol{y}) = -(\boldsymbol{x} \cdot A\boldsymbol{y})$，$i\boldsymbol{y} \cdot iA\boldsymbol{x} = \bar{i}i(\boldsymbol{y} \cdot A\boldsymbol{x}) = \boldsymbol{y} \cdot A\boldsymbol{x}$，$i\boldsymbol{y} \cdot iA(i\boldsymbol{y}) = i\boldsymbol{y} \cdot (-A\boldsymbol{y}) = -\bar{i}(\boldsymbol{y} \cdot A\boldsymbol{y}) = i(\boldsymbol{y} \cdot A\boldsymbol{y})$ であるから（命題 4.3 参照），

$$(\boldsymbol{x} + \boldsymbol{y}) \cdot A(\boldsymbol{x} + \boldsymbol{y}) = \boldsymbol{x} \cdot A\boldsymbol{x} + \boldsymbol{x} \cdot A\boldsymbol{y} + \boldsymbol{y} \cdot A\boldsymbol{x} + \boldsymbol{y} \cdot A\boldsymbol{y}$$

$$(\boldsymbol{x} - \boldsymbol{y}) \cdot A(\boldsymbol{x} - \boldsymbol{y}) = \boldsymbol{x} \cdot A\boldsymbol{x} - \boldsymbol{x} \cdot A\boldsymbol{y} - \boldsymbol{y} \cdot A\boldsymbol{x} + \boldsymbol{y} \cdot A\boldsymbol{y}$$

$$(\boldsymbol{x} + i\boldsymbol{y}) \cdot iA(\boldsymbol{x} + i\boldsymbol{y}) = i(\boldsymbol{x} \cdot A\boldsymbol{x}) - \boldsymbol{x} \cdot A\boldsymbol{y} + \boldsymbol{y} \cdot A\boldsymbol{x} + i(\boldsymbol{y} \cdot A\boldsymbol{y})$$

$$(\boldsymbol{x} - i\boldsymbol{y}) \cdot iA(\boldsymbol{x} - i\boldsymbol{y}) = i(\boldsymbol{x} \cdot A\boldsymbol{x}) + \boldsymbol{x} \cdot A\boldsymbol{y} - \boldsymbol{y} \cdot A\boldsymbol{x} + i(\boldsymbol{y} \cdot A\boldsymbol{y}),$$

したがって，

$$(\boldsymbol{x}+\boldsymbol{y}) \cdot A(\boldsymbol{x}+\boldsymbol{y}) - (\boldsymbol{x}-\boldsymbol{y}) \cdot A(\boldsymbol{x}-\boldsymbol{y}) - (\boldsymbol{x}+i\boldsymbol{y}) \cdot iA(\boldsymbol{x}+i\boldsymbol{y}) + (\boldsymbol{x}-i\boldsymbol{y}) \cdot iA(\boldsymbol{x}-i\boldsymbol{y}) = 4(\boldsymbol{x} \cdot A\boldsymbol{y})$$

である．

また，定理 4.12 の仮定より，すべての $\boldsymbol{x}, \boldsymbol{y} \in \mathbb{C}^n$ に対して $(\boldsymbol{x}+\boldsymbol{y}) \cdot A(\boldsymbol{x}+\boldsymbol{y}) = 0$，$(\boldsymbol{x}-\boldsymbol{y}) \cdot A(\boldsymbol{x}-\boldsymbol{y}) = 0$，$(\boldsymbol{x}+i\boldsymbol{y}) \cdot iA(\boldsymbol{x}+i\boldsymbol{y}) = i((\boldsymbol{x}+i\boldsymbol{y}) \cdot A(\boldsymbol{x}+i\boldsymbol{y})) = 0$，$(\boldsymbol{x}-i\boldsymbol{y}) \cdot iA(\boldsymbol{x}-i\boldsymbol{y}) = i((\boldsymbol{x}-i\boldsymbol{y}) \cdot A(\boldsymbol{x}-i\boldsymbol{y})) = 0$ だから，上に述べたことにより $\boldsymbol{x} \cdot A\boldsymbol{y} = 0$ である．特に $\boldsymbol{x} = A\boldsymbol{e}_k$，$\boldsymbol{y} = \boldsymbol{e}_k$ $(1 \leq k \leq n)$ の場合に適用すると，$A\boldsymbol{e}_k \cdot A\boldsymbol{e}_k = 0$，したがって，$A\boldsymbol{e}_k = \boldsymbol{o}$ である．$A\boldsymbol{e}_k$ は A の k 列であるから，A のすべての成分は 0 である．

5

固有値問題

3章と同様に，K で実数全体の集合 $\mathbb{R}$ または複素数全体の集合 $\mathbb{C}$ を表すことにする．以下，$\mathbb{R}$ でも $\mathbb{C}$ でも議論が同様に進むときには K を用い，どちらか固有の議論を行うときには，$\mathbb{R}$ または $\mathbb{C}$ と書くことにする．

A を K に成分をもつ n 次の正方行列とする．このとき

$$f : K^n \ni \boldsymbol{x} \mapsto A\boldsymbol{x} \in K^n$$

によって決まる K^n から K^n への線形写像（線形変換）f に対して，

$\boldsymbol{o}$ でない K^n のベクトル $\boldsymbol{x}$ で $f(\boldsymbol{x}) = \lambda\boldsymbol{x}$ $(\lambda \in K)$ となるものがあるか？

という問題を考える．このことは，ベクトル $\boldsymbol{x}$ が生成する 1 次元の部分空間に $f(\boldsymbol{x})$ が属するように $\boldsymbol{x}$ をとれるか，ということと同値であり，ベクトルを矢印（有向線分）で表せばこの 2 つのベクトルが同じ方向をもつように $\boldsymbol{x}$ をとれるか，ということでもある．また，$\{\boldsymbol{x} \in K^n | A\boldsymbol{x} = \lambda\boldsymbol{x}\}$ は K^n の部分空間であったが（章末問題 **3.1** 参照），この空間を $W_A(\lambda)$ と書いておけば，$W_A(\lambda) \neq \{\boldsymbol{o}\}$（または，同じことであるが $\dim W_A(\lambda) \neq 0$）ということとも同値である．このことは λ に依存する．これをみたす λ を A の固有値と呼ぶ．

例えば，A が対角行列のときにはその対角成分を a_{ii} としておけば，$f(\boldsymbol{e}_i) = a_{ii}\boldsymbol{e}_i$, $\boldsymbol{e}_i \neq \boldsymbol{o}$ $(1 \leqq i \leqq n)$ であるから a_{ii} は A の固有値である．さらに，ここに表れる $\boldsymbol{e}_1, \boldsymbol{e}_2, \cdots, \boldsymbol{e}_n$ は K^n の基底である．一般の正方行列 A に対してもこのような基底が存在するか，あるいは，どのような A に対してこのような基底が存在するか，ということを考えることがこの章の課題である．

この章では，今までやってきた線形独立，基底，次元等に関する様々な定理や議論を用いることになる．いちいち参照をしないので，何が根拠になっているかを各自考えながら読み進めてほしい．

5.1 固有値と固有空間

まず定義から始めることにする．

5.1 固有値と固有空間 175

定義 5.1

(1) A を K に成分をもつ n 次の正方行列，$\lambda \in K$ とする．

$$Ax = \lambda x$$

をみたす o でないベクトル x が存在するとき，λ を A の**固有値** (eigenvalue) と呼び，x を λ に属する A の**固有ベクトル** (eigenvector) と呼ぶ．

(2) λ が A の固有値のとき，K^n の部分空間 $\{x \in K^n | Ax = \lambda x\}$ を λ に属する A の**固有空間** (eigenspace) と呼び，$W_A(\lambda)$ で表す．

注意 5.1 λ が A の固有値であることと $\dim W_A(\lambda) \geqq 1$ であることは同値であり，$W_A(\lambda)$ の o でない要素が λ に属する固有ベクトルである．

例 5.1 $A = \begin{pmatrix} 3 & 1 & 1 \\ 1 & 3 & 1 \\ 1 & 1 & 3 \end{pmatrix}$ を考える．

$$\begin{pmatrix} 3 & 1 & 1 \\ 1 & 3 & 1 \\ 1 & 1 & 3 \end{pmatrix} \begin{pmatrix} 1 \\ -1 \\ 0 \end{pmatrix} = 2 \begin{pmatrix} 1 \\ -1 \\ 0 \end{pmatrix}$$

が成立するから，2 は A の固有値，$\begin{pmatrix} 1 \\ -1 \\ 0 \end{pmatrix}$ は 2 に属する A の固有ベクトルである．

$$\begin{pmatrix} 3 & 1 & 1 \\ 1 & 3 & 1 \\ 1 & 1 & 3 \end{pmatrix} \begin{pmatrix} 1 \\ 1 \\ 1 \end{pmatrix} = 5 \begin{pmatrix} 1 \\ 1 \\ 1 \end{pmatrix}$$

でもあるから，5 も A の固有値，$\begin{pmatrix} 1 \\ 1 \\ 1 \end{pmatrix}$ は 5 に属する A の固有ベクトルである．

例題 5.1 上の例において，$\begin{pmatrix} 1 \\ 0 \\ -1 \end{pmatrix}, \begin{pmatrix} 0 \\ -1 \\ 1 \end{pmatrix}$ も 2 に属する A の固有ベクトルであることを確かめよ．

176　第 5 章　固有値問題

解答
$$\begin{pmatrix} 3 & 1 & 1 \\ 1 & 3 & 1 \\ 1 & 1 & 3 \end{pmatrix} \begin{pmatrix} 1 \\ 0 \\ -1 \end{pmatrix} = \begin{pmatrix} 2 \\ 0 \\ -2 \end{pmatrix} = 2 \begin{pmatrix} 1 \\ 0 \\ -1 \end{pmatrix},$$

$$\begin{pmatrix} 3 & 1 & 1 \\ 1 & 3 & 1 \\ 1 & 1 & 3 \end{pmatrix} \begin{pmatrix} 0 \\ -1 \\ 1 \end{pmatrix} = \begin{pmatrix} 0 \\ -2 \\ 2 \end{pmatrix} = 2 \begin{pmatrix} 0 \\ -1 \\ 1 \end{pmatrix}.$$

$A\boldsymbol{x} = \lambda\boldsymbol{x}$ が成立するということは $A\boldsymbol{x} - \lambda\boldsymbol{x} = \boldsymbol{o}$ が成立するということである. 一方,

$$A\boldsymbol{x} - \lambda\boldsymbol{x} = A\boldsymbol{x} - \lambda(E\boldsymbol{x}) = A\boldsymbol{x} - (\lambda E)\boldsymbol{x} = (A - \lambda E)\boldsymbol{x}$$

であるから,

$$W_A(\lambda) = \{\boldsymbol{x} \in K^n | (A - \lambda E)\boldsymbol{x} = \boldsymbol{o}\}$$

と書き直すことができる. このことは, $W_A(\lambda)$ が $A - \lambda E$ を係数行列とする同次連立 1 次方程式の解空間である, ということを示している. したがって,

$$\dim W_A(\lambda) = n - \operatorname{rank}(A - \lambda E)$$

が成立するから,

$$\dim W_A(\lambda) \geqq 1 \iff \operatorname{rank}(A - \lambda E) < n \iff |A - \lambda E| = 0$$

であることがわかる. このことより, 次の定理が得られた.

定理 5.1　λ が A の固有値であることと,

$$|A - \lambda E| = 0$$

が成立することは同値である.

$A = \begin{pmatrix} a_{11} & a_{12} & \cdots & a_{1n} \\ a_{21} & a_{22} & \cdots & a_{2n} \\ \vdots & \vdots & \ddots & \vdots \\ a_{n1} & a_{n2} & \cdots & a_{nn} \end{pmatrix}$ と A を成分表示をしておくと, 変数 t に対して

$$|A - tE| = \begin{vmatrix} a_{11} - t & a_{12} & \cdots & a_{1n} \\ a_{21} & a_{22} - t & \cdots & a_{2n} \\ \vdots & \vdots & \ddots & \vdots \\ a_{n1} & a_{n2} & \cdots & a_{nn} - t \end{vmatrix}$$

$$= (-1)^n t^n + (-1)^{n-1}(a_{11} + a_{22} + \cdots + a_{nn})t^{n-1} + \cdots + |A|$$

となるから, $|A - tE|$ は t に関する最高次の係数が $(-1)^n$ の n 次多項式である. この多項式を A の**固有多項式 (characteristic polynomial)** と呼ぶ. したがって, $|A - tE| = 0$ は n 次方程式であ

るが，この方程式を A の**固有方程式 (characteristic equation)** と呼ぶ．定理 5.1 は，λ が A の固有値になることと，λ が A の固有方程式の解になることが同値であるを示している．したがって，

系 5.1 n 次正方行列の固有値の個数は n 以下である．

例 5.2 $A = \begin{pmatrix} 3 & 1 & 1 \\ 1 & 3 & 1 \\ 1 & 1 & 3 \end{pmatrix}$ とすると，

$$
|A - \lambda E| = \begin{vmatrix} 3-\lambda & 1 & 1 \\ 1 & 3-\lambda & 1 \\ 1 & 1 & 3-\lambda \end{vmatrix} = \begin{vmatrix} 3-\lambda & 1 & 1 \\ 1 & 3-\lambda & 1 \\ 0 & -2+\lambda & 2-\lambda \end{vmatrix} = \begin{vmatrix} 3-\lambda & 1 & 2 \\ 1 & 3-\lambda & 4-\lambda \\ 0 & -2+\lambda & 0 \end{vmatrix}
$$

$$
= -(-2+\lambda) \begin{vmatrix} 3-\lambda & 2 \\ 1 & 4-\lambda \end{vmatrix} = -(\lambda-2)((3-\lambda)(4-\lambda)-2) = -(\lambda-2)^2(\lambda-5),
$$

であるから，$|A - \lambda E| = 0$ をみたす λ は 2 と 5 である．したがって，A の固有値は 2 と 5 であり，これ以外にはない．また，

$$
W_A(2) = \{x \in K^3 | (A - 2E)x = o\} = \left\{ \begin{pmatrix} x_1 \\ x_2 \\ x_3 \end{pmatrix} \middle| \begin{pmatrix} 1 & 1 & 1 \\ 1 & 1 & 1 \\ 1 & 1 & 1 \end{pmatrix} \begin{pmatrix} x_1 \\ x_2 \\ x_3 \end{pmatrix} = \begin{pmatrix} 0 \\ 0 \\ 0 \end{pmatrix} \right\}
$$

であるから，係数行列を基本変形して

$$
\dim W_A(2) = 3 - \operatorname{rank} \begin{pmatrix} 1 & 1 & 1 \\ 1 & 1 & 1 \\ 1 & 1 & 1 \end{pmatrix} = 3 - 1 = 2
$$

であることがわかる．したがって，$W_A(2)$ は 2 個のベクトルからなる基底をもつ．実際に方程式を解けば，例えば

$$
W_A(2) = \left\langle \begin{pmatrix} 1 \\ -1 \\ 0 \end{pmatrix}, \begin{pmatrix} 1 \\ 0 \\ -1 \end{pmatrix} \right\rangle
$$

と表せる．

例題 5.2 $W_A(5)$ を求めよ．

解答 $W_A(5) = \{x \in K^3 | (A-5E)x = o\} = \left\{ \begin{pmatrix} x_1 \\ x_2 \\ x_3 \end{pmatrix} \middle| \begin{pmatrix} -2 & 1 & 1 \\ 1 & -2 & 1 \\ 1 & 1 & -2 \end{pmatrix} \begin{pmatrix} x_1 \\ x_2 \\ x_3 \end{pmatrix} = \begin{pmatrix} 0 \\ 0 \\ 0 \end{pmatrix} \right\}.$

178　第 5 章　固有値問題

$$\begin{pmatrix} -2 & 1 & 1 \\ 1 & -2 & 1 \\ 1 & 1 & -2 \end{pmatrix} \to \begin{pmatrix} 1 & 0 & -1 \\ 0 & 1 & -1 \\ 0 & 0 & 0 \end{pmatrix}$$ と基本変形できるから, $\dim W_A(5) = 3 - 2 = 1$,

$$\begin{cases} x_1 - x_3 = 0 \\ x_2 - x_3 = 0 \end{cases}$$ より, $W_A(5)$ の基底として $\begin{pmatrix} 1 \\ 1 \\ 1 \end{pmatrix}$ をとれる. したがって, $W_A(5) = \left\langle \begin{pmatrix} 1 \\ 1 \\ 1 \end{pmatrix} \right\rangle$. ∎

例 5.3　$K = \mathbb{R}$ として $A = \begin{pmatrix} 1 & 1 & -6 \\ 1 & 1 & -2 \\ 1 & -1 & 2 \end{pmatrix}$ を考える.

$$|A - \lambda E| = \begin{vmatrix} 1 - \lambda & 1 & -6 \\ 1 & 1 - \lambda & -2 \\ 1 & -1 & 2 - \lambda \end{vmatrix} = -(\lambda - 2)(\lambda^2 - 2\lambda + 4)$$

である. $\lambda^2 - 2\lambda + 4 = 0$ は実数解をもたないから, 固有値は 2 のみである. 固有空間は同次型の方程式

$$\begin{pmatrix} -1 & 1 & -6 \\ 1 & -1 & -2 \\ 1 & -1 & 0 \end{pmatrix} \begin{pmatrix} x \\ y \\ z \end{pmatrix} = \begin{pmatrix} 0 \\ 0 \\ 0 \end{pmatrix}$$

を解いて,

$$W_A(2) = \left\langle \begin{pmatrix} 1 \\ 1 \\ 0 \end{pmatrix} \right\rangle = \left\{ \begin{pmatrix} s \\ s \\ 0 \end{pmatrix} \middle| s \in \mathbb{R} \right\}$$

と表せる.

例 5.4　今度は, $K = \mathbb{C}$ として例 5.3 と同じ A を考える. 固有方程式は上と同じように計算をして
$$-(\lambda - 2)(\lambda^2 - 2\lambda + 4) = 0$$
であるが, 今は複素数の世界で考えているからこの方程式の解, すなわち A の固有値は
$$2,\ 1 + \sqrt{3}i,\ 1 - \sqrt{3}i$$
の 3 個である. 最初の 2 つの固有値に属する固有空間は, それぞれ

$$W_A(2) = \left\langle \begin{pmatrix} 1 \\ 1 \\ 0 \end{pmatrix} \right\rangle = \left\{ \begin{pmatrix} s \\ s \\ 0 \end{pmatrix} \middle| s \in \mathbb{C} \right\},\quad W_A(1 + \sqrt{3}i) = \left\langle \begin{pmatrix} 1 + 3\sqrt{3}i \\ 3 + \sqrt{3}i \\ 2 \end{pmatrix} \right\rangle$$

と表せる. $W_A(2)$ は見た目は例 5.3 と同じであるが, 今の場合はすべてを複素数として考えているので, s も任意の複素数である.

5.1 固有値と固有空間 　*179*

　実数を成分とする行列は，その成分をそのまま実数として実数の世界で考えるのか，複素数とみなして複素数の世界で考えるのかによって，固有値や固有空間は変わってくる．

例題 5.3 例 5.4 の $W_A(1-\sqrt{3}i)$ を求めよ.

解答 $W_A(1-\sqrt{3}i) = \left\{ \begin{pmatrix} x_1 \\ x_2 \\ x_3 \end{pmatrix} \middle| \begin{pmatrix} \sqrt{3}i & 1 & -6 \\ 1 & \sqrt{3}i & -2 \\ 1 & -1 & 1+\sqrt{3}i \end{pmatrix} \begin{pmatrix} x_1 \\ x_2 \\ x_3 \end{pmatrix} = \begin{pmatrix} 0 \\ 0 \\ 0 \end{pmatrix} \right\}$.

$\begin{pmatrix} \sqrt{3}i & 1 & -6 \\ 1 & \sqrt{3}i & -2 \\ 1 & -1 & 1+\sqrt{3}i \end{pmatrix} \rightarrow \begin{pmatrix} 1 & -3 & 4 \\ 0 & 2 & -3+\sqrt{3}i \\ 0 & 0 & 0 \end{pmatrix}$ と基本変形できるから,

$\dim W_A(1-\sqrt{3}i) = 3-2 = 1,$ $\begin{cases} x_1 - 3x_2 + 4x_3 = 0 \\ 2x_2 + (-3+\sqrt{3}i)x_3 = 0 \end{cases}$ ， より, $W_A(1-\sqrt{3}i)$ の基底とし

て $\begin{pmatrix} 1-3\sqrt{3}i \\ 3-\sqrt{3}i \\ 2 \end{pmatrix}$ をとれる. したがって, $W_A(1-\sqrt{3}i) = \left\langle \begin{pmatrix} 1-3\sqrt{3}i \\ 3-\sqrt{3}i \\ 2 \end{pmatrix} \right\rangle$.

例題 5.4 次の行列の固有値と固有空間を求めよ.

(1) $\begin{pmatrix} 12 & -15 \\ 6 & -7 \end{pmatrix}$ 　(2) $\begin{pmatrix} 8 & -4 & -5 \\ -3 & 5 & 3 \\ 6 & -4 & -3 \end{pmatrix}$ 　(3) $\begin{pmatrix} 4 & 1 & -1 \\ 1 & 4 & -1 \\ -1 & -1 & 4 \end{pmatrix}$

解答 与えられた行列をそれぞれ A としておく.

(1) $|A - \lambda E| = \begin{vmatrix} 12-\lambda & -15 \\ 6 & -7-\lambda \end{vmatrix} = (\lambda-2)(\lambda-3)$ より固有値は 2 と 3. $\mathrm{rank} \begin{pmatrix} 10 & -15 \\ 6 & -9 \end{pmatrix} =$

1, $\begin{pmatrix} 10 & -15 \\ 6 & -9 \end{pmatrix} \begin{pmatrix} 3 \\ 2 \end{pmatrix} = \begin{pmatrix} 0 \\ 0 \end{pmatrix}$ より $\dim W_A(2) = 2-1 = 1$ で $W_A(2) = \left\langle \begin{pmatrix} 3 \\ 2 \end{pmatrix} \right\rangle$.

$\mathrm{rank} \begin{pmatrix} 9 & -15 \\ 6 & -10 \end{pmatrix} = 1,$ $\begin{pmatrix} 9 & -15 \\ 6 & -10 \end{pmatrix} \begin{pmatrix} 5 \\ 3 \end{pmatrix} = \begin{pmatrix} 0 \\ 0 \end{pmatrix}$ より $\dim W_A(3) = 2-1 = 1$ で

$W_A(2) = \left\langle \begin{pmatrix} 5 \\ 3 \end{pmatrix} \right\rangle$.

(2) $|A - \lambda E| = \begin{vmatrix} 8-\lambda & -4 & -5 \\ -3 & 5-\lambda & 3 \\ 6 & -4 & -3-\lambda \end{vmatrix} = -(\lambda-2)(\lambda-3)(\lambda-5)$. したがって, 固有値は

2, 3, 5.

$$W_A(2) = \left\{ \begin{pmatrix} x_1 \\ x_2 \\ x_3 \end{pmatrix} \middle| \begin{pmatrix} 6 & -4 & -5 \\ -3 & 3 & 3 \\ 6 & -4 & -5 \end{pmatrix} \begin{pmatrix} x_1 \\ x_2 \\ x_3 \end{pmatrix} = \begin{pmatrix} 0 \\ 0 \\ 0 \end{pmatrix} \right\}. \ \mathrm{rank} \begin{pmatrix} 6 & -4 & -5 \\ -3 & 3 & 3 \\ 6 & -4 & -5 \end{pmatrix} = 2$$

より，$\dim W_A(2) = 3 - 2 = 1$ で $W_A(2) = \left\langle \begin{pmatrix} 1 \\ -1 \\ 2 \end{pmatrix} \right\rangle$.

$$W_A(3) = \left\{ \begin{pmatrix} x_1 \\ x_2 \\ x_3 \end{pmatrix} \middle| \begin{pmatrix} 5 & -4 & -5 \\ -3 & 2 & 3 \\ 6 & -4 & -6 \end{pmatrix} \begin{pmatrix} x_1 \\ x_2 \\ x_3 \end{pmatrix} = \begin{pmatrix} 0 \\ 0 \\ 0 \end{pmatrix} \right\}. \ \mathrm{rank} \begin{pmatrix} 5 & -4 & -5 \\ -3 & 2 & 3 \\ 6 & -4 & -6 \end{pmatrix} = 2$$

より，$\dim W_A(3) = 3 - 2 = 1$ で $W_A(3) = \left\langle \begin{pmatrix} 1 \\ 0 \\ 1 \end{pmatrix} \right\rangle$.

$$W_A(5) = \left\{ \begin{pmatrix} x_1 \\ x_2 \\ x_3 \end{pmatrix} \middle| \begin{pmatrix} 3 & -4 & -5 \\ -3 & 0 & 3 \\ 6 & -4 & -8 \end{pmatrix} \begin{pmatrix} x_1 \\ x_2 \\ x_3 \end{pmatrix} = \begin{pmatrix} 0 \\ 0 \\ 0 \end{pmatrix} \right\}. \ \mathrm{rank} \begin{pmatrix} 3 & -4 & -5 \\ -3 & 0 & 3 \\ 6 & -4 & -8 \end{pmatrix} = 2$$

より，$\dim W_A(5) = 3 - 2 = 1$ で $W_A(5) = \left\langle \begin{pmatrix} 2 \\ -1 \\ 2 \end{pmatrix} \right\rangle$.

(3) $|A - \lambda E| = \begin{vmatrix} 4 - \lambda & 1 & -1 \\ 1 & 4 - \lambda & -1 \\ -1 & -1 & 4 - \lambda \end{vmatrix} = -(\lambda - 3)^2 (\lambda - 6)$. したがって，固有値は 3, 6.

$$W_A(3) = \left\{ \begin{pmatrix} x_1 \\ x_2 \\ x_3 \end{pmatrix} \middle| \begin{pmatrix} 1 & 1 & -1 \\ 1 & 1 & -1 \\ -1 & -1 & 1 \end{pmatrix} \begin{pmatrix} x_1 \\ x_2 \\ x_3 \end{pmatrix} = \begin{pmatrix} 0 \\ 0 \\ 0 \end{pmatrix} \right\}.$$

$$\begin{pmatrix} 1 & 1 & -1 \\ 1 & 1 & -1 \\ -1 & -1 & 1 \end{pmatrix} \begin{pmatrix} 1 \\ -1 \\ 0 \end{pmatrix} = \begin{pmatrix} 1 & 1 & -1 \\ 1 & 1 & -1 \\ -1 & -1 & 1 \end{pmatrix} \begin{pmatrix} 1 \\ 0 \\ 1 \end{pmatrix} = \begin{pmatrix} 0 \\ 0 \\ 0 \end{pmatrix} \text{ より } \begin{pmatrix} 1 \\ -1 \\ 0 \end{pmatrix}, \begin{pmatrix} 1 \\ 0 \\ 1 \end{pmatrix} \in$$

$W_A(3)$. $\mathrm{rank} \begin{pmatrix} 1 & 1 \\ -1 & 0 \\ 0 & 1 \end{pmatrix} = 2$ より $\begin{pmatrix} 1 \\ -1 \\ 0 \end{pmatrix}, \begin{pmatrix} 1 \\ 0 \\ 1 \end{pmatrix}$ は線形独立であるが，$\dim W_A(3) =$

$3 - \mathrm{rank} \begin{pmatrix} 1 & 1 & -1 \\ 1 & 1 & -1 \\ -1 & -1 & 1 \end{pmatrix} = 3 - 1 = 2$ であるから基底である．したがって，$W_A(3) =$

$$\left\langle \begin{pmatrix} 1 \\ -1 \\ 0 \end{pmatrix}, \begin{pmatrix} 1 \\ 0 \\ 1 \end{pmatrix} \right\rangle.$$

$$W_A(6) = \left\{ \begin{pmatrix} x_1 \\ x_2 \\ x_3 \end{pmatrix} \middle| \begin{pmatrix} -2 & 1 & -1 \\ 1 & -2 & -1 \\ -1 & -1 & -2 \end{pmatrix} \begin{pmatrix} x_1 \\ x_2 \\ x_3 \end{pmatrix} = \begin{pmatrix} 0 \\ 0 \\ 0 \end{pmatrix} \right\}. \quad \mathrm{rank} \begin{pmatrix} -2 & 1 & -1 \\ 1 & -2 & -1 \\ -1 & -1 & -2 \end{pmatrix} = 2$$

より，$\dim W_A(6) = 3 - 2 = 1$ で $W_A(6) = \left\langle \begin{pmatrix} 1 \\ 1 \\ -1 \end{pmatrix} \right\rangle.$

行列の固有多項式については次の命題が成立する．証明は易しいが，後々重要な役割を果たす.

命題 5.1 A を正方行列，P を正則行列とする。このとき，A の固有多項式と $P^{-1}AP$ の固有多項式は一致する．したがって，λ が A の固有値であることと $P^{-1}AP$ の固有値であるととは同値である.

証明 t を変数として，

$$|P^{-1}AP - tE| = |P^{-1}AP - t(P^{-1}EP)| = |P^{-1}(A - tE)P| = |P^{-1}||A - tE||P|$$
$$= |P|^{-1}|P||A - tE| = |A - tE|.$$

したがって，$P^{-1}AP$ の固有方程式と A の固有方程式は同じものである.

■ **固有ベクトルの独立性** ■

定理 5.2 A を正方行列，$\lambda_1, \lambda_2, \cdots, \lambda_k$ を A の相異なる固有値，$\boldsymbol{x}_i \ (1 \leq i \leq k)$ を λ_i に属する固有ベクトルとする．このとき，$\boldsymbol{x}_1, \boldsymbol{x}_2, \cdots, \boldsymbol{x}_k$ は線形独立である.

証明 $k = 1$ ならば明らかである（$\boldsymbol{x}_1 \neq \boldsymbol{o}$ であることに注意）から，$k \geq 2$ のときを考える.

$\boldsymbol{x}_1, \boldsymbol{x}_2, \cdots, \boldsymbol{x}_k$ が線形従属であると仮定する．$\boldsymbol{x}_1 \neq \boldsymbol{o}$ であるから，$\boldsymbol{x}_1, \boldsymbol{x}_2, \cdots, \boldsymbol{x}_\ell$ は線形独立，$\boldsymbol{x}_1, \boldsymbol{x}_2, \cdots, \boldsymbol{x}_\ell, \boldsymbol{x}_{\ell+1}$ は線形従属となる $\ell \ (1 \leq \ell \leq k - 1)$ をとることができる．このとき，

$$\boldsymbol{x}_{\ell+1} = \alpha_1 \boldsymbol{x}_1 + \alpha_2 \boldsymbol{x}_2 + \cdots + \alpha_\ell \boldsymbol{x}_\ell \ (\alpha_i \in K) \tag{5.1}$$

と書くことができる（定理 3.3 およびその証明を参照）.

まず，(5.1) 式に左から A をかけると，

$$A\boldsymbol{x}_{\ell+1} = A(\alpha_1 \boldsymbol{x}_1 + \alpha_2 \boldsymbol{x}_2 + \cdots + \alpha_\ell \boldsymbol{x}_\ell) = \alpha_1(A\boldsymbol{x}_1) + \alpha_2(A\boldsymbol{x}_2) + \cdots + \alpha_\ell(A\boldsymbol{x}_\ell).$$

$\boldsymbol{x}_i$ は A の固有値 λ_i に属する固有ベクトルだから，$A\boldsymbol{x}_i = \lambda_i \boldsymbol{x}_i$，したがって，

$$\lambda_{\ell+1}\boldsymbol{x}_{\ell+1} = (\lambda_1 \alpha_1)\boldsymbol{x}_1 + (\lambda_2 \alpha_2)\boldsymbol{x}_2 + \cdots + (\lambda_\ell \alpha_\ell)\boldsymbol{x}_\ell$$

が成立する．一方，(5.1) 式を $\lambda_{\ell+1}$ 倍すると，

$$\lambda_{\ell+1}\boldsymbol{x}_{\ell+1} = (\lambda_{\ell+1}\alpha_1)\boldsymbol{x}_1 + (\lambda_{\ell+1}\alpha_2)\boldsymbol{x}_2 + \cdots + (\lambda_{\ell+1}\alpha_\ell)\boldsymbol{x}_\ell$$

182　第 5 章　固有値問題

も成り立つから，

$$(\lambda_1\alpha_1)\boldsymbol{x}_1 + (\lambda_2\alpha_2)\boldsymbol{x}_2 + \cdots + (\lambda_\ell\alpha_\ell)\boldsymbol{x}_\ell = (\lambda_{\ell+1}\alpha_1)\boldsymbol{x}_1 + (\lambda_{\ell+1}\alpha_2)\boldsymbol{x}_2 + \cdots + (\lambda_{\ell+1}\alpha_\ell)\boldsymbol{x}_\ell$$

であり，

$$(\lambda_1 - \lambda_{\ell+1})\alpha_1\boldsymbol{x}_1 + (\lambda_2 - \lambda_{\ell+1})\alpha_2\boldsymbol{x}_2 + \cdots + (\lambda_\ell - \lambda_{\ell+1})\alpha_\ell\boldsymbol{x}_\ell = \boldsymbol{o}$$

が成立する．$\boldsymbol{x}_1, \boldsymbol{x}_2, \cdots, \boldsymbol{x}_\ell$ は線形独立だから

$$(\lambda_1 - \lambda_{\ell+1})\alpha_1 = (\lambda_2 - \lambda_{\ell+1})\alpha_2 = \cdots = (\lambda_\ell - \lambda_{\ell+1})\alpha_\ell = 0.$$

$\lambda_1, \lambda_2, \cdots, \lambda_{\ell+1}$ は相異なる固有値であったから，$\alpha_1 = \alpha_2 = \cdots = \alpha_\ell = 0$ となり，

$$\boldsymbol{x}_{\ell+1} = 0\boldsymbol{x}_1 + 0\boldsymbol{x}_2 + \cdots + 0\boldsymbol{x}_\ell = \boldsymbol{o}.$$

これは矛盾，したがって，$\boldsymbol{x}_1, \boldsymbol{x}_2, \cdots, \boldsymbol{x}_k$ は線形独立である． ▌

定理 5.3　A を正方行列，$\lambda_1, \lambda_2, \cdots, \lambda_k$ を A の相異なる固有値とする．各 i $(1 \leqq i \leqq k)$ に対して，固有空間 $W_A(\lambda_i)$ から線形独立な ℓ_i 個の固有ベクトル $\boldsymbol{x}_{i1}, \boldsymbol{x}_{i2}, \cdots, \boldsymbol{x}_{i\ell_i}$ を選んでおく．このとき，$\ell_1 + \ell_2 + \cdots + \ell_k$ 個のベクトル

$$\boldsymbol{x}_{11}, \boldsymbol{x}_{12}, \cdots, \boldsymbol{x}_{1\ell_1}, \boldsymbol{x}_{21}, \boldsymbol{x}_{22}, \cdots, \boldsymbol{x}_{2\ell_2}, \cdots, \boldsymbol{x}_{k1}, \boldsymbol{x}_{k2}, \cdots, \boldsymbol{x}_{k\ell_k}$$

は線形独立である．

　つまり，相異なる固有値に属する固有空間からもってきた線形独立なベクトル達は，それを全部並べても線形独立である．

証明
$$\alpha_{11}\boldsymbol{x}_{11} + \alpha_{12}\boldsymbol{x}_{12} + \cdots + \alpha_{1\ell_1}\boldsymbol{x}_{1\ell_1} + \alpha_{21}\boldsymbol{x}_{21} + \alpha_{22}\boldsymbol{x}_{22} + \cdots + \alpha_{2\ell_2}\boldsymbol{x}_{2\ell_2}$$
$$+ \cdots + \alpha_{k1}\boldsymbol{x}_{k1} + \alpha_{k2}\boldsymbol{x}_{k2} + \cdots + \alpha_{k\ell_k}\boldsymbol{x}_{k\ell_k} = \boldsymbol{o} \tag{5.2}$$

とする．ここで，各 i について $\boldsymbol{y}_i = \alpha_{i1}\boldsymbol{x}_{i1} + \alpha_{i2}\boldsymbol{x}_{i2} + \cdots + \alpha_{i\ell_i}\boldsymbol{x}_{i\ell_i}$　としておくと，

$$\boldsymbol{y}_i \in W_A(\lambda_i) \ (1 \leqq i \leqq k) \qquad かつ \qquad \boldsymbol{y}_1 + \boldsymbol{y}_2 + \cdots + \boldsymbol{y}_k = \boldsymbol{o}$$

である．この $\boldsymbol{y}_i$ の中に $\boldsymbol{o}$ でないものがあると仮定すると，適当に添え字を付け替えて，

$$\boldsymbol{y}_1 \neq \boldsymbol{o}, \cdots, \boldsymbol{y}_p \neq \boldsymbol{o} \quad かつ \quad \boldsymbol{y}_{p+1} = \cdots = \boldsymbol{y}_k = \boldsymbol{o} \ (p \geqq 1)$$

とできる．したがって，$1 \leqq i \leqq p$ ならば $\boldsymbol{y}_i$ は λ_i に属する固有ベクトルであり，

$$\boldsymbol{y}_1 + \boldsymbol{y}_2 + \cdots + \boldsymbol{y}_p = \boldsymbol{o} \tag{5.3}$$

となる．(5.3) は，$\boldsymbol{y}_1, \boldsymbol{y}_2, \cdots, \boldsymbol{y}_p$ が線形従属であることを意味し，定理 5.2 に矛盾する．したがって，すべての i $(1 \leqq i \leqq k)$ について $\boldsymbol{y}_i = \boldsymbol{o}$ である．つまり，

$$\alpha_{i1}\boldsymbol{x}_{i1} + \alpha_{i2}\boldsymbol{x}_{i2} + \cdots + \alpha_{i\ell_i}\boldsymbol{x}_{i\ell_i} = \boldsymbol{o}$$

が成立している．$\boldsymbol{x}_{i1}, \boldsymbol{x}_{i2}, \cdots, \boldsymbol{x}_{i\ell_i}$ は線形独立であったから

$$\alpha_{i1} = \alpha_{i2} = \cdots = \alpha_{i\ell_i} = 0$$

がすべての i に対して成り立つ．すなわち，(5.2) 式の係数はすべて 0 である． ▌

5.2 行列の対角化 **183**

系 5.2 $\lambda_1, \lambda_2, \cdots, \lambda_k$ を n 次正方行列 A の相異なるすべての固有値とすると，次が成立する．

(1) $\dim W_A(\lambda_1) + \dim W_A(\lambda_2) + \cdots + \dim W_A(\lambda_k) \leqq n$.

(2) 各 $W_A(\lambda_i)$ の基底をすべて並べたものが K^n の基底になることと，

$$\dim W_A(\lambda_1) + \dim W_A(\lambda_2) + \cdots + \dim W_A(\lambda_k) = n$$

が成立することは同値である．

例 5.5 例 5.2 と同じ A を考える．A の固有値は 2 と 5 であり，

$$\dim W_A(2) + \dim W_A(5) = 2 + 1 = 3 ,$$

$W_A(2)$ の基底として $\begin{pmatrix} 1 \\ -1 \\ 0 \end{pmatrix}$ と $\begin{pmatrix} 1 \\ 0 \\ -1 \end{pmatrix}$，$W_A(5)$ の基底として $\begin{pmatrix} 1 \\ 1 \\ 1 \end{pmatrix}$ がとれる（例題 5.2 参照）．したがって，

$$\begin{pmatrix} 1 \\ -1 \\ 0 \end{pmatrix}, \begin{pmatrix} 1 \\ 0 \\ -1 \end{pmatrix}, \begin{pmatrix} 1 \\ 1 \\ 1 \end{pmatrix}$$

は K^3 の基底である．

5.2 行列の対角化

A を n 次正方行列とする．A によって決まる線形変換 $f : K^n \ni \boldsymbol{x} \mapsto A\boldsymbol{x} \in K^n$ の表現行列は，K^n に標準基底をとれば A そのものであった．また，別の基底 $\boldsymbol{p}_1, \boldsymbol{p}_2, \cdots, \boldsymbol{p}_n$ をとり，この基底に関する表現行列を B とすると，正則行列 $P = \begin{pmatrix} \boldsymbol{p}_1 & \boldsymbol{p}_2 & \cdots & \boldsymbol{p}_n \end{pmatrix}$ を用いて $B = P^{-1}AP$ と書けることもわかっていた（3 章参照）．この節では，表現行列 B が対角行列になるように基底 $\boldsymbol{p}_1, \boldsymbol{p}_2, \cdots, \boldsymbol{p}_n$ を選ぶことができるか，A がどのような行列ならばそのような基底を選ぶことができるか，等を考えることにする．この問題は，固有値や固有空間と密接に関係している．

■**対角化**■

まず，定義から始めることにする．

定義 5.2 A を n 次正方行列とする．$P^{-1}AP$ を対角行列にするような正則行列 P が存在するとき，A は**対角化可能 (diagonalizable) である**，あるいは，**半単純 (semi-simple) である**，という．

実際に P を定めて（一意的に決まるわけではない！）

$$P^{-1}AP = \begin{pmatrix} \lambda_1 & & O \\ & \ddots & \\ O & & \lambda_n \end{pmatrix} \qquad (\lambda_i \in K) \tag{5.4}$$

と表すことを，A を**対角化する (diagonalize)**，という．

184 第 5 章 固有値問題

注意 5.2 A が対角化可能であるならば，P の各列を K^n の基底としてとると，f の表現行列は (5.4) に表れる対角行列になる．

A が対角化可能である，すなわち，(5.4) をみたす正則行列 P が存在するとする．この式の両辺に左から P をかけると，

$$AP = P \begin{pmatrix} \lambda_1 & & O \\ & \ddots & \\ O & & \lambda_n \end{pmatrix}$$

となるが，P の j 列をいつものように $\boldsymbol{p}_j$ と書いておくと

$$AP = \begin{pmatrix} A\boldsymbol{p}_1 & \cdots & A\boldsymbol{p}_j & \cdots & A\boldsymbol{p}_n \end{pmatrix},$$

$$P \begin{pmatrix} \lambda_1 & & O \\ & \ddots & \\ O & & \lambda_n \end{pmatrix} = \begin{pmatrix} \lambda_1 \boldsymbol{p}_1 & \cdots & \lambda_j \boldsymbol{p}_j & \cdots & \lambda_n \boldsymbol{p}_n \end{pmatrix}$$

であるから，

$$A\boldsymbol{p}_j = \lambda_j \boldsymbol{p}_j \quad (1 \leqq j \leqq n)$$

が成立する．したがって，すべての j $(1 \leqq j \leqq n)$ に対して λ_j は A の固有値で $\boldsymbol{p}_j$ は λ_j に属する A の固有ベクトルであることがわかる．さらに，P は正則行列であるから，

$$\boldsymbol{p}_1, \cdots, \boldsymbol{p}_j, \cdots, \boldsymbol{p}_n$$

は K^n の基底である．

もう少し詳しく，次の定理がいえる．

定理 5.4 A を n 次の正方行列，$\lambda_1, \lambda_2, \cdots, \lambda_k$ を A の相異なるすべての固有値とする．

$$\dim W_A(\lambda_1) + \dim W_A(\lambda_2) + \cdots + \dim W_A(\lambda_k) = n \tag{5.5}$$

が成立することと，A が対角化可能であることは同値である．

証明 $\dim W_A(\lambda_i) = \ell_i$ としておき，各 $W_A(\lambda_i)$ から基底 $\boldsymbol{p}_{i1}, \boldsymbol{p}_{i2}, \cdots, \boldsymbol{p}_{i\ell_i}$ を選んでおく．系 5.2 より，(5.5) が成立することと

$$\boldsymbol{p}_{11}, \boldsymbol{p}_{12}, \cdots, \boldsymbol{p}_{1\ell_1}, \boldsymbol{p}_{21}, \boldsymbol{p}_{22}, \cdots, \boldsymbol{p}_{2\ell_2}, \cdots, \boldsymbol{p}_{k1}, \boldsymbol{p}_{k2}, \cdots, \boldsymbol{p}_{k\ell_k}$$

が K^n の基底になることは同値である．したがって，(5.5) が成立すれば

$$P = \begin{pmatrix} \boldsymbol{p}_{11} & \boldsymbol{p}_{12} & \cdots & \boldsymbol{p}_{1\ell_1} & \boldsymbol{p}_{21} & \boldsymbol{p}_{22} & \cdots & \boldsymbol{p}_{2\ell_2} & \cdots & \boldsymbol{p}_{k1} & \boldsymbol{p}_{k2} & \cdots & \boldsymbol{p}_{k\ell_k} \end{pmatrix}$$

とすると P は n 次の正則行列である．一方，すべての i について

$$A\boldsymbol{p}_{ik} = \lambda_i \boldsymbol{p}_{ik} \ (1 \leqq k \leqq \ell_i),$$

であるから，

$$\begin{pmatrix} A\boldsymbol{p}_{11} & A\boldsymbol{p}_{12} & \cdots & A\boldsymbol{p}_{1\ell_1} & A\boldsymbol{p}_{21} & A\boldsymbol{p}_{22} & \cdots & A\boldsymbol{p}_{2\ell_2} & \cdots & A\boldsymbol{p}_{k1} & A\boldsymbol{p}_{k2} & \cdots & A\boldsymbol{p}_{k\ell_k} \end{pmatrix}$$

$$= \begin{pmatrix} \lambda_1\boldsymbol{p}_{11} & \lambda_1\boldsymbol{p}_{12} & \cdots & \lambda_1\boldsymbol{p}_{1\ell_1} & \lambda_2\boldsymbol{p}_{21} & \lambda_2\boldsymbol{p}_{22} & \cdots & \lambda_2\boldsymbol{p}_{2\ell_2} & \cdots & \lambda_k\boldsymbol{p}_{k1} & \lambda_k\boldsymbol{p}_{k2} & \cdots & \lambda_k\boldsymbol{p}_{k\ell_k} \end{pmatrix}$$

すなわち,

$$AP = P \begin{pmatrix} \lambda_1 & & & & & & \\ & \ddots & & & & O & \\ & & \lambda_1 & & & & \\ & & & \ddots & & & \\ & & & & \lambda_k & & \\ & O & & & & \ddots & \\ & & & & & & \lambda_k \end{pmatrix} \qquad (\text{対角成分には} \lambda_i \text{が} \ell_i \text{個ずつ並んでいる})$$

が成立している. P は正則行列だから P^{-1} が存在し,

$$P^{-1}AP = \begin{pmatrix} \lambda_1 & & & & & & \\ & \ddots & & & & O & \\ & & \lambda_1 & & & & \\ & & & \ddots & & & \\ & & & & \lambda_k & & \\ & O & & & & \ddots & \\ & & & & & & \lambda_k \end{pmatrix} \qquad (5.6)$$

である.

逆に, A が対角化可能であるとする. すなわち, 正則行列 P を用いて $P^{-1}AP$ を対角行列にすることができるとする. 対角成分の中の同じものは同一の文字で表すことにして, 対角成分に λ_1 が ℓ_1 個, λ_2 が ℓ_2 個, $\cdots$, λ_k が ℓ_k 個あるとすると,

$$\ell_1 + \ell_2 + \cdots + \ell_k = n$$

である. P は正則であるから, P の列からとってきたベクトルを並べたものは線形独立であり, 定理 5.4 の前で行った議論により, P の列は, 各固有値 λ_i に属する固有空間 $W_A(\lambda_i)$ からとってきたベクトルである. したがって, $\dim W_A(\lambda_i) \geqq \ell_i \ (1 \leqq i \leqq k)$ であり,

$$\dim W_A(\lambda_1) + \dim W_A(\lambda_2) + \cdots + \dim W_A(\lambda_k) \geqq n$$

である. 一方, 系 5.2 より

$$\dim W_A(\lambda_1) + \dim W_A(\lambda_2) + \cdots + \dim W_A(\lambda_k) \leqq n$$

であるから, (5.5) が成立する.

例 5.6 例 5.2 と同じ A を考える. A の固有値は 2 と 5 であり,

$$\dim W_A(2) + \dim W_A(5) = 2 + 1 = 3$$

であったから A は対角化可能である.

具体的には, $W_A(2)$ の基底として $\begin{pmatrix} 1 \\ -1 \\ 0 \end{pmatrix}$ と $\begin{pmatrix} 1 \\ 0 \\ -1 \end{pmatrix}$, $W_A(5)$ の基底として $\begin{pmatrix} 1 \\ 1 \\ 1 \end{pmatrix}$ がとれた

186　第 5 章　固有値問題

からこの 3 つは K^3 の基底であり，

$$P = \begin{pmatrix} 1 & 1 & 1 \\ -1 & 0 & 1 \\ 0 & -1 & 1 \end{pmatrix}$$

とすれば

$$P^{-1}AP = \begin{pmatrix} 2 & 0 & 0 \\ 0 & 2 & 0 \\ 0 & 0 & 5 \end{pmatrix}$$

である．

例 5.7　$A = \begin{pmatrix} 5 & -2 & 4 \\ -2 & 3 & -2 \\ -3 & 2 & -2 \end{pmatrix}$ を考える．固有多項式は

$$\begin{vmatrix} 5-\lambda & -2 & 4 \\ -2 & 3-\lambda & -2 \\ -3 & 2 & -2-\lambda \end{vmatrix} = -(\lambda-1)(\lambda-2)(\lambda-3)$$

であるから固有値は 1, 2, 3 であり，それぞれの固有値に属する固有空間は

$$W_A(1) = \left\langle \begin{pmatrix} 1 \\ 0 \\ -1 \end{pmatrix} \right\rangle, \ W_A(2) = \left\langle \begin{pmatrix} 0 \\ 2 \\ 1 \end{pmatrix} \right\rangle, \ W_A(3) = \left\langle \begin{pmatrix} -1 \\ 1 \\ 1 \end{pmatrix} \right\rangle$$

と表せる．

$$\dim W_A(1) + \dim W_A(2) + \dim W_A(3) = 1 + 1 + 1 = 3$$

であるから A は対角化可能で，

$$P^{-1}AP = \begin{pmatrix} 1 & 0 & 0 \\ 0 & 2 & 0 \\ 0 & 0 & 3 \end{pmatrix} \qquad \text{ただし} \quad P = \begin{pmatrix} 1 & 0 & -1 \\ 0 & 2 & 1 \\ -1 & 1 & 1 \end{pmatrix}$$

と対角化できる．

例 5.8　$A = \begin{pmatrix} 4 & -2 & 1 \\ 2 & 0 & 1 \\ -1 & 1 & 1 \end{pmatrix}$ を考える．固有多項式は

$$\begin{vmatrix} 4-\lambda & -2 & 1 \\ 2 & -\lambda & 1 \\ -1 & 1 & 1-\lambda \end{vmatrix} = -(\lambda-1)(\lambda-2)^2$$

であるから固有値は 1, 2 であり，それぞれの固有値に属する固有空間の次元を計算すると

$$\dim W_A(1) = 1, \ \dim W_A(2) = 1$$

であることがわかる．

$$\dim W_A(1) + \dim W_A(2) = 2 < 3$$

であるから A は対角化可能ではない．

例題 5.5 例 5.7, 5.8 で省略した行列 A の固有多項式，固有空間の次元，基底の計算を実行せよ．

解答

例 5.7
$$\begin{vmatrix} 5-\lambda & -2 & 4 \\ -2 & 3-\lambda & -2 \\ -3 & 2 & -2-\lambda \end{vmatrix} = \begin{vmatrix} 2-\lambda & 0 & 2-\lambda \\ -2 & 3-\lambda & -2 \\ -3 & 2 & -2-\lambda \end{vmatrix}$$

$$= \begin{vmatrix} 2-\lambda & 0 & 0 \\ -2 & 3-\lambda & 0 \\ -3 & 2 & 1-\lambda \end{vmatrix} = -(\lambda-1)(\lambda-2)(\lambda-3).$$

$$\begin{pmatrix} 4 & -2 & 4 \\ -2 & 2 & -2 \\ -3 & 2 & -3 \end{pmatrix} \to \begin{pmatrix} 1 & 0 & 1 \\ 0 & 1 & 0 \\ 0 & 0 & 0 \end{pmatrix} \ \text{より} \ \dim W_A(1) = 3 - 2 = 1,$$

$x_1 + x_3 = 0, \ x_2 = 0$ より，$W_A(1)$ の基底として $\begin{pmatrix} 1 \\ 0 \\ -1 \end{pmatrix}$ がとれる．

$$\begin{pmatrix} 3 & -2 & 4 \\ -2 & 1 & -2 \\ -3 & 2 & -4 \end{pmatrix} \to \begin{pmatrix} 1 & 0 & 0 \\ 0 & 1 & -2 \\ 0 & 0 & 0 \end{pmatrix} \ \text{より} \ \dim W_A(2) = 3 - 2 = 1,$$

$x_1 = 0, \ x_2 - 2x_3 = 0$ より，$W_A(2)$ の基底として $\begin{pmatrix} 0 \\ 2 \\ 1 \end{pmatrix}$ がとれる．

$$\begin{pmatrix} 2 & -2 & 4 \\ -2 & 0 & -2 \\ -3 & 2 & -5 \end{pmatrix} \to \begin{pmatrix} 1 & 0 & 1 \\ 0 & 1 & -1 \\ 0 & 0 & 0 \end{pmatrix} \ \text{より} \ \dim W_A(3) = 3 - 2 = 1,$$

$x_1 + x_3 = 0, \ x_2 - x_3 = 0$ より，$W_A(3)$ の基底として $\begin{pmatrix} -1 \\ 1 \\ 1 \end{pmatrix}$ がとれる．

188 第 5 章 固有値問題

例 5.8
$$\begin{vmatrix} 4-\lambda & -2 & 1 \\ 2 & -\lambda & 1 \\ -1 & 1 & 1-\lambda \end{vmatrix} = \begin{vmatrix} 4-\lambda & 2-\lambda & 1 \\ 2 & 2-\lambda & 1 \\ -1 & 0 & 1-\lambda \end{vmatrix}$$

$$= \begin{vmatrix} 2-\lambda & 0 & 0 \\ 2 & 2-\lambda & 1 \\ -1 & 0 & 1-\lambda \end{vmatrix} = -(\lambda-1)(\lambda-2)^2.$$

$$\begin{pmatrix} 3 & -2 & 1 \\ 2 & -1 & 1 \\ -1 & 1 & 0 \end{pmatrix} \to \begin{pmatrix} 1 & -1 & 0 \\ 0 & 1 & 1 \\ 0 & 0 & 0 \end{pmatrix} \text{ より } \dim W_A(1) = 3-2 = 1,$$

$x_1 - x_2 = 0,\ x_2 + x_3 = 0$ より, $W_A(1)$ の基底として $\begin{pmatrix} 1 \\ 1 \\ -1 \end{pmatrix}$ がとれる.

$$\begin{pmatrix} 2 & -2 & 1 \\ 2 & -2 & 1 \\ -1 & 1 & -1 \end{pmatrix} \to \begin{pmatrix} 1 & -1 & 1 \\ 0 & 0 & 1 \\ 0 & 0 & 0 \end{pmatrix} \text{ より } \dim W_A(2) = 3-2 = 1,$$

$x_1 - x_2 + x_3 = 0,\ x_3 = 0$ より, $W_A(2)$ の基底として $\begin{pmatrix} 1 \\ 1 \\ 0 \end{pmatrix}$ がとれる.

例題 5.6 次の行列が対角化可能かどうかを判定し, 可能であるならば対角化せよ.

(1) $\begin{pmatrix} 8 & -4 & -5 \\ -3 & 5 & 3 \\ 6 & -4 & -3 \end{pmatrix}$ (2) $\begin{pmatrix} 3 & 1 & -2 \\ 1 & 2 & -1 \\ 1 & 1 & 0 \end{pmatrix}$ (3) $\begin{pmatrix} 5 & -2 & 2 \\ -2 & 5 & -2 \\ 2 & -2 & 5 \end{pmatrix}$

解答 各行列を A としておく.

(1) 例題 5.4 (2) より, 固有値は $2, 3, 5$ で $\dim W_A(2) + \dim W_A(3) + \dim W_A(5) = 1+1+1 = 3$ であることはわかっていたから, 対角化可能である. また, そこでの計算により, $P = \begin{pmatrix} 1 & 1 & 2 \\ -1 & 0 & -1 \\ 2 & 1 & 2 \end{pmatrix}$ とすると, $P^{-1}AP = \begin{pmatrix} 2 & 0 & 0 \\ 0 & 3 & 0 \\ 0 & 0 & 5 \end{pmatrix}$ である.

(2) $\begin{vmatrix} 3-\lambda & 1 & -2 \\ 1 & 2-\lambda & -1 \\ 1 & 1 & -\lambda \end{vmatrix} = -(\lambda-1)(\lambda-2)^2$ より固有値は $1,\ 2$ である.

$$\begin{pmatrix} 2 & 1 & -2 \\ 1 & 1 & -1 \\ 1 & 1 & -1 \end{pmatrix} \to \begin{pmatrix} 1 & 0 & -1 \\ 0 & 1 & 0 \\ 0 & 0 & 0 \end{pmatrix} \text{ より } \dim W_A(1) = 3 - 2 = 1,$$

$$\begin{pmatrix} 1 & 1 & -2 \\ 1 & 0 & -1 \\ 1 & 1 & -2 \end{pmatrix} \to \begin{pmatrix} 1 & 0 & -1 \\ 0 & 1 & -1 \\ 0 & 0 & 0 \end{pmatrix} \text{ より } \dim W_A(2) = 3 - 2 = 1.$$

$\dim W_A(1) + \dim W_A(2) = 1 + 1 = 2 < 3$ よりこの行列は対角化可能ではない.

(3) $\begin{vmatrix} 5-\lambda & -2 & 2 \\ -2 & 5-\lambda & -2 \\ 2 & -2 & 5-\lambda \end{vmatrix} = -(\lambda-3)^2(\lambda-9)$ より固有値は 3, 9 である.

$$\begin{pmatrix} 2 & -2 & 2 \\ -2 & 2 & -2 \\ 2 & -2 & 2 \end{pmatrix} \to \begin{pmatrix} 1 & -1 & 1 \\ 0 & 0 & 0 \\ 0 & 0 & 0 \end{pmatrix} \text{ より } \dim W_A(3) = 3 - 1 = 2,$$

$$\begin{pmatrix} -4 & -2 & 2 \\ -2 & -4 & -2 \\ 2 & -2 & -4 \end{pmatrix} \to \begin{pmatrix} 1 & 1 & 0 \\ 0 & 1 & 1 \\ 0 & 0 & 0 \end{pmatrix} \text{ より } \dim W_A(9) = 3 - 2 = 1.$$

$\dim W_A(3) + \dim W_A(9) = 2 + 1 = 3$ だからこの行列は対角化可能である.

上の基本変形より $\begin{pmatrix} 1 \\ 1 \\ 0 \end{pmatrix}, \begin{pmatrix} 0 \\ 1 \\ 1 \end{pmatrix} \in W_A(3)$ であり, $\mathrm{rank} \begin{pmatrix} 1 & 0 \\ 1 & 1 \\ 0 & 1 \end{pmatrix} = 2$ よりこれらは線形独

立であるが, $\dim W_A(3) = 2$ であるから $W_A(3)$ の基底である. さらに, $W_A(9)$ の基底として

$\begin{pmatrix} 1 \\ -1 \\ 1 \end{pmatrix}$ がとれるから, $P = \begin{pmatrix} 1 & 0 & 1 \\ 1 & 1 & -1 \\ 0 & 1 & 1 \end{pmatrix}$ とすると, $P^{-1}AP = \begin{pmatrix} 3 & 0 & 0 \\ 0 & 3 & 0 \\ 0 & 0 & 9 \end{pmatrix}$ である.

▌**三角化**▐

正方行列 A に対して正則行列 P をとってきて $P^{-1}AP$ を上三角行列にすることを, A の**三角化** (**triangularization**) という. すなわち,

$$P^{-1}AP = \begin{pmatrix} \lambda_1 & * & \cdots & * \\ & \lambda_2 & \cdots & * \\ & & \ddots & \vdots \\ O & & & \lambda_n \end{pmatrix}$$

190　第 5 章　固有値問題

となる正則行列 P をとってくる，ということである．このとき，

$$|A - tE| = |P^{-1}AP - tE| = \begin{vmatrix} \lambda_1 - t & * & \cdots & * \\ & \lambda_2 - t & \cdots & * \\ & & \ddots & \vdots \\ \huge{O} & & & \lambda_n - t \end{vmatrix}$$

$$= (\lambda_1 - t)(\lambda_2 - t) \cdots (\lambda_n - t)$$

であるから，A の固有多項式は K で 1 次式の積に因数分解できる．この逆に相当する次の定理がいえる．

定理 5.5　n 次正方行列 A の固有多項式が

$$|A - tE| = (\lambda_1 - t)(\lambda_2 - t) \cdots (\lambda_n - t) \qquad (\lambda_i \in K) \qquad (5.7)$$

と因数分解できるとする．$K = \mathbb{C}$ ならば A はユニタリ行列によって三角化でき，$K = \mathbb{R}$ ならば A は直交行列によって三角化できる．このとき，対角成分には $\lambda_1, \lambda_2, \cdots, \lambda_n$ が並ぶ．

<u>注意 5.3</u>　$\lambda_1, \lambda_2, \cdots, \lambda_n$ がすべて異なるということは仮定していない．

証明　以下の証明は $K = \mathbb{R}$ の場合に行うが，$K = \mathbb{C}$ の場合には「直交行列」を「ユニタリ行列」に置きかえれば同様に進む．

n による帰納法で証明することにする．

1 次の正方行列は三角行列であり，1 を成分とする 1 次の正方行列は直交行列であるから，$n = 1$ のとき定理の主張はいえている．

$n \geqq 2$ として，$n - 1$ 次の正方行列については定理の主張がいえているとする．

A を n 次の正方行列として (5.7) 式が成立しているとすると，$\lambda_i \, (1 \leqq i \leqq n)$ は A の固有値である．$\boldsymbol{x}_1$ を λ_1 に属する A の固有ベクトルで，$\|\boldsymbol{x}_1\| = 1$ となるものとする（必ずこのような $\boldsymbol{x}_1$ は存在する．何故か？）．グラム・シュミットの直交化法により，$\boldsymbol{x}_1$ を含む $\mathbb{R}^n$ の正規直交基底 $\boldsymbol{x}_1, \boldsymbol{x}_2, \cdots, \boldsymbol{x}_n$ をとれるが，$R = \begin{pmatrix} \boldsymbol{x}_1 & \boldsymbol{x}_2 & \cdots & \boldsymbol{x}_n \end{pmatrix}$ とすると R は直交行列である．また，R は標準基底から $\boldsymbol{x}_1, \boldsymbol{x}_2, \cdots, \boldsymbol{x}_n$ への変換行列であるから，線形写像 $\mathbb{R}^n \ni \boldsymbol{x} \mapsto A\boldsymbol{x} \in \mathbb{R}^n$ の基底 $\boldsymbol{x}_1, \boldsymbol{x}_2, \cdots, \boldsymbol{x}_n$ に関する表現行列を B とすると，$B = R^{-1}AR = {}^tRAR$ が成立している．一方，$A\boldsymbol{x}_1 = \lambda_1 \boldsymbol{x}_1$ であるから，

$$B = \left(\begin{array}{c|ccc} \lambda_1 & * & \cdots & * \\ \hline 0 & & & \\ \vdots & & C & \\ 0 & & & \end{array} \right)$$

と書ける．したがって，$|B - tE| = (\lambda_1 - t)|C - tE|$ であるが，B の固有多項式と A の固有多項式は一致するから（命題 5.1），(5.7) より

$$|C - tE| = (\lambda_2 - t) \cdots (\lambda_n - t)$$

である．C は $n-1$ 次の正方行列だから，帰納法の仮定より $n-1$ 次の直交行列 Q が存在して

$$Q^{-1}CQ = \begin{pmatrix} \lambda_2 & \cdots & * \\ & \ddots & \vdots \\ O & & \lambda_n \end{pmatrix}$$

と書ける．そこで，$P = R \left(\begin{array}{c|ccc} 1 & 0 & \cdots & 0 \\ \hline 0 & & & \\ \vdots & & Q & \\ 0 & & & \end{array} \right)$ とすると P は直交行列で，

$$P^{-1}AP = {}^tPAP = \left(\begin{array}{c|ccc} 1 & 0 & \cdots & 0 \\ \hline 0 & & & \\ \vdots & & {}^tQ & \\ 0 & & & \end{array} \right) {}^tRAR \left(\begin{array}{c|ccc} 1 & 0 & \cdots & 0 \\ \hline 0 & & & \\ \vdots & & Q & \\ 0 & & & \end{array} \right)$$

$$= \left(\begin{array}{c|ccc} 1 & 0 & \cdots & 0 \\ \hline 0 & & & \\ \vdots & & {}^tQ & \\ 0 & & & \end{array} \right) B \left(\begin{array}{c|ccc} 1 & 0 & \cdots & 0 \\ \hline 0 & & & \\ \vdots & & Q & \\ 0 & & & \end{array} \right)$$

$$= \left(\begin{array}{c|ccc} 1 & 0 & \cdots & 0 \\ \hline 0 & & & \\ \vdots & & {}^tQ & \\ 0 & & & \end{array} \right) \left(\begin{array}{c|ccc} \lambda_1 & * & \cdots & * \\ \hline 0 & & & \\ \vdots & & C & \\ 0 & & & \end{array} \right) \left(\begin{array}{c|ccc} 1 & 0 & \cdots & 0 \\ \hline 0 & & & \\ \vdots & & Q & \\ 0 & & & \end{array} \right)$$

$$= \left(\begin{array}{c|ccc} \lambda_1 & * & \cdots & * \\ \hline 0 & & & \\ \vdots & & {}^tQCQ & \\ 0 & & & \end{array} \right) = \left(\begin{array}{c|ccc} \lambda_1 & * & \cdots & * \\ \hline 0 & & & \\ \vdots & & Q^{-1}CQ & \\ 0 & & & \end{array} \right) = \begin{pmatrix} \lambda_1 & * & \cdots & * \\ & \lambda_2 & \cdots & * \\ & & \ddots & \vdots \\ O & & & \lambda_n \end{pmatrix}.$$

これで定理が証明された．

　すべての複素数係数の n 次多項式は $\mathbb{C}$ の中で 1 次式に因数分解できるから，$K = \mathbb{C}$ のときはすべての正方行列が三角化できる．しかし，$K = \mathbb{R}$ のときは，すべての正方行列が $\mathbb{R}$ の中で常に三角化できるとは限らない．

　実際に与えられた正方行列の三角化を行うことはほとんどないと思うし，その操作はかなり面倒である．しかし，上の定理は後に使うことになる．

192 第5章 固有値問題

5.3 実対称行列の対角化

成分がすべて実数である対称行列を**実対称行列**と呼ぶことにする. 実対称行列は常に $\mathbb{R}$ の範囲で対角化できる. この節ではそのことを示し, 具体的に対角化を実行することを考える.

定理 5.6 エルミート行列の固有値はすべて実数である. したがって, 実対称行列の固有値もすべて実数である.

証明 A をエルミート行列とし, λ を A の固有値とする.

λ に属する固有ベクトルの1つを $\boldsymbol{x}$ としておけば

$$A\boldsymbol{x} = \lambda\boldsymbol{x} \qquad (\boldsymbol{x} \in \mathbb{C}^n)$$

であるが, この両辺に左から $\boldsymbol{x}^*$ をかけると

$$\boldsymbol{x}^* A\boldsymbol{x} = \lambda\|\boldsymbol{x}\|^2$$

となる. この両辺の随伴行列をとると, $\|\boldsymbol{x}\|^2$ は実数だから

$$\boldsymbol{x}^* A^* \boldsymbol{x} = \overline{\lambda}\|\boldsymbol{x}\|^2$$

である. 仮定より $A^* = A$ であるから $\lambda\|\boldsymbol{x}\|^2 = \overline{\lambda}\|\boldsymbol{x}\|^2$ となり, $\|\boldsymbol{x}\| \neq \boldsymbol{o}$ だから $\overline{\lambda} = \lambda$ が成立する. したがって, λ は実数である.∎

定理 5.7 実対称行列は, 実数の範囲で直交行列を用いて対角化できる.

証明 A を実対称行列とする. 定理5.6より, $|A - tE|$ は実数の範囲で1次式の積に分解でき, 定理5.5より, A は実数を成分とする直交行列 P を用いて三角化できる. すなわち,

$$
{}^t\!PAP = \begin{pmatrix} \lambda_1 & * & \cdots & * \\ & \lambda_2 & \cdots & * \\ & & \ddots & \vdots \\ O & & & \lambda_n \end{pmatrix} \qquad (\lambda_i \in \mathbb{R})
$$

と書ける. ${}^t\!A = A$ であるから, この式の両辺を転置すると

$$
{}^t\!PAP = \begin{pmatrix} \lambda_1 & & & O \\ * & \lambda_2 & & \\ \vdots & \vdots & \ddots & \\ * & * & \cdots & \lambda_n \end{pmatrix}
$$

である. したがって, ${}^t\!PAP$ は上三角行列かつ下三角行列となり, 対角行列である.∎

<u>**注意 5.4**</u> 定理5.5同様, 上の定理でも $\lambda_1, \lambda_2, \cdots, \lambda_n$ がすべて異なるということは仮定していない.

以下この節では, $K = \mathbb{R}$ の場合のみを扱い, 実対称行列の直交行列による対角化を具体的に行う方法を考える. まず, 次の命題から始める.

5.3 実対称行列の対角化　　193

命題 5.2　λ, μ を実対称行列 A の相異なる固有値とし，$\boldsymbol{x} \in W_A(\lambda), \boldsymbol{y} \in W_A(\mu)$ とする．このとき，$\boldsymbol{x} \cdot \boldsymbol{y} = 0$ である．

つまり，実対称行列の相異なる固有値に属する固有ベクトルは直交する，ということである．

証明　$A\boldsymbol{x} = \lambda \boldsymbol{x}$ の両辺の転置をとると，${}^tA = A$ より ${}^t\boldsymbol{x}A = \lambda {}^t\boldsymbol{x}$ となる．この両辺に右から $\boldsymbol{y}$ をかけると ${}^t\boldsymbol{x}A\boldsymbol{y} = \lambda {}^t\boldsymbol{x}\boldsymbol{y} = \lambda(\boldsymbol{x} \cdot \boldsymbol{y})$．一方，$A\boldsymbol{y} = \mu\boldsymbol{y}$ に左から ${}^t\boldsymbol{x}$ をかけると ${}^t\boldsymbol{x}A\boldsymbol{y} = \mu {}^t\boldsymbol{x}\boldsymbol{y} = \mu(\boldsymbol{x} \cdot \boldsymbol{y})$ であるから，$\lambda(\boldsymbol{x} \cdot \boldsymbol{y}) = \mu(\boldsymbol{x} \cdot \boldsymbol{y})(= {}^t\boldsymbol{x}A\boldsymbol{y})$ がいえる．したがって，$(\lambda - \mu)(\boldsymbol{x} \cdot \boldsymbol{y}) = 0$．$\lambda \neq \mu$ だから $\boldsymbol{x} \cdot \boldsymbol{y} = 0$ である． ∎

A を n 次の実対称行列とし，$\lambda_1, \lambda_2, \cdots, \lambda_k$ を A の相異なるすべての固有値，$W_A(\lambda_i)$ を λ_i に属する固有空間で $\ell_i = \dim W_A(\lambda_i)$ $(1 \leqq i \leqq k)$ とする．定理 5.7 より A は対角化可能であるから，定理 5.4 より

$$\ell_1 + \ell_2 + \cdots + \ell_k = n$$

である．また，命題 5.2 より，$i \neq j$ ならば $W_A(\lambda_i)$ に属するベクトルと $W_A(\lambda_j)$ に属するベクトルとは直交している．したがって，各 $W_A(\lambda_i)$ から正規直交基底を選んでそれらをすべて並べた行列を P とすると，P は n 次正方行列で，どの 2 つの列も直交する．すなわち，P は直交行列である．したがって，

$$
\begin{aligned}
{}^tPAP &= P^{-1}AP \\
&= \begin{pmatrix} \lambda_1 & & & & & & \\ & \ddots & & & & O & \\ & & \lambda_1 & & & & \\ & & & \ddots & & & \\ & & & & \lambda_k & & \\ & O & & & & \ddots & \\ & & & & & & \lambda_k \end{pmatrix} \quad (\text{対角成分には} \lambda_i \text{が} \ell_i \text{個ずつ並んでいる})
\end{aligned}
$$

となることがわかる．

例 5.9　$A = \begin{pmatrix} 3 & 1 & 1 \\ 1 & 3 & 1 \\ 1 & 1 & 3 \end{pmatrix}$ とする．例 5.2 と例題 5.2 より A の固有値は 2 と 5，$\dim W_A(2) = 2$，$\dim W_A(5) = 1$ であり，

$$W_A(2) = \left\langle \begin{pmatrix} 1 \\ -1 \\ 0 \end{pmatrix}, \begin{pmatrix} 1 \\ 0 \\ -1 \end{pmatrix} \right\rangle, \qquad W_A(5) = \left\langle \begin{pmatrix} 1 \\ 1 \\ 1 \end{pmatrix} \right\rangle$$

と表せる．さらに，グラム・シュミットの直交化によって正規直交基底を作り

$$W_A(2) = \left\langle \begin{pmatrix} \dfrac{1}{\sqrt{2}} \\ -\dfrac{1}{\sqrt{2}} \\ 0 \end{pmatrix}, \begin{pmatrix} \dfrac{1}{\sqrt{6}} \\ \dfrac{1}{\sqrt{6}} \\ -\dfrac{2}{\sqrt{6}} \end{pmatrix} \right\rangle, \qquad W_A(5) = \left\langle \begin{pmatrix} \dfrac{1}{\sqrt{3}} \\ \dfrac{1}{\sqrt{3}} \\ \dfrac{1}{\sqrt{3}} \end{pmatrix} \right\rangle$$

と表せる．したがって，直交行列

$$P = \begin{pmatrix} \dfrac{1}{\sqrt{2}} & \dfrac{1}{\sqrt{6}} & \dfrac{1}{\sqrt{3}} \\ -\dfrac{1}{\sqrt{2}} & \dfrac{1}{\sqrt{6}} & \dfrac{1}{\sqrt{3}} \\ 0 & -\dfrac{2}{\sqrt{6}} & \dfrac{1}{\sqrt{3}} \end{pmatrix}$$

を用いて

$$ {}^tPAP \; (\,= P^{-1}AP\,) = \begin{pmatrix} 2 & 0 & 0 \\ 0 & 2 & 0 \\ 0 & 0 & 5 \end{pmatrix}$$

と対角化できる．

例 5.10 $\begin{pmatrix} 1 & 2 & 2 & 0 \\ 2 & -1 & 0 & -2 \\ 2 & 0 & -1 & 2 \\ 0 & -2 & 2 & 1 \end{pmatrix}$ の直交行列による対角化．

この行列を A として，まず A の固有多項式を計算する．

$$\begin{vmatrix} 1-\lambda & 2 & 2 & 0 \\ 2 & -1-\lambda & 0 & -2 \\ 2 & 0 & -1-\lambda & 2 \\ 0 & -2 & 2 & 1-\lambda \end{vmatrix} = \begin{vmatrix} 1-\lambda & 2 & 2 & 0 \\ 2 & -1-\lambda & 0 & -2 \\ 0 & 1+\lambda & -1-\lambda & 4 \\ 0 & -2 & 2 & 1-\lambda \end{vmatrix}$$

$$= \begin{vmatrix} 1-\lambda & 2 & 2 & 0 \\ 2 & -1-\lambda & 0 & -2 \\ 0 & 3+\lambda & -3-\lambda & 3+\lambda \\ 0 & -2 & 2 & 1-\lambda \end{vmatrix} = \begin{vmatrix} 1-\lambda & 4 & 2 & 2 \\ 2 & -1-\lambda & 0 & -2 \\ 0 & 0 & -3-\lambda & 0 \\ 0 & 0 & 2 & 3-\lambda \end{vmatrix}$$

$$= (-3-\lambda) \begin{vmatrix} 1-\lambda & 4 & 2 \\ 2 & -1-\lambda & -2 \\ 0 & 0 & 3-\lambda \end{vmatrix} = (-3-\lambda)(3-\lambda) \begin{vmatrix} 1-\lambda & 4 \\ 2 & -1-\lambda \end{vmatrix}$$

$$=(\lambda - 3)(\lambda + 3)((1 - \lambda)(-1 - \lambda) - 8) = (\lambda - 3)^2(\lambda + 3)^2.$$

したがって，A の固有値は 3 と -3 である．

$$W_A(3) = \left\{ \begin{pmatrix} x_1 \\ x_2 \\ x_3 \\ x_4 \end{pmatrix} \in \mathbb{R}^4 \ \middle| \ \begin{pmatrix} -2 & 2 & 2 & 0 \\ 2 & -4 & 0 & -2 \\ 2 & 0 & -4 & 2 \\ 0 & -2 & 2 & -2 \end{pmatrix} \begin{pmatrix} x_1 \\ x_2 \\ x_3 \\ x_4 \end{pmatrix} = \begin{pmatrix} 0 \\ 0 \\ 0 \\ 0 \end{pmatrix} \right\}$$

であり，係数行列を基本変形して階段行列に直すと，例えば

$$\begin{pmatrix} -2 & 2 & 2 & 0 \\ 2 & -4 & 0 & -2 \\ 2 & 0 & -4 & 2 \\ 0 & -2 & 2 & -2 \end{pmatrix} \longrightarrow \begin{pmatrix} 1 & -1 & -1 & 0 \\ 0 & 1 & -1 & 1 \\ 0 & 0 & 0 & 0 \\ 0 & 0 & 0 & 0 \end{pmatrix}$$

とできる．したがって $\dim W_A(3) = 4 - 2 = 2$ であり，$W_A(3)$ の基底として

$$\begin{pmatrix} 1 \\ 0 \\ 1 \\ 1 \end{pmatrix}, \qquad \begin{pmatrix} 2 \\ 1 \\ 1 \\ 0 \end{pmatrix}$$

がとれる．これから，グラム・シュミットの直交化により $W_A(3)$ の正規直交基底

$$\begin{pmatrix} \dfrac{1}{\sqrt{3}} \\ 0 \\ \dfrac{1}{\sqrt{3}} \\ \dfrac{1}{\sqrt{3}} \end{pmatrix}, \qquad \begin{pmatrix} \dfrac{1}{\sqrt{3}} \\ \dfrac{1}{\sqrt{3}} \\ 0 \\ -\dfrac{1}{\sqrt{3}} \end{pmatrix}$$

を作ることができる．

　同様にして，$W_A(-3)$ の正規直交基底

$$\begin{pmatrix} \dfrac{1}{\sqrt{3}} \\ -\dfrac{1}{\sqrt{3}} \\ -\dfrac{1}{\sqrt{3}} \\ 0 \end{pmatrix}, \qquad \begin{pmatrix} 0 \\ \dfrac{1}{\sqrt{3}} \\ -\dfrac{1}{\sqrt{3}} \\ \dfrac{1}{\sqrt{3}} \end{pmatrix}$$

を作れる．

196　第 5 章　固有値問題

したがって，直交行列

$$P = \begin{pmatrix} \dfrac{1}{\sqrt{3}} & \dfrac{1}{\sqrt{3}} & \dfrac{1}{\sqrt{3}} & 0 \\ 0 & \dfrac{1}{\sqrt{3}} & -\dfrac{1}{\sqrt{3}} & \dfrac{1}{\sqrt{3}} \\ \dfrac{1}{\sqrt{3}} & 0 & -\dfrac{1}{\sqrt{3}} & -\dfrac{1}{\sqrt{3}} \\ \dfrac{1}{\sqrt{3}} & -\dfrac{1}{\sqrt{3}} & 0 & \dfrac{1}{\sqrt{3}} \end{pmatrix}$$

を用いて

$${}^{t}PAP \ (\,= P^{-1}AP) \ = \begin{pmatrix} 3 & 0 & 0 & 0 \\ 0 & 3 & 0 & 0 \\ 0 & 0 & -3 & 0 \\ 0 & 0 & 0 & -3 \end{pmatrix}$$

と対角化できる.

例題 5.7　次の対称行列を直交行列を用いて対角化せよ.

$(1) \begin{pmatrix} -2 & 2 \\ 2 & 1 \end{pmatrix}$　　$(2) \begin{pmatrix} 0 & 1 & 2 \\ 1 & 0 & 2 \\ 2 & 2 & -1 \end{pmatrix}$　　$(3) \begin{pmatrix} 4 & -1 & 1 \\ -1 & 4 & -1 \\ 1 & -1 & 4 \end{pmatrix}$

解答　各行列を A としておく.

(1) $\begin{vmatrix} -2-\lambda & 2 \\ 2 & 1-\lambda \end{vmatrix} = (\lambda-2)(\lambda+3)$ より固有値は 2, -3 である.

$\begin{pmatrix} -4 & 2 \\ 2 & -1 \end{pmatrix} \to \begin{pmatrix} 2 & -1 \\ 0 & 0 \end{pmatrix}, \begin{pmatrix} 1 & 2 \\ 2 & 4 \end{pmatrix} \to \begin{pmatrix} 1 & 2 \\ 0 & 0 \end{pmatrix}$ より, $\dim W_A(2) = \dim W_A(-3) = 1$,

$W_A(2) = \left\langle \begin{pmatrix} 1 \\ 2 \end{pmatrix} \right\rangle = \left\langle \begin{pmatrix} \dfrac{1}{\sqrt{5}} \\ \dfrac{2}{\sqrt{5}} \end{pmatrix} \right\rangle$, $W_A(-3) = \left\langle \begin{pmatrix} 2 \\ -1 \end{pmatrix} \right\rangle = \left\langle \begin{pmatrix} \dfrac{2}{\sqrt{5}} \\ -\dfrac{1}{\sqrt{5}} \end{pmatrix} \right\rangle$, した

がって $P = \begin{pmatrix} \dfrac{1}{\sqrt{5}} & \dfrac{2}{\sqrt{5}} \\ \dfrac{2}{\sqrt{5}} & -\dfrac{1}{\sqrt{5}} \end{pmatrix}$ とすると P は直交行列であり, ${}^{t}PAP = \begin{pmatrix} 2 & 0 \\ 0 & -3 \end{pmatrix}$ である.

(2) $\begin{vmatrix} -\lambda & 1 & 2 \\ 1 & -\lambda & 2 \\ 2 & 2 & -1-\lambda \end{vmatrix} = -(\lambda+1)(\lambda-3)(\lambda+3)$ より固有値は -1, 3, -3 である.

$W_A(-1)$ について, 基本変形 $\begin{pmatrix} 1 & 1 & 2 \\ 1 & 1 & 2 \\ 2 & 2 & 0 \end{pmatrix} \to \begin{pmatrix} 1 & 1 & 0 \\ 0 & 0 & 1 \\ 0 & 0 & 0 \end{pmatrix}$ より $\dim W_A(-1) = 3-2 = 1,$

$W_A(-1) = \left\langle \begin{pmatrix} 1 \\ -1 \\ 0 \end{pmatrix} \right\rangle = \left\langle \begin{pmatrix} \dfrac{1}{\sqrt{2}} \\ -\dfrac{1}{\sqrt{2}} \\ 0 \end{pmatrix} \right\rangle$ である.

$W_A(3)$ について, 基本変形 $\begin{pmatrix} -3 & 1 & 2 \\ 1 & -3 & 2 \\ 2 & 2 & -4 \end{pmatrix} \to \begin{pmatrix} 1 & 0 & -1 \\ 0 & 1 & -1 \\ 0 & 0 & 0 \end{pmatrix}$ より $\dim W_A(3) = 3-2 =$

$1, W_A(3) = \left\langle \begin{pmatrix} 1 \\ 1 \\ 1 \end{pmatrix} \right\rangle = \left\langle \begin{pmatrix} \dfrac{1}{\sqrt{3}} \\ \dfrac{1}{\sqrt{3}} \\ \dfrac{1}{\sqrt{3}} \end{pmatrix} \right\rangle$ である.

$W_A(-3)$ について, 基本変形 $\begin{pmatrix} 3 & 1 & 2 \\ 1 & 3 & 2 \\ 2 & 2 & 2 \end{pmatrix} \to \begin{pmatrix} 1 & -1 & 0 \\ 0 & 2 & 1 \\ 0 & 0 & 0 \end{pmatrix}$ より $\dim W_A(-3) = 3-2 = 1,$

$W_A(-3) = \left\langle \begin{pmatrix} 1 \\ 1 \\ -2 \end{pmatrix} \right\rangle = \left\langle \begin{pmatrix} \dfrac{1}{\sqrt{6}} \\ \dfrac{1}{\sqrt{6}} \\ -\dfrac{2}{\sqrt{6}} \end{pmatrix} \right\rangle$ である. したがって,

$P = \begin{pmatrix} \dfrac{1}{\sqrt{2}} & \dfrac{1}{\sqrt{3}} & \dfrac{1}{\sqrt{6}} \\ -\dfrac{1}{\sqrt{2}} & \dfrac{1}{\sqrt{3}} & \dfrac{1}{\sqrt{6}} \\ 0 & \dfrac{1}{\sqrt{3}} & -\dfrac{2}{\sqrt{6}} \end{pmatrix}$ とすると P は直交行列であり, ${}^{t}PAP = \begin{pmatrix} -1 & 0 & 0 \\ 0 & 3 & 0 \\ 0 & 0 & -3 \end{pmatrix}$

である.

(3) $\begin{vmatrix} 4-\lambda & -1 & 1 \\ -1 & 4-\lambda & -1 \\ 1 & -1 & 4-\lambda \end{vmatrix} = -(\lambda-3)^2(\lambda-6)$ より固有値は $3, 6$ である.

$W_A(3)$ について, 基本変形 $\begin{pmatrix} 1 & -1 & 1 \\ -1 & 1 & -1 \\ 1 & -1 & 1 \end{pmatrix} \to \begin{pmatrix} 1 & -1 & 1 \\ 0 & 0 & 0 \\ 0 & 0 & 0 \end{pmatrix}$ より $\dim W_A(3) = 3-1 =$

2 で, 例えば $\begin{pmatrix} 1 \\ 1 \\ 0 \end{pmatrix}, \begin{pmatrix} 0 \\ 1 \\ 1 \end{pmatrix} \in W_A(3)$ をとれる. $\mathrm{rank}\begin{pmatrix} 1 & 0 \\ 1 & 1 \\ 0 & 1 \end{pmatrix} = 2$ よりこの 2 つのベクト

ルは線形独立であり, 次元との関係から $W_A(3)$ の基底である. グラム・シュミットの直交化に

より, 正規直交基底 $\begin{pmatrix} \dfrac{1}{\sqrt{2}} \\ \dfrac{1}{\sqrt{2}} \\ 0 \end{pmatrix}, \begin{pmatrix} -\dfrac{1}{\sqrt{6}} \\ \dfrac{1}{\sqrt{6}} \\ \dfrac{2}{\sqrt{6}} \end{pmatrix}$ を作れる.

$W_A(6)$ について, 基本変形 $\begin{pmatrix} -2 & -1 & 1 \\ -1 & -2 & -1 \\ 1 & -1 & -2 \end{pmatrix} \to \begin{pmatrix} 1 & 0 & -1 \\ 0 & 1 & 1 \\ 0 & 0 & 0 \end{pmatrix}$ より $\dim W_A(6) = 3-2 =$

$1, W_A(6) = \left\langle \begin{pmatrix} 1 \\ -1 \\ 1 \end{pmatrix} \right\rangle = \left\langle \begin{pmatrix} \dfrac{1}{\sqrt{3}} \\ -\dfrac{1}{\sqrt{3}} \\ \dfrac{1}{\sqrt{3}} \end{pmatrix} \right\rangle$ である. したがって,

$P = \begin{pmatrix} \dfrac{1}{\sqrt{2}} & -\dfrac{1}{\sqrt{6}} & \dfrac{1}{\sqrt{3}} \\ \dfrac{1}{\sqrt{2}} & \dfrac{1}{\sqrt{6}} & -\dfrac{1}{\sqrt{3}} \\ 0 & \dfrac{2}{\sqrt{6}} & \dfrac{1}{\sqrt{3}} \end{pmatrix}$ とすると P は直交行列であり, ${}^t\!PAP = \begin{pmatrix} 3 & 0 & 0 \\ 0 & 3 & 0 \\ 0 & 0 & 6 \end{pmatrix}$ で

ある.

5.4 エルミート行列の対角化

　この節では常に $K = \mathbb{C}$ で考える. いろいろなことが考えられるが, ここでは対角化だけに絞って
述べることにする.

$\|$ **定義 5.3** $AA^* = A^*A$ をみたす正方行列を**正規行列 (normal matrix)** と呼ぶ.

　エルミート行列, ユニタリ行列は正規行列である.

補題 5.1 A が三角行列かつ正規行列であれば対角行列である.

5.4 エルミート行列の対角化   *199*

証明 　下三角行列でも上三角行列でも議論は同様にできるので，ここでは上三角行列の場合に証明を行う．したがって，

$$
A = \begin{pmatrix} a_{11} & a_{12} & \cdots & a_{1n} \\ & a_{22} & & a_{2n} \\ & & \ddots & \vdots \\ O & & & a_{nn} \end{pmatrix}
$$

と書け，このとき

$$
A^* = \begin{pmatrix} \overline{a_{11}} & & & O \\ \overline{a_{12}} & \overline{a_{22}} & & \\ \vdots & \vdots & \ddots & \\ \overline{a_{1n}} & \overline{a_{2n}} & \cdots & \overline{a_{nn}} \end{pmatrix}
$$

である．$AA^* = A^*A$ であるのでそれぞれの $(1,1)$ 成分を比べると，

$$
a_{11}\overline{a_{11}} + a_{12}\overline{a_{12}} + \cdots + a_{1n}\overline{a_{1n}} = \overline{a_{11}}a_{11}
$$

である．
これより

$$
|a_{11}|^2 + |a_{12}|^2 + \cdots + |a_{1n}|^2 = |a_{11}|^2,
$$

したがって，$a_{12} = \cdots = a_{1n} = 0$　である．

次に，$AA^* = A^*A$ の $(2,2)$ 成分を比べると

$$
a_{22}\overline{a_{22}} + a_{23}\overline{a_{23}} + \cdots + a_{2n}\overline{a_{2n}} = \overline{a_{12}}a_{12+}\overline{a_{22}}a_{22}
$$

であるから，

$$
|a_{22}|^2 + |a_{23}|^2 + \cdots + |a_{2n}|^2 = |a_{12}|^2 + |a_{22}|^2.
$$

$a_{12} = 0$ であったから，$a_{23} = \cdots = a_{2n} = 0$　である．

これを繰り返して「$i < j$　ならば　$a_{ij} = 0$」がわかる．したがって A は対角行列である． ∎

定理 5.8　正規行列はユニタリ行列を用いて対角化できる．

証明　A を正規行列とする．A の固有多項式は，$\mathbb{C}$ の中では 1 次式の積に分解できるから，定理 5.5 によりユニタリ行列 U を用いて，$U^*AU = T$（T は上三角行列）とすることができる．両辺の随伴行列をとると，$U^*A^*U = T^*$ である．したがって，

$$
TT^* = U^*AUU^*A^*U = U^*AA^*U, \quad T^*T = U^*A^*UU^*AU = U^*A^*AU.
$$

A は正規行列だから $AA^* = A^*A$，したがって $TT^* = T^*T$ となり T も正規行列である．補題 5.1 より T は対角行列である． ∎

200　第 5 章　固有値問題

定理 5.9　エルミート行列は，ユニタリ行列を用いて対角化できる．このときできる対角行列の対角
成分は，すべて実数である．

証明　A をエルミート行列とする．エルミート行列は正規行列であるから，定理 5.8 よりユニタリ
行列 U を用いて

$$U^*AU = \begin{pmatrix} \lambda_1 & & O \\ & \ddots & \\ O & & \lambda_n \end{pmatrix}$$

と書ける．各 λ_i は A の固有値だから，定理 5.6 より実数である．∎

例 5.11　エルミート行列 $\begin{pmatrix} 2 & 1+2i & 0 \\ 1-2i & -2 & 0 \\ 0 & 0 & 3 \end{pmatrix}$ のユニタリ行列による対角化．

この行列を A として，まず A の固有多項式を計算する．

$$|A - \lambda E| = \begin{vmatrix} 2-\lambda & 1+2i & 0 \\ 1-2i & -2-\lambda & 0 \\ 0 & 0 & 3-\lambda \end{vmatrix} = (3-\lambda) \begin{vmatrix} 2-\lambda & 1+2i \\ 1-2i & -2-\lambda \end{vmatrix}$$

$$= -(\lambda-3)(\lambda^2-9) = -(\lambda-3)^2(\lambda+3).$$

したがって，A の固有値は 3，-3 である．

$$W_A(3) = \left\{ \begin{pmatrix} x_1 \\ x_2 \\ x_3 \end{pmatrix} \in \mathbb{C}^3 \,\middle|\, \begin{pmatrix} -1 & 1+2i & 0 \\ 1-2i & -5 & 0 \\ 0 & 0 & 0 \end{pmatrix} \begin{pmatrix} x_1 \\ x_2 \\ x_3 \end{pmatrix} = \begin{pmatrix} 0 \\ 0 \\ 0 \end{pmatrix} \right\}$$

であり，係数行列を基本変形して階段行列に直すと，例えば

$$\begin{pmatrix} -1 & 1+2i & 0 \\ 1-2i & -5 & 0 \\ 0 & 0 & 0 \end{pmatrix} \longrightarrow \begin{pmatrix} -1 & 1+2i & 0 \\ 0 & 0 & 0 \\ 0 & 0 & 0 \end{pmatrix}$$

とできる．したがって $\dim W_A(3) = 3 - 1 = 2$ である．

$$\boldsymbol{u}_1 = \begin{pmatrix} 0 \\ 0 \\ 1 \end{pmatrix}, \quad \boldsymbol{u}_2 = \begin{pmatrix} \dfrac{1+2i}{\sqrt{6}} \\ \dfrac{1}{\sqrt{6}} \\ 0 \end{pmatrix}$$

とすると，

$$\boldsymbol{u}_1, \, \boldsymbol{u}_2 \in W(3), \quad \|\boldsymbol{u}_1\| = \|\boldsymbol{u}_2\| = 1, \quad \boldsymbol{u}_1 \cdot \boldsymbol{u}_2 = 0$$

5.4 エルミート行列の対角化 *201*

であるから $\boldsymbol{u}_1$, $\boldsymbol{u}_2$ は $W(3)$ の正規直交基底である.

$$W_A(-3) = \left\{ \begin{pmatrix} x_1 \\ x_2 \\ x_3 \end{pmatrix} \in \mathbb{C}^3 \;\middle|\; \begin{pmatrix} 5 & 1+2i & 0 \\ 1-2i & 1 & 0 \\ 0 & 0 & 6 \end{pmatrix} \begin{pmatrix} x_1 \\ x_2 \\ x_3 \end{pmatrix} = \begin{pmatrix} 0 \\ 0 \\ 0 \end{pmatrix} \right\}$$

であり,

$$\begin{pmatrix} 5 & 1+2i & 0 \\ 1-2i & 1 & 0 \\ 0 & 0 & 6 \end{pmatrix} \longrightarrow \begin{pmatrix} 1-2i & 1 & 0 \\ 0 & 0 & 1 \\ 0 & 0 & 0 \end{pmatrix}$$

より $\dim W_A(-3) = 3 - 2 = 1$ である.したがって,$W(-3)$ の正規直交基底として $\begin{pmatrix} -\dfrac{1}{\sqrt{6}} \\ \dfrac{1-2i}{\sqrt{6}} \\ 0 \end{pmatrix}$

をとれる.

したがって,

$$U = \begin{pmatrix} 0 & \dfrac{1+2i}{\sqrt{6}} & -\dfrac{1}{\sqrt{6}} \\ 0 & \dfrac{1}{\sqrt{6}} & \dfrac{1-2i}{\sqrt{6}} \\ 1 & 0 & 0 \end{pmatrix}$$

とすると U はユニタリ行列で,

$$U^* A U \ (= U^{-1} A U) = \begin{pmatrix} 3 & 0 & 0 \\ 0 & 3 & 0 \\ 0 & 0 & -3 \end{pmatrix}$$

と対角化できる.

注意 5.5 定理 4.8,命題 5.2 と同様のことが,ユニタリ行列,随伴行列,エルミート行列についてもいえている.証明は同様にできる.

例 5.12 エルミート行列 $\begin{pmatrix} 1 & 0 & i \\ 0 & 1 & 0 \\ -i & 0 & 1 \end{pmatrix}$ のユニタリ行列による対角化.

この行列を A として,まず A の固有多項式を計算する.

$$|A - \lambda E| = \begin{vmatrix} 1-\lambda & 0 & i \\ 0 & 1-\lambda & 0 \\ -i & 0 & 1-\lambda \end{vmatrix} = (1-\lambda) \begin{vmatrix} 1-\lambda & i \\ -i & 1-\lambda \end{vmatrix} = -\lambda(\lambda-1)(\lambda-2).$$

202 第 5 章 固有値問題

したがって，A の固有値は 0, 1, 2 である.

$$W_A(0) = \left\{ \begin{pmatrix} x_1 \\ x_2 \\ x_3 \end{pmatrix} \in \mathbb{C}^3 \middle| \begin{pmatrix} 1 & 0 & i \\ 0 & 1 & 0 \\ -i & 0 & 1 \end{pmatrix} \begin{pmatrix} x_1 \\ x_2 \\ x_3 \end{pmatrix} = \begin{pmatrix} 0 \\ 0 \\ 0 \end{pmatrix} \right\} = \left\langle \begin{pmatrix} 1 \\ 0 \\ i \end{pmatrix} \right\rangle = \left\langle \begin{pmatrix} \dfrac{1}{\sqrt{2}} \\ 0 \\ \dfrac{i}{\sqrt{2}} \end{pmatrix} \right\rangle,$$

$$W_A(1) = \left\{ \begin{pmatrix} x_1 \\ x_2 \\ x_3 \end{pmatrix} \in \mathbb{C}^3 \middle| \begin{pmatrix} 0 & 0 & i \\ 0 & 0 & 0 \\ -i & 0 & 0 \end{pmatrix} \begin{pmatrix} x_1 \\ x_2 \\ x_3 \end{pmatrix} = \begin{pmatrix} 0 \\ 0 \\ 0 \end{pmatrix} \right\} = \left\langle \begin{pmatrix} 0 \\ 1 \\ 0 \end{pmatrix} \right\rangle,$$

$$W_A(2) = \left\{ \begin{pmatrix} x_1 \\ x_2 \\ x_3 \end{pmatrix} \in \mathbb{C}^3 \middle| \begin{pmatrix} -1 & 0 & i \\ 0 & -1 & 0 \\ -i & 0 & -1 \end{pmatrix} \begin{pmatrix} x_1 \\ x_2 \\ x_3 \end{pmatrix} = \begin{pmatrix} 0 \\ 0 \\ 0 \end{pmatrix} \right\}$$

$$= \left\langle \begin{pmatrix} 1 \\ 0 \\ -i \end{pmatrix} \right\rangle = \left\langle \begin{pmatrix} \dfrac{1}{\sqrt{2}} \\ 0 \\ -\dfrac{i}{\sqrt{2}} \end{pmatrix} \right\rangle,$$

より，

$$U = \begin{pmatrix} \dfrac{1}{\sqrt{2}} & 0 & \dfrac{1}{\sqrt{2}} \\ 0 & 1 & 0 \\ \dfrac{i}{\sqrt{2}} & 0 & -\dfrac{i}{\sqrt{2}} \end{pmatrix}$$

とすると U はユニタリ行列で，

$$U^*AU\ (\,= U^{-1}AU) \ = \begin{pmatrix} 0 & 0 & 0 \\ 0 & 1 & 0 \\ 0 & 0 & 2 \end{pmatrix}$$

と対角化できる.

5.5 二次形式

この節では再び $K = \mathbb{R}$ とし，実変数の二次形式の分類を行う．これは，対称行列の対角化の応用とし実現される．

> **定義 5.4** n 次元数ベクトル空間 $\mathbb{R}^n$ を定義域とする n 変数関数
> $$q : \mathbb{R}^n \ni \begin{pmatrix} x_1 \\ x_2 \\ \vdots \\ x_n \end{pmatrix} \mapsto \sum_{1 \leqq i,j \leqq n} a_{ij} x_i x_j \in \mathbb{R} \quad (a_{ij} \in \mathbb{R})$$
> を n 変数の**二次形式 (quadratic form)** と呼ぶ．この関数の値である同次 2 次式
> $$q(\boldsymbol{x}) = \sum_{1 \leqq i,j \leqq n} a_{ij} x_i x_j$$
> を二次形式と呼ぶこともある．

注意 5.6 $q(\boldsymbol{o}) = 0$, $q(\alpha \boldsymbol{x}) = \alpha^2 q(\boldsymbol{x})$ は常に成立している．

$x_i x_j = x_j x_i$ より $a_{ij} x_i x_j + a_{ji} x_j x_i = 2 \cdot \dfrac{a_{ij} + a_{ji}}{2} x_i x_j = 2 \cdot \dfrac{a_{ij} + a_{ji}}{2} x_j x_i$ であるから，a_{ij} と a_{ji} を改めて $\dfrac{a_{ij} + a_{ji}}{2}$ でおき直すことによって，二次形式は

$$q(\boldsymbol{x}) = \sum_{1 \leqq i,j \leqq n} a_{ij} x_i x_j \ (a_{ij} = a_{ji}) \quad \text{あるいは} \quad q(\boldsymbol{x}) = \sum_{1 \leqq i \leqq n} a_i x_i^2 + \sum_{1 \leqq i < j \leqq n} 2 a_{ij} x_i x_j$$

と表すことができる．今後，二次形式の係数 a_{ij} はこのように選んでおくことにする．そうすると，二次形式 q は

$$q(\boldsymbol{x}) = {}^t\boldsymbol{x} A \boldsymbol{x}, \quad A = \begin{pmatrix} a_{11} & a_{12} & \cdots & a_{1n} \\ a_{12} & a_{22} & \cdots & a_{2n} \\ \vdots & \vdots & \ddots & \vdots \\ a_{1n} & a_{2n} & \cdots & a_{nn} \end{pmatrix} \quad \boldsymbol{x} = \begin{pmatrix} x_1 \\ x_2 \\ \vdots \\ x_n \end{pmatrix} \tag{5.8}$$

と表すことができる．もちろん A は対称行列である．

例 5.13 変数を x_1, x_2, x_3 のかわりに x, y, z と書くことにする．

$$q(x, y, z) = 2x^2 + 2y^2 - z^2 + 2xy + 4yz - 4zx$$

は 3 変数の二次形式であり，3 次の対称行列を用いて

$$q(x, y, z) = \begin{pmatrix} x & y & z \end{pmatrix} \begin{pmatrix} 2 & 1 & -2 \\ 1 & 2 & 2 \\ -2 & 2 & -1 \end{pmatrix} \begin{pmatrix} x \\ y \\ z \end{pmatrix}$$

と表せる．

204   第 5 章　固有値問題

<u>注意 5.7</u>　本来は，$q\begin{pmatrix} x \\ y \\ z \end{pmatrix}$ と書くべきであるが，スペースの都合上 $q(x,y,z)$ と書くことにする．今後，二次

形式を表すときはこのように表記することにする．

例題 5.8　二次形式 $q(x,y,z,w) = x^2 + y^2 + 3z^2 + w^2 + 4xy + 4xw - 4yw$ を対称行列を用いて
表せ．

解答　$q(x,y,z,w) = \begin{pmatrix} x & y & z & w \end{pmatrix} \begin{pmatrix} 1 & 2 & 0 & 2 \\ 2 & 1 & 0 & -2 \\ 0 & 0 & 3 & 0 \\ 2 & -2 & 0 & 1 \end{pmatrix} \begin{pmatrix} x \\ y \\ z \\ w \end{pmatrix}.$

例題 5.9　二次形式が (5.8) のように書けることを確かめよ．

解答　$\begin{pmatrix} x_1 & x_2 & \cdots & x_n \end{pmatrix} \begin{pmatrix} a_{11} & a_{12} & \cdots & a_{1n} \\ a_{12} & a_{22} & \cdots & a_{2n} \\ \vdots & \vdots & \ddots & \vdots \\ a_{1n} & a_{2n} & \cdots & a_{nn} \end{pmatrix} \begin{pmatrix} x_1 \\ x_2 \\ \vdots \\ x_n \end{pmatrix}$

$= \begin{pmatrix} x_1 & x_2 & \cdots & x_n \end{pmatrix} \begin{pmatrix} a_{11}x_1 + a_{12}x_2 + \cdots + a_{1n}x_n \\ a_{12}x_1 + a_{22}x_2 + \cdots + a_{2n}x_n \\ \vdots \\ a_{1n}x_1 + a_{2n}x_2 + \cdots + a_{nn}x_n \end{pmatrix}$

$= x_1(a_{11}x_1 + a_{12}x_2 + \cdots + a_{1n}x_n) + x_2(a_{12}x_1 + a_{22}x_2 + \cdots + a_{2n}x_n) + \cdots$

$\quad + x_n(a_{1n}x_1 + a_{2n}x_2 + \cdots + a_{nn}x_n)$

$= \sum_{1 \leqq i \leqq n} a_i x_i^2 + \sum_{1 \leqq i < j \leqq n} 2a_{ij}x_i x_j.$

定義 5.5　q を二次形式とする．

(1)　すべての $\boldsymbol{x} \in \mathbb{R}^n$ に対して $q(\boldsymbol{x}) \geqq 0$ が成立するとき，q は**半正定値 (positive semi-definite)** であるという．

(2)　すべての $\boldsymbol{x} \in \mathbb{R}^n$ に対して $q(\boldsymbol{x}) \leqq 0$ が成立するとき，q は**半負定値 (negative semi-definite)** であるという．

(3)　半正定値でも半負定値でもないとき，q は**不定符号 (indefinite)** であるという．

特に，半正定値のうち $\boldsymbol{o}$ でないすべての $\boldsymbol{x}$ について $q(\boldsymbol{x}) > 0$ が成立するものを**正定値 (positive definite)**，半負定値のうち $\boldsymbol{o}$ でないすべての $\boldsymbol{x}$ について $q(\boldsymbol{x}) < 0$ が成立するものを**負定値**

5.5 二次形式　　205

(negative definite) と呼ぶ.

$$q(\boldsymbol{x}) = a_1 x_1^2 + a_2 x_2^2 + \cdots + a_n x_n^2$$

と表される二次形式を**標準形 (normal form)** と呼ぶ. これは, q を (5.8) のように表したときに, A が対角行列になるということと同値である. q が標準形ならば, 各 x_i^2 の係数 a_i の符号がわかれば定値性の判定ができる. 例えば, 2 変数の二次形式 $q(x, y) = x^2 + 3y^2$ は正定値, $q(x, y) = x^2$ は半正定値, $q(x, y) = x^2 - y^2$ は不定符号である.

$q(x, y) = x^2 + 2xy + 3y^2$ は, $x + y = u$, $y = v$ と変数変換すると $x^2 + 2xy + 3y^2 = (x+y)^2 + 2y^2 = u^2 + 2v^2$ となる. これは変数 u, v に関する標準形であり, 正定値である. 同様に, $q(x, y) = xy$ は $x + y = u$, $x - y = v$ と変数変換すると $xy = \dfrac{1}{4}(x+y)^2 - \dfrac{1}{4}(x-y)^2 = \dfrac{1}{4}u^2 - \dfrac{1}{4}v^2$ と変形でき, 不定符号である. 同様の操作が, すべての二次形式ついていえることが, 実対称行列の対角化の応用としてわかる.

q を二次形式とする. q は, 実対称行列 A を用いて

$$q(\boldsymbol{x}) = {}^t\boldsymbol{x} A \boldsymbol{x}$$

と書けることはわかっていた. A は直交行列を用いて対角化できるから,

$$ {}^t P A P = T$$

と書ける. ここで, T は対角成分に A のすべての固有値が固有空間の次元個並ぶ対角行列, P は各固有空間の正規直交基底を並べてできる直交行列であった. P は正則行列で $P^{-1} = {}^t P$ であったから,

$$P\boldsymbol{u} = \boldsymbol{x} \qquad (\text{これは}, \ \boldsymbol{u} = {}^t P \boldsymbol{x} \ \text{と同値である})$$

という変数変換をすると,

$$ {}^t\boldsymbol{x} A \boldsymbol{x} = {}^t(P\boldsymbol{u}) A (P\boldsymbol{u}) = {}^t\boldsymbol{u}\, {}^t P A P \boldsymbol{u} = {}^t\boldsymbol{u} T \boldsymbol{u}$$

となり, これは変数 $u_1, u_2, \cdots, u_n$ に関する標準形である.

例 5.14

$$q(x, y, z) = 3x^2 + 3y^2 + 3z^2 + 2xy + 2yz + 2zx$$

を考える (例 5.13 同様変数を x_1, x_2, x_3 のかわりに x, y, z と書いている).

$$q(x, y, z) = \begin{pmatrix} x & y & z \end{pmatrix} \begin{pmatrix} 3 & 1 & 1 \\ 1 & 3 & 1 \\ 1 & 1 & 3 \end{pmatrix} \begin{pmatrix} x \\ y \\ z \end{pmatrix}$$

であり, 例 5.9 より $\begin{pmatrix} 3 & 1 & 1 \\ 1 & 3 & 1 \\ 1 & 1 & 3 \end{pmatrix}$ の固有値は 2 と 5, それぞれの固有値に属する固有空間の正規直

206 第 5 章 固有値問題

交基底として $\begin{pmatrix} \dfrac{1}{\sqrt{2}} \\ -\dfrac{1}{\sqrt{2}} \\ 0 \end{pmatrix}$, $\begin{pmatrix} \dfrac{1}{\sqrt{6}} \\ \dfrac{1}{\sqrt{6}} \\ -\dfrac{2}{\sqrt{6}} \end{pmatrix}$ と $\begin{pmatrix} \dfrac{1}{\sqrt{3}} \\ \dfrac{1}{\sqrt{3}} \\ \dfrac{1}{\sqrt{3}} \end{pmatrix}$ がとれる．したがって，変数変換

$$\begin{pmatrix} \dfrac{1}{\sqrt{2}} & \dfrac{1}{\sqrt{6}} & \dfrac{1}{\sqrt{3}} \\ -\dfrac{1}{\sqrt{2}} & \dfrac{1}{\sqrt{6}} & \dfrac{1}{\sqrt{3}} \\ 0 & -\dfrac{2}{\sqrt{6}} & \dfrac{1}{\sqrt{3}} \end{pmatrix} \begin{pmatrix} u \\ v \\ w \end{pmatrix} = \begin{pmatrix} x \\ y \\ z \end{pmatrix}$$ すなわち，$\begin{cases} x = \dfrac{1}{\sqrt{2}}u + \dfrac{1}{\sqrt{6}}v + \dfrac{1}{\sqrt{3}}w \\ y = -\dfrac{1}{\sqrt{2}}u + \dfrac{1}{\sqrt{6}}v + \dfrac{1}{\sqrt{3}}w \\ z = -\dfrac{2}{\sqrt{6}}v + \dfrac{1}{\sqrt{3}}w \end{cases}$

によって，与えられた二次形式は $2u^2 + 2v^2 + 5w^2$ に変換できる．したがって正定値である．

例 5.15 $q(x, y, z, w) = x^2 - y^2 - z^2 + w^2 + 4xy + 4xz - 4yw + 4zw$

を考える．この二次形式に対応する対称行列は $\begin{pmatrix} 1 & 2 & 2 & 0 \\ 2 & -1 & 0 & -2 \\ 2 & 0 & -1 & 2 \\ 0 & -2 & 2 & 1 \end{pmatrix}$ であり，例 5.10 よりその固

有値は 3 と −3，それぞれの固有値に属する固有空間の正規直交基底として，

$$\begin{pmatrix} \dfrac{1}{\sqrt{3}} \\ 0 \\ \dfrac{1}{\sqrt{3}} \\ \dfrac{1}{\sqrt{3}} \end{pmatrix}, \begin{pmatrix} \dfrac{1}{\sqrt{3}} \\ \dfrac{1}{\sqrt{3}} \\ 0 \\ -\dfrac{1}{\sqrt{3}} \end{pmatrix} \quad \text{および} \quad \begin{pmatrix} \dfrac{1}{\sqrt{3}} \\ -\dfrac{1}{\sqrt{3}} \\ -\dfrac{1}{\sqrt{3}} \\ 0 \end{pmatrix}, \begin{pmatrix} 0 \\ \dfrac{1}{\sqrt{3}} \\ -\dfrac{1}{\sqrt{3}} \\ \dfrac{1}{\sqrt{3}} \end{pmatrix}$$

が取れることはわかっていた．したがって，与えられた二次形式は

$$\begin{pmatrix} \dfrac{1}{\sqrt{3}} & \dfrac{1}{\sqrt{3}} & \dfrac{1}{\sqrt{3}} & 0 \\ 0 & \dfrac{1}{\sqrt{3}} & -\dfrac{1}{\sqrt{3}} & \dfrac{1}{\sqrt{3}} \\ \dfrac{1}{\sqrt{3}} & 0 & -\dfrac{1}{\sqrt{3}} & -\dfrac{1}{\sqrt{3}} \\ \dfrac{1}{\sqrt{3}} & -\dfrac{1}{\sqrt{3}} & 0 & \dfrac{1}{\sqrt{3}} \end{pmatrix} \begin{pmatrix} s \\ t \\ u \\ v \end{pmatrix} = \begin{pmatrix} x \\ y \\ z \\ w \end{pmatrix}$$

という変数変換によって $3s^2 + 3t^2 - 3u^2 - 3v^2$ に変換できる．したがって，不定符号である．

このように，二次形式に対応する対称行列の固有値とそれらに属する固有空間の正規直交基底がわかれば，その二次形式を標準化できる．

5.5 二次形式　　207

例 5.16　　$q(x, y) = 2x^2 - 4xy - y^2$ の標準化.

$$q(x, y) = \begin{pmatrix} x & y \end{pmatrix} \begin{pmatrix} 2 & -2 \\ -2 & -1 \end{pmatrix} \begin{pmatrix} x \\ y \end{pmatrix}$$

と表せるから, q に対応する対称行列は $A = \begin{pmatrix} 2 & -2 \\ -2 & -1 \end{pmatrix}$ である.

$$|A - \lambda E| = \begin{vmatrix} 2 - \lambda & -2 \\ -2 & -1 - \lambda \end{vmatrix} = \lambda^2 - \lambda - 6 = (\lambda - 3)(\lambda + 2) = 0$$

より A の固有値は 3 と -2 である. $A - 3E$, $A - (-2)E$ をそれぞれ基本変形して

$$\begin{pmatrix} -1 & -2 \\ -2 & -4 \end{pmatrix} \rightarrow \begin{pmatrix} 1 & 2 \\ 0 & 0 \end{pmatrix}, \quad \begin{pmatrix} 4 & -2 \\ -2 & 1 \end{pmatrix} \rightarrow \begin{pmatrix} 2 & -1 \\ 0 & 0 \end{pmatrix}$$

とできるから, $W_A(3) = \left\langle \begin{pmatrix} 2 \\ -1 \end{pmatrix} \right\rangle$, $W_A(-2) = \left\langle \begin{pmatrix} 1 \\ 2 \end{pmatrix} \right\rangle$ とでき, それぞれの正規直交基底と

して $\begin{pmatrix} \dfrac{2}{\sqrt{5}} \\ -\dfrac{1}{\sqrt{5}} \end{pmatrix}$, $\begin{pmatrix} \dfrac{1}{\sqrt{5}} \\ \dfrac{2}{\sqrt{5}} \end{pmatrix}$ がとれる. したがって, 変数変換 $\begin{pmatrix} \dfrac{2}{\sqrt{5}} & \dfrac{1}{\sqrt{5}} \\ -\dfrac{1}{\sqrt{5}} & \dfrac{2}{\sqrt{5}} \end{pmatrix} \begin{pmatrix} u \\ v \end{pmatrix} = \begin{pmatrix} x \\ y \end{pmatrix}$

によりこの二次形式は $3u^2 - 2v^2$ と標準形に直すことができる. この二次形式は不定符号である.

例 5.17　　$q(x, y, z, w) = -x^2 - y^2 - z^2 + 7w^2 + 2xy + 2xz - 6xw + 2yz - 6yw - 6zw$ の標準化.

二次形式 q に対応する対称行列は $A = \begin{pmatrix} -1 & 1 & 1 & -3 \\ 1 & -1 & 1 & -3 \\ 1 & 1 & -1 & -3 \\ -3 & -3 & -3 & 7 \end{pmatrix}$ である. まず, A の固有値を求め

る. 固有多項式は

$$|A - \lambda E| = \begin{vmatrix} -1 - \lambda & 1 & 1 & -3 \\ 1 & -1 - \lambda & 1 & -3 \\ 1 & 1 & -1 - \lambda & -3 \\ -3 & -3 & -3 & 7 - \lambda \end{vmatrix} = \begin{vmatrix} -2 - \lambda & 2 + \lambda & 0 & 0 \\ 1 & -1 - \lambda & 1 & -3 \\ 1 & 1 & -1 - \lambda & -3 \\ -3 & -3 & -3 & 7 - \lambda \end{vmatrix}$$

$$= \begin{vmatrix} -2 - \lambda & 0 & 0 & 0 \\ 1 & -\lambda & 1 & -3 \\ 1 & 2 & -1 - \lambda & -3 \\ -3 & -6 & -3 & 7 - \lambda \end{vmatrix} = (-2 - \lambda) \begin{vmatrix} -\lambda & 1 & -3 \\ 2 & -1 - \lambda & -3 \\ -6 & -3 & 7 - \lambda \end{vmatrix}$$

208 第 5 章 固有値問題

$$
= -(2+\lambda)\begin{vmatrix} -2-\lambda & 2+\lambda & 0 \\ 2 & -1-\lambda & -3 \\ -6 & -3 & 7-\lambda \end{vmatrix} = -(2+\lambda)\begin{vmatrix} -2-\lambda & 0 & 0 \\ 2 & 1-\lambda & -3 \\ -6 & -9 & 7-\lambda \end{vmatrix}
$$

$$
= (\lambda+2)^2\begin{vmatrix} 1-\lambda & -3 \\ -9 & 7-\lambda \end{vmatrix} = (\lambda+2)^2((1-\lambda)(7-\lambda)-27)
$$

$$
= (\lambda+2)^3(\lambda-10)
$$

であるから，A の固有値は -2 と 10 である.

　$W_A(-2)$ の正規直交基底を求める．$A-(-2)E$ を基本変形して

$$
\begin{pmatrix} 1 & 1 & 1 & -3 \\ 1 & 1 & 1 & -3 \\ 1 & 1 & 1 & -3 \\ -3 & -3 & -3 & 9 \end{pmatrix} \rightarrow \begin{pmatrix} 1 & 1 & 1 & -3 \\ 0 & 0 & 0 & 0 \\ 0 & 0 & 0 & 0 \\ 0 & 0 & 0 & 0 \end{pmatrix}
$$

とできるから，$\dim W_A(-2) = 4-1 = 3$ であり，$W_A(-2)$ の基底として例えば

$$
\boldsymbol{u}_1 = \begin{pmatrix} 1 \\ -1 \\ 0 \\ 0 \end{pmatrix},\ \boldsymbol{u}_2 = \begin{pmatrix} 1 \\ 0 \\ -1 \\ 0 \end{pmatrix},\ \boldsymbol{u}_3 = \begin{pmatrix} 1 \\ 1 \\ 1 \\ 1 \end{pmatrix},
$$

がとれる．グラム・シュミットの直交化法を用いて，

$$
\boxed{\boldsymbol{x}_1 = \frac{1}{\|\boldsymbol{u}_1\|}\boldsymbol{u}_1} = \begin{pmatrix} \dfrac{1}{\sqrt{2}} \\ -\dfrac{1}{\sqrt{2}} \\ 0 \\ 0 \end{pmatrix}
$$

$$
\boxed{\boldsymbol{y}_2 = \boldsymbol{u}_2 - (\boldsymbol{x}_1 \cdot \boldsymbol{u}_2)\boldsymbol{x}_1} = \begin{pmatrix} 1 \\ 0 \\ -1 \\ 0 \end{pmatrix} - \frac{1}{\sqrt{2}}\begin{pmatrix} \dfrac{1}{\sqrt{2}} \\ -\dfrac{1}{\sqrt{2}} \\ 0 \\ 0 \end{pmatrix} = \begin{pmatrix} \dfrac{1}{2} \\ \dfrac{1}{2} \\ -1 \\ 0 \end{pmatrix}
$$

$$x_2 = \frac{1}{\|y_2\|} y_2 = \begin{pmatrix} \dfrac{1}{\sqrt{6}} \\ \dfrac{1}{\sqrt{6}} \\ -\dfrac{2}{\sqrt{6}} \\ 0 \end{pmatrix}$$

$$y_3 = u_3 - (x_1 \cdot u_3)x_1 - (x_2 \cdot u_3)x_2 = u_3 - 0x_1 - 0x_2 = u_3$$

$$x_3 = \frac{1}{\|y_3\|} y_3 = \begin{pmatrix} \dfrac{1}{2} \\ \dfrac{1}{2} \\ \dfrac{1}{2} \\ \dfrac{1}{2} \end{pmatrix}$$

であるから, x_1, x_2, x_3 は $W_A(-2)$ の 1 つの正規直交基底である.

次に, $W_A(10)$ の正規直交基底を求める. $A - 10E$ を基本変形して

$$\begin{pmatrix} -11 & 1 & 1 & -3 \\ 1 & -11 & 1 & -3 \\ 1 & 1 & -11 & -3 \\ -3 & -3 & -3 & -3 \end{pmatrix} \rightarrow \begin{pmatrix} 1 & 1 & 1 & 1 \\ 0 & -12 & 0 & -4 \\ 0 & 0 & -12 & -4 \\ 0 & 12 & 12 & 8 \end{pmatrix} \rightarrow \begin{pmatrix} 1 & 1 & 1 & 1 \\ 0 & -12 & 0 & -4 \\ 0 & 0 & -12 & -4 \\ 0 & 0 & 12 & 4 \end{pmatrix}$$

$$\rightarrow \begin{pmatrix} 1 & 1 & 1 & 1 \\ 0 & 3 & 0 & 1 \\ 0 & 0 & 3 & 1 \\ 0 & 0 & 0 & 0 \end{pmatrix}$$

とできるから, $\dim W_A(10) = 4 - 3 = 1$ であり, $W_A(10)$ の基底として例えば $\begin{pmatrix} 1 \\ 1 \\ 1 \\ -3 \end{pmatrix}$ がとれ,

正規直交基底として $\begin{pmatrix} \dfrac{1}{2\sqrt{3}} \\ \dfrac{1}{2\sqrt{3}} \\ \dfrac{1}{2\sqrt{3}} \\ -\dfrac{3}{2\sqrt{3}} \end{pmatrix}$ がとれる.

210　第 5 章　固有値問題

したがって，変数変換
$$\begin{pmatrix} \dfrac{1}{\sqrt{2}} & \dfrac{1}{\sqrt{6}} & \dfrac{1}{2} & \dfrac{1}{2\sqrt{3}} \\ -\dfrac{1}{\sqrt{2}} & \dfrac{1}{\sqrt{6}} & \dfrac{1}{2} & \dfrac{1}{2\sqrt{3}} \\ 0 & -\dfrac{2}{\sqrt{6}} & \dfrac{1}{2} & \dfrac{1}{2\sqrt{3}} \\ 0 & 0 & \dfrac{1}{2} & -\dfrac{3}{2\sqrt{3}} \end{pmatrix} \begin{pmatrix} s \\ t \\ u \\ v \end{pmatrix} = \begin{pmatrix} x \\ y \\ z \\ w \end{pmatrix}$$
により，最初の二次形式は

$$-2s^2 - 2t^2 - 2u^2 + 10v^2$$

と標準形に直すことができる．したがって，不定符号である．

例題 5.10　次の二次形式を適当な変数変換によって標準形に直し，定値か否かを判定性よ．

(1)　$q(x, y, z) = -z^2 + 2xy + 4yz + 4zx$

(2)　$q(x, y, z) = 5x^2 + 5y^2 + 5z^2 - 4xy - 4yz + 4zx$

解答　(1)　対応する対称行列は $A = \begin{pmatrix} 0 & 1 & 2 \\ 1 & 0 & 2 \\ 2 & 2 & -1 \end{pmatrix}$．$A$ の固有値は $-1, 3, -3$ で，それぞれに

属する固有空間の正規直交基底として，$\begin{pmatrix} \dfrac{1}{\sqrt{2}} \\ -\dfrac{1}{\sqrt{2}} \\ 0 \end{pmatrix}, \begin{pmatrix} \dfrac{1}{\sqrt{3}} \\ \dfrac{1}{\sqrt{3}} \\ \dfrac{1}{\sqrt{3}} \end{pmatrix}, \begin{pmatrix} \dfrac{1}{\sqrt{6}} \\ \dfrac{1}{\sqrt{6}} \\ -\dfrac{2}{\sqrt{6}} \end{pmatrix}$ がとれる（例題

5.7 (2) 参照）．したがって，変数変換 $\begin{pmatrix} x \\ y \\ z \end{pmatrix} = \begin{pmatrix} \dfrac{1}{\sqrt{2}} & \dfrac{1}{\sqrt{3}} & \dfrac{1}{\sqrt{6}} \\ -\dfrac{1}{\sqrt{2}} & \dfrac{1}{\sqrt{3}} & \dfrac{1}{\sqrt{6}} \\ 0 & \dfrac{1}{\sqrt{3}} & -\dfrac{2}{\sqrt{6}} \end{pmatrix} \begin{pmatrix} u \\ v \\ w \end{pmatrix}$ によって，

標準形 $q = -u^2 + 3v^2 - 3w^2$ に変形できる．不定符号である．

(2)　対応する対称行列は $\begin{pmatrix} 5 & -2 & 2 \\ -2 & 5 & -2 \\ 2 & -2 & 5 \end{pmatrix}$．$A$ の固有値は $3,\ 9$ で，それぞれに属する固有

空間 $W_A(3)$ と $W_A(9)$ の基底として，$\begin{pmatrix} 1 \\ 1 \\ 0 \end{pmatrix}, \begin{pmatrix} 0 \\ 1 \\ 1 \end{pmatrix}$ と $\begin{pmatrix} 1 \\ -1 \\ 1 \end{pmatrix}$ がとれる（例題 5.6 (3)

参照）．グラム・シュミットの直交化を行うことにより，正規直交基底を用いて $W_A(3) =$

$$\left\langle \begin{pmatrix} \dfrac{1}{\sqrt{2}} \\ \dfrac{1}{\sqrt{2}} \\ 0 \end{pmatrix}, \begin{pmatrix} -\dfrac{1}{\sqrt{6}} \\ \dfrac{1}{\sqrt{6}} \\ \dfrac{2}{\sqrt{6}} \end{pmatrix} \right\rangle, W_A(9) = \left\langle \begin{pmatrix} \dfrac{1}{\sqrt{3}} \\ -\dfrac{1}{\sqrt{3}} \\ \dfrac{1}{\sqrt{3}} \end{pmatrix} \right\rangle$$ と表せる．したがって，変数変換

$$\begin{pmatrix} x \\ y \\ z \end{pmatrix} = \begin{pmatrix} \dfrac{1}{\sqrt{2}} & -\dfrac{1}{\sqrt{6}} & \dfrac{1}{\sqrt{3}} \\ \dfrac{1}{\sqrt{2}} & \dfrac{1}{\sqrt{6}} & -\dfrac{1}{\sqrt{3}} \\ 0 & \dfrac{2}{\sqrt{6}} & \dfrac{1}{\sqrt{3}} \end{pmatrix} \begin{pmatrix} u \\ v \\ w \end{pmatrix}$$ によって、標準形 $q = 3u^2 + 3v^2 + 9w^2$ に変形

できる．正定値である． ▌

　二次形式を変数変換によって標準形に直すと，その係数には対応する対称行列の固有値が並ぶ．したがって，次の定理が成立する．

定理 5.10 q を二次形式，A を q に対応する対称行列とする．

(1) q が半正定値 $\iff$ A の固有値がすべて 0 以上．

(2) q が正定値 $\iff$ A の固有値がすべて正の数．

(3) q が半負定値 $\iff$ A の固有値がすべて 0 以下．

(4) q が負定値 $\iff$ A の固有値がすべて負の数．

例題 5.11 二次形式 $q(x,y) = 3x^2 + 8y^2 - 2xy$ が定値か否かを判定性よ．

解答 $q(x,y) = \begin{pmatrix} x & y \end{pmatrix} \begin{pmatrix} 3 & -1 \\ -1 & 8 \end{pmatrix} \begin{pmatrix} x \\ y \end{pmatrix}$ であり，$\begin{vmatrix} 3-\lambda & -1 \\ -1 & 8-\lambda \end{vmatrix} = \lambda^2 - 11\lambda + 23$ であ

る．固有値を α, β とすると $\alpha + \beta = 11 > 0$, $\alpha\beta = 23 > 0$ である．したがって，$\alpha > 0, \beta > 0$ となり，q は正定値である． ▌

212　第5章　固有値問題

章末問題

5.1　系 5.2 を証明せよ.

解答　$\boldsymbol{x}_{i1}, \boldsymbol{x}_{i2}, \cdots, \boldsymbol{x}_{i\ell_i}$ を $W_A(\lambda_i)$ の 基底としておく.

(1)　$\dim W_A(\lambda_i) = \ell_i$ であり, $\boldsymbol{x}_{i1}, \boldsymbol{x}_{i2}, \cdots, \boldsymbol{x}_{i\ell_i}$ は線形独立であるから定理 5.3 より $\boldsymbol{x}_{11}, \boldsymbol{x}_{12}, \cdots, \boldsymbol{x}_{1\ell_1}$, $\boldsymbol{x}_{21}, \boldsymbol{x}_{22}, \cdots, \boldsymbol{x}_{2\ell_2}, \cdots, \boldsymbol{x}_{k1}, \boldsymbol{x}_{k2}, \cdots, \boldsymbol{x}_{k\ell_k}$ も線形独立であるが, これらは n 次元線形空間 K^n のベクトルだから, $\ell_1 + \ell_2 + \cdots + \ell_{\ell_k} \leqq n$ である.

(2)　$\boldsymbol{x}_{11}, \boldsymbol{x}_{12}, \cdots, \boldsymbol{x}_{1\ell_1}, \boldsymbol{x}_{21}, \boldsymbol{x}_{22}, \cdots, \boldsymbol{x}_{2\ell_2}, \cdots, \boldsymbol{x}_{k1}, \boldsymbol{x}_{k2}, \cdots, \boldsymbol{x}_{k\ell_k}$ は線形独立であるから, $\ell_1 + \ell_2 + \cdots + \ell_{\ell_k} = n (= \dim K^n)$ ならば基底である（定理 3.7 参照）. 逆は, 次元の定義から明らかである.

5.2　λ, μ が A の固有値で $\lambda \neq \mu$ ならば $W_A(\lambda) \cap W_A(\mu) = \{\boldsymbol{o}\}$ である. このことを証明せよ.

解答　$\boldsymbol{x} \in W_A(\lambda) \cap W_A(\mu)$ とする. $A\boldsymbol{x} = \lambda\boldsymbol{x}$ かつ $A\boldsymbol{x} = \mu\boldsymbol{x}$ であるから, $\lambda\boldsymbol{x} = \mu\boldsymbol{x}$ である. したがって, $(\lambda - \mu)\boldsymbol{x} = \boldsymbol{o}$ となり, $\lambda \neq \mu$ だから $\boldsymbol{x} = \boldsymbol{o}$ である.

5.3　次の行列が対角化可能かどうかを判定し, 可能であるならば対角化せよ.

(1) $\begin{pmatrix} 4 & -1 & 0 \\ 1 & 3 & -1 \\ 1 & -1 & 3 \end{pmatrix}$　(2) $\begin{pmatrix} 5 & -2 & 4 \\ -2 & 3 & -2 \\ -3 & 2 & -2 \end{pmatrix}$　(3) $\begin{pmatrix} -7 & 5 & -10 \\ 10 & -2 & 10 \\ 10 & -5 & 13 \end{pmatrix}$

(4) $\begin{pmatrix} 1 & -3 & -3 & 3 \\ 4 & 9 & -12 & 0 \\ 2 & 3 & -6 & 1 \\ 6 & 10 & -20 & 3 \end{pmatrix}$　(5) $\begin{pmatrix} 3 & -1 & -13 & 5 \\ 3 & 8 & -7 & -1 \\ 2 & 3 & -6 & 1 \\ 5 & 9 & -15 & 2 \end{pmatrix}$

解答　各行列を A としておく.

(1) $\begin{vmatrix} 4-\lambda & -1 & 0 \\ 1 & 3-\lambda & -1 \\ 1 & -1 & 3-\lambda \end{vmatrix} = \begin{vmatrix} 4-\lambda & -1 & 0 \\ 0 & 3-\lambda & -1 \\ 4-\lambda & -1 & 3-\lambda \end{vmatrix} = \begin{vmatrix} 4-\lambda & -1 & 0 \\ 0 & 3-\lambda & -1 \\ 0 & 0 & 3-\lambda \end{vmatrix}$

$= -(\lambda - 3)^2(\lambda - 4)$ より固有値は 3, 4 である.

$\begin{pmatrix} 1 & -1 & 0 \\ 1 & 0 & -1 \\ 1 & -1 & 0 \end{pmatrix} \to \begin{pmatrix} 1 & -1 & 0 \\ 0 & 1 & -1 \\ 0 & 0 & 0 \end{pmatrix}$ より $\dim W_A(3) = 3 - 2 = 1$,

$\begin{pmatrix} 0 & -1 & 0 \\ 1 & -1 & -1 \\ 1 & -1 & -1 \end{pmatrix} \to \begin{pmatrix} 1 & 0 & -1 \\ 0 & 1 & 0 \\ 0 & 0 & 0 \end{pmatrix}$ より $\dim W_A(4) = 3 - 2 = 1$.

$\dim W_A(3) + \dim W_A(4) = 1 + 1 < 3$ だからこの行列は対角化可能でない.

(2) $\begin{vmatrix} 5-\lambda & -2 & 4 \\ -2 & 3-\lambda & -2 \\ -3 & 2 & -2-\lambda \end{vmatrix} = \begin{vmatrix} 5-\lambda & -2 & 4 \\ -2 & 3-\lambda & -2 \\ 2-\lambda & 0 & 2-\lambda \end{vmatrix} = \begin{vmatrix} 1-\lambda & -2 & 4 \\ 0 & 3-\lambda & -2 \\ 0 & 0 & 2-\lambda \end{vmatrix}$

$= -(\lambda-1)(\lambda-2)(\lambda-3)$ より固有値は 1, 2, 3 である.

$\begin{pmatrix} 4 & -2 & 4 \\ -2 & 2 & -2 \\ -3 & 2 & -3 \end{pmatrix} \rightarrow \begin{pmatrix} 1 & 0 & 1 \\ 0 & 1 & 0 \\ 0 & 0 & 0 \end{pmatrix}$ より $\dim W_A(1) = 3-2 = 1$,

$\begin{pmatrix} 3 & -2 & 4 \\ -2 & 1 & -2 \\ -3 & 2 & -4 \end{pmatrix} \rightarrow \begin{pmatrix} 1 & 0 & 0 \\ 0 & 1 & -2 \\ 0 & 0 & 0 \end{pmatrix}$ より $\dim W_A(2) = 3-2 = 1$,

$\begin{pmatrix} 2 & -2 & 4 \\ -2 & 0 & -2 \\ -3 & 2 & -5 \end{pmatrix} \rightarrow \begin{pmatrix} 1 & 0 & 1 \\ 0 & 1 & -1 \\ 0 & 0 & 0 \end{pmatrix}$ より $\dim W_A(3) = 3-2 = 1$,

$\dim W_A(1) + \dim W_A(2) + \dim W_A(3) = 1+1+1 = 3$ だからこの行列は対角化可能.

上の基本変形より, それぞれの固有空間の基底として, $\begin{pmatrix} 1 \\ 0 \\ -1 \end{pmatrix}$, $\begin{pmatrix} 0 \\ 2 \\ 1 \end{pmatrix}$, $\begin{pmatrix} 1 \\ -1 \\ -1 \end{pmatrix}$ がとれる.

したがって, $P = \begin{pmatrix} 1 & 0 & 1 \\ 0 & 2 & -1 \\ -1 & 1 & -1 \end{pmatrix}$ とすると, $P^{-1}AP = \begin{pmatrix} 1 & 0 & 0 \\ 0 & 2 & 0 \\ 0 & 0 & 3 \end{pmatrix}$ である.

(3) $\begin{vmatrix} -7-\lambda & 5 & -10 \\ 10 & -2-\lambda & 10 \\ 10 & -5 & 13-\lambda \end{vmatrix} = \begin{vmatrix} -7-\lambda & 5 & -10 \\ 10 & -2-\lambda & 10 \\ 3-\lambda & 0 & 3-\lambda \end{vmatrix} = \begin{vmatrix} 3-\lambda & 5 & -10 \\ 0 & -2-\lambda & 10 \\ 0 & 0 & 3-\lambda \end{vmatrix}$

$= -(\lambda-3)^2(\lambda+2)$ より固有値は 3, -2 である.

$\begin{pmatrix} -10 & 5 & -10 \\ 10 & -5 & 10 \\ 10 & -5 & 10 \end{pmatrix} \rightarrow \begin{pmatrix} 2 & -1 & 2 \\ 0 & 0 & 0 \\ 0 & 0 & 0 \end{pmatrix}$ より $\dim W_A(3) = 3-1 = 2$.

$\begin{pmatrix} -5 & 5 & -10 \\ 10 & 0 & 10 \\ 10 & -5 & 15 \end{pmatrix} \rightarrow \begin{pmatrix} 1 & 0 & 1 \\ 0 & 1 & -1 \\ 0 & 0 & 0 \end{pmatrix}$ より $\dim W_A(-2) = 3-2 = 1$.

$\dim W_A(3) + \dim W_A(-2) = 2+1 = 3$ だからこの行列は対角化可能.

214　第5章　固有値問題

上の基本変形より, $\begin{pmatrix} 1 \\ 0 \\ -1 \end{pmatrix}, \begin{pmatrix} 1 \\ 2 \\ 0 \end{pmatrix} \in W_A(3)$ であり, $\mathrm{rank} \begin{pmatrix} 1 & 1 \\ 0 & 2 \\ -1 & 0 \end{pmatrix} = 2$ よりこれら

は $W_A(3)$ の中の線形独立な2つのベクトル, $\dim W_A(3) = 2$ だから基底である. また,

$W_A(-2)$ の基底として $\begin{pmatrix} 1 \\ -1 \\ -1 \end{pmatrix}$ がとれるから, $P = \begin{pmatrix} 1 & 1 & 1 \\ 0 & 2 & -1 \\ -1 & 0 & -1 \end{pmatrix}$ とすると $P^{-1}AP =$

$\begin{pmatrix} 3 & 0 & 0 \\ 0 & 3 & 0 \\ 0 & 0 & -2 \end{pmatrix}$ である.

(4) $\begin{vmatrix} 1-\lambda & -3 & -3 & 3 \\ 4 & 9-\lambda & -12 & 0 \\ 2 & 3 & -6-\lambda & 1 \\ 6 & 10 & -20 & 3-\lambda \end{vmatrix} = \begin{vmatrix} 1-\lambda & 0 & 0 & 3 \\ 4 & 9-\lambda & -12 & 0 \\ 2 & 4 & -5-\lambda & 1 \\ 6 & 13-\lambda & -17-\lambda & 3-\lambda \end{vmatrix}$

$= \begin{vmatrix} 1-\lambda & 0 & 0 & 3 \\ 4 & 9-\lambda & -12 & 0 \\ 2 & 4 & -5-\lambda & 1 \\ 2 & 4 & -5-\lambda & 3-\lambda \end{vmatrix} = \begin{vmatrix} 1-\lambda & 0 & 0 & 3 \\ 4 & 9-\lambda & -12 & 0 \\ 2 & 4 & -5-\lambda & 1 \\ 0 & 0 & 0 & 2-\lambda \end{vmatrix}$

$= (2-\lambda) \begin{vmatrix} 1-\lambda & 0 & 0 \\ 4 & 9-\lambda & -12 \\ 2 & 4 & -5-\lambda \end{vmatrix} = (\lambda-1)^2(\lambda-2)(\lambda-3)$ より, 固有値は 1, 2, 3 であ

る.

$\begin{pmatrix} 0 & -3 & -3 & 3 \\ 4 & 8 & -12 & 0 \\ 2 & 3 & -7 & 1 \\ 6 & 10 & -20 & 2 \end{pmatrix} \rightarrow \begin{pmatrix} 1 & 2 & -3 & 0 \\ 0 & 1 & 1 & -1 \\ 0 & 0 & 0 & 0 \\ 0 & 0 & 0 & 0 \end{pmatrix}$ より $\dim W_A(1) = 4 - 2 = 2,$

$\begin{pmatrix} -1 & -3 & -3 & 3 \\ 4 & 7 & -12 & 0 \\ 2 & 3 & -8 & 1 \\ 6 & 10 & -20 & 1 \end{pmatrix} \rightarrow \begin{pmatrix} 1 & 0 & -3 & 0 \\ 0 & 1 & 0 & 0 \\ 0 & 0 & -2 & 1 \\ 0 & 0 & 0 & 0 \end{pmatrix}$ より $\dim W_A(2) = 4 - 3 = 1,$

$\begin{pmatrix} -2 & -3 & -3 & 3 \\ 4 & 6 & -12 & 0 \\ 2 & 3 & -9 & 1 \\ 6 & 10 & -20 & 0 \end{pmatrix} \rightarrow \begin{pmatrix} 2 & 3 & 0 & -2 \\ 0 & 1 & -2 & 0 \\ 0 & 0 & 3 & -1 \\ 0 & 0 & 0 & 0 \end{pmatrix}$ より $\dim W_A(3) = 4 - 3 = 1,$

$\dim W_A(1) + \dim W_A(2) + \dim W_A(3) = 2 + 1 + 1 = 4$ だから対角化可能である. 上の基本

変形より, $\begin{pmatrix} 3 \\ 0 \\ 1 \\ 1 \end{pmatrix}, \begin{pmatrix} 2 \\ -1 \\ 0 \\ -1 \end{pmatrix} \in W_A(1)$ であり, $\mathrm{rank} \begin{pmatrix} 3 & 2 \\ 0 & -1 \\ 1 & 0 \\ 1 & -1 \end{pmatrix} = 2$ よりこれらは $W_A(1)$ の

中の線形独立な 2 つのベクトル, $\dim W_A(1) = 4 - 2 = 2$ であるから基底である. さらに, 残

りの 2 つの基本変形と次元の計算より, $W_A(2) = \left\langle \begin{pmatrix} 3 \\ 0 \\ 1 \\ 2 \end{pmatrix} \right\rangle, W_A(3) = \left\langle \begin{pmatrix} 0 \\ 2 \\ 1 \\ 3 \end{pmatrix} \right\rangle$ であるか

ら, $P = \begin{pmatrix} 3 & 2 & 3 & 0 \\ 0 & -1 & 0 & 2 \\ 1 & 0 & 1 & 1 \\ 1 & -1 & 2 & 3 \end{pmatrix}$ とすると $P^{-1}AP = \begin{pmatrix} 1 & 0 & 0 & 0 \\ 0 & 1 & 0 & 0 \\ 0 & 0 & 2 & 0 \\ 0 & 0 & 0 & 3 \end{pmatrix}$ である.

(5) $\begin{vmatrix} 3-\lambda & -1 & -13 & 5 \\ 3 & 8-\lambda & -7 & -1 \\ 2 & 3 & -6-\lambda & 1 \\ 5 & 9 & -15 & 2-\lambda \end{vmatrix} = \begin{vmatrix} -7-\lambda & -16 & 17+5\lambda & 0 \\ 5 & 11-\lambda & -13-\lambda & 0 \\ 2 & 3 & -6-\lambda & 1 \\ 5 & 9 & -15 & 2-\lambda \end{vmatrix}$

$= \begin{vmatrix} -7-\lambda & -16 & 17+5\lambda & 0 \\ 5 & 11-\lambda & -13-\lambda & 0 \\ 2 & 3 & -6-\lambda & 1 \\ 0 & -2-\lambda & -2-\lambda & 2-\lambda \end{vmatrix} = \begin{vmatrix} -7-\lambda & -16 & 17+5\lambda & 0 \\ 5 & 11-\lambda & -13-\lambda & 0 \\ 2 & 4 & -5-\lambda & 1 \\ 0 & 0 & 0 & 2-\lambda \end{vmatrix}$

$= (2-\lambda) \begin{vmatrix} -7-\lambda & -16 & 17+5\lambda \\ 5 & 11-\lambda & -13-\lambda \\ 2 & 4 & -5-\lambda \end{vmatrix} = (2-\lambda) \begin{vmatrix} -7-\lambda & -2+2\lambda & 17+5\lambda \\ 5 & 1-\lambda & -13-\lambda \\ 2 & 0 & -5-\lambda \end{vmatrix}$

$= (2-\lambda) \begin{vmatrix} 3-\lambda & 0 & -9+3\lambda \\ 5 & 1-\lambda & -13-\lambda \\ 2 & 0 & -5-\lambda \end{vmatrix} = (\lambda-1)^2(\lambda-2)(\lambda-3)$ より, 固有値は $1, 2, 3$ であ

る.

$\begin{pmatrix} 2 & -1 & -13 & 5 \\ 3 & 7 & -7 & -1 \\ 2 & 3 & -7 & 1 \\ 5 & 9 & -15 & 1 \end{pmatrix} \to \begin{pmatrix} 1 & 4 & 0 & -2 \\ 0 & 1 & 0 & -1 \\ 0 & 0 & 1 & 0 \\ 0 & 0 & 0 & 0 \end{pmatrix}$ より $\dim W_A(1) = 4 - 3 = 1,$

216　第5章　固有値問題

$$\begin{pmatrix} 1 & -1 & -13 & 5 \\ 3 & 6 & -7 & -1 \\ 2 & 3 & -8 & 1 \\ 5 & 9 & -15 & 0 \end{pmatrix} \rightarrow \begin{pmatrix} 1 & 0 & -3 & 0 \\ 0 & 1 & 0 & 0 \\ 0 & 0 & 2 & -1 \\ 0 & 0 & 0 & 0 \end{pmatrix}$$ より $\dim W_A(2) = 4 - 3 = 1,$

$$\begin{pmatrix} 0 & -1 & -13 & 5 \\ 3 & 5 & -7 & -1 \\ 2 & 3 & -9 & 1 \\ 5 & 9 & -15 & -1 \end{pmatrix} \rightarrow \begin{pmatrix} 1 & 0 & 0 & 0 \\ 0 & 1 & -2 & 0 \\ 0 & 0 & 3 & -1 \\ 0 & 0 & 0 & 0 \end{pmatrix}$$ より $\dim W_A(3) = 4 - 3 = 1,$

$\dim W_A(1) + \dim W_A(2) + \dim W_A(3) = 1 + 1 + 1 < 4$ だから対角化可能ではない. ▌

5.4 次の対称行列を直交行列を用いて対角化せよ.

(1) $\begin{pmatrix} 3 & 1 & -1 \\ 1 & 3 & -1 \\ -1 & -1 & 5 \end{pmatrix}$ (2) $\begin{pmatrix} 2 & 1 & -2 \\ 1 & 2 & 2 \\ -2 & 2 & -1 \end{pmatrix}$ (3) $\begin{pmatrix} 1 & 2 & 0 & 2 \\ 2 & 1 & 0 & -2 \\ 0 & 0 & 3 & 0 \\ 2 & -2 & 0 & 1 \end{pmatrix}$

(4) $\begin{pmatrix} 1 & 2 & 2 & 0 \\ 2 & -1 & 0 & -2 \\ 2 & 0 & -1 & 2 \\ 0 & -2 & 2 & 1 \end{pmatrix}$ (5) $\begin{pmatrix} 4 & 1 & 0 & -1 \\ 1 & 1 & 3 & -4 \\ 0 & 3 & 0 & 3 \\ -1 & -4 & 3 & 1 \end{pmatrix}$

解答 各行列を A としておく.

(1) $\begin{vmatrix} 3-\lambda & 1 & -1 \\ 1 & 3-\lambda & -1 \\ -1 & -1 & 5-\lambda \end{vmatrix} = -(\lambda-2)(\lambda-3)(\lambda-6)$ より固有値は 2, 3, 6 である.

基本変形 $\begin{pmatrix} 1 & 1 & -1 \\ 1 & 1 & -1 \\ -1 & -1 & 3 \end{pmatrix} \rightarrow \begin{pmatrix} 1 & 1 & 0 \\ 0 & 0 & 1 \\ 0 & 0 & 0 \end{pmatrix}$ より, $\dim W_A(2) = 1$ で $W_A(2)$ の基底とし

て $\begin{pmatrix} 1 \\ -1 \\ 0 \end{pmatrix}$ がとれ, これを正規化して正規直交基底 $\begin{pmatrix} \dfrac{1}{\sqrt{2}} \\ -\dfrac{1}{\sqrt{2}} \\ 0 \end{pmatrix}$ をとれる.

基本変形 $\begin{pmatrix} 0 & 1 & -1 \\ 1 & 0 & -1 \\ -1 & -1 & 2 \end{pmatrix} \rightarrow \begin{pmatrix} 1 & 0 & -1 \\ 0 & 1 & -1 \\ 0 & 0 & 0 \end{pmatrix}$ より, $\dim W_A(3) = 1$ で $W_A(3)$ の基底と

章末問題　217

して $\begin{pmatrix} 1 \\ 1 \\ 1 \end{pmatrix}$ がとれ，これを正規化して正規直交基底 $\begin{pmatrix} \dfrac{1}{\sqrt{3}} \\[2mm] \dfrac{1}{\sqrt{3}} \\[2mm] \dfrac{1}{\sqrt{3}} \end{pmatrix}$ をとれる．

基本変形 $\begin{pmatrix} -3 & 1 & -1 \\ 1 & -3 & -1 \\ -1 & -1 & -1 \end{pmatrix} \rightarrow \begin{pmatrix} 1 & -1 & 0 \\ 0 & 2 & 1 \\ 0 & 0 & 0 \end{pmatrix}$ より，$\dim W_A(6) = 1$ で $W_A(6)$ の基底と

して $\begin{pmatrix} 1 \\ 1 \\ -2 \end{pmatrix}$ がとれ，これを正規化して正規直交基底 $\begin{pmatrix} \dfrac{1}{\sqrt{6}} \\[2mm] \dfrac{1}{\sqrt{6}} \\[2mm] -\dfrac{2}{\sqrt{6}} \end{pmatrix}$ をとれる．

したがって，$P = \begin{pmatrix} \dfrac{1}{\sqrt{2}} & \dfrac{1}{\sqrt{3}} & \dfrac{1}{\sqrt{6}} \\[2mm] -\dfrac{1}{\sqrt{2}} & \dfrac{1}{\sqrt{3}} & \dfrac{1}{\sqrt{6}} \\[2mm] 0 & \dfrac{1}{\sqrt{3}} & -\dfrac{2}{\sqrt{6}} \end{pmatrix}$ とすると P は直交行列であり，${}^tPAP =$

$\begin{pmatrix} 2 & 0 & 0 \\ 0 & 3 & 0 \\ 0 & 0 & 6 \end{pmatrix}$ となる．

(2) $\begin{vmatrix} 2-\lambda & 1 & -2 \\ 1 & 2-\lambda & 2 \\ -2 & 2 & -1-\lambda \end{vmatrix} = -(\lambda-3)^2(\lambda+3)$ より固有値は 3, -3 である．

基本変形 $\begin{pmatrix} -1 & 1 & -2 \\ 1 & -1 & 2 \\ -2 & 2 & -4 \end{pmatrix} \rightarrow \begin{pmatrix} 1 & -1 & 2 \\ 0 & 0 & 0 \\ 0 & 0 & 0 \end{pmatrix}$ より，$\dim W_A(3) = 2$, $\begin{pmatrix} 1 \\ 1 \\ 0 \end{pmatrix}, \begin{pmatrix} 0 \\ 2 \\ 1 \end{pmatrix} \in$

$W_A(3)$ である．この 2 つのベクトルは線形独立だから次元との関係から $W_A(3)$ の基底であ

り，これらから，グラム・シュミットの直交化法を用いて正規直交基底 $\begin{pmatrix} \dfrac{1}{\sqrt{2}} \\[2mm] \dfrac{1}{\sqrt{2}} \\[2mm] 0 \end{pmatrix}, \begin{pmatrix} -\dfrac{1}{\sqrt{3}} \\[2mm] \dfrac{1}{\sqrt{3}} \\[2mm] \dfrac{1}{\sqrt{3}} \end{pmatrix}$

を作れる．

218　第 5 章　固有値問題

また，基本変形 $\begin{pmatrix} 5 & 1 & -2 \\ 1 & 5 & 2 \\ -2 & 2 & 2 \end{pmatrix} \to \begin{pmatrix} 1 & 1 & 0 \\ 0 & 2 & 1 \\ 0 & 0 & 0 \end{pmatrix}$ より，$\dim W_A(-3) = 1$ で $W_A(-3)$ の基

底として $\begin{pmatrix} 1 \\ -1 \\ 2 \end{pmatrix}$ をとれ，これを正規化して正規直交基底 $\begin{pmatrix} \dfrac{1}{\sqrt{6}} \\ -\dfrac{1}{\sqrt{6}} \\ \dfrac{2}{\sqrt{6}} \end{pmatrix}$ をとれる．したがって，

$P = \begin{pmatrix} \dfrac{1}{\sqrt{2}} & -\dfrac{1}{\sqrt{3}} & \dfrac{1}{\sqrt{6}} \\ \dfrac{1}{\sqrt{2}} & \dfrac{1}{\sqrt{3}} & -\dfrac{1}{\sqrt{6}} \\ 0 & \dfrac{1}{\sqrt{3}} & \dfrac{2}{\sqrt{6}} \end{pmatrix}$ とすると P は直交行列であり，${}^t\!PAP = \begin{pmatrix} 3 & 0 & 0 \\ 0 & 3 & 0 \\ 0 & 0 & -3 \end{pmatrix}$ と

なる.

(3) $\begin{vmatrix} 1-\lambda & 2 & 0 & 2 \\ 2 & 1-\lambda & 0 & -2 \\ 0 & 0 & 3-\lambda & 0 \\ 2 & -2 & 0 & 1-\lambda \end{vmatrix} = (\lambda-3)^3(\lambda+3)$ より固有値は 3, -3 である.

基本変形 $\begin{pmatrix} -2 & 2 & 0 & 2 \\ 2 & -2 & 0 & -2 \\ 0 & 0 & 0 & 0 \\ 2 & -2 & 0 & -2 \end{pmatrix} \to \begin{pmatrix} 1 & -1 & 0 & -1 \\ 0 & 0 & 0 & 0 \\ 0 & 0 & 0 & 0 \\ 0 & 0 & 0 & 0 \end{pmatrix}$ より，$\dim W_A(3) = 3$,

$\begin{pmatrix} 0 \\ 0 \\ 1 \\ 0 \end{pmatrix}, \begin{pmatrix} 1 \\ 1 \\ 0 \\ 0 \end{pmatrix}, \begin{pmatrix} 1 \\ -1 \\ 0 \\ 2 \end{pmatrix} \in W_A(3)$ である. $\mathrm{rank} \begin{pmatrix} 0 & 1 & 1 \\ 0 & 1 & -1 \\ 1 & 0 & 0 \\ 0 & 0 & 2 \end{pmatrix} = 3$ だからこの 3 個のベク

トルは線形独立で，$\dim W_A(3) = 3$ より $W_A(3)$ の基底になる．これを用いて，正規直交基底

$\begin{pmatrix} 0 \\ 0 \\ 1 \\ 0 \end{pmatrix}, \begin{pmatrix} \dfrac{1}{\sqrt{2}} \\ \dfrac{1}{\sqrt{2}} \\ 0 \\ 0 \end{pmatrix}, \begin{pmatrix} \dfrac{1}{\sqrt{6}} \\ -\dfrac{1}{\sqrt{6}} \\ 0 \\ \dfrac{2}{\sqrt{6}} \end{pmatrix}$ を作れる.

また，基本変形 $\begin{pmatrix} 4 & 2 & 0 & 2 \\ 2 & 4 & 0 & -2 \\ 0 & 0 & 6 & 0 \\ 2 & -2 & 0 & 4 \end{pmatrix} \to \begin{pmatrix} 1 & 1 & 0 & 0 \\ 0 & 1 & 0 & -1 \\ 0 & 0 & 1 & 0 \\ 0 & 0 & 0 & 0 \end{pmatrix}$ より，$\dim W_A(-3) = 1$ で

$W_A(-3)$ の基底として $\begin{pmatrix} 1 \\ -1 \\ 0 \\ -1 \end{pmatrix}$ をとれ，これを正規化して正規直交基底 $\begin{pmatrix} \dfrac{1}{\sqrt{3}} \\[2mm] -\dfrac{1}{\sqrt{3}} \\[2mm] 0 \\[2mm] -\dfrac{1}{\sqrt{3}} \end{pmatrix}$ をと

れる．したがって，$P = \begin{pmatrix} 0 & \dfrac{1}{\sqrt{2}} & \dfrac{1}{\sqrt{6}} & \dfrac{1}{\sqrt{3}} \\[2mm] 0 & \dfrac{1}{\sqrt{2}} & -\dfrac{1}{\sqrt{6}} & -\dfrac{1}{\sqrt{3}} \\[2mm] 1 & 0 & 0 & 0 \\[2mm] 0 & 0 & \dfrac{2}{\sqrt{6}} & -\dfrac{1}{\sqrt{3}} \end{pmatrix}$ とすると P は直交行列であり，

${}^t\!PAP = \begin{pmatrix} 3 & 0 & 0 & 0 \\ 0 & 3 & 0 & 0 \\ 0 & 0 & 3 & 0 \\ 0 & 0 & 0 & -3 \end{pmatrix}$ となる．

(4) $\begin{vmatrix} 1-\lambda & 2 & 2 & 0 \\ 2 & -1-\lambda & 0 & -2 \\ 2 & 0 & -1-\lambda & 2 \\ 0 & -2 & 2 & 1-\lambda \end{vmatrix} = (\lambda-3)^2(\lambda+3)^2$ より固有値は $3,\ -3$ である．

基本変形 $\begin{pmatrix} -2 & 2 & 2 & 0 \\ 2 & -4 & 0 & -2 \\ 2 & 0 & -4 & 2 \\ 0 & -2 & 2 & -2 \end{pmatrix} \to \begin{pmatrix} 1 & -1 & -1 & 0 \\ 0 & 1 & -1 & 1 \\ 0 & 0 & 0 & 0 \\ 0 & 0 & 0 & 0 \end{pmatrix}$ より，$\dim W_A(3) = 2,$

$\begin{pmatrix} 1 \\ 1 \\ 0 \\ -1 \end{pmatrix}, \begin{pmatrix} 1 \\ 0 \\ 1 \\ 1 \end{pmatrix} \in W_A(3)$ である．この 2 つのベクトルは線形独立だから次元との関係から

220 第5章 固有値問題

$W_A(3)$ の基底であり，これらから正規直交基底 $\begin{pmatrix} \dfrac{1}{\sqrt{3}} \\ \dfrac{1}{\sqrt{3}} \\ 0 \\ -\dfrac{1}{\sqrt{3}} \end{pmatrix}, \begin{pmatrix} \dfrac{1}{\sqrt{3}} \\ 0 \\ \dfrac{1}{\sqrt{3}} \\ \dfrac{1}{\sqrt{3}} \end{pmatrix}$ を作れる.

また，基本変形 $\begin{pmatrix} 4 & 2 & 2 & 0 \\ 2 & 2 & 0 & -2 \\ 2 & 0 & 2 & 2 \\ 0 & -2 & 2 & 4 \end{pmatrix} \rightarrow \begin{pmatrix} 1 & 0 & 1 & 1 \\ 0 & 1 & -1 & -2 \\ 0 & 0 & 0 & 0 \\ 0 & 0 & 0 & 0 \end{pmatrix}$ より，$\dim W_A(-3) = 2$,

$\begin{pmatrix} 1 \\ -1 \\ -1 \\ 0 \end{pmatrix}, \begin{pmatrix} 1 \\ 0 \\ -2 \\ 1 \end{pmatrix} \in W_A(-3)$ である．この2つのベクトルは線形独立だから次元との関係か

ら $W_A(-3)$ の基底であり，これらから，グラム・シュミットの直交化法を用いて正規直交基底

$\begin{pmatrix} \dfrac{1}{\sqrt{3}} \\ -\dfrac{1}{\sqrt{3}} \\ -\dfrac{1}{\sqrt{3}} \\ 0 \end{pmatrix}, \begin{pmatrix} 0 \\ \dfrac{1}{\sqrt{3}} \\ -\dfrac{1}{\sqrt{3}} \\ \dfrac{1}{\sqrt{3}} \end{pmatrix}$ を作れる．したがって，$P = \begin{pmatrix} \dfrac{1}{\sqrt{3}} & \dfrac{1}{\sqrt{3}} & \dfrac{1}{\sqrt{3}} & 0 \\ \dfrac{1}{\sqrt{3}} & 0 & -\dfrac{1}{\sqrt{3}} & \dfrac{1}{\sqrt{3}} \\ 0 & \dfrac{1}{\sqrt{3}} & -\dfrac{1}{\sqrt{3}} & -\dfrac{1}{\sqrt{3}} \\ -\dfrac{1}{\sqrt{3}} & \dfrac{1}{\sqrt{3}} & 0 & \dfrac{1}{\sqrt{3}} \end{pmatrix}$

とすると P は直交行列であり，${}^t\!PAP = \begin{pmatrix} 3 & 0 & 0 & 0 \\ 0 & 3 & 0 & 0 \\ 0 & 0 & -3 & 0 \\ 0 & 0 & 0 & -3 \end{pmatrix}$ となる.

(5) $\begin{vmatrix} 4-\lambda & 1 & 0 & -1 \\ 1 & 1-\lambda & 3 & -4 \\ 0 & 3 & -\lambda & 3 \\ -1 & -4 & 3 & 1-\lambda \end{vmatrix} = (\lambda-3)^2(\lambda-6)(\lambda+6)$ より固有値は 3, 6, -6 である.

基本変形 $\begin{pmatrix} 1 & 1 & 0 & -1 \\ 1 & -2 & 3 & -4 \\ 0 & 3 & -3 & 3 \\ -1 & -4 & 3 & -2 \end{pmatrix} \rightarrow \begin{pmatrix} 1 & 1 & 0 & -1 \\ 0 & 1 & -1 & 1 \\ 0 & 0 & 0 & 0 \\ 0 & 0 & 0 & 0 \end{pmatrix}$ より，$\dim W_A(3) = 2$,

$$\begin{pmatrix} 1 \\ 0 \\ 1 \\ 1 \end{pmatrix}, \begin{pmatrix} -1 \\ 1 \\ 1 \\ 0 \end{pmatrix} \in W_A(3)$$ である．この 2 つのベクトルは線形独立だから次元との関係から

$W_A(3)$ の基底であり，これらから正規直交基底 $\begin{pmatrix} \dfrac{1}{\sqrt{3}} \\ 0 \\ \dfrac{1}{\sqrt{3}} \\ \dfrac{1}{\sqrt{3}} \end{pmatrix}, \begin{pmatrix} -\dfrac{1}{\sqrt{3}} \\ \dfrac{1}{\sqrt{3}} \\ \dfrac{1}{\sqrt{3}} \\ 0 \end{pmatrix}$ を作れる．

基本変形 $\begin{pmatrix} -2 & 1 & 0 & -1 \\ 1 & -5 & 3 & -4 \\ 0 & 3 & -6 & 3 \\ -1 & -4 & 3 & -5 \end{pmatrix} \rightarrow \begin{pmatrix} 1 & -1 & 0 & 0 \\ 0 & 1 & 0 & 1 \\ 0 & 0 & 1 & 0 \\ 0 & 0 & 0 & 0 \end{pmatrix}$ より，$\dim W_A(6) = 1$ で $W_A(6)$

の基底として $\begin{pmatrix} 1 \\ 1 \\ 0 \\ -1 \end{pmatrix}$ をとれ，これを正規化して正規直交基底 $\begin{pmatrix} \dfrac{1}{\sqrt{3}} \\ \dfrac{1}{\sqrt{3}} \\ 0 \\ -\dfrac{1}{\sqrt{3}} \end{pmatrix}$ をとれる．

基本変形 $\begin{pmatrix} 10 & 1 & 0 & -1 \\ 1 & 7 & 3 & -4 \\ 0 & 3 & 6 & 3 \\ -1 & -4 & 3 & 7 \end{pmatrix} \rightarrow \begin{pmatrix} 1 & 0 & 0 & 0 \\ 0 & 1 & 1 & 0 \\ 0 & 0 & 1 & 1 \\ 0 & 0 & 0 & 0 \end{pmatrix}$ より，$\dim W_A(-6) = 1$ で $W_A(-6)$

の基底として $\begin{pmatrix} 0 \\ 1 \\ -1 \\ 1 \end{pmatrix}$ をとれ，これを正規化して正規直交基底 $\begin{pmatrix} 0 \\ \dfrac{1}{\sqrt{3}} \\ -\dfrac{1}{\sqrt{3}} \\ \dfrac{1}{\sqrt{3}} \end{pmatrix}$ をとれる．した

がって，

222　第 5 章　固有値問題

$$P = \begin{pmatrix} \dfrac{1}{\sqrt{3}} & -\dfrac{1}{\sqrt{3}} & \dfrac{1}{\sqrt{3}} & 0 \\[2mm] 0 & \dfrac{1}{\sqrt{3}} & \dfrac{1}{\sqrt{3}} & \dfrac{1}{\sqrt{3}} \\[2mm] \dfrac{1}{\sqrt{3}} & \dfrac{1}{\sqrt{3}} & 0 & -\dfrac{1}{\sqrt{3}} \\[2mm] \dfrac{1}{\sqrt{3}} & 0 & -\dfrac{1}{\sqrt{3}} & \dfrac{1}{\sqrt{3}} \end{pmatrix}$$ とすると P は直交行列であり,

$${}^{t}PAP = \begin{pmatrix} 3 & 0 & 0 & 0 \\ 0 & 3 & 0 & 0 \\ 0 & 0 & 6 & 0 \\ 0 & 0 & 0 & -6 \end{pmatrix}$$ となる.

5.5　定理 5.8 の逆を証明せよ.

解答　まず, 対角行列 $T = \begin{pmatrix} a_1 & 0 & \cdots & 0 \\ 0 & a_2 & \cdots & 0 \\ \vdots & \vdots & \ddots & \vdots \\ 0 & 0 & \cdots & a_n \end{pmatrix}$ の場合を考えると, $T^* = \begin{pmatrix} \overline{a_1} & 0 & \cdots & 0 \\ 0 & \overline{a_2} & \cdots & 0 \\ \vdots & \vdots & \ddots & \vdots \\ 0 & 0 & \cdots & \overline{a_n} \end{pmatrix}$

であるから, $T^*T = \begin{pmatrix} |a_1|^2 & 0 & \cdots & 0 \\ 0 & |a_2|^2 & \cdots & 0 \\ \vdots & \vdots & \ddots & \vdots \\ 0 & 0 & \cdots & |a_n|^2 \end{pmatrix} = TT^*$ である. 正方行列 A がユニタリ行列を

用いて対角化可能である, すなわち, $U^*AU = T$ (T は対角行列) となるユニタリ行列 U があるとする. このとき, $A = UTU^*$ であるから, $A^*A = (UTU^*)^*(UTU^*) = UT^*U^*UTU^* = UT^*TU^*$, $AA^* = (UTU^*)(UTU^*)^* = UTU^*UT^*U^* = UTT^*U^*$, $T^*T = TT^*$ であったから, $A^*A = AA^*$ が成立する.

5.6　次の二次形式を適当な変数変換によって標準形に直せ.

(1)　$q(x,y,z) = 3x^2 + 3y^2 + 5z^2 + 2xy - 2yz - 2zx$

(2)　$q(x,y,z) = 2x^2 + 2y^2 - z^2 + 2xy + 4yz - 4zx$

(3)　$q(x,y,z) = 2x^2 + 2y^2 - 2z^2 + 2yz + 4zx$

(4)　$q(x,y,z,w) = x^2 + y^2 + 3z^2 + w^2 + 4xy + 4xw - 4yw$

(5)　$q(x,y,z,w) = -5x^2 - 5y^2 + z^2 - 7w^2 + 10xy - 2xz + 6xw - 2yz + 6yw + 6zw$

解答　(1)　対応する対称行列は $\begin{pmatrix} 3 & 1 & -1 \\ 1 & 3 & -1 \\ -1 & -1 & 5 \end{pmatrix}$ であるから, **5.4**(1) の結果より, 変数変換

$$\begin{pmatrix} x \\ y \\ z \end{pmatrix} = \begin{pmatrix} \dfrac{1}{\sqrt{2}} & \dfrac{1}{\sqrt{3}} & \dfrac{1}{\sqrt{6}} \\ -\dfrac{1}{\sqrt{2}} & \dfrac{1}{\sqrt{3}} & \dfrac{1}{\sqrt{6}} \\ 0 & \dfrac{1}{\sqrt{3}} & -\dfrac{2}{\sqrt{6}} \end{pmatrix} \begin{pmatrix} u \\ v \\ w \end{pmatrix}$$ によって、標準形 $q = 2u^2 + 3v^2 + 6w^2$ に変形

できる.

(2) 対応する対称行列は $\begin{pmatrix} 2 & 1 & -2 \\ 1 & 2 & 2 \\ -2 & 2 & -1 \end{pmatrix}$ であるから, **5.4**(2) の結果より, 変数変換 $\begin{pmatrix} x \\ y \\ z \end{pmatrix} =$

$$\begin{pmatrix} \dfrac{1}{\sqrt{2}} & -\dfrac{1}{\sqrt{3}} & \dfrac{1}{\sqrt{6}} \\ \dfrac{1}{\sqrt{2}} & \dfrac{1}{\sqrt{3}} & -\dfrac{1}{\sqrt{6}} \\ 0 & \dfrac{1}{\sqrt{3}} & \dfrac{2}{\sqrt{6}} \end{pmatrix} \begin{pmatrix} u \\ v \\ w \end{pmatrix}$$ によって、標準形 $q = 3u^2 + 3v^2 - 3w^2$ に変形できる.

(3) 対応する対称行列を A とすると, $A = \begin{pmatrix} 2 & 0 & 2 \\ 0 & 2 & 1 \\ 2 & 1 & -2 \end{pmatrix}$ である. A の固有値を計算すると

$2,\ 3,\ -3$ であり, それぞれの固有値に属する固有空間は, 正規直交基底を用いて $W_A(2) =$

$$\left\langle \begin{pmatrix} \dfrac{1}{\sqrt{5}} \\ -\dfrac{2}{\sqrt{5}} \\ 0 \end{pmatrix} \right\rangle,\ W_A(3) = \left\langle \begin{pmatrix} \dfrac{2}{\sqrt{6}} \\ \dfrac{1}{\sqrt{6}} \\ \dfrac{1}{\sqrt{6}} \end{pmatrix} \right\rangle,\ W_A(-3) = \left\langle \begin{pmatrix} \dfrac{2}{\sqrt{30}} \\ \dfrac{1}{\sqrt{30}} \\ -\dfrac{5}{\sqrt{30}} \end{pmatrix} \right\rangle$$ と表せる. した

がって, 変数変換 $\begin{pmatrix} x \\ y \\ z \end{pmatrix} = \begin{pmatrix} \dfrac{1}{\sqrt{5}} & \dfrac{2}{\sqrt{6}} & \dfrac{2}{\sqrt{30}} \\ -\dfrac{2}{\sqrt{5}} & \dfrac{1}{\sqrt{6}} & \dfrac{1}{\sqrt{30}} \\ 0 & \dfrac{1}{\sqrt{6}} & -\dfrac{5}{\sqrt{30}} \end{pmatrix} \begin{pmatrix} u \\ v \\ w \end{pmatrix}$ によって、標準形 $q =$

$2u^2 + 3v^2 - 3w^2$ に変形できる.

(4) 対応する対称行列は $\begin{pmatrix} 1 & 2 & 0 & 2 \\ 2 & 1 & 0 & -2 \\ 0 & 0 & 3 & 0 \\ 2 & -2 & 0 & 1 \end{pmatrix}$ であるから, **5.4**(3) の結果より, 変数変換 $\begin{pmatrix} x \\ y \\ z \\ w \end{pmatrix} =$

224 第 5 章 固有値問題

$$\begin{pmatrix} 0 & \dfrac{1}{\sqrt{2}} & \dfrac{1}{\sqrt{6}} & \dfrac{1}{\sqrt{3}} \\ 0 & \dfrac{1}{\sqrt{2}} & -\dfrac{1}{\sqrt{6}} & -\dfrac{1}{\sqrt{3}} \\ 1 & 0 & 0 & 0 \\ 0 & 0 & \dfrac{2}{\sqrt{6}} & -\dfrac{1}{\sqrt{3}} \end{pmatrix} \begin{pmatrix} s \\ t \\ u \\ v \end{pmatrix}$$ によって、標準形 $q = 3s^2 + 3t^2 + 3u^2 - 3v^2$ に変形で

きる.

(5) 対応する対称行列を A とすると，$A = \begin{pmatrix} -5 & 5 & -1 & 3 \\ 5 & -5 & -1 & 3 \\ -1 & -1 & 1 & 3 \\ 3 & 3 & 3 & -7 \end{pmatrix}$ である．A の固有値を計

算すると $2, -10$ であり，それぞれの固有値に属する固有空間は，正規直交基底を用いて

$$W_A(2) = \left\langle \begin{pmatrix} \dfrac{1}{2} \\ \dfrac{1}{2} \\ \dfrac{1}{2} \\ \dfrac{1}{2} \end{pmatrix}, \begin{pmatrix} \dfrac{1}{\sqrt{6}} \\ \dfrac{1}{\sqrt{6}} \\ -\dfrac{2}{\sqrt{6}} \\ 0 \end{pmatrix} \right\rangle, \ W_A(-10) = \left\langle \begin{pmatrix} \dfrac{1}{\sqrt{2}} \\ -\dfrac{1}{\sqrt{2}} \\ 0 \\ 0 \end{pmatrix}, \begin{pmatrix} \dfrac{1}{2\sqrt{3}} \\ \dfrac{1}{2\sqrt{3}} \\ \dfrac{1}{2\sqrt{3}} \\ -\dfrac{3}{2\sqrt{3}} \end{pmatrix} \right\rangle$$ と表せる.

したがって，変数変換 $\begin{pmatrix} x \\ y \\ z \\ w \end{pmatrix} = \begin{pmatrix} \dfrac{1}{2} & \dfrac{1}{\sqrt{6}} & \dfrac{1}{\sqrt{2}} & \dfrac{1}{2\sqrt{3}} \\ \dfrac{1}{2} & \dfrac{1}{\sqrt{6}} & -\dfrac{1}{\sqrt{2}} & \dfrac{1}{2\sqrt{3}} \\ \dfrac{1}{2} & -\dfrac{2}{\sqrt{6}} & 0 & \dfrac{1}{2\sqrt{3}} \\ \dfrac{1}{2} & 0 & 0 & -\dfrac{3}{2\sqrt{3}} \end{pmatrix} \begin{pmatrix} s \\ t \\ u \\ v \end{pmatrix}$ によって、標準

形 $q = 2s^2 + 2t^2 - 10u^2 - 10v^2$ に変形できる.

5.7 次の二次形式が定値か否かを判定せよ.

(1) $q(x, y, z) = 2x^2 + 2y^2 - 3z^2 + 2xy + 6yz - 2zx$

(2) $q(x, y, z) = 5x^2 + 5y^2 + 2z^2 + 6xy - 2yz + 2zx$

解答 (1) 対応する対称行列は $\begin{pmatrix} 2 & 1 & -1 \\ 1 & 2 & 3 \\ -1 & 3 & -3 \end{pmatrix}$ である．したがって，固有多項式は

$$\begin{vmatrix} 2-\lambda & 1 & -1 \\ 1 & 2-\lambda & 3 \\ -1 & 3 & -3-\lambda \end{vmatrix} = -\lambda^3 + \lambda^2 + 19\lambda - 35 \text{ となる. したがって, 固有値を } a, b, c \text{ とし}$$

ておくと, $\lambda^3 - \lambda^2 - 19\lambda + 35 = (\lambda - a)(\lambda - b)(\lambda - c)$ であるから, $a + b + c = 1$, $abc = -35$ となる. したがって, a, b, c すべてが 0 以上となることも, すべてが 0 以下となることもない. したがって, 二次形式 q は不定符号である.

(2) 対応する対称行列は $\begin{pmatrix} 5 & 3 & 1 \\ 3 & 5 & -1 \\ 1 & -1 & 2 \end{pmatrix}$ である. 固有多項式 $\begin{vmatrix} 5-\lambda & 3 & 1 \\ 3 & 5-\lambda & -1 \\ 1 & -1 & 2-\lambda \end{vmatrix} = 0$ より, 固有値は $8, 2 \pm \sqrt{2}$. これらはすべて正の数であるから, 二次形式 q は正定値である. ∎

索　引

あ

一次結合 97
ヴァンデルモンドの行列式
　　　Vandermonde's
　　　determinant 83
上三角行列 upper triangular
　　　matrix 14
エルミート行列 Hermitian
　　　matrix 19, 198

か

解空間（連立方程式の）....127
階数 rank 26, 27
階段行列 row echelon form ..26
核 kernel 124
拡大係数行列 augmented
　　　coefficient matrix ..21
簡約化 29
簡約行列 reduced row echelon
　　　form 28
奇置換 odd permutation 61
基底 basis 112, 113
基本解 fundamental solution 38
基本行列 elementary matrix 40
逆行列 inverse matrix 13
逆置換 inverse permutation .57
行基本変形 elementary row
　　　operations 24
共役転置行列 conjugate
　　　transpose matrix ..18
行列 matrix 1
行列式 determinant 53
偶置換 even permutation ...61
グラム・シュミットの直交化法
　　　Gram-Schmidt
　　　orthonormalization
　　　156
クラメルの公式 Cramer's
　　　formula 81

係数行列 coefficient matrix . 21
交代行列 alternative matrix .16
公理（線形空間の）axiom ...94
互換 transposition 58
固有空間 eigenspace 175
固有多項式 characteristic
　　　polynomial 176
固有値 eigenvalue 175
固有ベクトル eigenvector .. 175
固有方程式 characteristic
　　　equation 177

さ

差積 difference product 60
サルスの方法 Sarrus' rule ...55
三角化（行列の）
　　　triangularization . 189
三角行列 triangular matrix . 14
次元 dimension 114
下三角行列 lower triangular
　　　matrix 14
自明な解 trivial solution 37
随伴行列 adjoint matrix 18
数ベクトル空間 93
スカラー scalar 5
正規化（ベクトルの）
　　　normalization 156
正規行列 normal matrix ...198
正規直交基底 orthonormal basis
　　　154
正規直交系 orthonormal system
　　　154
生成系 generators 98
正則行列 regular matrix 13
正定値 positive definite 204
成分表示 116
正方行列 square matrix 2
積 product 6
積公式 product formula 71

線形関数 linear function ...122
線形空間 linear space 92
線形結合 linear combination 97
線形写像 linear map 122
線形写像の合成 123
線形従属 linearly dependent
　　　102, 106
線形性 linearity 122
線形独立 linearly independent
　　　102, 106
線形変換 linear transformation
　　　122
像 image 124

た

対角化（行列の）
　　　diagonalization ...183
対角化可能 diagonalizable .183
対角行列 diagonal matrix 2, 14
対角成分 diagonal component 2
対称行列 symmetric matrix .16
単位行列 identity matrix 3
単位置換 identity permutation
　　　56
置換 permutation 55
直交行列 orthogonal matrix .17
直交補空間 orthogonal
　　　complement 149
転置行列 transposed matrix 15
同次連立 1 次方程式
　　　homogeneous system
　　　of linear equations .37

な

内積 inner product ... 146, 166
二次形式 quadratic form ...203
ノルム norm 148, 167

は

掃き出し法 row reduction ...22
反エルミート行列 skew
　　　　　Hermitian matrix ..19
半正定値 positive semi-definite
　　　　　204
半単純 semi-simple 183
半負定値 negative semi-definite
　　　　　204
表現行列 representation matrix
　　　　　131, 133
標準基底 canonical basis ...113
標準形（二次形式の）normal
　　　　　form 205

複素共役行列 complex
　　　　　conjugate matrix ..18
負定値 negative definite ...205
不定符号 indefinite 204
部分空間 subspace 95
ベクトル vector 3
ベクトル空間 vector space ..92
変換行列 transformation matrix
　　　　　118, 119, 120, 138

や

有限次元線形空間 finite
　　　　　dimensional linear
　　　　　space 114

ユニタリ行列 unitary matrix
　　　　　19, 199
余因子 cofactor 75
余因子行列 adjugate matrix .79
余因子展開 cofactor expansion
　　　　　75

ら

零行列 zero matrix 2
零ベクトル zero vector 3
連立1次方程式の基本変形 ...22

わ

和 sum 4

せんけいだいすうがくにゅうもん
線形代数学入門

2023 年 3 月 30 日	第 1 版	第 1 刷	発行
2024 年 3 月 30 日	第 1 版	第 2 刷	発行
2025 年 3 月 20 日	第 2 版	第 1 刷	印刷
2025 年 3 月 30 日	第 2 版	第 1 刷	発行

うえまつ もりお　　くろだ　さとる
著　者　　植松　盛夫　黒田　覚
わたなべ しゅうじ　わたなべ まさゆき
　　　　　　渡辺　秀司　渡辺　雅之

発 行 者　　発田　和子

発 行 所　　株式会社　学術図書出版社

〒113-0033　　東京都文京区本郷 5 丁目 4 の 6
TEL 03-3811-0889　　振替　00110-4-28454
印刷　三松堂（株）

定価はカバーに表示してあります.

本書の一部または全部を無断で複写（コピー）・複製・転載するこ
とは，著作権法でみとめられた場合を除き，著作者および出版社の
権利の侵害となります. あらかじめ，小社に許諾を求めて下さい.

© M. UEMATSU, S. KURODA, S. WATANABE, M. WATANABE

2023, 2025　Printed in Japan

ISBN978-4-7806-1281-3　C3041